U0175619

倜风味

修尚 著

山西出版传媒集团
山西人民出版社

图书在版编目（CIP）数据

偶风味 / 修尚著. — 太原：山西人民出版社，
2023.6
ISBN 978-7-203-12570-9

Ⅰ. ①偶… Ⅱ. ①修… Ⅲ. ①茶文化－中国 Ⅳ.
①TS971.21

中国国家版本馆CIP数据核字（2023）第018330号

偶风味

著　　者：修　尚
责任编辑：席　青
复　　审：魏美荣
终　　审：武　静

出 版 者：山西出版传媒集团·山西人民出版社
地　　址：太原市建设南路21号
邮　　编：030012
发行营销：0351-4922220　4955996　4956039　4922127（传真）
天猫官网：http://sxrmcbs.tmall.com　电话：0351-4922159
E-mail：sxskcb@163.com　发行部
sxskcb@126.com　总编室
网　　址：www.sxskcb.com

经 销 者：山西出版传媒集团·山西人民出版社
承 印 厂：天津中印联印务有限公司

开　　本：710mm × 1000mm　1/16
印　　张：22
字　　数：340千字
版　　次：2023年6月　第1版
印　　次：2023年6月　第1次印刷
书　　号：ISBN 978-7-203-12570-9
定　　价：78.00元

如有印装质量问题请与本社联系调换

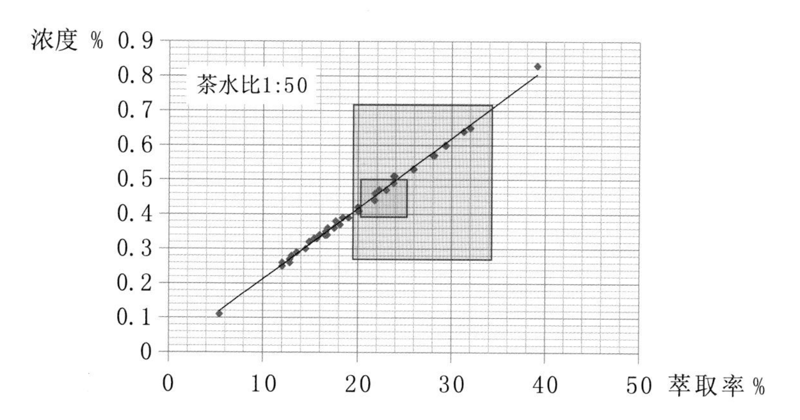

茶水比 1 ：50 条件下茶汤浓度与萃取率的关系

浓度

浓 萃取不足	浓 中	浓 萃取过度
中 萃取不足	金杯 萃取	中 萃取过度
淡 萃取不足	淡 中	淡 萃取过度

萃取率

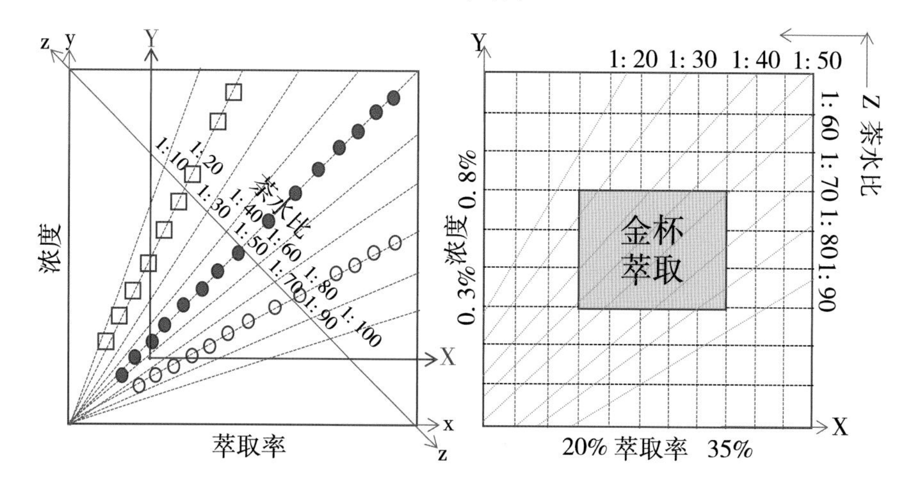

金杯萃取图

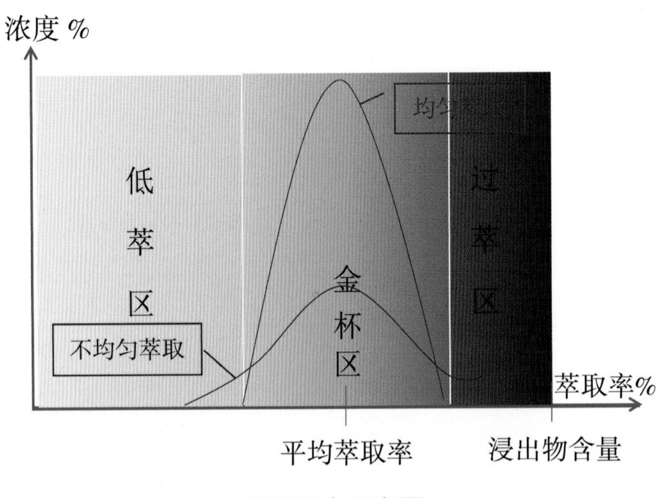

萃取程度示意图

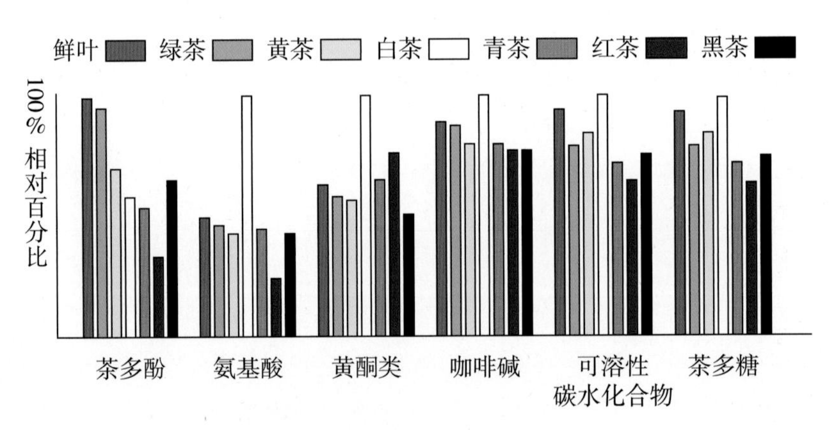

发酵程度与风味成分的关系

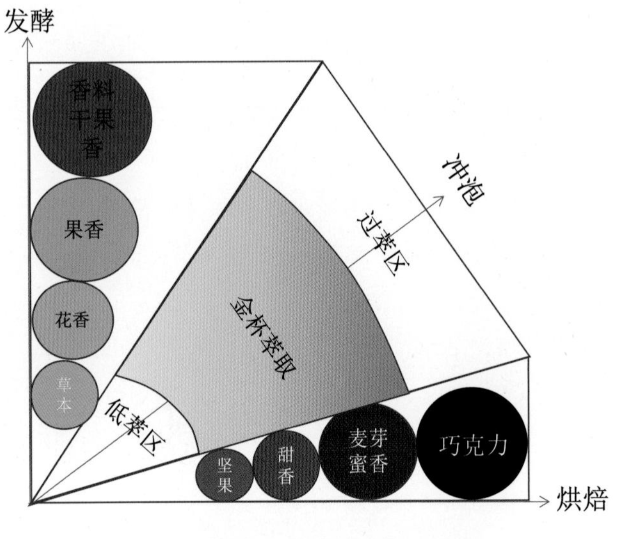

发酵—烘焙—冲泡过程风味结构

茶理茶味

二十余年来笔者喝茶不辍，往来于各地茶园、展会和茶馆之间，渐生许多困惑：茶农与茶客远离、茶风味知识缺失、年轻人喝茶少、咖啡市场突起、茶叶消费低迷等，开始探究其中的原委，查找资料、请教专家、蹲守茶厂、参与评鉴、购买设备、检测风味等，积累了点滴体会，汇集成此册子。

风味是人类饮食的共同语言，是感官反应、精神消费，也是文化。感官是风味传感器、文化加工厂。风，本来是自然的空气对流，演绎出流行、时尚、方向等；味，原本指食品的味，演绎出物质的“味”、人的“味”、作品的“味”、事情的“味”。风吹味飘，从物质到精神，从生活到文化。世上只有少数事物能让人每天不只是为了生存，同时令人愉快，风味便是其一。

风味是一门科学，味是化学成分与感官的合作，但风味科学发展相对缓慢，味道与味觉研究一直徘徊不前，直到2001年才把鲜味确定为第五种味道，很多人还认为涩、辣是味觉。风味也是一门艺术，味可以用艺术的形式表现，风味是可以赏玩的高雅文化，有趣是其灵魂。

美学家宗白华先生说过：“传统的包袱过于沉重，艺术的脚步就像在泥潭中跋涉。”茶以文化为魂，茶文化厚重载道，变革缓慢跟不上时代步伐，习焉不察。长期以来，茶叶消费是“一条腿走路”，即保健功能。“中华茶人联谊会”2020年邀业界专家谋中国茶业战略，专家认为近年来的炒作破坏了茶业发展，偏离了正确轨道，虽然价格炒上去了，但市场冷清了，喝茶的人少了。近年来，中国茶叶产量过剩，专家研究茶叶出口问题，从中国与进口国的语言、文化、地域、贸易非效率、人均GDP、人口、贸易关系等方面分析，百思不得其解。

1958年，国外科学界开始研究茶叶香气，2005年，中国科学家开始用精密仪器检测茶叶香气，从此开启了茶风味消费新时代。茶具有先天风味禀赋，含有1200多种呈香成分，上百种呈味成分，有糖类等碳水化合物、蛋白质等含氮化合物两大基础成分，还有茶多酚、咖啡碱、茶氨酸三大特征成分，成分之间完美搭配带来丰富多彩的茶风味。

风味是茶业发展的另一条腿，以风味科学为背书，但高大上的理论可能吓跑很多人。本书力求用简单明了的方式，尝试构架新的茶风味实践体系，立体化诠释茶风味乐趣，提出茶风味流行故事化的范例，用数据图表说话，增强直观性、对比性，给茶风味注入神与魂，努力使喝茶成为趣事，喝下去的是茶，喝出来的是彩，亦庄亦谐，将茶风味纳入一个简便易懂的认知体系。所述观点不是定论，只希望打开讨论之门，争论本身就是一种"风味"。

本书定位于大众化读物，面对繁杂的内容，通过用关键词提纲、划小叙事单元、减少专业术语等办法，让读者始终明白在说什么。笔者非茶学专业，不自量力有点"狗拿耗子"之嫌，好在物理学家费曼在《别逗了，费曼先生》一书中给出一个对待科学的正直品格：不要试图左右别人的判断，不必把别人引导到特定的方向，只要努力把所有的信息摆出来。书中引用了《茶叶科学》《食品科学》等科技期刊的数据，在此对论文作者表示衷心感谢！

毕竟是一家偏言，一己之力，蚍蜉撼树，波澜不起，捶胸顿足，加之底薄悟钝，陈述肤浅，详略失序，不无谬误，巴望各界茶人指正，以示正听。

修尚

2022年2月26日于上海

目录

第一章

茶风味看世界

喝茶的起因不是因为风味好，而是治病的刚需。如今医药医疗发达，不靠茶叶疗疾，茶叶凭什么能留在人们的嘴边?

全球四大产茶国为中国、印度、肯尼亚和斯里兰卡，中国和印度的茶叶主要由本国消费，中国内销比例为75%，印度内销比例达80%。肯尼亚和斯里兰卡以外销为主，肯尼亚出口比例为96%，斯里兰卡出口比例为98%。从全球看，不到三分之一的茶叶总产量用于出口交易。

某些主产茶国仍然处于不发达状态，生活以温饱为目标，没有到消费升级阶段，对于风味的追求还不迫切，所以全球茶风味流行尚待时机。作为茶的故乡，我国很多人还没有欣赏到苦以外的风味，这不是感官的问题，而是风味文化落后。

《大图景：生命的起源、意义和宇宙本身》的作者提出并论证了一种被称为“诗性的自然主义”哲学思想，简单地说就是以最新的科研成果为依据，建立科学、牢固的看待世界的新方式。借鉴《大图景》的思路，跳出三界看天地，本书试图用茶学最新科研成果，从外部审视茶业，打开一种以茶风味看待世界的新方式、以茶风味驱动的振兴茶业新思路，提供来自其他时间和空间的多重视角。

第一节　树的叶果与核

地球上木本植物为人类提供水果、果仁和树叶食物，补充营养和微量元素，大大拓展了风味领域。欧洲和中国的木本果类和叶类食物差异较大，不仅关系到茶，而且涉及风味科学的发展。

树叶多为绿色，因为有叶绿素；成熟果子多为黄色和红色，因为有胡萝卜素和花青素。果子在未成熟期的青色中也有不少叶绿素，只是在成熟期被酶分解转化了。所以吃树叶与吃熟果，内含物差别很大。

果与核。欧洲由于地理气候因素原产木本水果不多，集中在地中海，主要有浆果类：覆盆子（树莓）、黑醋栗（黑加仑）、黑莓、蓝莓、西梅、葡萄等，其他如苹果、沙枣、甜樱桃、橄榄、欧李、柠檬、酸橙等，基本是酸甜味道，这些正是欧洲人在葡萄酒风味基础上发展起来的“风味轮”里使用的风味对照物。

中国南北纬度跨越50°，相距5500公里，主消费水果与欧洲差异很大。中国产木本水果有核果类有杏、梅、李、桃、枣、梨、荔枝、枇杷、龙眼、柿子、山楂等，其他如猕猴桃、橘等。这些水果甜度不高，也不常出现在“风味轮”的参照物里，除了全球普及度高的桃、梨。

坚果以果核为主，坚果风味也是“风味轮”常用的参照物，因为坚果需要烘烤，经过烘烤会发展出很多诱人的香气，如美国加州的扁桃仁、开心果、夏威夷果，土耳其的榛子，巴西的碧根果、鲍鱼果、可可，越南的腰果，印度的辣木籽，非洲的咖啡豆等。中国特产的坚果，如扁桃仁、核桃、山核桃、松子、板栗、香榧、杏仁等，则没有进入欧美人发明的“风味轮”参照物语系。

中国北方一些（野生）水果经“凌秋霜”后由苦涩向酸甜转化，比如杜梨、菇茑、沙棘、山楂等，富含黄酮带来苦涩，转化后富含有机酸和糖，“红果酸甜被秋霜”。“凌秋霜”就像一道天然的加工工艺，给很多植物带来风味风采，比如枫香树“红叶凌霜正悲秋”，果实枫球多胶脂有香气，湖南有名茶枫烟香，就是在加工干燥时燃烧枫球烟熏，就像桐木关的正山小种松烟香。

树叶。比较而言，欧洲人吃树叶比较少，中国人吃的树叶则较多，而中药理念起到重要作用。主要有茶叶、香椿、爬空菜、枸杞芽、桑叶、辣木叶、柳芽、竹叶、松针、银杏叶、刺龙芽、辽东楤木、西双版纳榕树、刺嫩芽、葡萄叶、杜仲叶等，还有榆钱、槐花、枫树叶等，都是吃春天的嫩芽花。之前吃树叶是为了充饥，满足果腹之需，现在吃树叶则是调剂口味，追求原生的风味，找回小时候的味道。树叶嫩芽口感脆爽，口味清淡，追春应景。

荼者荼也，荼者苦也。茶叶本意就是苦的树叶，以味得名。这可是一顶大帽，那么多苦的树叶，被冠以茶叶，想必当时没有褒义，但关键还是人们愿意吃。“茶”字从草字头，也许造字时是个失误。还好茶叶争气，一路逆袭赢得了全球赞誉，开辟了新境界，拓展出大格局，这让它的对照标杆“甘草”情何以堪？茶得仙名，其他能喝的树叶、草叶、花瓣都“茶冠叶戴”，枸杞茶、苦丁茶（冬青）、山茶（黄芩叶）、文冠果嫩叶茶、荨麻叶茶、花茶、南美马黛茶、南非博士茶等。

茶树其实是叶籽两用植物，籽可以榨油（区别于油茶籽），含油率大约32%左右，以油酸为主（50%左右）。只是因为无性系的推广，茶树有性繁殖被扦插繁殖大规模替代，茶籽产量减少。当然，叶籽同时利用会影响到茶叶产量和质量。

从科学角度，植物进化出苦涩成分，是为了对付虫害。反过来思考，茶树叶又苦又涩，说明茶树有吸引害虫的东西，是花（授粉）？是果（油脂）？还是叶子（糖）？是不是古代的茶含糖量比现在高或者很高？

第二节　风味历史通鉴

人类从寻找食物吃饱到选择食物吃好，经历了怎样的自主意识、科学指导、社会法则等过程？中国古人把茶从药演变成饮时，便发现了茶叶里蕴藏着可欣赏风味的价值，或者说苦有苦的意义，从此开启了茶业新时代。这个过程对今天推动年轻人喝茶有没有启示？

尴尬的感官。人类感知味道的大致次序是早期的混沌—咸（关乎生命）—苦（防毒、治病）—酸（防腐败）—甜（热量、生命）（这些都是刚需）—辛辣与香气（好奇心）—酸（水果）—发酵味（改造自然的味道，醇、醋）—香料（除异味、色彩、提香）—鲜（享受）（这些都是精神消费，文化性的味道）。

进入风味文明时期，香气与颜色也被列入风味的首选项，形成色、香、味并重的多彩局面。好风味植物也往往能得到“药效”的加持，茶叶、咖啡就是典型。风味的进一步发展就脱离了感官束缚，成为身份和地位象征的奢侈品，达到痴迷、追逐的地步，比如茅台酒。

感官的本能是保护生命，但在风味无限丰富的诱惑下，感官也把生命推向难堪的境地。味觉失去保护身体探测器的功能后，变成了被快乐遣使的工具，变胖变钝，紊乱而奢侈。比如对甜味过度追求带来的肥胖和并发症，一再上演“文明的烦恼”。也许终极答案还在“大自然的味道”，尊重自然，顺应自然。

流行到普及。风味进化过程相当保守，所以在接触到新风味时往往会通过融入传统味道的方法处理，以便适应或发扬。反之，做一个吃货并没有什么不好，好奇心在每个领域都是开创的动力，风味探索多数是从闻一下、舔一下开始的。蔡澜说，喜欢吃东西的人，大多有一种好奇心。

风味始终保持着独特的个性，有人喜欢有人讨厌，比如迷迭香。反过来，一些上瘾性风味，也让多数人眷恋不舍，比如咖啡。风味的黏性高，先入为主，要打破旧习惯创造新风味比较难，需要恰当的机遇或高举高打的营销策略。

寻味也是西方殖民扩张的原动力，风味大跃进，让地球上潜藏的美味曝光“氧化”。全球化也是风味全球化过程，“老干妈”辣遍全球，不出家门坐享全球美味，训练了感官，增加了风味记忆，提高了风味认知和鉴赏能力。

一种美味流入人间之初，往往被权力和利益左右，好处是受到重视，提高知名度，垒筑势能，为之后的大繁荣做足广告，缺点是普及速度慢，比如茶叶登陆欧洲。商业世界中，不好的味道经常被用别的味道修饰打扮，披上马甲，假装好风味，比如三合一速溶咖啡。

调味料是浓缩的风味精华，使风味享受更加便利、味蕾膨胀。世界调味料格局形成了欧洲以油脂、辛香料、色拉等为主和亚洲以酱、酱油、咖喱等为主两大风格，也有相应的文化背书。

风味喜好的确有社会环境因素。欧洲人最早迷恋香料，而且追求浓香，因为欧洲的城市化较早，人口集中后环境污染越来越严重，迫切需要“正面”的香气掩盖“负面”的恶臭；欧洲人吃肉多，体味也越来越重，迫切需要香水掩盖体味。

换个维度，从糖的普及速度看看风味传播。甘蔗原产于新几内亚，公元前2000年就传到印度，公元540年前后，贾思勰的《齐民要术》里就有中国种植甘蔗的记载。但是直到16世纪大航海时代被欧洲人发现后，糖和甜味才开始快速传播，此时糖甜的味道已经走过了3500多年的历史。

15至16世纪中叶，欧洲人用各种方法寻找甜的踪迹，比如有一种形状像猴子屁股的小型水果叫欧楂果，富含单宁，即使熟了还是坚硬巨涩，只有到腐烂才柔软超甜，单宁少了也不涩了，成了欧洲人冬天摄取甜味的重要来源之一；大约1550年前后，英国人开始尝到“甜头”，过了100年的1650年，砂糖还是英国人特权身份的象征，从此以后欧楂果熟了落在地上，无人问津；又过了100年，到1750年，砂糖成为富裕阶层的奢侈品；再过100年，到1850年，砂糖成为平民生活必需品，回到风味的初衷、人民的怀抱。这300年是甜味大跃进时代，代价是武力殖民、贩卖奴隶。可见风味普及与很多因素有关，是对风味的喜好追求，还是枪炮的力量？这种传播路径是风味的宿命还是时代的烙印？是感官迟钝，还是风味觉醒？

贡华南在《味觉思想》中认为，中国是味觉优先的思想体系，包括通过味觉形成对世界的认知，以及用形成的认知反过来思考世界，比如《神农本草经》就是以味性辨物命名分类。5000多年，中国茶史是靠味觉演绎的，茶风味史是以苦涩书写的，传统茶文化是苦涩文化，也许苦涩文化的传播速度就慢。

《观茶》中总结道，与糖类似，从1517年茶风味感动了欧洲人的味蕾后，在枪炮的掩护下很快种植到地球上能种的每一个角落，不能种的地方也试过了；在糖甜的诱惑下，到1886年，茶就占领了地球上多数人的水杯，只用了300多年时间便完成了地球之旅，普及率、认知度很高。

科技给风味传播带来了机会：冷链物流带来的保鲜和快捷，添加剂可以延长食物储存时间，提纯物使得某一种风味的集中和高强度呈现，包装技术丰富了超市的货架（但过度包装对风味品质的暗示效应不可

取），发酵技术极大地丰富了味域，育种技术培育出更受喜欢的新品种，发达的媒体让风味普及更快。同时也带来个体和社会问题，比如味觉迟钝和退化，人类本能味觉和通过历史累积下来的味觉秩序遭遇紊乱、体系崩溃。

学习型风味。从婴儿到成年与从适应味道到追求味道的成长历程非常相似。婴儿出生后的本能味觉是通过甜来获取愉悦感，有的家长怕孩子对甜过度依赖，就限制孩子进食太甜的食品；也有的妈妈为了给孩子断奶，就在乳头上涂一点辣味等异味食品。儿童时期孩子的味觉成长速度很快，基本是学习模仿型，看大人吃辣，他们也越来越喜欢吃辣。这些要素对于引导新一代人选择风味似有帮助，引导年轻人喝茶是可行的，只要家庭餐桌上有茶杯的位置、家庭成员经常喝茶，就不怕年轻人不喝茶。

文化名人吴晓波自曝喝茶历程，具有典型意义。茶区生长的人有喝茶的“种子”，遇一点点阳光、雨露就萌芽。作为杭州人，年轻时就喝龙井绿茶，一杯明前龙井慰藉半生时光。普洱茶爆红后，喜欢上普洱的厚重悠长，近些年又突然好上了潮汕的单丛和武夷岩茶，与这些茶的媒体发光程度基本同步，吴晓波自谦一直没有喝出门道。

茶与咖啡。人类饮食用茶的历史比咖啡早。作为原产国，中国的茶和埃塞俄比亚的咖啡“苦命相连”，虽然饮用历史悠久，但饮用方式传统，风味科学不发达，现代茶风味潮流和咖啡风味潮流都不是从原产国出来的。

咖啡从非洲到欧洲再到美洲、亚洲，没有断档，欧洲是过渡期，南美、亚洲是咖啡种植产地，北美是现代咖啡风味、精品咖啡发展的策源地，风起味涌，形成当今全球咖啡格局，欣欣向荣。咖啡风味史留下了丰富的文化遗产，法国咖啡的文艺，意式浓缩咖啡和咖啡机技术，美式咖啡的商业。其中美式咖啡成功地蜕变为精品咖啡，实现了从量变到质变的跃迁。由于美式咖啡制作简单，满足刚需，所以需求量大，普及率高，在此基础上诞生的精品咖啡，和谐地“统一”了全球咖啡风味，得益于创新文化。

茶叶从亚洲到英国后，就断了线，尽管被移植到南亚、非洲种植，那只是英国的后花园，茶风味科学和风味潮流没有发展起来，是不是垄断耽搁了中国茶叶？看来在风味领域，多样性法则也是适用的。直到近年来才有两种“微风”刮起，一是各类中国非红茶出口，同时印度、斯里兰卡、肯尼亚模仿中国制茶模式生产非红碎茶；二是中国大量进口斯里兰卡、肯尼亚红碎茶。背后的风味“索引”是中国传统清茶风味“风水轮流转”回来，同时，斯里兰卡和肯尼亚红碎茶的高品质和低价格，适应了中国市场红茶基底调味饮品和工业化瓶装茶饮料的需求。

全球茶叶产量持续增长，特别是中国茶产量过剩，国际市场茶叶贸易价格低廉，茶农开始从重产量转移到重质量，但在品质方面着重苦涩滋味的改进。近几年茶风味科学兴起后，在台湾、福建、广东茶区的带动下，香气越来越成为茶风味消费的主流，从品种和工艺上大幅度改进和创新，呈现出百茶争香的可喜景象。

第三节　基因里的茶味

《写在基因里的食谱》中说：“在某些情况下，某个社会群体对于食物的选择能够改变与生俱来的生物学特性，并且由此带来遗传物质层面的适应。”人类对食物的适应过程是通过不同的生物进化实现的，因此并不存在放之四海而皆准的“健康”食物和统一的饮食方案。那么“风味”呢？如果多数人对风味存在一定的趋同性，那么同质化与多样性的矛盾如何解决？好在风味趋同有一定的地域范围，对一种风味的需求或消费量不至于影响到一个人饮食的大部分。

茶进入中国人的生活有5000多年了，一定在基因里留下了痕迹，在文化基因和生物基因里，“苦口良药”“苦涩甘甜”“小时候的味道”“柴米油盐酱醋茶”，喜欢茶正是我们身体里的遗传密码使然。

茶风味进化。茶是治病的药，苦海无边，改善茶风味就有了动力。改变茶风味有两条路径，一条是从茶自身内在的本质改变，以中国为代表的种植和加工技术，如大叶种驯化成小叶种。从偶然发现发酵、烘焙对茶风味的提升作用后，便开始了新的美好“茶生”，红茶、黄茶、乌龙茶、黑茶、白茶应运而生，垄断了茶的命名，无形的知识产权也使中国茶站到高地上。另一条是从外添加其他成分来改变，如外国人加果汁、香精、糖加奶，甚至加啤酒、氮气、黄油，不知道谁是主角，五味杂陈，风味百变，潮流茶饮势不可当。

茶树遗传过程中，聚集了20%～30%的茶多酚，这是极其罕见的。科学家认定，茶多酚、茶氨酸是茶树的基因特征，以此为线索开展茶树基因组学研究，发现在几十万年的进化过程中，茶树发生了两次基因突变，突变使得与儿茶素次生代谢相关酶的基因大量复制，从而茶多酚含量大幅提升，但不知道这是茶树自己抗虫害的选择还是人类对茶多酚的选择。

风味人间，始于香料。香料是风味之母，风味的风味。香料与茶的关系也由来已久，唐代人们在吃茶煮饮时会把姜等香料加入茶中，当今国外仍有将豆蔻、肉桂等加入茶中煮，说明香料对风味的统治作用。

窨制花茶，“树上开花”，汲香于花，取长补短。茉莉、玫瑰、栀子、橘花、梅花等不仅好看，赋能茶的颜值，还有特别的香气，加持茶的风味，人们对刺激性风味的无限追求。

风味感官。物质是基础，味是精神反应，感官是传感器、翻译官，也是风味物质的道场。难以想象，如果感官不灵，精神世界要加几个百分号。人类感官中，味觉是最基本的、最古老的，大约20亿年前开始进化，其次是视觉和触觉，大约是5.7亿年前开始的，再后面是嗅觉，大约是5亿年前开始，最后是听觉，大约是3.75亿年前发展起来。

视、听、触、嗅、味五感是中介，人类认识世界靠的是五感及意象，即默会之知。感官的经验方式反过来影响思维方式，将五感升华为思维。西方认为视觉优先，视觉高高在上，总是统治“第一印象”，所以将视觉思维等同于理性的抽象思维。中式思维重视以感为基础的介入、参与，味觉思维是感性的，多了一分“明暗兼摄的幽微之处”。但中西方都将“味觉（taste）”引申为品味、趣味等意象，由“味”及“道”。

另一方面，感觉传递到大脑使用频率最高、路径最短、效率最高的感官是视觉和听觉。西方人对五感的排序是视觉、听觉、触觉、嗅觉和味觉，柏拉图和亚里士多德认为味觉器官是低级感官，味觉的主观性强于客观性。贡华南在《味与味道》中分析，视觉属距离性感官，味觉属参与性感官，参与性感官会介入对象，可反复回味，细嚼慢咽。中国文化注重味觉，中华餐饮风味流派众多且味道浓重，锻炼出人们发达的舌尖。

酸苦基因。人类对酸、甜、苦、咸、鲜的感觉已经刻在基因里，咸是生命起源里的味道，酸、苦是适应自然生活的味道，甜是能量的味道，鲜是文化的味道。

在不同文化传统中，五官的使用和效果并不齐同，那么这种差异有没有在人类基因中留下一点痕迹？中国人基因里的茶风味表达究竟是什么？总体上中国人能够接受苦而不喜酸，比如典故“王戎不取道旁李”入选小学语文课本，柠檬在日常生活中用得很少，传统醋是粮食酿造的地域特征明显的酸味，与柠檬等水果不同；欧洲人更接受酸而不喜苦，欧洲从中国进口苹果汁要求有一定酸度，一般苹果达不到，需要添加青苹果或新疆的野苹果。

研究发现，人的酸味敏感度，基因因素起到约53%的作用，高于环境因素的作用。人类对酸味味觉的进化多少也与维生素C有关。因为我们的祖先可以从树上吃到大量富含维生素C的水果，大约1600万年前，人类负责维生素C合成的基因发生了突变，从此人类失去了自己合成维生素C的能力。如今欧美人每天冲泡维生素C饮料，中国成了全世界维生素C产量和出口最大的国家，但中国人没有喝维生素C的习惯。

苦味是一种预警信号，植物的苦是为防御被动物吃掉，人尝到苦是预防毒性。祖先在寻找食物和药物的过程中遍尝苦物，甚至付出生命代价，亘古以来所吃所喝的苦，不是单一的味觉感受，而是多种情感的集合，是全身的反应，刻录在基因里。当然确实没有针对茶的特殊基因，姑且把茶放在中药这个大类里，对苦味的接受（谈不上喜欢）是最显著的特征。

苦味受体基因不是在实验室发现的，而是在计算机数据库里找到的。科学家已发现苦味受体有23个，而甜味基因只发现3个。这是自然进化的结果，必须复制出更多的苦味基因，才能布下天罗地网来侦察有毒物质，保命比甜蜜更重要。

科学家认为人类是在50万到150万年前开始能够辨认苦味。研究人员在过去80年调查发现，在中国的一些地方有95%的人可以尝到苦味，在印度一些群体中约有超过一半的人无法尝到苦味，而在英国一些地方，约有三分之一的人尝不到苦味。

只有能尝出苦味才能发展出辨识能力，才能利用苦味，也就能接受苦味。苦味基因TAS2R16的特点是突变以后对苦味更加敏感，非洲之外90%的地球人的苦味基因TAS2R16都突变过，只有非洲人的这个苦味基因几乎没有突变过。人类从非洲走出来，基因突变发生在探险迁徙中。老年人的苦味基因TAS2R16发生突变的概率较高，缺少这个突变的人寿命较短。

专家推测，5000—6000年前中国发生过大规模的自然筛选，由于医学不发达，味觉充当了医生的职能，那些不能尝出有毒植物中苦味的人会被自然淘汰，同时无毒或低毒植物被保留下来。中国人的苦味本领是吃中药练出来的，神农尝百草，以苦治苦，以毒攻毒。

TAS2R38也是苦味基因，这个基因强的人可以感觉到大白菜、菜花、啤酒中的苦，这种苦是苯硫脲成分，地球上有30%的人无法感受到这种苦。

研究发现，味觉超常人群中女性多于男性，亚洲人和非洲裔美国人中味觉超常的人比白种人多。也许是味觉钝化效应产生的，就是长期高刺激味觉饮食可能造成味觉钝化。现代文明带来风味饮食多样化，越来越追求风味强度高的饮食，味觉麻木退化了。

味觉是个复杂问题，最新研究认为，苦味敏感度可能隶属于一个比味觉更为复杂的身体系统，和酸味、甜味、咸味之间也有关联，也与个体舌头上苦味受体的数量和突起有关。味觉与很多疾病也有关，对DNA的破译发现味觉受体遍布全身，包括胃部、肠道、肝脏等，肠道里分布着有苦味受体的内分泌细胞，嘴巴里的苦味可能来自肝脏。受体之间形成一个复杂的感官网络，将体内的各种细胞串联起来，人体就是通过各种受体感知外界并通过电化学反应传递到身体各部位产生生理反应的大系统。这就可以解释对苦味敏感的人排斥苦味（减少接触毒物概率可以提高存活率）、吃肉多的人苦味基因会退化、常吃苦味饮食的人苦味敏感度降低、苦味食品延年益寿等一些特殊现象。

苦味耐受还是一个文化基因“遗传”问题。中国人愿意接受苦味饮食（如中药、茶业、咖啡、苦瓜、苦菜、苦苣、柳树芽等）与生活经验有关，苦口良药、苦药泻火等与健康联系起来；苦口婆心、苦尽甘来等与文化联系起来。

综上，“吃苦”有两种人，基因突变感受不到苦味的人因为不知苦而敢于“吃苦”；中国人的苦味基因发达，对苦很敏感，却能吃绿茶、苦瓜、中药等苦味重的食物，这是吃的苦太多、苦文化的作用，这是茶与中国人的特殊因缘。正是因为能被人食用，苦味植物才得以生存保留下来，没有被自然淘汰。

鲜甜基因。鲜味感知细胞有九种，其中有两个偶联蛋白TAS1R2和TAS1R3，而用于感知甜味的两个偶联蛋白细胞是TAS1R1和TAS1R3，二者都含有细胞TAS1R3，所以甜味和鲜味同时被感受，如影随形，相伴相促，茶氨酸有甜味和鲜味，与人的鲜甜基因完全耦合，真是天赐尤物，人与茶在生物基因层面上的特殊亲和力。

在分子水平上，其他能够带来鲜味的物质是蛋白质DNA、RNA断裂的产物，以及氨基酸的衍生物。这些物质在糖和氨基酸的美拉德反应中生成，所以好的茶都要反复拉火、精细烘焙，发展充分的美拉德反应，强化鲜味、甜味、香味，香在很大程度上是鲜甜。

代谢。与风味有关的另一个基因问题是代谢，就是说对某种风味物质的代谢分解速度也会影响人群对这种风味（物质）的喜好和消费。比如中国人和非洲人对咖啡碱代谢速度慢的人多、快的人少，而欧洲和拉美人群正好相反。代谢速度慢就会在身体中停留时间长，副作用大，因此中国人和非洲人天生就不能多摄入咖啡碱。但是这也不是绝对的，2014年的一项研究认为，这些基因因素对于咖啡消费的影响力只有7%左右。

喝酒拼的是肝，不胜酒量是因为肝脏分解酒精的能力较差。喝茶拼的也是肝脏，醉茶是咖啡碱摄入过量，造成人体内电解质平衡紊乱，使人体内酶的活性不正常，导致代谢紊乱，低血糖叠加兴奋中枢神经，机体就会出现心慌、头晕、四肢乏力、呕吐等不适症状。咖啡碱含量高的浓茶口感生硬酽醇，喝了容易出现醉茶现象。所以高咖啡碱绿茶、毛茶或普洱生茶（其实是绿茶）也叫“酩酊茶”，同时这类茶也是回甘显著的茶，长短相形，平衡为术，反正都是要醉的，或麻醉或陶醉。

奇妙的是茶叶有自解咖啡碱的功能。茶叶中含有4%～8%的茶氨酸，茶氨酸是镇静剂，（酸）可以自动中和咖啡碱的兴奋作用，这样的植物在自然界并不多见，也许是绝无仅有。这为喝茶找到了自洽的科学依据。两杯茶所含L-茶氨酸（50毫克）就可以抵消咖啡碱（75毫克）收缩血管所带来的神经兴奋作用，让人进入放松状态。

第四节　茶风味资本

彭慕兰在《贸易打造的世界》中说，16世纪的运输革命，使得致瘾性商品，如茶、咖啡、可可、烟草、糖等成为国际贸易的基础商品，为17世纪、18世纪的欧洲创造了很多税收，有时还充当货币角色，19世纪广为普及，失去了它们原有的革命魅力和标举个人身份地位的意涵，原产地的标签被淡忘了，反倒成为消费国鲜明的文化标签，一部“亚洲植物、欧洲资本、非洲劳力、美洲土壤”模式的风味史，演绎出5个多世纪的世界史。

吃喝经济离不开“风味资本”。这里选取一个角度，重点从茶风味与经济、资本结合，看看茶作为一种风味商品如何将贫穷的原产国与富裕的消费国联系在一起，富人如何通过贸易和创新推动茶风味的演变。

历史上风味与资本互相选择、互相促进，是全球化最早的刚需之一，扮演过经济、政治、战争等角色，是受益者也是受害者。茶叶曾被赋予药物、食物、宗教、开智、汲取创作灵感、上流社会“身份提升器”等不同角色。全球范围内直到1889年，印度大量产出茶叶并超过中国产量时，茶叶定位到百姓饮料地位。

垄断资本。任何好货逃不脱资本的追逐，资本有逐利的本性。茶与糖、咖啡、可可不同之处在于，欧洲强国不仅殖民了糖、咖啡和可可的宗主国，并很快将甘蔗、咖啡、可可带到世界各地种植，供应量快速增加，垄断了糖、咖啡和可可的国际贸易，垄断资本获得巨额收益。而欧洲强国只垄断了茶业国际贸易，也获得巨大利益，但并没有完全殖民中国，欧洲强国从第一次喝到中国茶到1889年大约370年，这期间中国外贸政策变化大、不稳定，茶叶供不应求，因此还爆发了鸦片战争，同时也定格了此后的全球茶叶格局，中国沦为茶叶种植国。

茶叶是古丝绸之路上的硬通货，影响之广、之深无货能比，茶叶的资本属性明显增强放大，甚至有类金融的迹象。茶叶贸易带来金融、货币、资本领域的变革，包括1602年荷兰创立了股份公司，即使是当今的芯片也不可比拟。

垄断是市场的大毒瘤，反垄断法出现是人类文明进步的标志，但能做到垄断也是一种本事，垄断利润非常诱人。葡萄牙人主宰世界蔗糖生产一百年，到1700年前后欧洲已经可以很便宜地买到糖了。可可豆是第一个获得欧洲人青睐的提神剂，被西班牙垄断，所以有了举世闻名的西班牙巧克力。咖啡豆是第二个来到欧洲的提神剂，最早是由威尼斯商人引进，所以留下了意式浓缩咖啡；法国商人也控制了摩卡港咖啡贸易，并引种到美洲，所以今天的法式牛奶咖啡仍然是主流饮品；英国人也很早迷上咖啡，但咖啡贸易竞争激烈，英国人发现咖啡贸易很难控制，无法实现垄断，而茶叶更有利于实现他们在中国、印度的贸易计划，于是琵琶别抱，很快便垄断了中国茶叶国际贸易，并独钟喝茶。这直接产生了三个影响世界历史的后果，一是英国还想垄断控制北美茶叶贸易，直接导致“波士顿倾茶事件”和美国的独立建国；二是直接导致中国茶叶除了在英国的普及繁荣外，在欧洲其他国家、北美和世界其他地方贸易受阻，导致中国茶遇冷而咖啡上位，当印度产茶替代中国产茶时，中国茶便一落千丈，某种意义上或一定程度上也影响了中国的国际地位，限制了中国的发展，阻断了中国的全球化进程，造成近代中国的落后和挨打；三是除中国、日本之外，全世界只知道红碎茶一种茶产品，对中国的白茶、绿茶、黄茶、乌龙茶、黑茶、花茶、整条茶及其风味全然不知。

行业整合。一个行业或者产业的发展，都要经历创业—成长—并购—整合—龙头企业形成的过程，资本在每个时期都扮演重要角色。国际上已经形成了川宁、立顿、约克郡等知名茶品牌，我国近几年茶企品牌发展迅猛，也有整合不力者，如滇红。

长期以来，茶叶全球市场价格被压制得很低，印度、斯里兰卡、肯尼亚茶叶出口大国产品单一（红碎茶），以农业为主的不发达产茶国，缺乏市场信息，价格涨不起来，受到以欧美发达国家和伊斯兰国家为主要进口消费国的压制，这是殖民的残留后果。拿什么来拯救全球茶业？国际组织推动提高消费者对可持续发展和道德消费的意识，但效果甚微。

显然，全球茶业低迷，还没有到行业整合的时期。反观全球咖啡业，并购、整合、扩张，如火如荼地进行着，带动了种植、贸易、资本和终端消费市场，近几年中国咖啡市场的爆发式增长，买遍全球精品咖啡豆，让非洲和南美的咖农受益匪浅。以精品咖啡为旗帜的咖啡馆遍布城市角落。咖啡业的再度繁荣起因于风味消费升级。

当前全球咖啡业的格局是“种植＋消费＝风味＋资本”。非洲和南美负责种植，利用当地原生态环境，改种优良品种，吸引全球贸易商和咖啡馆直接拍卖交易，优质优价，显示出风味的魅力，咖农小规模种植，小农经济无法对接资本市场，也就没有资本整合；另一端是咖啡馆负责风味创新，掀起一波又一波的风味潮流，吸引消费者买单，依靠资本市场融资不断开店扩张，行业整合风起云涌，显示出资本的领导力。

第五节　茶风味文化

风味因为贴近生活，所以容易形成文化，文化反过来推动风味产业发展。风味可以释放欲望，安慰灵魂，比如古墓里发现很多风味饮食。风味是所有人的追求，所以风味文化普及性高、传播速度快。风味从生理感受转换为文化品位，需要加工，所以风味文化与种族信仰有关。风味文化高雅唯美，是人类幸福感的来源之一，所以风味文化是促进人类文化重组、促进全球化的原动力，1902年，法国传教士为了能在中国喝到咖啡，就把咖啡引种到云南大理宾川县的山上。

麦奎德在《品尝的科学》中说，我们吃的不是食物，而是文化。文化乃社会习惯，如果饮食能渗透到生理、精神、宗教等方面，便较容易形成文化特征并传播。茶就是这样的风味饮品。

风味需求与生活的温饱关系更直接，只有满足温饱问题之后，才有可能讲究风味，毕竟好的风味饮食要支付更高的价格。中国传统茶文化主要内容是茶艺和茶道，重在道具和表演，因为观赏性和参与性而流传，仪式中茶只是道具之一，与风味关系不大。另外，茶风味科学发展落后于葡萄酒、咖啡。据统计，1999—2019年国家自然科学基金共资助涉茶科研项目645项，总金额不到2.55亿元，规模化启动茶叶科学研究大约是在2009年。局面正在改变中，截至2021年，茶业已有两位院士，安徽大学、湖南大学、浙江大学等30多所高等院校开设茶学专业，国家级茶学研究机构有中国农业科学院杭州茶叶科学研究所，茶区各省市都有自己的农科所在研究茶叶。

全球主流茶风味可以简单地分为两类，一类是中国、日本之外的冲煮红碎茶加香料、牛奶和糖，高度同源于殖民文化；另一类是中国、日本的清饮，中国、日本茶文化高度同源。在此选取几个角度探讨茶风味文化的特征，不是茶文化也不是茶文化历史。

第一，风味文化的演绎模式。形成风味文化，需要茶和人都有“文化”，茶自身素质如色、香、味、口感要好，这是本书着重要讲透的；人要有欣赏茶风味的能力和提炼演绎文化的能力。

中式茶风味文化是在漫长的历史中自然而然地在日常生活中形成的，与健康、营养、风味、成瘾有关的节约型风格；而英式茶风味文化是与富裕、休闲、怕苦有关的奢侈型风格。所以中国有丰富多彩的绿、白、黄、青、红、黑茶，在风味上下功夫，挖掘茶风味潜能；红茶被欧洲人拿去后像做手术一样改造修饰，回避苦涩，也因为他们有糖有牛奶。

另一差异在于用热水还是冷水泡茶，我们习惯热水泡茶，外出旅游找烧水壶；美国人喜欢冷饮，外出找制冰机。冷、热本身就是风味，茶香只有开水才能带出来，同时带出苦涩，所以回避苦涩就用冷水，而冷水解渴降温的说法是不科学的。中医认为生冷饮食伤身，而美国人就喜欢生冷食品。

第二，风味文化是“色彩文化”。色、香、味中色在先，风味文化中色是第一位的，色有情调，容易被文化。黑乎乎的咖啡最早被视为“死亡之饮”，所以要加入牛奶变色。《观茶》书中认为星巴克其实经营的是颜色，“色彩主义”是可以用来贩卖挣钱的。

色本身也是风味，与视觉完美搭配，看颜色就是欣赏风味，有暖色冷色。视觉高高在上，纵览全局。人类的视觉只有三原色，而鸟类还有紫色四原色，所以叫鸟瞰，能够识别红色、黑色成熟的果实。

食物颜色和味道之间没有固定的关系，但视觉会影响味道的判断，视觉欺骗味觉是文化差异所致。研究发现，颜色通过文化背景影响到人们对味道的判断。比如全世界几乎都用粉色来对应水果的味道，对于肥皂的味道，多数人对应的是白色和蓝色，而德国人选择了黄色和绿色，新西兰人选绿色。为了避免颜色对味觉辨别能力的干扰，通常在红光下举办风味品鉴活动，专注于质地和味道。

第三，风味文化是“复利模式”。爱因斯坦说世界上最强大的力量不是原子弹，是“复利＋时间”，称复利为世界第八大奇迹。复利F＝P（1＋i）n，是投资回报的标准模式，但现实中绝大多数投资得不到复利回报。其中i是利率，n是时间，P是初始资本。2021年上海高考作文，“有人说，经过时间的沉淀，事物的价值才能被人们认识；也有人认为不尽如此”。不管什么事什么人，时间毫不留情地一秒一秒流逝，人或事的价值（F）要在P和i的作用下才能发挥出时间的作用。

复利是一种滚动发展，核心思想是将利润再投入，或者说将产出再投入变成产能，倒果为因，实现高增长高回报。俗话说，滚雪球要的是足够长的坡和湿润的雪。复利（1＋i）n是一种机制，体现在（1＋i）是大于1的放大效应。复利是时间的玫瑰，是坚持带来的“红利”。

把数学语言转化为经济语言，复利效应就是系统要有正反馈，带来自我强化，越大越强，越强越大。比如，人们都说武夷岩茶中肉桂品种风味好，茶农就多种肉桂茶。喝茶的价值是健康快乐，风味比作利息，文化比作资本，时间作用于好的风味之上，在文化的加持之下，风味的价值就体现出来了。

饮茶无关饱腹，但涉健康与精神。茶风味文化的“复利机制”，就是靠风味的感染性而自复制、自传播，利滚利式的放大，指数式的传播，不断创造新的“风味＋文化”，特别是中国、印度、斯里兰卡、肯尼亚主要产茶国风味文化的创新和传播，必将迎来茶业的繁荣。

第四，风味文化的“快慢模式”。农业时代，生活工作节奏慢，人们有足够的时间研究和欣赏饮食，问题是科学技术不发达，思维受到局限，创新不常有。“慢节奏文化”可以全方位欣赏风味，特别是香气。

快节奏饮食模式适应了工业时代，快餐快饮的“便利化”在工业国家占据主流，也使得茶饮受到冷落，或者说茶文化变革得太慢不能适应工业社会需求。“快节奏文化”适合机器加工，主要在于满足味觉。网络智能化时代解放了部分手脚，节奏可以慢一点，茶的机会又回来了。

第六节　茶风味地理

茶风味有产地风味、加工风味和添加风味，每一类风味都有显著的文化属性，都带有自然的和人文的地域特色。

风味地理是自然地理与文化地理的结合，是自然、社会、文化在时空中存留下来的人类智慧财富。茶风味地理从茶树种植分布、饮茶风味喜好、潮流茶饮趋势等几个维度考察。茶风味地理要区分产茶区与非产茶区、主产茶区与非主产茶区。全球主产茶国有中国、印度、斯里兰卡、肯尼亚、日本，非主产茶国包括越南、印尼等50多个国家和地区。中国主产区是福建、广东、浙江、江苏、安徽、湖北、湖南、江西、四川、贵州、广西、云南、河南、陕西，非主产区有海南、甘肃、山东、山西等。

茶风味消费热点形成要素。风味取向有赖于生活。西方餐与饮风味取向一致，甜淡油润，符合儿童口味，不喜欢苦；中国餐与饮风味取向似乎也一致，饮食酸辣刺激，符合老年人口味，能接受苦。

印度、斯里兰卡、肯尼亚的茶叶加工方式都是英国人设计的，模式基本一致，切碎发酵是主要工艺，加工温度不高，茶风味以“发酵味”为主，彻底改变了茶青原有的味道，与欧洲人喜好发酵食品风味一致。发酵食品易于消化，且与牛奶、糖最搭配，成为西方主流风味，红茶汤酷似葡萄酒，以茶代酒也是一些国家喝茶的动因，奶茶酷似蘑菇奶油汤，国际上蘑菇奶油汤的地位堪比中国的番茄蛋汤。

历史上，茶风味风格是在中国和英国形成的，当今茶风味消费活跃度高的是中国、日本和美国，这可以从茶风味研究窥见一斑，按照茶香气研究领域里发表论文数量，从1979年至2019年，中国占35%以上，日本占16%多，美国占12%左右。

主流茶风味。茶树的英文学名Camellia sinensis，除过那些叫茶非茶的植物，全球有文化的茶风味有中式、英式和美式，中式是六大茶类和花茶的清饮，英式是红茶加牛奶，美式是红茶加果汁。严格地说，只有中式是正宗的茶风味，或者说中国人喝出茶的真味、真谛，英式、美式只是调制茶饮料。近几年，这三类茶风味饮料加速融合，有大一统趋势。

工夫红茶（整条茶）最早是中国生产的，新中国成立后为了出口也生产过一段时间的红碎茶，国外生产的几乎全部是红碎茶。红茶全球普及度最高，占全球茶叶贸易和消费总量的70%～80%。这里比较一下全球红茶风味特征，以逐步建立风味术语和描述。本书以茶叶所含风味化学成分作为风味描述的基础，建立起“风味物质—风味”对应关系，这可能给读者带来麻烦和厌恶。

表1-1是斯里兰卡、肯尼亚、中国云南大叶种和南方小叶种制作的红碎茶风味成分和表现。斯里兰卡和肯尼亚红碎茶滋味浓强醇爽，而中国小叶种制作红碎茶有点大材小用，鲜甜香的特点发挥不出来，云南大叶种红碎茶滋味浓强鲜爽，曾经大量出口，深受欢迎。20世纪80年代后中国彻底放弃了红碎茶生产和出口。

人们对茶多酚爱恨交加，爱它带来浓、强、醇、爽、色风味，恨它带来苦、涩风味，金无足赤，茶无完味。因为有人的情感参与，就赋予了文化，这就是本书所倡导的风味文化，也是本书擅用的数字风味。有些文化是全球通识，有些则是地域所见。

表1-1　四地红碎茶风味成分表

产地	茶多酚（%）	茶黄素（%）	茶红素（%）	咖啡碱（%）	醇爽度得分	浓强度得分
云南大叶种	23.07	0.77	14.10	4.06	45.0	44.8
南方小叶种	12.36	0.42	10.30	3.63	21.4	23.0
肯尼亚	19.24	0.97	11.94	3.91	50.3	38.3
斯里兰卡	19.26	0.89	12.41	3.80	48.1	35.6

主产国茶风味。大体分为两类，一是以中国为代表的原创手工制作，茶中饱含茶人情怀，包括历代皇帝亲自“站台”，在漫长历史发展过程中自然形成，绿茶为主，六类茶并进，所以风味丰富多彩，原产地杂交突变带来的品种多样性和风味多样性是其他任何产区所不具备的，近年的趋势是所有茶区都在尝试生产全类茶。日本茶风味保留了唐宋遗风，由于日本人对“鲜”的热爱和追求，强化了绿茶的鲜。另一类是以印度、斯里兰卡、肯尼亚（包括坦桑尼亚等）为代表的按照英国订单工业化机

器生产形成的，茶树品种单一，风味简单一致。印度除了大吉岭茶，其余都制成红碎茶，斯里兰卡和非洲全是红碎茶，被英国人拿去做成袋泡茶（占85%）销往全球，近年来，国外也开始尝试生产白茶、绿茶、乌龙茶。

全球绿茶主产国和主消费国重叠，只有中国和日本，中国绿茶熟板栗味、豆香味，或花香味，日本绿茶类似海鲜的鲜味。日本茶区纬度高，春茶季是立春后的90天开始，集中在清明后谷雨前，日照柔和，气温较低，日夜温差大，茶叶生长缓慢，个性轻柔，香气细致，滋味淡薄，口感果胶质圆润，儿茶素不威严，余味较淡。日本三大区域名茶静冈茶、宇治茶、峡山茶，多为绿茶，其中峡山茶也做过红茶。

日本人做事的工匠精神在制茶中也体现得淋漓尽致，最有代表性的是对茶色苛刻、极端追求，干茶和茶汤鲜绿、嫩绿、翠绿、亮绿、墨绿，无所不及，这就是带味的文化，日本茶的全球贸易均价最高，卖的是风味文化（故事）。日本绿茶分为煎茶（类似于龙井）、雨露（类似于毛尖）、抹茶、番茶（类似于六安瓜片）、焙茶（类似于闽北青茶）等。国际上有影响力的日本茶是抹茶，鲜极的风味、超细的粉末、嫩绿的颜色和神圣般的茶道。日本对瓶装茶饮料的创新，克服了不少技术难关，开辟了一个巨大规模的茶饮料市场。

全球主产国引以为傲的是三大高香红茶——祁门红茶、大吉岭红茶、斯里兰卡乌瓦红茶。大吉岭红茶以麝香葡萄风味留名，乌瓦红茶以浓香青涩著称，祁门红茶以蜜香、玫瑰香获得世界口碑，全球公认。由此可以看出，风味以香为主，香气最能感动人心。茶虽然不如香料那么香，但要征服全球人的感官或审美，非香气莫属。反过来说，人类有近乎一致的风味审美价值观，这也说明嗅觉对于风味的头等重要性。

祁门红茶出口量小，倒是肯尼亚、斯里兰卡红茶由于性价比高，近年大量进入中国茶馆饮料市场。表1-2是主要产茶国红茶风味特征表，大吉岭、祁门、乌瓦、武夷山桐木关茶树种植区山地陡峭，立体气候，自造雾雨，都是风化的砂砾岩，透水性好，矿物质含量高，孕育了世界级香茶。肯尼亚的茶树种植在高地，整体海拔高，但山地不陡，还容易干旱，不易形成高香。

表1-2　主要产茶国红茶风味特征表

产地	香气特征	滋味特征	茶汤特征	其他特点
肯尼亚红茶	香气不彰	浓醇涩，余韵长	鲜艳明亮	做成袋泡茶
锡兰乌瓦红茶	薄荷、铃兰芳香，重香刺激	清爽利落的涩，深度丰润的滋味	明亮的正红与橙色之间	海拔 1200 米以上，7—9 月干燥季采摘
印度大吉岭	春茶麝香葡萄香、金银花香	清爽润喉顺口	汤色浅黄	海拔 2000 米，3—11 月采摘
印度阿萨姆	麦芽香，甜香	茶多酚含量高，浓烈稠厚	下汤快，暗红，褐色	大叶种
滇红	蜜糖香，甜花香	浓烈醇厚	橘红透明	大叶种
正山小种	松烟，香气高长	桂圆汤味，蜜枣味	浓红	小叶种
祁门红茶	蜜枣香，苹果香，玫瑰香	醇厚，顺滑，尾韵甜	艳红明亮，金圈明显	槠叶种蔷薇类柔和花香

非主产茶国有越南、泰国、印尼、土耳其、孟加拉国、尼泊尔、乌干达、马拉维等，有些地方虽然种茶，但产量很小，而且以红碎茶为主，没有形成具有明显地域特征的茶风味或饮茶习俗。

越南茶叶产量居全球第七位，出口量全球第五，2020年平均出口价格1621美元/吨，越南红茶与越南咖啡（罗布斯塔品种）类似，风味平稳，颜色偏黑，汤色偏暗，多用于拼配。印尼位于赤道上，一年四季气候变化小，茶风味稳定，红茶涩感明显，就像辛香料般的刺激，汤色红褐。

非产茶国有进口大国巴基斯坦、俄罗斯、美国、英国、独联体国家、埃及、伊朗、摩洛哥、沙特、伊拉克等，他们都是加料模式，尝不到茶的真苦、真甜、真鲜、真香的自然风味。茶汤添加料方面，形成四大主流模式，加糖、加奶、加果汁、加香料和加黄油。加黄油就是酥油茶，国际上叫“生酮”饮料，“生酮饮食”是当下流行趋势，指低碳水化合物、高脂肪、高热量饮食，是专门针对糖的不健康而研发的网红饮料。

拼配是英式茶主流，早茶由阿萨姆、斯里兰卡和肯尼亚茶拼配而成，似乎是男人的加油站；下午茶由大吉岭、阿萨姆和斯里兰卡茶拼配而成，仿佛是女人的梳妆台。

1904年，在美国圣路易斯举办的世界博览会上推出了冰红茶，从此茶进入“冷饮时代”；1908年，茶包商品化，喝茶进入平易近人的便利时代；美式现代潮流茶饮，与冷藏技术、超市的出现和快节奏生活有关。

速溶茶是个特殊领域，本身风味无特色，但由于便利性，作为添加剂用于各种场合。印度、斯里兰卡、肯尼亚产茶大国大量生产速溶茶粉，出口到英国、德国、爱尔兰、美国、加拿大、日本、智利等国。美国、英国、智利二次加工包装后转为出口，2017年，美国进口速溶茶11119吨，出口11185吨；英国进口速溶茶3950吨，出口2580吨。

为什么英式茶风味垄断了全球80%的市场？北半球国家原产的风味特征明显的饮食比较少，一旦获得强瘾性食物，便如获至宝，而且不受原产国饮食习惯的束缚，很快就适应并创造出新的风格，茶、咖啡、可可都是这样。

最早欧洲人喝中国茶也是清饮，正山小种红茶香而不苦。后来糖多了吃喝就有任性的资本，创造了每顿饭以甜点结束的“甜心”模式；牛奶从乡下运到伦敦，搭配刚从印度来的苦味红碎茶，成了一种风尚，点缀了贵族生活的“舒心”模式。不管哪种，都是用“点心”的方式，让心情更舒畅、精神更愉悦，就算是食疗吧。确切地说，人时时刻刻都在自觉或不自觉地寻找适合于自己的生活方式和精神寄托（物），风味瘾就是风味疗。

为什么英国没有沿用中国整条茶的形式，而是开发出红碎茶？一是英国人在印度做了大量试验，发现红碎茶便于工业化大批量生产，效率高，可控制成本；二是便于大宗包装运输，占用空间小，有利于长途海运，同时便于到了英国后小包装分装称重，便于拼配；三是成茶规格均匀一致，风味品质稳定，俨然是一种工业思维，不顾茶的风味本性。

中国人“看茶做茶”，没有两个茶企的加工工艺是完全一致的，费时费力，成本高，品类多，一茶一味。而红碎茶是工业化、规模化、标准化加工，成本低，价格廉，工艺条件一致，加之拼配，千茶一味，多数以袋泡茶形式出现，简单无趣。所以，主要是价格，其次是方便，这两个因素决定了红碎茶80%的市场，其他还有政治、文化等因素。

1876年，切茶机发明，十年后印度茶产量就超过中国。1950年后，中国曾经引进技术和设备生产红碎茶，最终还是放弃了。究其原因，最主要的是味不对口、红碎茶汤色棕褐不清、下汤太快不易控制、滋味浓强刺激、碎末不易过滤等，而且那时糖奶还很稀缺。唯独在制茶领域，先进技术“学不了”，这充分说明中国人对茶风味的领悟、茶风味的艺术性、风味文化的惯性。

变化在悄然进行中。2013年之前，英国市场上全是红碎茶，其中伯爵红茶（红茶中添加柠檬柑橘香精）占到89%的份额。2013年，英国开启现代饮茶模式，绿茶、乌龙茶、工夫红茶等散装茶进入英国市场，到2018年抢到2%的市场份额。当英国人想要一点点奢侈享受的感觉时，就会冲泡散装茶（相对于袋泡茶），他们认为散茶总是能带来更好的风味。

时间是试金石。联合利华的茶叶业务占全球市场10.6%的份额，怎耐2020年宣布剥离旗下茶业务，2021年又将全球茶业务ekaterra出售，意味着旗下立顿等34个品牌被母公司抛弃，一方面是近年来红茶在西方国家的需求量下降，袋泡茶被认为是低端产品，特别是在中国受到鄙视；另一方面可能预感到全球茶业面临变革，对未来发展看不清楚，比如中国绿茶是不是会取代红茶成为全球新宠。

中国茶风味地理。解析中国茶风味地理，要避开成茶的形状、颜色、陈新、包装、价格等“相貌”对风味价值的干扰，也要回避“区域公共品牌”“历史名茶”“新十大名茶”“品牌价值评估”等非风味因素的干扰，应从品种、种植、工艺、风味物质含量、风味审评等角度来评价风味价值观，就风味论风味，确定风味——地理坐标。需要一点勇气，抛弃一点旧观念（比如“收藏品”“能喝的古董”等），拿出一点新理念（比如风味轮、杯测等）。

1889年前，全球茶叶中心在中国，中国的茶叶中心在江南，茶园与茶厂一体化，隐在深山老林，风味各异，被皇帝钦点过就成了名茶，各地争相进贡，流传的故事至今仍津津乐道，还是写书人的富矿。

茶风味地理学，源于那山那水，是写在大地上的人文科学，或者说是一方水土培养了一方茶的性格。中国茶的时空从海南到崂山，跨越18个纬度，从2月至5月，春茶历有4个月的采摘跨度。云南、贵州、四川、福建、安徽等茶区有近90个地理标志茶产品。翻开中国茶区地图，都是山区，山越高越陡，名茶越多，风味越好。即使江苏南部没有大山，碧螺春茶树也生长在当地最高的山包上。

我国产茶区风味差异明显，一直格于成例，即云南、广西和湖南以黑茶为主，贵州、四川、陕南以熟板栗香绿茶为主，豫南、安徽、湖北、江西、江浙以小叶种花香绿茶为主，福建、广东、台湾以花果香乌龙茶为主。贵州茶区“低纬度、高海拔、多云雾、寡日照”，原生态山清水秀，成就了贵州绿茶“嫩、鲜、浓、醇”的地理特征。贵州12种绿茶滋味成分的平均含量为氨基酸为4.37%、茶多酚为16.81%、酚氨比为3.88、水浸出物为47.77%、可溶性糖为3.19%、咖啡碱为3.52%、总黄酮为1.74%。其中黔南和黔中绿茶呈浓郁花香，主要贡献成分有苄醇、茉莉酮、苯乙醇；黔北绿茶呈清甜香，香气成分以金合欢烯为主；黔东南绿茶带松木香，香气成分主要是3–蒈烯；黔西南和黔西绿茶呈现香樟味、冬青油香，主要香气成分是2–哌啶酮、D–毕澄茄烯、水杨酸甲酯等。这里又引入化学名词，让读者逐步适应，如果使您烦恼，请跳过。

我国红茶地理分布形成分为三个阶段，历史上传统红茶就是正山小种和祁门红茶，而且法出一门；20世纪50年代为了出口换外汇还外债，国家动员全国茶区生产红碎茶，从而出了滇红、宁红、川红等八大红茶；近几年凡是出绿茶的地方都产红茶，用春茶做绿茶，用夏茶做红茶。

如果要评选中国最具风味的茶区，福建首屈一指。除了武夷岩茶、安溪铁观音、福鼎大白茶、桐木小种红茶、金骏眉、茉莉花茶外，还有宁德红茶、白琳工夫红茶、坦洋工夫红茶、永春佛手、政和白茶、建瓯矮脚乌龙、漳平水仙等，乌龙茶品种最多。在日常喝茶人群比例、风味选择、茶具讲究、谈吐深度等方面，闽、粤、台有得一拼。

新趋势。近年来，人们用一种茶树鲜叶加工（白绿黄青红）各类茶，打破自囿，原来的界限模糊了，全国茶区五色呈现，茶香飘逸。好的茶树品种随时随地引种，好的工艺很快普及，机械化、自动化拉平了技术差异，完全打破传统风味的地理体系，茶风味核心集中到茶农茶园，风味产业链重置，风味地理特征淡化模糊。比如安徽茶类多，有绿茶、红茶、黄茶、安茶，绿茶里又有瓜片、毛峰、涌溪火青团茶、太平猴魁片茶等。

茶产业有集聚效应，大的产茶区内部也会分化再集聚。茶园自动远离发达工业污染区，向偏远落后山区以退为进。比如1992年广东省内珠三角地区茶产量占全省约18%，到2017年降为约8%，而粤东从约23%增加到41%。目前广东优质茶形成粤东以凤凰山为中心的“单丛”乌龙茶特色风味和以粤北英德为中心的“英红九号”大叶种红茶特色风味，显示出茶风味地理的“高山化”“退城化’趋势。

茶饮与餐食。茶风味地理特征与当地饮食习惯或者说地方特色菜系风味匹配。江浙以嫩绿茶为主，这与江浙菜系清口味相符；闽粤以乌龙茶为主，这与此地煲浓汤、用餐时间长吻合，早茶从早到晚，餐茶厅并用，所以茶要耐泡，味要浓郁，香要扑鼻；川贵以“老”绿茶为主，用一芽两叶经烘青、揉捻，加工程度较深，成茶是黑色的，比较耐泡，没了青草味，清口还能解决吃麻辣留下的余味，回甘中和；湖南、云南、广西以黑茶为主，茶多酚转化后滋味醇厚。黑茶历史上以边销为主，食肉民族需要黑茶滋润胃肠道、助消化、解酒、刮油、减肥，与其饮食结构匹配。

中国烹饪善用火功，茶叶加工“玩火”与之一脉相承，炒、烘、烤、焙，拉火慢焙，风味中含有“火”性，香气浓郁复杂，滋味强烈醇厚，似麻辣汤。日本茶蒸汽杀青，加工过程温度不高，保留了茶青的基本成分，原汁原味，带有“水”性，与日本餐饮“清”的特征一脉相通，似味噌汤。

北方非产茶区完全是被动地接受，有什么喝什么，对风味与喝茶方式没有南方茶区那么讲究，比如大杯从早泡到晚，花茶是最爱。说明香气是选择购茶的第一要素，茶区茶民是风味进化的首要推动者。

时尚轮回。在物流不畅、水果供应不足的年代，果汁饮料风靡一时。但果汁的风味远远不如鲜果，糖不仅浸胖了味蕾，也催肥了身体，含糖饮料人们避之不及。不管在茶中添加什么，风味如何变化，中国人至今仍然坚守着清茶，喝出了傲骨风味。清饮被认为是最健康的喝茶方式，“醇厚甘润”最是茶风味。

绿茶既是茶风味“初心”，也是茶风味未来。苦涩并不是绿茶的代名词，绿茶完全可以做到香、鲜、甘、爽，最能体现茶本来的自然风味。从近年绿茶出口量看（见图1–1），喜忧参半。喜的是逐年增长，绿茶占出口茶总量的84%；忧的是出口到摩洛哥、加纳、马来西亚、多哥等国，其中摩洛哥占20%，摩洛哥买回去之后再加工成薄荷绿茶，自己消费和再出口。结构上看，欧美发达国家消费的绿茶还是很少，风味上看，国外喜好的茶风味与国内不同，这两点正是中国绿茶努力的方向。

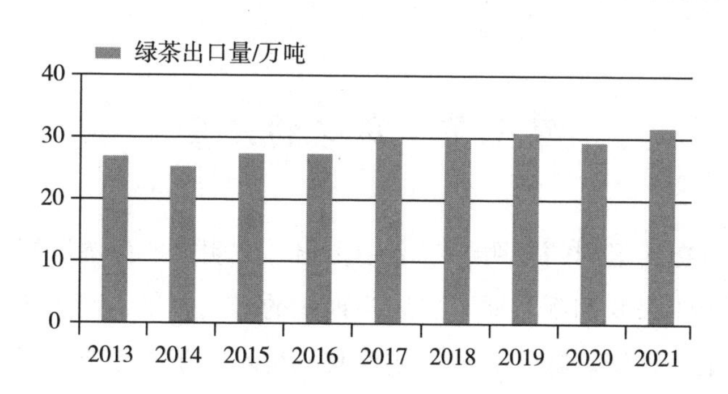

图1-1　2013—2021年我国绿茶出口量

满山尽是茶香飘。要说风味最独特的茶（区），非广东凤凰（单丛）莫属。广东岭南濒临南海，季风气候，山区降雨丰沛，雨热同期，不易受低温冻害和高温热浪极端天气影响，空气湿度大，日照少，日夜温差大，地理环境复杂，种植茶树有先天优势，微气候、微环境适合出产精品茶。

粤东大埔县、饶平县、潮安区属于“凤凰山”区域，最高峰海拔1497米，茶树种植海拔在600米以上。近年形成一个“高速度发展”“高密度种植”“高产出效益”三高集聚区，核心是讲了一个“单丛风味”的故事，单丛茶具备了精品茶所有要素，从自娱自乐到争相品味。

凤凰山上每一株茶树就是一种风味，按树做茶称为单丛，全球为此一绝，堪称茶中香水。凤凰单丛品种有宋种1号、宋种蜜香、八仙、东方红、芝兰香、蜜兰香、香蜜韵、姜花香、鸭屎香、杏仁香、乌叶、百叶、桂花香、玉兰香、黄枝香、蛤古劳等。从名字上看，无所不用其极，香臭一气，百香齐放。

单丛乌龙茶既不像绿茶那样清扬飘逸，也不像红茶那样浑厚浓醇，倒有点白茶的酸劲、黄茶的酵素味、黑茶的耐泡，看家本领还是乌龙茶的高香，要在同一座山上制造风味显著有别的单丛，最主要的还是看施的肥是鸡粪还是羊粪，或者有其他独门绝技。

有其茶，必有其人。潮州人喝茶自娱自乐，技高艺绝，天下无人能及。欲得其妙，各位茶友必须亲临其境，近距离体验。

品种之多、种植之广、工艺之精、风味之丰、消费之众、文化之亲，中国茶握有一手好牌。

第七节　风味的力量

袁伟时在《迟到的文明》一书中指出，文明之所以屡屡迟到，主要是因为两千年来我们都习惯了战天斗地式的宏大叙事，而疏于制度建设和逻辑思维的训练。除此之外，或许我们也不善于在细节、微观领域上付出更多的努力，比如对糖嗜好了五百年，还不愿承认糖带来健康问题，类似的现象关涉风味文明。

风味觉醒。人类熟悉风味大概经历三个时期，文明出现之前的混沌时期，以维持生命为目的，咸、苦、酸的需要和适应；之后进入重视文化的味道，比起生理性的味道，香、甜、鲜更具有文化乐趣，而且咸、苦、酸也得到再认识、再改造，不像以前被动接受，而是糅合了鲜、甜、香、辣，融入主流风味；进入现代社会，能量过剩，味蕾疼痛，风味新秩序应运而生，遵从自然，轮回再现，人们享受食材及其组合出来原本的味道。美食家层出不穷，美食观发生微妙变化，强调味道的平衡、食材的新鲜，避免过度使用调味料，用烹饪设备和技术调动食材自身的潜力，强调风味之间的协同和谐。

如今，风味新秩序的建立，风味重心也发生了转移。从重甜文化转变到重香文化，从甜的欲望到香的回忆。甜不是没有了，而是有点甜，把甜留给回味、余味。也能宽容苦了，把苦留给点缀，造出层次感。尚香主义也本着自然香、悠然香，而不是腻香，重香等于臭。人们给予香气创造性文化内核，发展出来的风味轮，就是香气的科学姿态。

风味文明。食物是文明的根基，尤其是有了火之后，食物促进了文明的进化速度，而食物的选择和发展方向以风味为基础，风味成为食物的核心竞争力。味道可引起欲望和满足感，香气可唤起记忆和认知，大脑可轻松地把这些风味组装、转化成情感、思维和动力。决定什么风味好，什么风味不好的规则，没有生物学上的原理，而是复杂的社会产物，比如惧怕污染。所以风味是文明进步最底层的基础力量。

《香料传奇》中说："最早到亚洲去的英国人的确是去寻找香料的。""为了香料的原因，财富聚了又散，帝国建了又毁，以致一个新世界由之发现。千百年来，这种饮食上的欲求驱使人们横跨这个星球，从而也改变着这个星球。"

一万年前农业社会的成形被称为"第一次食物革命"，大航海时代带来的食材流通被称为"第二次食物革命"。第二次食物革命是以风味引领的，欧洲人在全球范围内掠取风味食材和香料，勾勒出世界风味版图，加速了风味大同的步伐。膨胀的风味感官充盈了欧洲人的味囊，吃饱喝足、吃香喝辣的欧洲人开启了工业化道路。

风味史也是一部文明史。《咖啡隐史》认为咖啡是历史发展的驱动力，至少在当时，由于欧洲人的饮食习惯造成普遍便秘，咖啡碱起到收缩肌肉而通便的作用，特别是欧洲人至今仍然喜欢深度烘焙的黑咖啡，拯救了欧洲人的肠胃。

茶自身的风味禀赋、茶饮的普及性、茶风味带给人和社会的正向功能等都使得茶风味成为人类文明进步的风向标，比如开水泡茶的杀菌功能、以茶代酒、喝茶改变战场局势等，茶饮的经年历史和泽溉健康的史实足以证明茶风味文明的力量，茶风味资产是优质资产，为人类文明做出了建设性贡献。

风味多样性也是文明的体现。风味是饮食与精神世界之间的信使，茶道将人的精神超度到灵魂升华，传达美好，愉情悦性。风味的多样性满足了人性的基本需求，中国人对茶风味的追求，以至于超越饮料的范畴，转变为一种对生活品质乃至美好人生的享受。生活中，面食、稻米比茶叶更刚需，但没有像茶叶这样上升到精神层面。

风味导向促使茶业可持续发展。产品同质化，区域公共品牌混乱，缺乏质量认证，销售套路多，炒作严重，给消费者造成认知困难，爆炒嫩老陈茶，价格体系混乱，农药、除草剂、催芽素等化学品的使用，使得土壤酸化、退化等，严重限制了茶业可持续发展。

促进茶业可持续发展的措施很多，地理标志产品认证、有机认证、可持续农业网络和雨林联盟认证、鸟类友好认证、生物多样性保护计划等是对产地的尊重、对产品质量的保证。

价格与风味严重背离、危害茶业可持续发展，长期以来，国际市场的茶叶价格徘徊在每千克5美元以下，2019年，印度阿萨姆茶的平均价格为2.3美元/千克，而生产成本达到2.78美元/千克。近年来，芽茶、明前茶带动茶叶价格普遍高涨，理由是0.5千克干茶需要采摘几万个芽头，人工成本高，为高价茶贴上合理标签，还被人们津津乐道。

风味营销。茶叶销售两大套路是包装和炒作。包装与风味本无关，但茶文化演绎出送礼文化后，包装就成了品质、风味、价格的代名词，豪华包装、过度包装严重背离了风味价值。从内到外铝塑复合袋、铁（铝瓷）罐、封腰带、纸（木）盒、手提袋四层以上包装，精美无比，但仍然没有解决密封问题。甚至没有生产厂家、没有SC认证等信息，印在包装袋上的多是古人咏茶的诗句，至于里面的茶及风味，消费者一无所知，无论从哪个角度都是不文明的。

倡导文明、实用、简约、密封的包装，标签除必须披露的产品信息外，还要印有品种、种植环境、海拔高度、采摘、加工、认证、农残、主要风味成分含量、风味描述、溯源等信息，目的是让消费者喝得明白，回到风味消费的正轨。

人们常把嗓门儿最大的声音理解为整个社会的共识，话语权会左右“文明”的短期走向。炒作是一种吸毒式自杀营销，茶界炒作风气盛行，掩盖了“茶风味”的本质，价格炒上去了，销量没有了。

炒作形式多样，利用资源的稀缺性，比如单株、茶王、古纯、名山、台地、传人、明星等，但这与风味并不匹配。研究人员调查了湖北市场48个恩施玉露茶样，感官评价得分集中在87～90分，品质差异小，调研的茶样市场售价在680～11660元/千克，价格与品质得分之间无显著相关。炒作的另一手段是拍卖，套路很深，有的地方政府助推，引起轰动，短期价格炒高，长期却伤害了茶业。

从化学角度消费茶风味。鲜味的发现是风味文明的一大标志。鲜味是日本人的“风土”，由于靠海生活，大量食材取自海洋，鲜就自然而然成为日本人的主流风味和文化。鲜味不仅提供营养，而且是味觉的宝藏。

烘焙与发酵极大地拓展了茶的风味域谱。茶叶发酵虽然是偶然发现的，但发酵出来的优雅风味征服了人们的味觉、嗅觉，乃至视觉，因而也“发酵“出新的茶风味文化。烘焙则是提香的主要工艺，有严谨的科学支撑。

传统上总是用“浓、酽、强”“舌下涌泉，齿颊生津”来表达对茶风味的感觉。看完本书，读者可能觉得茶风味“化学味”太浓，用的化学术语太多，令人生畏。其实，我们平时感受到的风味都是化学物质，只是没有使用化学名称。比如烤肉的香气是硫化物，如二甲基二硫、呋喃等，而硫化物也是各种臭味的主要成分，可见香臭本一家，有人喜欢臭味也不奇怪。笔者无意“贩卖化学”，如果反感这些化学名称，姑且把茶多酚叫作抗氧化剂，以保护身体，把咖啡碱叫成兴奋剂，让你保持清醒，把糖、氨基酸叫作多巴胺快乐剂，让你舒服。

第二章

茶风味悟理

在展开茶风味讨论之前，先建立茶风味基本“公式”和“好风味”的基本模型，便于规范风味术语和确立“风味价值观”。

第一节　风味公式

茶风味（flavor）＝香气＋滋味＋色泽＋口感＋余味＋情感

香气＝挥发性气体＝干香（fragerance）＋湿香（aroma）＝鼻前嗅觉＋鼻后嗅觉

滋味（taste）＝水溶性成分味道＝酸甜苦咸鲜＝味觉

色泽（colour and lustre）＝颜色＋明亮度＋清澈度＝视觉

口感（mouth feel）＝醇厚度＋平衡度＋干净度＋涩＋辛辣＋燥烫凉＋黏稠度＋顺滑度＝触觉

余味（after taste）＝回甘＋清凉＝味觉＋鼻后嗅觉＋触觉

情感是喝茶的综合感受，在解渴、香薰、苦涩、鲜甜、回甘等现实感受的基础上延续到精神，如愉快感、幸福感、满足感等。从种子到杯子，科学家育种、茶农种植生产、烘焙师提香、茶师泡茶逐渐加入人的

因素，等到茶进入口中，已经完全不是一片树叶，而是融进很多人的感情，也有不少人的情怀。本书讲的茶风味是指“科学风味”，是喝茶的基础；而愿不愿意喝茶靠“情感风味”，是做出喝茶决定的基础。“科学风味”与“情感风味”并不完全对等，即使茶风味本身很好，未必都愿意喝茶。“情感风味”有很多因素，比如当多巴胺想喝茶时，其实是你在找乐，因为此前你从喝茶中得到过快活；当肠道菌群想喝茶时，不喝也不行，因为菌群是第二大脑；当味觉想喝茶时，你也管不住，因为口水会自动流出来，其他味觉会罢工；当有条件反射时，不想喝也得喝，因为下丘脑的记忆不断发射信号，“班花”的味道难以磨灭。

按照上述公式，假设：茶多酚－苦涩、咖啡碱－苦、氨基酸－鲜、糖－甜、果胶－黏稠、茶黄素－鲜爽＋亮黄、茶红素－酸爽＋橙红、茶褐素－酸醇＋红褐、发酵－花香＋果香＋熟果干果香、烘焙－坚果香＋焦甜香＋巧克力香。那么：

绿茶风味＝青香＋花香＋栗香＋豆香＋涩＋苦＋鲜甜＋回甘（＋协同作用）＝鲜爽感

乌龙茶风味＝花香＋果香＋坚果香＋巧克力香＋中涩＋苦＋甘甜（＋协同作用）＝甘醇感

红茶风味＝花香＋果香＋发酵香＋香料香＋弱涩＋苦＋甜＋鲜爽＋弱酸（＋协同作用）＝浓郁感

“风味”一词在汉语里是统称，包括色、香、味、口感等，而在英语里“风味”仅指味觉感受，强调口味随温度、时间的变化。在咖啡杯测指标中，“风味”是与“香气”“酸度”“甜度”“醇厚度”等并列的指标，此“风味”也不等同于本书中“滋味”所包含的酸、甜、苦、鲜、咸。口感比较复杂，就像体感，温度一样有风就感觉凉，口感也是捉摸不定，苦度相同有风味感觉就好。

文化差异对风味影响巨大，风味里也有很多偏见。中医对“觉”与“感”有清晰的区分。觉和感都与身体健康状态有关，味觉与口感与胃有关，“觉”的灵敏度更高一点，“感”受到多种因素的影响，比如饥是觉，是胃空“觉”的信号，饿是感，是心神“感”的信号。在风味战场上，觉与感都是雷达，都参与侦探，但发挥的作用不同。“吃嘛嘛香”的人，有可能是“觉”出了问题，分辨不清好恶，反而吃东西挑剔的人，“觉”

可能是正常的。对绿茶不适应的人，“觉”更敏感，喝茶能享受到幸福的人是有“感”的。

另一方面，英语中“fragrance”指干香，“aroma”是指湿香，都是鼻前嗅觉感知，这与汉语意思相近，是显性的气味，代表多数人能感知和接受；英语里“flavor”常指酸、甜、苦、咸刺激的综合感受，还指口腔感受到的香味，即鼻后嗅觉的感知，这与汉语不同，是隐性的气味，代表另类和区隔。汉语里经常不区分鼻前嗅觉与鼻后嗅觉，把“flavor”统称风味。

好的茶风味是什么样的？茶的风味元素有正面的香、鲜、甜、微苦、微酸、回甘、醇厚等，也有负面的涩、苦、瑕疵味等，一款茶很难鲜、香、甜兼得并显著。茶滋味主要来源于咖啡碱、茶多酚的苦味、茶氨酸的甜味和合适的酚氨比形成茶汤鲜味的综合，风味设计或工艺技术可以整合它们之间的比例和强度，茶风味的魅力在于较大范围内可调节可塑造，满足口腹之欲。有些风味是天然的，有的是加工出来的；有的是产地特征，有的是普遍风味。比如发酵加工出一种水果味，在茶里是非常珍贵的，在自然界却很多，这个水果味可能还会限制其他风味的发挥，所以风味之间本身存在掣肘。

好的茶风味指香气好闻、滋味好喝、汤色明亮、口感顺滑、余味悠长，喝得心情舒畅，精神倍爽。有人喜欢绿茶的苦，有人喜欢乌龙茶的香，也有人喜欢红茶的醇，孰优孰劣，或许无解。风味选择更多地取决于个人意志，而非逻辑。尽管各有所好，但仍然有“最大公约数”。优质的茶风味是香、鲜、甜、苦平衡，没有明显的缺陷；口感是干净的、顺滑的、醇厚的，没有碍口的感觉；汤色纯正，清亮不浑浊；余味有回甘，流连忘返；从60℃到4℃都能保持好的入口感受，不会出现尖锐刺激的变化。

尽管有理论体系、指标体系，但喝茶仍然是非常个性化的行为，带有鲜明特色的茶往往受青睐，苦涩受偏见，鲜甜有好感，高香有人气，“会闹的孩子有糖吃”，好感源于印象，“好味”让位于“好感”，所以给“好茶”下结论“吃力不讨好”。

第二节　感官物理

对风味的感应，人类极尽所能。风味感应四步骤：感觉器官感知世界，神经系统提取特征，大脑处理形成属性概念，与历史记忆比对分析得出判断。视觉、听觉属于距离性感觉，与风味没有直接接触，属于物理接触。触觉与风味物质有接触，也属物理感应。味觉、嗅觉与风味有直接接触，要发生化学反应，属化学感应。

口腔是感受风味的主要窗口，味觉和触觉发生在口腔中。舌头上有数千个机械感受器，是物理感应，用舌头来探测温度、颗粒、多少、重量、粗糙度等物理量；舌头上也有无数味蕾细胞，与酸、甜、苦、鲜、咸分子耦合配对，属于化学感应，形成味觉感知；舌根喉部、舌底、齿颊、上颚也参与其中，喉部连通口腔和鼻子，把口腔聚集的气体输送到鼻后，形成鼻后嗅觉，舌底生津鸣泉，齿颊和上颚是呈现回甘的主阵地。

尽管茶风味主要靠味觉感受滋味和嗅觉感受香气，但五官中听觉、视觉、触觉也没有闲置，有时候比嗅觉、味觉还更直接有效，比如根据颜色就可以判断茶汤的浓淡、茶类，甚至质量，还有一些风味是嗅觉、味觉无法感知的，比如“金圈”、“冷后浑”、茶色素、雨天采茶等。

五行哲学就有五音与五味、五感、五情互通的说法，“宫、商、角、徵、羽”五种乐器的音频对应着人体的五情和味觉的五味。牛津大学交叉模拟实验室针对声音与咖啡风味的关系进行研究，发现高频和低频音乐可以激发人体味觉的感知力，高音能增强甜度，低音可散发苦味。听风味，重点还在于对风味体验的交流，听觉不仅可以判断烧水的温度，也可以协助味觉、嗅觉。

视觉和味觉信号是相互交织的，看到好吃的东西，口中就会产生好吃的味道，所谓垂涎欲滴。汤色明亮鲜艳的茶比浑浊不清的茶在视觉上要好得多，直接影响对茶的第一感觉，这对毫多的茶是个挑战。

视觉和触觉是感受茶风味的重要组成，与嗅觉、味觉形成互补。茶风味评价中的浓度类指标“淡、和、醇、浓”和感觉类指标“厚、薄、滑、顺、涩”就是用视觉和触觉感知的，其中淡、浓、厚、薄可以用视觉感知，和、醇、顺、滑、涩是触感。

触觉是对冷热、颗粒、收敛性等刺激强弱的反应，极具防御性，所以很敏感，触觉也可以理解为茶汤的“重量”“形状”“棱角”。辛辣也是一种风味，但不属于味觉，应该是触觉，那是刺激造成的痛爽感觉，有多刺、灼烧、辛辣的感受，六安瓜片绿茶就有一点辣味。吃辣椒为什么流口水、流鼻涕、流眼泪？辣椒的风味物质是辣椒素，辣椒素刺激口腔触觉，产生灼烧痛感，流口水；辣椒素通过口腔进入鼻腔，刺激鼻后嗅觉受器，流鼻涕；辣椒素飞入眼睛，刺激眼睛，流眼泪。1997年，科学家在感受疼痛的神经元上识别出受体分子TRPV1，并证明它能被高温和辣椒素激活，所以辣总是和热联系在一起；而且TRPV1属于一个离子通道，一旦激活就能让带电离子流入细胞，广泛地分布在全身，所以吃完辣椒第二天“身体末端”也会火辣辣地疼痛。类似现象还有薄荷醇与清凉感觉是TRPM8分子的反应，温觉和痛觉机制获得2021年诺贝尔生理学或医学奖。听觉（1961年）、视觉（1967年）和嗅觉（2004年）机制研究分别获得诺贝尔奖，可见与日常生活密切相关领域的前沿研究很接地气，获诺贝尔奖概率高。

涩感是由收敛性产生的触觉，也是一种物理感知。涩的本质是由于舌头内的机械感受器受到摄入带有收敛性食物（如茶多酚）与唾液膜络合而产生的间接刺激。收敛性食物与舌头分泌的蛋白质结合，在舌头上形成不可溶解的沉淀物，导致皮细胞收缩，使得口腔干燥、起皱。

涩感比较复杂，人工研制了各种电子舌，其中涩感专项电子舌却很难研制。最近科学家研制出一种柔软的人造舌头，当接触到涩性物质时，微孔网络内部会形成疏水聚合物，并将其转变为具有增强离子电导率的纳米微孔结构，表现出对单宁酸较宽的感测范围、高灵敏度、快速响应和高选择性，这种涩感传感器做成的便携式检测工具，可以同时检测出涩感强度和暴露位置，提高了对各类多酚物质的普遍感知检测能力。

第三节　制茶物理

茶叶加工过程就是在外因（温度和力）的作用下，内因（水分和化学成分）变化的过程。力与热是影响茶叶加工的主要外来因素。茶叶产量越来越大，机加工是必然趋势。茶叶加工机械的设计要依赖于茶叶的力学性能，而茶叶机械的控制参数对茶叶风味物质的存留转化起很大作用。比如绿茶固形工艺参数：叶片温度、含水率对叶绿素、茶多酚有显著影响；固形时间对可溶性糖含量影响显著。

脱水。茶与水相依相惜，水分对茶风味的影响非常大。从采摘鲜叶70%的水分到烘焙完成5%左右的含水量，茶叶加工一直伴随着水分蒸发，酶促反应、非酶促反应、美拉德反应等需要有水的参与。初加工阶段叶片的脱水行话叫“走水”，毛茶精加工阶段的脱水叫“烘干”。有经验的老师傅说，“走水”是制茶的关键，风味在很大程度上取决于“走水”的快慢、方式、均匀程度。比如采摘的鲜叶如果受伤了，那么水分在伤处传导就不畅通，还比如早晨采有露水的茶、雨天采茶都会造成走水不顺畅，走水不完整做出来的茶就有草味、水味、闷味。

研究表明，叶片含水率在34%～62%范围内，尤其是40%～55%范围，柔软性和塑性最好，是叶片防止碎片化、方便加工成形、破壁发酵氧化、塑造风味的最佳时期。正是茶树叶这种自然特征，才造就了茶叶的可加工性，成就了茶叶风味的多样性。

鲜叶水分散失的过程是物理萎凋，同时内含成分发生转化是化学萎凋。研究发现，鲜叶萎凋减重率在30%～60%是香气品质形成的关键发展阶段，特别是萎凋后期（减重率在45%～60%）对成品茶香气组分影响最为突出，而减重率大于60%对香气形成影响不大，低温（18℃～22℃）萎凋有利于花香形成。

脱水看似简单的物理过程，实际上是影响茶化学、茶风味最重要的加工因素。茶叶内部物质本来处于平衡状态，脱水就打破平衡，遭到胁迫，内部就会发生化学改变，以维持代谢平衡。失水太快，苦味物质转化不充分，茶汤苦味显著；太慢会伴随发酵，茶汤酸味显露。

走水如此重要，需要在实践中摸索经验。比如日光萎凋和室内萎凋茶的香气就不一样，前者明亮奔放，后者细致沉稳。还比如带梗的鲜叶与不带梗的鲜叶、芽与一芽二叶，走水规律差别很大，但这方面的研究比较少，从武夷岩茶加工的一个细节可窥见一斑。岩茶采摘驻芽四五叶，带梗一起加工，初加工完成后拣去茶梗，留下叶片。茶农的经验是带梗有利于水分热量的传导，有利于风味发展，至于怎么个有利法无人知晓。

干燥。每个加工环节温度的高低、传热方式、机械还是手工等都影响干燥的快慢、内部化学反应的程度和最终风味。有时候喝茶感觉喉咙干燥、发紧、发痒、黏挂，甚至有灼痛、锁喉感，除了茶叶存放变质外，主要原因是加工过程水分处理不当。茶在干燥过程中火功过高，杀青温度高、速度快，造成高温快速失水，揉捻时水分偏低，导致内部化学成分比例失衡，水分过度流失，是燥喉的一个原因。另外烘焙温度高，烘焙后退火时间短、不到位，茶叶太干，也是喝茶燥喉的原因。退火的目的是让茶暴露在空气中，适当吸水、吸氧、呼吸，达到与自然的再平衡。

以绿茶加工为例，水分变化如表2–1所示。新产绿茶的主流风味有二甲基硫醚、青叶醇的清香，有产地和品种香，比如兰花香、板栗香、豌豆香等，构成新绿茶香气特征。

表2–1　绿茶加工时的水分变化

阶段	鲜叶	萎凋	杀青	揉捻	做形	固形	干燥
温度（℃）	常温	常温	130	常温	105	50	80
含水率（%）	75	71	58	57	23	13	5
主要香气物质	芳樟醇、香叶醇	醇类减少，酯类增加	酮类、吲哚	醛类、青叶醇	烯类	萜烯醇类	二甲基硫醚、青叶醇

研究表明，绿茶的干燥以烘干为好，其实烘干也是成本低、干净卫生、工艺简单的加工方式，也容易实现自动化生产。烘干绿茶含水率5%左右，茶汤保持绿黄明亮，温度高时不褐变，温度低时不浑浊，氨基酸的浸出量多，香气纯正，没有炒锅的火味、焦气，滋味醇正，没有熟味。烘干茶储藏期间风味稳定性最好，抗色变能力最强。

茶叶的密度变化主要是水分引起的，其他成分挥发损失量很小。五

份鲜叶能出一份干茶，毛茶再烘焙，密度还会减少，烘焙程度越重，茶叶越轻，泡茶时吸水率越高。

第四节　形色自然

形。成品茶的形状有碎末、整条、球形、饼砖块状等。粉末茶有微米级超细粉的抹茶，也有毫米级的红碎茶。条茶是加工中自然成形的整茶，是我国绿茶、白茶、黄茶、乌龙茶和红茶的主流茶形。龙井、太平猴魁等经过特殊压制成片形。球形茶需要特别的包揉，如乌龙茶铁观音、绿茶涌溪火青等。饼砖压制块茶是中国特有的形状，如黑茶中的普洱茶饼、茯砖茶块、黑茶沱块，白茶中的老白茶饼。安茶是一种特别的茶，制作工艺介于绿茶、乌龙茶和红茶之间，费时费力，成品茶却像黑茶那样压制成饼。福建漳平水仙是唯一的紧压型乌龙茶，但没有黑茶压得那么密实。紧压型饼砖是为了防潮防变质，便于储存和运输，但并不是可以长期存放。

茶形与风味之间有一定关系，但不是说某种形状就是好茶。做形过程受力受热，破坏叶片组织，促成了内部成分的转化和挥发。茶形影响冲泡时浸出速度，控制风味释放。

嫩芽茶比较特殊，因为细短所以直形好看。芽茶不耐加工，一般只是低温杀青干燥，保持原形原色原味。这样的茶泡在杯子里就会悬浮直立，凡是加工揉捻过的茶泡在杯子里一定会下沉，所以泡茶时茶漂浮直立在水中并无特别。芽茶大部分制成绿茶，金骏眉是个例外。芽茶好看也好贵，贵在形色，而非风味。

整条茶可以用计算机视觉识别技术，在线检测茶条的形状，用代表弯曲程度的曲率半径表示加工程度，并与化学分析得到的茶叶内在成分拟合对应，发现有规律可循。曲率半径越小，代表茶形弯曲程度越大，茶叶含水率越小，加工时的叶面温度越高。

色。从鲜叶的嫩绿到进入茶杯里茶色一直在变，变化趋势是变暗发黑。色泽变化看起来是物理现象，其本质上是内含物质与氧气发生化学反应。加工越简单，越能保持其原有的绿色，但储存一段时间会逐渐变暗；加工程度越深，人为促进氧化，即使是绿茶也发黑，乌龙茶、红茶就更黑，如果是经过烘焙那就越黑。但是，泡茶的时候还是“原形毕露”，绿茶冲泡时叶底是绿的，乌龙茶冲泡时叶底是绿芯红镶边，红茶冲泡时叶底是红的。

茶色是个物理变量，各种颜色都有，没有标准。但不等于对茶色无法分析。计算机视觉识别技术可以在线检测茶叶在机器加工中各个时段的颜色变化，与内含成分分析结合，做出分析判断和预测，为塑造可预期的风味提供及时的技术参数设置和指导。

研究发现，炒青绿茶在制品茶色变化与茶叶所含叶绿素、胡萝卜素、儿茶素等变化直接相关。茶色由绿变暗，总体趋势是叶绿素、胡萝卜素含量下降，茶多酚向茶黄素转化。新绿茶的维生素C含量在0.11%左右，叶绿素含量为0.11%左右，在冰箱中密封保存一年，叶绿素损失率17.5%左右。在室温下存放半年后，颜色快速变褐发暗，主要是由于维生素C氧化，叶绿素减少，绿茶色泽由绿转黑，但泡茶后叶底还是绿的。根据加工方式，有些绿茶加工出来就发黑了，不能因此说就不是绿茶，更不能说不是好茶。

购买茶叶（尤其是网上）往往是“盲购”，只凭外观，无法先见香气和滋味，所以整齐好看的茶占有优势，但喝过后感觉不一定好。识茶不可貌相，外表不见得有风霜，内涵可以暗藏乾坤。很难从成茶外形、色泽判断茶的质量，甚至不能判断茶的类型，尤其对于初入茶行的人是个难题。所以茶叶感官评审中，用干茶和叶底的形状颜色作为权重比较大的指标是不科学的。

第五节　嫩老新陈

茶界充斥着一股“伪茶风”，把茶说得高深莫测，讲得玄之又玄，“无味之味”“十年是黄金”“能喝的古董”等，其实茶就是一片树叶，所有的传奇不过是树叶的故事。

古法茶。古法茶是一种复古现象，比如正山小种红茶用松烟熏制、沩山茶是用枫球烟熏制等，特别还有黑茶饼砖沱系列。复古本无可厚非，但从健康角度，存在一些隐患；从风味角度，并不一定风味就好。非物质文化传承对于保护传统技艺很重要，截至2021年6月，我国已有37项茶叶传统技艺列入国家非物质文化遗产名录。复古与传统技艺并不等同，在于尊重科学、不断创新、风味至上。

古代茶业明显的特征：一是由于科技不发达，做茶纯粹凭感觉和经验，变革周期长。二是储存运输条件落后。比如秦汉时期从经济发达的渤海地区运送粮食到关中，货物只有极少数能到达终点。散茶新茶到达消费者手中需要很长时间，且损耗大，所以发明了便于运输的砖饼沱茶，并有一定的防潮功能，如图2-1。[①]

图2-1　砖饼沱茶

古代产业变革是由皇帝而不是民间发起的。历史上也不乏茶业变革，最大的一次是1391年朱元璋的“三废”，推动了茶叶向民间普及。即废除团茶、饼茶、膏茶（龙团凤饼），提倡用散茶，撤销皇家茶园，禁止在茶叶里添加香料；废蒸茶，提倡炒茶烘茶，发展出搓、揉、炒、焙等提香工艺；废除煎煮茶点茶和大碗喝茶，提倡小壶泡茶，倡导茶器和茶香之美，刺激了紫砂壶发展。喝茶入口温度不宜高于60℃，大碗喝茶容易烫伤，另外大碗喝茶是煮茶，煮茶容易把茶里不好的风味成分、重金属、木质等煮出来。

① 来源于微信公众号《把科学带回家》2021年8月29日，照片摄于1908年。

老树茶。炒老泡嫩是一种畸形消费。老茶树（50年以上树龄）叶的风味成分含量和比例与适当树龄的茶叶相差较大。老树每年都采，新叶全部采光，老叶子也被采掉一部分，造成树叶稀疏，看上去光秃秃的，光合作用不充分，茶树失去健康生长条件，营养不完整。从老叶子向新叶子的能量或成分转移输送也大打折扣，不能合成足够的风味物质。

生物学有个规律，就是越大、越老代谢速度越慢。老茶树主干太高，从根部输送营养到新芽的效率下降，新梢营养不良，有效呈味物质含量低，特别是糖含量少，造成风味偏倚。糖含量不足不仅品尝不到自然甜，也发展不出丰富多样的风味。

研究表明，不同生物学年龄阶段的茶树，茶叶的品质成分如茶多酚、水浸出物、咖啡碱、氨基酸含量不同，以幼年期含量最高，成年期含量基本稳定，老年期后将大幅度下降。

茶树属于聚铝喜氟植物，老树茶铝、氟含量高。茶叶平均含铝量1500毫克/千克以上，老叶茶的铝含量可达20000毫克/千克。老茶树把土壤中的重金属吸收固定在根部，尽管重金属从树根向上传输到新叶的迁移量仅为0.2%，但检测发现，有些成茶的镉含量达到7.22毫克/千克，存在较大的风险。树龄越大越有利于重金属在老叶中的富集，茶树被重金属污染后，叶片失绿，光合性能下降，活性成分减少，风味损失。

新茶。食品以鲜为贵，古人制茶、运茶、存茶受到当时条件的限制，故制成茶饼，因其可存放较长时间，但风味并不好。当今网购和物流如此方便，从采茶到喝茶，快的话只需要三天，不需要家里大量存茶。

刚做出来的茶不一定风味最好，也不适合马上喝。这方面的研究还不够，但是茶农最有发言权。茶农说刚做出来的茶喝了会上火，具体表现是舌头发麻，口嘴起泡，舌面发红。5月初是武夷山岩茶制作高峰季节，每一炉茶出来都要品尝测试，检验工艺是否做到位，茶农个个声音嘶哑，舌头发僵似乎不听使唤。按照武夷山当地茶人的话说，刚做出来的茶处于躁动期，内在物质处于分离状态，喝在嘴里是分散的，没有整体感。

茶叶新鲜度可用物理新鲜度和化学新鲜度表示，二者相辅相成。物理新鲜度就是指加工好以后的存放时间，茶类不同，适宜的存放时间也不同，绿茶最不耐存放。化学新鲜度最能反映“新鲜”的本质，指茶叶

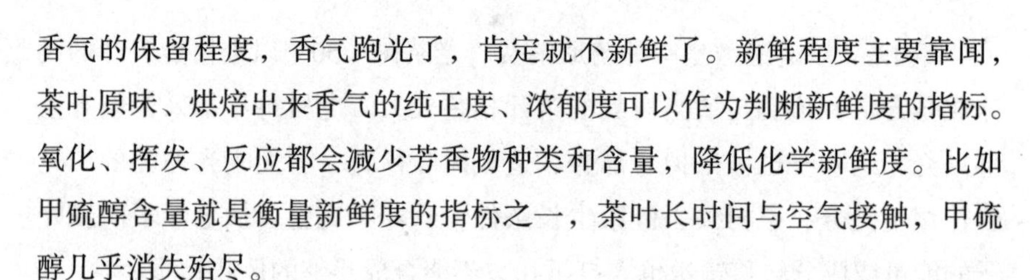

香气的保留程度，香气跑光了，肯定就不新鲜了。新鲜程度主要靠闻，茶叶原味、烘焙出来香气的纯正度、浓郁度可以作为判断新鲜度的指标。氧化、挥发、反应都会减少芳香物种类和含量，降低化学新鲜度。比如甲硫醇含量就是衡量新鲜度的指标之一，茶叶长时间与空气接触，甲硫醇几乎消失殆尽。

茶叶保鲜的科学道理就是中断发酵、氧化、返潮等改变风味的过程，阻止时间的流动，锁住风味。主要靠包装，用不透气材料、密封、小包装、充氮气包装、真空包装、低温干燥避光储存等，但无须冷冻，因为解冻时产生的冷凝水会使得茶叶受潮，品质受损。

陈茶。没有严格的定义，按照生产周期，一年以上的茶就算陈茶。研究证明，绿茶在室温下用铝箔袋密封包装放置一年，氨基酸损失率达31.8%，咖啡碱损失率为17.7%左右；在冰箱中密封保存一年，氨基酸损失率达2.8%～5.3%。绿茶在室温下铝箔袋密封包装放置半年，茶多酚损失率达26.3%；在冰箱中密封保存一年，茶多酚损失率达8.76%～11.2%，儿茶素损失9.7%～14.6%，其中酯型儿茶素损失4.5%，简单儿茶素损失20.2%。《食品科学》杂志发表的一项研究成果显示，新鲜绿茶存放半年后抗氧化物含量下降51%以上。相比于整条茶，碎茶更不容易保存；相较于叶茶，芽茶更不容易存放。

陈化最明显的变化是小分子香气物质挥发，酸转化为糖，苦味物质氧化。风味无香、不苦，茶汤黑暗，像一位耄耋老人。密封存放两年的茶打开后，有一些白色粉末，是咖啡碱升华的结晶，也有青叶醇类挥发物。表2–2是白茶的陈化效应，陈茶风味明显变差。

表2–2　白茶的陈化效应

存放年限	1年	2年	3年	6年	16年
儿茶素总量(%)	7.903	7.922	7.543	7.211	2.765
咖啡碱含量(%)	5.277	4.951	5.099	5.117	4.633

茯砖茶是后发酵，在一年陈和七年陈的茯砖茶中没有检测到茶黄素、茶红素，只有少量茶褐素，七年陈茯砖茶中检出的儿茶素比一年陈明显减少。长时间陈放，茶汤浓度、厚度变淡变薄了，苦涩感没有了，这就是人们常说的茯砖茶陈放由醇浓转为醇和，茶汤由橙变褐。

六堡茶陈放时间越久（1～15年），水浸出物、茶多酚、茶黄素、茶红素、氨基酸总量、可溶性糖和果胶的含量都逐渐减少，咖啡碱略有减少，茶褐素含量先增加，到15年后也明显减少。常用（茶黄素TF＋茶红素TR）/茶褐素TB比值来衡量茶叶陈放时间和程度，六堡茶1年陈放后比值为37，15年陈放后比值降到2。

研究表明，茶叶在存放过程中（特别是高湿度环境下）发生霉变，生成曲霉属真菌，如黑曲霉、灰绿曲霉等。霉菌会产生次生代谢物曲霉毒素，造成食品安全隐患，但不是所有的霉菌都能在茶体上生成毒素，即霉变不等于霉毒。存放茶叶含水率达到8.8%时开始发霉，产生霉味；含水率达到12%时滋生霉菌，香气开始“失风”。

茯砖茶有一道特殊的发花工艺，产生的“金花（菌）”叫“冠突散囊菌”，属于灰绿曲霉真菌，茯砖茶中氨基酸含量显著降低，所以茯茶没有鲜味，有了霉菌味。

食物变质，多与脂肪有关。绿茶保持了原始的脂肪状态，所以绿茶最不耐存放，而深加工茶的脂肪已有一定程度的转化，比绿茶耐存放。再好的茶，也经不起时间、温度、湿度和氧气的折磨，其中时间、湿度是存放问题，氧气是包装问题，温度是人的问题。所以好茶一定要在最佳赏味期享用。

从古至今，陈茶是作为中药配伍，新茶反而不能作为中药入方。可见陈茶贡献的是药用价值，不是风味。从风味的角度收藏茶叶不可取，尽管有“收藏玩味”这个词。

嫩芽与茶毫是一件事情的两面，毫是保护芽的，叶片成熟后毫毛就自然退掉。实践表明，茶树新芽的生长期或成熟期为20～60天，发芽几天内就采摘的嫩芽没有发育成熟，浸出物含量少，比如在相同条件下冲泡龙井茶5分钟，得到的茶汤浓度芽茶为0.35克/100毫升，一芽一叶为0.56克/100毫升，一芽二叶初展为0.63克/毫升。嫩芽体内的纤维质尚未发育成熟，经不起力（揉捻）、火（烘焙）、时间（存放）的考验。

未成熟的嫩芽香气成分和果胶含量少，咖啡碱含量相对较高，氨基酸（氮）还没有充分地从根部输送到新芽，茶多酚含量相对较少，水浸出物含量不高，所以茶汤清淡，咖啡碱的苦味就明显突出，青涩咬喉，不耐加工，不易保鲜存放，不耐冲泡，淡而无趣，却偏受追捧。追嫩既是爱好，也是文化，还是利润。

不同嫩度鲜叶制成的绿茶滋味成分含量变化如表2-3所示，随着烘青绿茶嫩度的下降，其茶汤苦味和涩味强度呈下降趋势。这里第一次出现了EGCG缩写，本名叫“表没食子儿茶素没食子酸酯”，如果喝茶还要知道表没食子儿茶素没食子酸酯，恐怕没人喝茶了。

表2-3　不同嫩度鲜叶制成的绿茶滋味成分含量变化表

成分（毫克/克）	儿茶素总量	EGCG	EGC	ECG	总黄酮苷	总黄酮	茶氨酸	谷氨酸	天冬氨酸
一芽一叶	122.86	81.04	15.25	11.49	8.12	0.52	16.31	2.06	1.48
一芽二叶	119.28	73.85	21.80	9.55	9.86	0.68	18.44	2.14	1.40
一芽三叶	117.09	66.86	26.82	8.36	9.14	0.68	12.61	2.38	1.34
一芽四叶	95.17	51.27	23.21	6.53	9.18	0.74	12.60	2.34	1.11

从表2-3中可以看出，芽叶越嫩，儿茶素类苦涩物质含量越高，黄酮苷也有强烈涩感，但含量较低。感官评审一芽一叶最苦、最涩、最爽，一芽四叶苦、涩、鲜都较轻，从风味角度看，一芽二叶做绿茶比较好。

茶毫是幼嫩芽背面生长的茸毛，是用来聚集露水、遮蔽阳光、调节气温变化、保护嫩芽免受灼伤的，常用茶毫多少来判断鲜叶的嫩度。如果嫩芽不加工，只是干燥失去水分，茶毫则变成“白毫”，比如白毫银针、信阳毛尖，白毫会一直附着在茶叶上，带到杯中，造成茶汤浑浊不清，影响色泽和风味欣赏。如果加工，比如机械揉捻，茶毫会脱落，加工程度越深，成茶留下的茶毫就越少。如果是发酵，茶毫变成金色的“金毫”，比如芽红茶。有的茶树品种毫多，比如信阳毛尖、碧螺春、沩山毛尖、绿宝石贵茶等。

绿茶、白茶的“白毫”，红茶、黄茶的“金毫”进入茶汤，民间用是否“显毫”间接评价茶叶品质高下。研究表明，白毫中的粗纤维含量（不是蛋白质）高于茶身，茶毫中总碳、茶多酚、咖啡碱、水浸出物、儿茶素含量与茶身没有明显差异，而总氮、游离氨基酸（主要是茶氨酸）、矿物质含量都低于茶身。所以，认为白毫多就是好茶的观点缺乏科学依据，只是人们的感觉，更确切地说是文化，这种错觉源于嫩芽的稀缺或怜惜，成熟的叶片和老叶就没有毫了。“毫香”并无依据，作为物以稀为贵的留恋情怀也就罢了，如果作为定价标准或风味优势来炫耀，就不科学了。表2-4是不同嫩度芽叶绿茶风味比较，嫩芽茶并无风味优势。

表2-4　不同嫩度芽叶绿茶风味比较表

分类	成长期	采摘比例	理念	风味描述
芽茶	15 天	嫩芽 9，嫩叶 1	嫩香粉甜	花粉香，苦涩感，余味淡
芽叶茶	35 天	嫩芽 3，嫩叶 3，成熟叶 4	平衡度高	平衡饱满，花果香，回甘
叶茶	55 天	嫩芽 0，嫩叶 3，成熟叶 7	醇厚度高	层次丰富，干净厚实甜香

感官评价认为茶毫多的茶滋味鲜。茶叶的鲜味源于游离氨基酸，既然茶毫中游离氨基酸含量低于茶身，为什么还感觉更鲜呢？一方面是感官往往受既成“说法”的影响，人云亦云。另一方面研究表明，茶毫中茶氨酸在游离氨基酸中的占比高于茶身，茶氨酸是形成茶叶鲜味（带甜）的主要成分。人们对茶叶的“毫味”“毫香”趋之若鹜，如果真能体验到，也是心理与茶氨酸的平衡。也有人说喝了多毫的茶喉咙受到刺激，发干发痒，那这是茶毫硬刺还是人过矫情？

中国人对嫩芽的追求，日本人对嫩绿的痴迷，都是一种偏执，偏执也是文化。

虽都是食品，但茶叶加工厂的卫生环境没有像其他食品厂那么严格，SC认证要求也不一样。茶叶加工过程难免会混入一些杂质异物等，需要专门挑拣。干茶中黄片（老叶）、茶梗、花萼、小石块、小木条、干草、虫尸、碎末茶等比较常见。机采茶黄片较多，黄片因过度纤维化，茶多酚含量高，破坏平衡，可能造成茶汤浑浊。要避免瑕疵风味，就要控制有瑕疵的茶流入市场，制定茶的瑕疵含量标准。

哥伦比亚的咖啡备受全球咖民的青睐，一个重要的原因是他们制定了严格的瑕疵咖啡豆的标准，首先要有合理的分类。一级瑕疵豆是那些能够很大程度上影响到咖啡风味的瑕疵，如黑色的豆子、陈豆、酸豆、霉豆、变色的豆子等；二级瑕疵豆是那些由于机械损伤或干燥不佳导致的在一定程度上影响咖啡风味的豆子，比如虫蛀豆、轻微虫蛀豆。哥伦比亚商业咖啡生豆标准规定，500克咖啡生豆样品中最多允许存在24个“全瑕疵”（Full Defect），即500克咖啡生豆取样中最多允许有2颗一级瑕疵豆、40颗二级瑕疵豆和140粒轻微虫蛀豆。全瑕疵与一级瑕疵和二级瑕疵之间有换算关系，比如1颗全黑的一级瑕疵豆就算作1个全瑕疵，2颗局部受损的一级瑕疵豆算作1个全瑕疵，5个二级瑕疵豆算作1个全瑕疵，10个轻微虫蛀豆算作1个全瑕疵，2颗轻微虫蛀豆算作1颗二级瑕疵豆。规定具有单个虫蛀孔而没有穿透，且没有其他可见瑕疵（如变色）的豆为轻微虫蛀豆。而精品咖啡标准更高，最高标准是500克咖啡生豆只能有4个全瑕疵。正是这样的严苛标准保障了哥伦比亚咖啡生豆的质量，也保证了咖啡风味的品质。

第三章

茶风味活学

中国古人喝茶脱离了吃药的轨迹之后，便知道了风味的价值，但当时还不知道对苦涩的执着从何而来。现在不禁要问，茶到底靠什么魔力和魅力征服了人们的味蕾？

进入风味时代，只谈论茶多酚、咖啡因就落伍了，茶风味就像所含风味物质那样多姿多彩。风味物质是有机化合物，风味化学属有机化学范畴，本质就是碳、氢、氧、氮等元素的重组，或者说是分子化学键的断裂与结合。要搞断化学键，就需要力或者能量，比如热量、微生物、氧气的力量等。不像有机化工那样剧烈和精准控制，茶叶中的化学反应比较温和，相对定向而不能准确控制，茶叶加工过程化学变化的总体趋势是风味变得温和怡人。

第一节　感官化学

茶汤是混合液体，在绿茶汤中检测到100多种化学成分，挥发性成分有40多种，黄酮类有10多种，氨基酸有20多种，有机酸有7种，还有多酚类、生物碱类、糖类等，有多有少、有味无味，有香无香、有色无色，

和谐相处。

风味主要靠嗅觉和味觉感知，口鼻腔门庭若市，舌头是前沿阵地，喉咙是战略要塞。味觉和嗅觉是味蕾与风味物质的恋爱，是味蕾这些敏感的传感器与风味物质接触后的电化学连锁反应，是味蕾上的蛋白质、唾液里的酶与风味物质反应传递到大脑后形成的判断。舌头上的受体是一种蛋白质，专门从口中嚼碎的食物和饮料中捕捉呈味分子。

情感化学。人类有400多种嗅觉受体基因，还丢失（退化）了五六百种嗅觉受体，普通人可以闻到上千万种不同的气味；眼睛只有三个受体，能区分1000万种不同的颜色；口腔味蕾虽有8万多个，甜味受体基因有两种，鲜味受体基因有三种（其中一种与甜味同用），苦味受体基因有一种，酸味受体基因有两种，咸味受体基因有两种，但味觉只能识别五种滋味。气味因发达的嗅觉受体而充分显扬，反过来说就是无数的气体练就细腻复杂的嗅觉受体，二者相得益彰。香气是茶的灵魂，是茶风味中最具活力的元素。所以喝茶不仅要品滋味，更要赏香气。

嗅觉连接了过去和现在，让我们与自然建立起心灵的联结。嗅觉与其他感官不一样，拥有十分古老的进化地位，从蚂蚁到恐龙，用信息素传递有关食物和危险信号，也有用特定的气味来求偶的，比如蝴蝶可以释放一种特殊气味信号，雄蝶可以找到雌蝶，而大部分雌蝶会选择在寄主上或寄主附近的花上栖息，吸引雄蝶。

嗅觉与其他感官大脑记忆模式不同，嗅觉所唤起的记忆更清晰、包含很多细节，同时情感体验更为浓烈。香气的影像会变成生活经验里精致的画像，传递到大脑，蚀刻在神经系统上。在风味演变过程中，嗅觉扮演了描述生活和推动大脑进化的角色，所以通过气味回忆起的往事大部分发生在10岁以前，是真正的“妈妈的味道”。圣诞树常常是松树、杉树，其含有酯类和萜烯类散发出的清香、果香，甚至是樟脑、薄荷香味，人们的记忆里这就是圣诞的味道。

嗅觉的任务是感应香气，分鼻前嗅觉和鼻后嗅觉，都是化学反应。1999年发现并分离出了鼻腔中嗅觉受体。嗅觉具有直接性和即时性，只要有一点点类似的气味出现，就可以唤起大量的记忆和感情。国外的婴儿配方奶粉常含有香精（香兰素），目的就是让婴儿更加依赖，提高产品的复购率。

嗅觉可以改变心情，好闻的气味使人心情愉悦，当你在做一件事情的同时闻到香气，往往觉得在做的事情更好看、更有魅力，会做得更好，爱屋及乌，所以如果有焦虑，闻一下薰衣草、柑橘、绿叶的味道，就会舒缓快乐起来。饮食被写进回忆和情感里，情感里也藏匿着相应的饮食。香味与情感就这样持续积累，互相映衬，所以动物有催情气味。

由于两个鼻孔是轮流工作的，每隔几个小时就换一个鼻孔主导，另一个鼻孔内腔膨胀，通道缩小，限制气流通过。不同气味对两个鼻孔的敏感度有差异。科学家让志愿者闻香芹酮和辛烷的混合气体，每次只用一边鼻孔，发现在用主导的畅通鼻孔闻气体时，闻到的香芹酮味更浓，而用另一边不畅通的鼻孔闻气体时，闻到的辛烷味更浓。这说明人体对香芹酮吸收快，对辛烷吸收慢。可见两个鼻孔，一通一堵，快慢结合，赋予人们丰富的嗅觉体验。

味觉是食物和味蕾发生的化学反应，但是，在信号传递到大脑的路途上受到视觉、听觉、嗅觉、触觉的干扰，甚至也受到接收到的电刺激、环境和心情的干扰，比如坐着吃饭比站着吃饭更香，一群人吃饭比一个人吃饭更香。

味觉不像嗅觉那样，味觉的存在感比重高于情感成分。味道所产生的原始好恶，只是基本的生存反应，好在味觉具有可塑性，人们能喜欢上本质上不那么愉悦的味道，如苦、酸、辣等。

酸、甜、苦、鲜、咸五味中，酸、甜既能被味觉感知，也能被嗅觉感知，因为呈味物质可以挥发，如醋；或者有联想关系，如甜香。苦、鲜、咸只能味觉感知。最新研究建议把脂肪味加入味觉感应，成为第六种味觉。

味觉的任务是品尝茶汤的滋味，包括感知舒适度和强度。舌头有味觉感受器和离子通道，其中G蛋白质偶联受体属一类，能感受甜、鲜和苦，比如苦味感受器在遇到形状与化学成分都符合要求的分子时就会打开，向大脑发出苦的信号；离子通道感受型是另一类，能感受咸（Na^+）和酸（H^+）。酸和咸的感应方式类似，钠离子和氢离子通过离子通道流动产生咸味和酸味，所以有些酸味尝起来咸，有些咸味尝到酸，比如酸菜。

味觉是主观或不太可靠的，与个人经历和社会暗示有关，每个人都有自己的舒适区。在核磁共振仪的监视屏幕上，受测者尝苦味与想起“辛酸”“邪恶”的经历在其大脑中反应后显示图像是一样的，因为它是生物学、社会文化和个人体验的综合，所以味觉是一个化学与文化的大熔炉。

茶汤没有咸味、脂肪味，减轻了味觉的负担，专注于感受酸、甜、苦、鲜。茶的酸味也比较轻，但茶的确含有很多酸性物质，所以饮茶人喝出酸味并不是茶不好，而恰恰说明其味觉很灵敏，除非是专门腌制的酸茶，喝茶主要是玩味苦、甜、鲜。

既然味觉是化学反应，就要保护好味蕾，还要训练味蕾，使其更敏感。吃了辣椒、咸菜等重口味后，马上喝茶喝不出味来。风味感应要传递到大脑，神经网络要畅通，心境要好，情绪要稳定，喝茶也要用心。

鼻前与鼻后嗅觉。嗅觉是唯一具有双向功能的器官，茶香气物质有的直接挥发出来，就要凑近用鼻前嗅觉感知；有的溶解在茶汤中，随着茶汤咽下去的同时从鼻咽通道进入后鼻腔，与鼻前吸进去的路线正好相反，就像抽烟从鼻子里冒烟。我们平时所说的柠檬味道，实际上是指鼻子所嗅出的柠檬果香，而味觉尝出来的其实是柠檬的酸值，在口腔中能感受出柠檬香气是鼻后嗅觉。鼻后嗅觉是一种奇特微妙的感觉，最能体验鼻后嗅觉的是吃芥末。喝茶回甘就有鼻后嗅觉与味觉的合作。

鼻前嗅觉和鼻后嗅觉对同一气味的感知结果不一样。研究发现，只有两种已知气味的鼻前嗅觉和鼻后嗅觉是一样的，即巧克力和薰衣草。

共感。味觉感知与听觉、视觉、触觉、嗅觉信息密切相关，温度、色泽、软硬、形状都构成味道的一部分。嗅觉和味觉处于同一个路径上，嗅觉受体的灵敏度是味觉的十万倍，大概是经舌头的饮食量太大，太灵敏怕大脑过载，或者被钝化了。嗅觉影响味觉，最终在大脑中形成完整的味觉感受，这就是为什么越香的食物吃起来感觉更好。嗅觉与味觉多数时候是合作的，最终在大脑中形成一致的风味好恶，但也有例外，比如臭豆腐、臭鳜鱼之类，闻起来臭吃起来香。

受体接收到信号后传递到大脑，大脑中处理味觉、嗅觉的中枢也在汇集处理像口渴、喜悦、信任、决策等情感，感受风味的系统能把所有感官组织起来，把风味元素与感官信号整合在一起，在这里，各种信号交叉连接触发，形成味觉和嗅觉天合之美。虽然味觉和嗅觉有差异，但二者互相合作，取长补短，各显神通，融合成新的共感。

喝茶时所有味道、气味是混合在一起同时感觉的，味觉和嗅觉也是完美地结合在一起，大脑产生“鼻子正在尝味道、舌头正在嗅东西”的共感。日常所说的“味道”是一种共感，在共感里，一种感官会触发另一种看似毫不相干的感官，比如听到或看到某个字词就会在舌头上产生味道，即是“特异功能”。茶风味中的“甜香”是共感，有些芳香气被大脑认为是甜味。所以食品配方设计通常会在饮料里加香精，增强甜感。生活经验告诉我们，人们在品尝食物前，喜欢先闻一下，并形成了“好吃的东西一定会散发出好闻的味道”的定式。好的风味与快乐感受密切相关，这种快乐感通常在最初的看、闻、尝最为强烈，往后就会衰减。

第二节　风味成分

风味化学就是分子美味学，在分子层面上理解茶风味。饮食风味是由其所含化学成分带来的，无所不在的风味物质无时无刻不刺激着人们的味蕾，有些让人愉悦，有的则令人烦恼。简单地说，茶风味是由茶多酚、咖啡碱和氨基酸三者共治，但不是“三国分立”。探索茶风味，关注每一个化学键断裂和重组都意味着新风味产生，追求好风味路之遥遥、心之切切，需要一点化学知识。

茶叶成分分类多种多样，基础成分有两大类：碳水化合物如糖类、茶多酚；含氮化合物如蛋白质、游离氨基酸、咖啡碱。三大特色成分茶多酚、咖啡碱、茶氨酸既是风味成分也是生物活性成分，因此在饮料界傲视群雄。

功能性成分如兴奋剂咖啡碱、辅助降低血脂的茶多酚和茶黄素、抗抑郁和安神的L-茶氨酸等。活性成分是指可被人体胃肠道吸收，经肝脏到达体循环血液的活性或被人体利用的可能性，如多酚类化合物、嘌呤碱、游离氨基酸和茶多糖。其中多酚类包括儿茶素类、黄酮及其糖苷类、茶色素类、酚酸类。

挥发性成分构成香气，非挥发性可溶解成分构成滋味和口感；有呈香、呈色和呈味物质；按照分子（量）大小分为小分子、中等分子和大分子物质，小分子容易挥发；按照在水中溶解度分为可溶性和不溶性成分；按照分子极性大小分为高极性分子和低极性分子，极性高易于溶解在水中；按照植物生长理论分为初级代谢和次级代谢物质，初级代谢物是维持茶树生长的基本营养能量，如蛋白质、脂肪、糖类、氨基酸、果胶等，看起来都能带来好风味；次级代谢物是茶树应对各种生存危机（高温、干旱、害虫等）的机制，在茶树新梢芽叶生成大量的茶多酚、咖啡碱等，看似风味不怎么样。

水是溶剂，把茶叶中的分子溶解出来，靠的是水分子与风味成分之间的吸引力。风味成分的极性大小代表了可被溶解的力度。茶多酚、咖啡碱等苦涩成分极性小，相对不容易被萃取出来；而酸甜等成分极性大，易于溶解。但温度升高，不管极性大小，都会提高溶解率。

分子量小且极性高的滋味和香气物质，其挥发性和水溶性都高，如奎宁酸、苹果酸、柠檬酸、小分子醇醛酮等。这些分子量小的风味物质在绿茶、白茶和烘焙程度浅的茶中含量高，遇到80℃以上的温度就会挥发，冲泡时最早进入茶汤。分子量中等的风味成分其挥发性和水溶性也适度，比如美拉德反应与焦糖化反应产物，焦糖、氨基酸。分子量大且极性低的风味物质挥发性和水溶性较差，如美拉德反应后期和干馏衍生物。

成分与风味。风味成分变化使得茶风味千姿百态，多变才是茶风味的王道，带来茶事乐趣。三大滋味成分在各种加工过程中，咖啡碱变化不大，茶多酚（包括儿茶素）总是减少，只有氨基酸有机会增加。变化源于其植物活性、酶和温度有关的反应。茶叶的包装袋上很难准确标注营养成分和能量表，国家标准也允许茶叶包装无须标注成分和能量表。

总体上茶汤滋味、香气和口感三者之间互相促进，要好都好；滋味品质与鲜味是正向的，与苦味是反向的；鲜味与甜味是正向关联的，苦味与涩味之间是正向关联的，鲜味与苦味和涩味是负向关联的，甜味与苦味和涩味也是反向关联的；茶汤中茶多酚、咖啡碱、水浸出物、没食子酸（GA）、儿茶素（EGCG、EGC、ECG及儿茶素总量）都与苦味、涩味强度是正向关联的，而与鲜味是反向关联的；茶汤中总糖含量与甜味强度是正向关联的；茶汤中谷氨酸含量与鲜味强度是正向关联的，与苦味强度是反向关联的。

成分与功能。人们对风味成分与功能成分的需求是不一致的，比如咖啡碱发苦，人们不喜欢，但咖啡碱能让人兴奋起来，上班族喜欢。再比如茶氨酸鲜甜，能让人安静，还能对冲咖啡碱的兴奋作用，多数人喜欢。所以氨基酸含量高的茶品种，比如安吉白茶、黄金茶，人们都喜欢，而花青素含量高的紫鹃茶由于风味并不令人愉悦，虽然花青素是好东西，但是人们也不一定喜欢。还比如富含甲基化EGCG的金牡丹茶，由于口感不是很好，人们也不一定喜欢。再比如云南有些大叶种乔木古树茶EGCG含量高，口感也能接受，但制成生普茶，EGCG的抗氧化作用可能超过一定限度，反而对人体不好。

如果说茶叶是超级饮料，那么茶氨酸、茶黄素、EGCG、茶多糖称得上是超级元素、超级风味、超级营养。茶氨酸是超级快乐因子，EGCG是抗氧化超级英雄，茶黄素是茶汤鲜亮爽口超级活性“软黄金”，茶多糖是超级活性“血友”。

风味物质的平衡。六大茶类的差异来自加工工艺，或者说加工的深浅程度，更精确地说是氧化等级。绿茶、白茶、黄茶、乌龙茶、红茶、黑茶加工程度逐渐加深。加工程度越深，茶多酚、氨基酸的损失或转化越多，风味越平和。黑茶最显著特征是茶褐素含量高，平均含量达到干茶重量的12%，茶褐素含量的多少决定了黑茶的风味。表3–1是茶叶成分对风味贡献对照表。

表3–1　茶叶成分对风味贡献对照表

成分	占干茶重量（%）	风味贡献
茶多酚	18～36	对色、香、味都有贡献，与茶汤的苦、涩、甜有关系
蛋白质	20～30	有1%～2%是水溶性蛋白质，对茶汤明亮度有贡献
氨基酸	1～4	茶汤鲜爽味的贡献者，中和茶多酚、咖啡碱的苦涩感，参与美拉德反应，对香气有重要贡献，白茶和绿茶氨基酸含量高，高山茶含量较高，安吉白茶、春茶氨基酸含量也高
生物碱	3～5	有咖啡碱、可可碱、茶碱，新芽比成熟叶含量高，夏茶比春茶含量高，咖啡碱有苦味
糖类	20～25	单糖和双糖溶于水，形成甜味，多糖难溶于水，糖参与美拉德反应，对香气有重要贡献

续表

成分	占干茶重量（%）	风味贡献
果胶	4	糖的代谢物，有利于手工揉捻成形，水溶性果胶对茶汤黏稠度、顺滑感、醇厚度、干茶外形光泽度有贡献
有机酸	3	有 30 多种有机酸，对香气有重要贡献
脂类	8	脂肪、磷脂、甘油酯、糖脂等，对香气有积极作用
色素	1	脂溶性色素有叶绿素、叶黄素、胡萝卜素，决定了干茶和叶底色泽。水溶性色素有黄酮类、花青素、茶多酚的氧化产物茶黄素、茶红素、茶褐素，决定了茶汤色泽
芳香物质	0.02	挥发性醇、醛、酯、酮类，低沸点的青叶醇有青草气，高沸点的陈香醇、苯乙醇等有清香气、花香气
维生素	0.6～1	水溶性维生素 C、B1、B2、B3、B5、B11 等，还有脂溶性维生素 A、D、E 等，春茶维生素含量高种类多
酶类	微量	参与茶叶加工过程（萎凋、发酵、摇青、揉捻、渥堆）的酶促反应，调节和塑造风味，是生物催化剂
无机物	3.5～7	也称灰分，有溶于水的，也有不溶于水的

从风味角度说，茶叶所含化学成分并不是越高越好，而是存在某种平衡。茶是天然的，自己做到了平衡，在香、鲜、甜、苦、酸之间搭起平衡的框架，供人们在一定范围内适度调节，给匠人留下风味艺术空间。比如，茶叶如果没有氨基酸，就失去了灵魂，喝起来苦涩难耐，氨基酸能把其他成分的风味有效地协调起来，而茶多酚容易被氧化，具有自我解苦涩能力。茶氨酸赋予茶母仪感、温柔的一面，茶多酚则有酷飒、刚劲的一面。下面概略介绍茶叶所含的风味物质。

有机酸。茶叶中含有30多种有机酸，主要有奎尼酸、草酸、苹果酸、醋酸、柠檬酸、酒石酸、抗坏血酸等，含量为干物质总量的 3%左右。茶叶中的有机酸不仅参与茶树的代谢，在生化反应中常为糖类分解的中间产物，而且作为水溶性物质，在茶叶冲泡过程中大多数可被溶解到茶汤中，成为影响茶汤香气和滋味品质的成分。

有的有机酸本身无香气，但经氧化后可转化为香气成分，如亚油酸；有的有机酸是香气成分吸附剂，自身也挥发，如棕榈酸，后发酵黑茶的棕榈酸含量较高，棕榈酸具有泥土气息。

绿茶中奎尼酸、苹果酸和柠檬酸等含量较高。国内不同产区绿茶中龙井的有机酸含量约0.6毫克/毫升，黄金桂的有机酸含量约0.72毫克/毫升，福鼎大白约0.54毫克/毫升，云抗约0.66毫克/毫升。大叶种茶有机酸含量较中小叶种要高。随着鲜叶嫩度下降，所含草酸、奎尼酸、苹果酸等含量呈现明显下降趋势，其中草酸含量下降较多，第四叶的含量仅为一芽一叶的49.5%。

不同茶类中，有机酸含量从大到小依次为红茶、白茶、乌龙茶、绿茶、黑茶。发酵程度越高，有机酸含量越多，黑茶有机酸含量低是因为存放时间长，流失了。

芳香物质。这是挥发性成分醇、醛、酮、酸、酯等的总称，鲜叶中含有0.02%，绿茶中含有0.005%～0.02%，红茶中含有0.01%～0.03%。芳香物质含量不高，但种类不少，有上千种。

茶树释放挥发性气体，通过化学感应防控病虫害。香叶醇、芳樟醇对茶树云纹叶枯病有抑制作用。研究显示，茶树鲜叶释放最多的气体是己酸-3-己烯酯，对茶树轮斑病菌有抑制效果。

脂类。包括脂肪、磷脂、甘油酯、糖脂等，约占干物质总量的8%，对形成香气有积极作用，能参与各类风味物质的化学反应。

茶多酚。这是茶叶中多种酚类化合物的总称，约有30种，很不稳定，极易聚合、氧化、转化为衍生物。茶多酚、儿茶素、酯型儿茶素、简单儿茶素、黄酮、茶色素、花青素、芦丁等可以粗略地认为是同一类物质的衍生物，在不同茶中以不同形式存在。茶多酚衍生物包括75%左右儿茶素、10%左右茶色素、10%左右酚酸和缩酚酸、5%左右花青素。其中儿茶素刺激性最强烈，正是这些衍生物极大地丰富了茶的风味，改善了味觉口感。茶多酚对茶风味影响比较复杂，不能简单地说好与不好。

茶多酚统治了茶的色香味，控制至少50%的风味表现。绿茶中茶多酚含量最高，随着加工而减少，发酵是造成茶多酚转化减少的主要因素，红茶中的茶多酚含量很少了，转化为黄酮、茶黄素、茶红素等物质，对色、香、味影响最甚，对茶汤浓度、醇度贡献大。茶多酚是影响绿茶苦涩感的主要物质，是茶汤呈现爽口、刺激性的成分。茶多酚很容易与蛋白质、氨基酸、矿物质、咖啡碱络合，形成了茶水表面“金圈”“冷后浑”等现象。

儿茶素。有八种，每种单体中文名很难记忆，对于普及茶风味是个障碍，所以常用字母缩写。儿茶素分为四种酯型儿茶素（EGCG、GCG、

ECG、CG，以G结尾）和四种简单儿茶素（EGC、GC、EC、C，以C结尾），其中缩写前面的“E”是“表”的意思，如C是儿茶素，EC就是表儿茶素。谈论儿茶素主要是针对绿茶来谈的，因为儿茶素极易氧化，在其他茶类中含量已经很少，对苦涩的贡献已经不明显了。有人喝绿茶后胃不舒服，就是常说的绿茶“寒性”，红茶“暖性”，本质上就是茶汤中儿茶素的多少。

黄酮。是茶多酚氧化物，包括黄烷醇类、花色苷类和黄酮醇类等。茶叶中黄酮醇及其苷类物质有20多种，占干物质总量的3%～4%，以槲皮素、杨梅素、山柰素等苷类物质为主，水溶液为绿黄色，对绿茶汤色的形成作用较大。这些黄酮类物质只有在较高温度（85℃以上）足够时间才能浸出，这与冲泡茶汤滋味和色泽有很大关系。部分黄酮在达到阈值之后有柔和的涩感（相比于儿茶素来说），并能增强咖啡碱的苦味。

黄酮使得茶汤色泽金黄明亮，滋味略苦涩。槠叶齐品种鲜叶黄酮含量达到6毫克/克。黄酮含量高的茶是黄金茶，达到11.2毫克/克，云南工夫红茶总黄酮含量达6.1毫克/克，台湾冻顶乌龙茶总黄酮含量为3.9毫克/克。黄酮也是中药黄芩的主要功能成分。

原花青素。是由儿茶素单元聚合而成，也是多酚类色素，一定条件下转化为花青素。原花青素集中在茶树根部，嫩茎含量较少，鲜叶含量更少，发酵加工以后基本没有了，唯有乌龙茶、黄茶能检测到原花青素，因为乌龙茶采摘是驻芽四五叶连同茎一起采下，加工时茎上的原花青素转移到叶片中，乌龙茶摇青过程中儿茶素单体显著减少，部分聚合为原花青素。原花青素呈红棕色，涩，难溶于水。研究证明，花青素是目前最有效的抗氧化剂，其抗氧化能力比维生素E高50倍，比维生素C高20倍。

茶色素。包括黄酮醇及其苷类物质、茶多酚氧化物、叶绿素、花青素、胡萝卜素等。其中叶绿素、叶黄素、胡萝卜素等脂溶性色素不溶于水，叶绿素可能以微细的胶质状或油状悬浮于茶汤之中。占绿茶干物质总量20%～30%的儿茶素虽然是无色的，但其氧化产物与绿茶汤色的褐变相关。水溶性色素黄酮类、花青素、茶黄素、茶红素和茶褐素是茶汤色泽的主要贡献者。

茶黄素是儿茶素氧化形成，分子（量）小，已经分离出四种单体，结构明确，较难合成，也不稳定。而茶红素和茶褐素是加工过程中由儿茶素经过一系列酶促反应氧化形成邻醌，进一步聚合而成大分子，尚没有分离出明确的分子，只知道是一大类化合物。红茶的茶红素含量占干茶的6%～15%。

茶汤色泽主要取决于茶三素的相对比例，这三种色素都是儿茶素氧化物。黑茶的茶褐素含量高达10%，茶褐素呈酸性，其中酚酸占76%，其余是蛋白质和茶多糖，所以黑茶有点酸、有点甜。

是不是红茶的茶红素含量就高呢？不是，红茶的加工程度没有严格标准，所以色素含量差异很大。表3-2是湖南茶制作红茶和发花红砖茶（提取物中的相对含量，不是干茶重量的相对含量）的案例，从中可以看出茶多酚、儿茶素、茶色素之间的转化关系。

表3-2　红茶和发花红砖茶中茶多酚、儿茶素、茶色素之间的转化关系

成分	茶多酚	咖啡碱	简单儿茶素	酯型儿茶素	儿茶素总量	茶黄素	茶红素	茶褐素
红茶（%）	31.30	10.24	1.30	1.69	3.29	1.55	19.61	22.67
发花红砖茶（%）	30.90	11.44	1.61	1.19	2.80	1.22	19.18	29.70

茶色素不仅有色，还有味。茶黄素苦，茶红素甜醇，茶褐素微甜，叶绿素有点酸，花青素涩，黄酮苷类（主要是芦丁）是柔和的涩。

长期泡茶观察发现，绿茶很少“锈杯”，而红茶“锈杯”严重。这说明茶红素的附着力很强，在茶具上形成茶渍，还不容易洗掉。所以喝绿茶不易形成茶渍，而常喝红茶易形成茶锈。

表3-3比较了三种红茶和两种绿茶的茶多酚家族成分，虽然不是同一种同一批次茶的数据，但可以非常清晰地看到绿茶中茶多酚和酯型儿茶素单体远远高于红茶，这是绿茶与红茶滋味差别的主要原因。

表3-3　三种红茶和两种绿茶的茶多酚家族成分

茶品种	正山小种	滇红	祁红	恩施玉露	狗牯脑茶
茶多酚（%）	13.62	11.19	11.81	29.9	33.9
儿茶素（毫克/克）	27.96	43.53	53.32	135.33	140.43
GA（毫克/克）	4.12	6.93	6.75	2	3
EGC（毫克/克）	2.48	4.27	5.72	22.29	18.33

续表

茶品种	正山小种	滇红	祁红	恩施玉露	狗牯脑茶
C（毫克/克）	0	2.67	3.71	4.09	7.07
EC（毫克/克）	7.18	6.61	11.21	7	5.49
EGCG（毫克/克）	6.36	6.08	11.83	45.85	56.99
GCG（毫克/克）	6.33	11.5	15.52	22.93	24.51
ECG（毫克/克）	5.63	12.4	5.32	13.46	11.96
茶黄素（%）	0.45	0.52	0.49		
茶红素（%）	2.62	4.08	3.06		
茶褐素（%）	9.22	12.12	6.75		

氨基酸。参与各个代谢过程以保证茶树生命周期活动，维持茶树的生长发育，是氮素的一种储存形式。植物氨基酸分为蛋白质氨基酸（如谷氨酸、丝氨酸、赖氨酸、苯丙氨酸、组氨酸等）和非蛋白质氨基酸（茶氨酸、γ-氨基丁酸等），茶叶萎凋过程中蛋白质水解为蛋白质氨基酸，蛋白质氨基酸可以转化为非蛋白质氨基酸。水解的蛋白质氨基酸水溶性不好，对茶汤滋味没有贡献，但对茶汤浓厚度和明亮度有贡献。氨基酸既是茶汤呈味、呈亮物质，也是香气的前驱体，就是说，氨基酸不仅对滋味管用，对香气同样重要，是香气的基础物质，因为氨基酸脱氧形成香气，并参与很多芳香物质的反应。

茶风味不仅要看氨基酸总量，还要看氨基酸的种类和结构。游离氨基酸是可溶性氨基酸，只有游离氨基酸才是茶汤鲜味、鲜香、鲜甜的贡献者。茶叶中谷氨酰胺带来的鲜味还要看是否游离，游离谷氨酸盐不与其他氨基酸连接成蛋白质，才能呈现鲜味。茶叶中含量较多的游离氨基酸有四种，分别是茶氨酸、谷氨酸、天冬氨酸、精氨酸。虽然在茶梅、山茶、油茶等天然植物中也检测到微量茶氨酸，但茶叶中茶氨酸的含量最高，因此专家建议用茶氨酸的含量作为鉴定真假茶的科学依据。

茶氨酸是茶叶的重要品质成分，是茶汤鲜爽味的重要贡献者。茶氨酸占氨基酸总量的50%～70%，茶氨酸具有焦糖香、鲜爽味，可以锦上添花；天冬氨酸、苏氨酸、丝氨酸、谷氨酸、丙氨酸有酸甜味；甲硫氨酸有新茶香；丙氨酸、组氨酸有花香。谷氨酸、甘氨酸、丙氨酸、脯氨酸还可以与茶氨酸协同作用增强茶汤鲜味，但是茶氨酸不能抑制咖啡碱和儿茶素引起的苦涩，无法雪中送炭。

氨基酸与茶风味之间的关系是正相关，与绿茶滋味等级的相关系数达0.787～0.876，即氨基酸含量越高，茶等级越高。所以把氨基酸含量作为茶叶品质的标准一点也不过分，因此氨基酸也被称为“茶叶等级因子”。大多数绿茶含有4%左右的游离氨基酸，个别能达到12%，应该知足了。一次在展会上遇到一款绿茶，其宣传资料上印着氨基酸总量达到27.2%，茶氨酸含量3.18%，还有检测报告，真是“奇迹”。

氨基酸含量直接影响茶树发育生长，在种植过程中，凡是能促进氮代谢、提高合成氨基酸生物酶活性的因素，都可以提高茶叶中氨基酸含量，比如茶园土壤中接种真菌、施加氮肥、采摘前适当遮阴、高海拔种植等。茶叶氨基酸含量的地域差异不大。比如四川竹叶青氨基酸含量4.54%，西湖龙井4.58%，黄山毛峰4.46%，苏州碧螺春4.50%，信阳毛尖4.83%。春茶氨基酸含量最高，所以春茶鲜活、鲜爽。

在高温下长时间加工会造成氨基酸的分解损失。热加工程度越小，氨基酸的损失越少。所以白茶和嫩绿茶的氨基酸含量高，鲜味足。有观点认为氨基酸对茶汤顺滑感也起作用，所以既要不让氨基酸白白流失，又要最大限度地发挥氨基酸协调风味的作用。

茶氨酸具有镇静效果，是一种松弛剂，能改进精神状态和人体机能。一杯白茶大约含有50毫克的茶氨酸，能够减轻上班族的工作压力，也能对人的焦虑浮躁有所缓解。

蛋白质。占干物质总量的20%～30%，能溶于水的只有1%～2%。蛋白质是由多肽链（氨基酸连成的长链）折叠而成，多肽链之间的连接并不牢固，遇酸、碱、热都会将其破坏，断裂成短链氨基酸。

水溶性蛋白质是形成茶汤口感特征的成分之一，对于保持茶汤清亮度、浓度和茶汤胶质溶液稳定性起到重要作用，也会在热作用下参与各种化学反应，形成新的风味物质。蛋白质在蛋白酶的催化下，水解为游离氨基酸。试验发现，对于不同茶树品种，在春茶发芽到采摘前10天，给茶树喷施非蛋白类氨基酸（5-氨基乙酰丙酸），茶叶可溶性蛋白质含量比不喷提高50%～113%，同时，可溶性糖含量提高26%～47%，游离氨基酸含量提高4%～24%，氨基酸含量提高12%～68%，茶叶风味质量大大提升。

咖啡碱。含量占干物质的2%～5%，存在于叶片中，而且嫩芽中含量高于老叶。含有咖啡碱的植物不多，茶叶中所含咖啡碱比较高，另一种生长在厄瓜多尔亚马逊雨林中的植物Guayusa的叶片中咖啡碱含量也很高。咖啡树和可可树的咖啡碱是存在于果实种子中，咖啡种子含咖啡因0.6%～2%，可可种子含咖啡因0.6%～0.8%。

咖啡碱是茶叶中最稳定的风味成分，几乎不因温度、时间、加工而变化，因为咖啡碱具有稳定的环状结构。比如茯砖茶中咖啡碱含量约占5.28%，与鲜叶中咖啡碱含量几乎相同。

糖类。包括单糖、多糖、寡糖等，其含量占干物质总量的20%～25%，但真正能带来甜味的糖分很少，苦中求甜，糖分之于茶，就像1之于数学。果糖、葡萄糖、蔗糖等水溶性糖在茶叶中含量不高，且甜味也不是茶汤主味，但能在一定程度上削弱茶汤的苦涩味和提高茶汤黏稠度。

水溶性。单糖有阿拉伯糖、核糖、果糖、葡萄糖，水溶性双糖有蔗糖，大部分茶可溶性糖含量为0.8%～4%，湖南槠叶齐品种鲜叶的可溶性总糖含量达到10.18%。研究表明，抗寒性较强的茶树体内可溶性糖含量高，可溶性蛋白质积累多。像川西北高山茶区，冬季大雪覆盖茶树较长时间，逼迫茶树生成更多的可溶性蛋白质、可溶性糖、脯氨酸来应对低温，实施自救。茶树经历了各种逆境胁迫，丰富了阅历，“茶生”曲折，风味复杂度也增加了。

研究表明，给茶树喷施适量一氧化氮（NO），既能预防茶树被冻死，还能增加茶树可溶性糖、可溶性蛋白质、脯氨酸含量。脯氨酸在水中溶解度是所有氨基酸中最高的，而且有甜味，所以高山茶甜度、鲜度都较高。

茶叶加工中有很多水解反应，条件是有水、湿度、温度和水解酶，酶相当于催化剂。生活中水解反应很普遍，比如芥末籽本身无味无香，但泡在热水中很快就又辣又香。茶叶中水解酶能使碳水化合物大量水解，生成可溶性糖，所以凡是能促进水解酶活性的技术，都可以提高茶叶中的可溶性糖含量，改善风味。

茶与咖啡豆的一个重要区别是糖的含量，咖啡豆含糖量可达8%左右，有了糖就有美拉德反应的条件。美拉德反应在烘焙过程中制造了更多香气，似乎咖啡的香气比茶叶浓郁，咖啡更讲究烘焙工艺，人们还创立了咖啡烘焙学，开创了世界性的烘焙比赛，使咖啡文化得以繁荣。

茶多糖。是一类结构复杂的糖蛋白复合物，作为矿物质和微量元素的载体，会携带更多有益的微量元素，如钙、镁、铁、锌、硒、锰等。多糖包括淀粉、纤维素、半纤维素、木质素等，占茶叶干物质总量的20%以上。可食用植物纤维常作为添加剂、分散剂让一些饮料不产生沉淀，混合均匀，没有甜度，可部分溶解在水中。茶多糖在茶叶中含量与茶叶老嫩程度及茶树品种有关，一般老叶高于嫩叶，大叶种高于小叶种。

绿茶在杀青时酶就失活了，多糖不能分解，所以绿茶多糖含量高。白茶和红茶经历了不同程度氧化，利用了各种氧化酶、水解酶的作用，使糖链和肽链得以分解断裂，小分子糖的活性高，甜度高，所以通过加工使得多糖分解，适当提高了茶汤甜度。

果胶。是糖的代谢产物，占茶叶干物质总量的4%～7%，其中约1%溶于热水。果胶有利于茶叶加工过程中揉捻成形，水溶性果胶是干茶光泽度、茶汤黏稠度、厚度、顺滑度的主要贡献物，能够聚集香气。春茶果胶含量高，茶树遮阴可提高果胶含量。

茶皂素。是一类糖苷化合物，含量很少，有苦涩、辛辣味，溶解在热水中呈褐色，水冷了会析出。茶皂素能阻止害虫啃食鲜叶。茶皂素是一种皂苷，泡茶时聚集在茶汤表面泡沫中。

微量元素。茶叶中检出的矿物质元素有29种之多，其中非金属元素有碳、氢、氮、氧、硫、磷等，金属元素有钾、纳、钙、镁、铁等，含量比较高，其中氮、磷、硫主要存在于蛋白质、氨基酸中。

维生素类。分为水溶性和脂溶性，维生素A、D、E、K都是脂溶性的，不进入茶汤，不能被直接吸收。维生素C、B1和B2是水溶性的。维生素类占干茶总质量的0.6%～1%。

酶。是具有生物活性的蛋白体，是鲜叶里自带的酶促反应催化剂。茶叶加工最残酷的工艺是杀青，用高温热量杀死或钝化酶类，阻止进一步发生酶促反应，让风味驻留在杀青那一刻。

菌。是个复杂问题，发酵茶所需的菌可以自带（内源性的），也可以外加（外源性的），有真菌也有细菌，真菌“冠突散囊菌”是个大“明星”，号称“金花菌”，这种微生物能分泌淀粉酶、氧化酶，完全左右了黑茶后发酵过程，决定了黑茶的香气和滋味。云南生态好，森林密布，野生菌菇多，茶园土壤里菌种多，茶树自带菌种也多。

酶菌是茶风味绕不开的重要话题，但由于专业性太复杂，笔者也不甚懂，在此仅举一例。白茶萎凋的关键是“乙醇脱氢酶”在起作用，直接影响萎凋过程中不饱和脂肪酸、醛在该酶作用下降解为小分子醇类，脂肪族醇类是白茶主要的显香成分。

无机物　也称灰分，是茶叶经550℃灼烧灰化后的残留物，主要是矿物质及氧化物，占干物质总量的3.5%～7%，有水溶性和水不溶的，水溶性的无机物对茶汤咸味“负责”。

生物活性成分。氨基酸、咖啡碱、茶多酚（儿茶素）、茶多糖、茶黄素、茶红素、茶褐素、黄酮、挥发性香气、矿物质、维生素等具有生物活性，进入人体后会与人体细胞结合，发生生化反应，发挥保健功能。

从下面这个例子中我们可以明白什么是生物活性成分。研究证明，给奶牛饲料里加入甜菜，产出的牛奶就会有鱼腥味，因为甜菜里有一种呈味物质叫“三甲胺乙内酯（甜茶碱）”，这种物质在消化道里形成三甲胺进入牛奶，低浓度的三甲胺有一股鱼腥味，高浓度的三甲胺就是尿味。

水浸出物含量。是指能够溶解在水中所有成分的总量，大部分茶的水浸出物含量在30%～50%，茶多酚类物质占水浸出物总量的40%～60%。

相对风味指标。感官评审比较主观，探讨一些定量，或者有数据支撑的定性指标无疑是有益的。茶风味取决于风味物质及其含量，成分含量相对比值是一种科学方法。

酚氨比。是茶多酚与氨基酸含量之比，是一个综合指标，既能判断绿茶汤滋味表现，很好地对应绿茶的风味，又能判断鲜叶适合制作哪类茶，也是评价茶树品种适制性的指标。酚氨比越小，意味着氨基酸含量越高，相应的绿茶香气越丰富，滋味越鲜爽。浙江嵊州培育的黄化变异新品种“金茗1号”，茶多酚含量6.2%，游离氨基酸含量8.3%，酚氨比0.74，非常“变异”。

适制性是指茶鲜叶适合制作哪类茶、可加工的程度。酚氨比小于6适制绿茶，6～10为红绿茶兼制，大于10适制红茶。茶多酚含量高可以深加工，因为有足够茶多酚可以转化。氨基酸含量高的适合做绿茶，简单加工，保留更多的原生态游离氨基酸，使茶汤鲜爽，多数绿茶酚氨比为5.5～6.5。

酚氨比小于8做红茶有花香，比如祁门槠叶种的酚氨比为5.7，氨基酸含量为5.4%，可加工出高香红茶。酚氨比大于8，严格说不适合做绿茶，比如湖南槠叶齐的酚氨比达到11，氨基酸含量2.39%，做成绿茶鲜度不足。酚氨比大适合加工红茶、黑茶，茶多酚含量是深加工的核心资产，没有茶多酚等于“无米下锅”。

儿茶素/氨基酸。比酚氨比更能反映绿茶品值，比值越低，绿茶品质越好。儿茶素与氨基酸在茶风味中是最直接的反义词，跷跷板的两端，矛盾的统一体。

案例一

一芽一叶信阳毛尖水浸出物含量达到42.58%，其中咖啡碱含量4.81%，儿茶素含量13.7%，茶多酚总量18.63%，游离氨基酸3.15%。儿茶素占茶多酚总量的73.5%，茶多酚占浸出物的44%，“茶多酚＋咖啡碱”占浸出物总量的55%，酚氨比为5.9，儿茶素/游离氨基酸为4.35，所以信阳毛尖新茶苦涩明显。

酯型儿茶素/简单儿茶素。这个比值对于绿茶苦涩和回甘程度判断有指导意义，绿茶的酯型儿茶素含量高于简单儿茶素，当比值小于2时，说明苦涩感重的酯型儿茶素少了，苦涩轻的简单儿茶素多了，可以理解为茶汤苦涩滋味转换的里程碑。实际情况是，绿茶的这个比值很难小于2，多数绿茶酯型儿茶素/简单儿茶素在2～4。

儿茶素品质指数＝（EGCG＋ECG）/EGC，这是儿茶素组成结构的杠杆，数值越大，绿茶品质越好。这个指标也是针对绿茶，其他茶类指标实用性降低。

儿茶素苦涩指数＝（EGCG ＋ECG＋EGC＋GC）/(EC＋C)，指数越大，说明鲜叶的苦涩味越重。既能满足儿茶素品质指数高，又能满足苦涩指数低，就是最好的绿茶原料。

案例二

表3–4是五种黄金茶绿茶的相对指标（括号内是排名）。风味成分结构化分析，比单独某种成分更能说明绿茶滋味的表现。只有厘清内部结构才能深入分析茶风味的本来面貌。

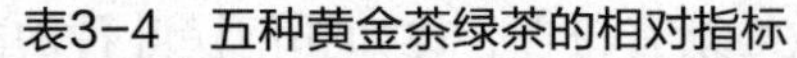

表3-4　五种黄金茶绿茶的相对指标

样品	1	2	3	4	5
氨基酸含量（%）	4.00（4）	5.46（2）	5.11（3）	6.31（1）	3.03（5）
茶多酚 / 氨基酸	5.6（4）	3.8（2）	4.3（3）	3.4（1）	9.9（5）
儿茶素 / 氨基酸	2.5（4）	1.8（2）	1.9（3）	1.3（1）	4.9（5）
酯型儿茶素 / 氨基酸	2.1（4）	1.4（2）	1.6（3）	1.1（1）	4.0（5）
儿茶素 / 茶多酚	44.7（2）	48.1（4）	45.1（3）	39.0（1）	49.8（5）
酯型儿茶素 / 茶多酚	81.4（3）	75.3（5）	81.0（4）	84.7（1）	81.6（2）
儿茶素品质指数	8.3（3）	5.3（5）	10.4（2）	13.2（1）	7.8（4）
前 5 香气成分集中度	54%（2）	68%（1）	43%（5）	52%（3）	48%（4）
前 10 香气集中度	66%（3）	80%（1）	58%（5）	70%（2）	60%（4）

结构是个纲，纲举目张。茶多酚与氨基酸是风味截然相反的两类成分，酚氨比用“分子/分母”对立起来考察；儿茶素品质指数也是风味取向相反的物质，用“分子/分母”对立起来的办法考察。本着以“鲜”“微苦不涩”“甜”为优的原则，将氨基酸、简单儿茶素放在分母，作为“范”去尺度分子上的茶多酚、酯型儿茶素，能更好地对应味觉直觉。

表3-5收集到各类茶的主要成分，从中可以看出以下显著特点：白茶的游离氨基酸含量最高；茶黄素是所有茶中最稀缺的成分，茶红素含量远高于茶黄素；黑茶的茶多酚含量很少，都转化成茶褐素了；普洱生茶属于绿茶，叶绿素含量也较高；可溶性糖的含量相差不大。

表3-5　各类茶的主要成分

成分	茶多酚（%）	游离氨基酸（毫克 / 百克）	茶黄素（%）	茶红素（%）	可溶性糖（%）	叶绿素（毫克/克）
白茶	15.65	5151.64	0.37	10.89	2.69	1.390
绿茶	15.22	2635.21	0.13	7.01	3.07	1.893
铁观音	14.22	835.15	0.30	11.17	3.95	1.410
黄茶	12.29	2971.25	0.12	4.68	2.57	0.636
红茶	10.36	2355.32	0.9	14.45	2.31	1.039
六堡黑茶	6.69	2981	0.07	1.95		
普洱生茶	5.07	183.29	0.11	8.27	3.39	1.350

如果要从“情感风味”的角度对化学成分进行分类，怎么分才能体现出对茶风味的情感？结构上看，蛋白质、碳水化合物含量高，可以部分溶解，也可以加工而后溶解，对茶汤有多方面影响；从风味强度上看，茶多酚、咖啡碱、氨基酸是风味强度高，同时含量也不低的成分，对茶汤滋味起决定作用；从真正的好风味的角度看，氨基酸、茶黄素、可溶性糖、挥发性香气是珍贵的，缺点是含量少，味以稀为贵；从“不好”风味角度看，儿茶素、咖啡碱、花青素多了苦涩吓人，少了还不行，茶褐素暗淡无味；从茶姓氏家族看，茶多酚、茶氨酸、咖啡碱让“茶立植物群”，特征性显著；从茶汤颜色角度看风味，茶黄素最好。从情感角度看风味，则因人而异。

第三节　化学反应

茶叶天生苦涩，不是人类风味价值取向。那么能不能“驯服”苦涩？从植物基因角度，培育少苦少涩品种；从加工的角度，摸清茶叶化学反应的规律，在加工过程中控制苦涩成分，向着人类喜欢的风味转化。

我们常常认为树叶采下来就死了，这只是表面现象，其实茶在生长、加工、储存、冲泡、人体内等全程都会发生一系列化学反应，直接影响风味和代谢。茶化学是指在不添加外来成分的状况下，茶内部物质之间发生的反应。在温度、湿度、菌类的作用下，原有的成分有的降解成更小的分子，有的合成新分子。如不饱和脂肪酸氧化降解生成脂肪族醇和对应的醛；糖苷类化合物水解成芳樟醇、香叶醇等游离态香气物质；胡萝卜素氧化降解生成紫罗酮等香气物质等都是茶叶的风味化学反应。

成茶香气物质少数为鲜叶本身固有的，大部分是由香气前体物质在加工中转化而来。其中，糖苷类是鲜叶中最原始的前体物质，对茶叶香气形成贡献最大。比如绿茶加工中糖苷经酶促反应生成芳樟醇，如果进一步加工成乌龙茶，芳樟醇又成了前体原料，生成酯类（水杨酸甲酯）。萎凋过程生成的酮类、烯类，在红茶发酵时又成了香气转化的前体原料。前体物质在加工绿茶时利用率低于30%，而加工红茶时利用率则超过90%，所以从某种意义上说茶香是加工出来的。

酶促反应。即酵素作用，酵母菌或细菌的作用广泛存在，把大分子物质“咬断”，分解为小分子物质。茶叶纤维素、蛋白质、淀粉、多糖等含量高，但不溶解，如果把它们分解，如蛋白质水解为氨基酸，淀粉类水解为可溶性糖和果胶，儿茶素与氨基酸氧化生成醛类，就能溶解进入茶汤，不仅提高成分利用率，还能改变茶叶的粗、涩、木、草、老味，茶汤变得醇、甘、厚、滑。这一原理被瓶装茶饮料公司利用，通过外加来源微生物的商业酶制剂（如糖苷酶、脂肪酶），规模化工业处理，减轻瓶装茶饮料苦涩度，提高透明度。

酶促反应很大程度上改变了茶汤的颜色和滋味，还形成新的香气物质。酶促反应在树上就在进行，野生状态下，鲜叶自带的活性酶菌比较多，春天发出的新芽处于代谢活跃状态，酶促反应旺盛。采摘以后发生离体酶促反应，主要在萎凋阶段，由于叶细胞逐步失水，细胞液浓度逐渐提高，水解酶和氧化酶等酶类由结合态转变为溶解态，活性得以提高，从而促进大分子物质的酶促水解和氧化反应，为茶色香味的形成奠定物质基础。

酶促反应也发生在胃肠道里。茶多酚对人体有多方面的益处，但茶多酚很不稳定，生物利用率很低，在小肠内只有少部分茶多酚被直接吸收，约90%需要肠道菌群分解代谢为小分子化合物后，才能被人体吸收利用。

嫩芽的酶浓度大、活性强，酶促反应不易控制，所以生产乌龙茶要用成熟叶。乌龙茶的香气品质好，研究发现，乌龙茶的香气主要来自酶促反应，因为乌龙茶的萎凋—做青时间很长，这期间能保持酶的高活性状态。叶片在萎凋时失水，温度较低、摇青时受到损伤胁迫，诱导不同生物合成路径的香气物质水平升高，如吲哚、茉莉内酯、橙花叔醇合成，促使香气物质积蓄，这叫作胁迫响应，就是常说的“摇青做青”“看茶做茶”。酶促反应达到一定程度，立即杀青，终止进一步反应，将所生成的风味物质锁住，泡茶时呈现出来。

白茶经自然萎凋干燥，不摇不揉，不杀死酶的活性，也不人为促进酶促反应，是原始、自然的茶，这为白茶的后续加工留出空间。白茶加工长时间萎凋，其间，大分子酶促降解，茶多酚部分转化，蛋白质、淀粉生成氨基酸、可溶性糖，所以新制白茶鲜度、甜度俱佳，是酶促反应的典范。

非酶促反应。也叫非酵素褐化反应，所有食品加热时都会发生，产生更多样的颜色与气味，下文讲到的美拉德反应和焦糖化反应（二者统称梅纳反应）、干馏反应都属于非酶促反应。非酶促反应，顾名思义就是没有酶菌参与的反应，将鲜叶先杀青，让酶类（酵素）失去活性，不发生酶促反应，然后闷黄或渥堆所发生的反应，也称非酵素发酵。黄茶的闷黄工艺属于非酶促湿热化学反应，化学特点是氧化。适当的闷黄工艺条件是：温度为35℃～45℃，在制叶含水率为37%～50%，环境相对湿度为45%～80%，茶多酚氧化生成茶黄素，这就是非酶促反应。黄茶滋味鲜爽，是源于茶黄素的鲜爽，以及茶黄素与咖啡碱络合物的鲜爽，介于儿茶素的苦涩与茶红素的醇厚之间。

氧化与发酵。前面讨论中出现了一会儿氧化，一会儿发酵，它们究竟是什么？氧化的含义比较简单，就是在分子中加入了氧而变性，发酵则是与酶菌有关的非常复杂的学问。茶叶的氧化和发酵难舍难分，既有不同也有交叉。氧化是氧参与的褐变，茶色变深，属非酶促反应；发酵也有酶促导致的氧化。不同在于发酵有霉菌参与，微生物能“咬断”分子的化学键，大分子降解。氧化与发酵在茶叶加工中或多或少都有发生，其中氧化时刻都在发生，伴随茶叶“终身”，发酵主要在有酶菌存在、温湿度适宜的条件下发生。比如儿茶素降解、氧化、聚合中氧化和发酵同时存在。

美拉德反应。在烧烤、烘焙中常见，是加热过程中碳水化合物与蛋白质、氨基酸在没有酶参与的情况下进行的一系列降解与聚合、分解与重组反应，外观上就是生成褐色物质。当温度达到140℃～160℃、水分处于10%～15%及碱性环境，更有利于美拉德反应快速发生。美拉德反应是要消耗糖、氨基酸，风味物质的减少要牺牲一部分风味，新生成的风味物质带来的新风味是以损失掉的风味为代价。按照烤面包的经验，加点盐能催化面包中的美拉德反应。

美拉德反应在一定程度上影响茶叶的风味转化。加热升高温度后，茶叶中的氨基酸、蛋白质与还原性糖（果糖、葡萄糖）发生美拉德反应生成的糖胺化合物是棕色大分子物质，进而降解成杂环类化合物，也排出二氧化碳，最终生成的香气有醛、酮、吡嗪类、糖醛类物质，这些物

质有高亢的烘炒香。烘焙过程中靠温度和时间来控制美拉德反应的程度，轻中度烘焙可以出现果香、坚果、蜂蜜等风味。

焦糖化反应。即加热葡萄糖、单糖、蔗糖、麦芽糖、乳糖后产生褐色物质，红烧肉熬糖上色就是这个道理。乌龙茶中重度烘焙时，有明显的焦糖化反应，焦糖化糖增加茶的甜度，有助于茶叶中产生糖果类香气，如焦糖香和杏仁香。

焦糖化属于中重度烘焙，适合黑茶等成熟叶精制茶。

干馏作用。发生在深度烘焙过程中，茶叶快要燃烧了，几乎完全失去水分，有些炭化，持续产生热化学反应所出现的香气，就像生产木炭一样，纤维质碳化得到的是树脂、香料、炭烧味道，有人还特别喜欢这种木质气韵。深度烘焙的茶含有引导胃部消化酸性物质的成分（如木炭），对胃刺激小，喝这种茶不会像喝绿茶那样令有的人胃不舒服。

第四节　香气化学

与茶叶香气有关的化学过程有糖苷类前体物质的水解、类胡萝卜素降解、脂肪酸降解、酶促或非酶促湿热氧化、美拉德反应、焦糖化反应、干馏化反应等，所以影响茶香的因素太多，不确定性很高。

人类对风味的享受90%来源于嗅觉，传统品茶主要是喝汤尝味，不重视香气。香气是茶叶的重要品质，历史名茶无不是以香定尊，香气是茶品的代名词，也是“定冠词”，未来香气会成为人们喝茶、购茶重要的考量。

茶香成分有易挥发的醇、酯、醛、酮、碳氢化合物、杂环类等有机物，其中萜烯类化合物占春茶鲜叶总挥发油51%以上。人的嗅觉虽然灵敏，但无法辨别出几十种上百种混合香气，但科学仪器可以做到。有文献报道仪器从各种茶中至少检测到1200种挥发性成分，这个数字还会继续刷新。这是一个巨大进步，一方面说明检测仪器越来越先进，“电子”鼻辨味能力超过人的鼻子；另一方面说明茶风味天赋异禀，尚有未解之谜。

清香、栗香、花香与果香的显香物质是什么？绿茶中检测出的前十名香气物质是芳樟醇、香叶醇、壬醛、苯甲醛、水杨酸甲酯、紫罗酮、已烯基已酸酯、苯甲醇、苯乙醇和吲哚。这些香气物质的不同组合，构成了绿茶的清香、栗香、花香和果香。如果没有一种成分占主导地位，成分之间会自然融合，形成清香。清香不是没有香，是一种“无为而治”的香，让人感觉很舒服。

茶叶呈现栗香的化学成分主要是苯甲醇、苯乙醇、香叶基丙酮、壬醛等，呈现花香的化学成分主要是香樟醇等醇类有机物，呈现果香的化学成分主要是酯类有机物。

玫瑰的香气成分主要是香叶醇，兰花的香气成分主要是醛类、烯类，茉莉花香的成分主要是芳樟醇，橙花香气的成分主要是橙花醇。香蕉的香气成分主要是乙酸异戊酯，桃子香气的成分主要是癸二烯酸乙酯，菠萝的香气成分主要是乙酸丙烯酯。

不管是花香还是果香都不是一种化学成分的味道，而是多种有机物的混合味道，只是有一两种成分占主导地位。从植物中提取的天然精油也是多种化学成分的混合物，可能其中有一两种标志性化合物，让人一闻到就觉得“有内味儿”。

香气感受。提取天然香精成本很高，纯度也低，日常生活中接触到的多是人工合成香精，且成分单一。那么是不是按照香味对应表，就能调配出想要的风味饮料？这就要考验调味师的水平了。

用过樱花味的牙膏，吃过樱花味的食品，喝过樱花味的咖啡，这些“樱花味”其实都来自化学合成香料。那么怎样才能让使用者感受到“樱花味”呢？利用人工香精调味的核心是“哄骗大脑”，需要尽可能多地调用多重感官，五觉并用，营造身临其境的感觉，“强迫”大脑相信自己真的尝到了樱花味道。

樱花属于蔷薇科李属植物，与桃子、李子同属，所以要感受“樱花味”，从味觉的角度可以加入樱桃果、桃子和李子；从视觉的角度，樱花淡淡的粉色，给人春意甜美之感，所以加入“甜甜的”味道和淡粉色的色调，用淡粉色或印有樱花图案的杯子，刺激出“樱花味”；从嗅觉的角度，加入有类似樱花、桃花淡淡芳香的香精，使“樱花味”更真实；从触觉的角度，在饮料中加入特定的配料，可以营造出丝滑的口感；从视觉、听觉的角度，在包装上印有风吹樱花的照片，或在背景音乐中播放

某种细微声音，营造风味的真实感。

茶香来源。茶香有三个来源，即鲜叶、加工和外加。外加如窨制茉莉花茶、加柠檬香精的伯爵红茶、加薄荷的绿茶等。

香气成分在加工过程不断流失，温度越高流失得越快越多，留到喝茶时香气已经不多了，大约有30种化合物有效地参与喝茶时的芳香感知，而能否闻到香气还与冲泡技术有关。

所有食品加工烹饪都有香气，只是没有普及风味知识，人们吃喝时没留意，表3-6是肉制品挥发性风味化合物及其风味特征，有些也是茶的香气成分，如辛烯醇、苯甲醛、苯乙烯。

表3-6　肉制品挥发性风味化合物及其风味特征

香气物质	阈值（微克/千克）	风味描述	香气物质	阈值（微克/千克）	风味描述
苯乙烯	730	树脂、花香	庚醇	3	新鲜、酒香
2辛烯-1醇	40	玫瑰、橙子香	1-壬醇	50	玫瑰、橙子香，油脂气
3甲基丁醛	1	稀释后愉快的水果香	辛醛	0.7	稀释后甜橙、蜂蜜香
戊醛	20	稀释后果香、面包香	苯甲醛	3	杏仁、坚果香，油腻甜味

香气呈现。由于绿茶杀青早，其香气组分多是鲜叶原有的，香型与品种、种植有关。绿茶中的氨基酸主要进入茶汤，贡献出鲜度，提升滋味。红茶和乌龙茶中的氨基酸参与了化学转化，进入茶汤的少了，转化为香气的多了，所以红茶、乌龙茶香气比绿茶浓郁。红茶酶促反应充分，生成了含量高、集中度高的新香气。乌龙茶烘焙充足，氨基酸参与美拉德反应，生成新的香气，香气成分更集中，所以乌龙茶香气浓郁。

茶叶中检测到含量最多的挥发性成分是醇类物质，包括脂肪族醇、芳香族醇和萜烯醇类。脂肪族醇类沸点低、易挥发，香味特征表现为青香，最终形成青香和清香，是新鲜的代名词。青叶醇是茶树鲜叶中含量较多的脂肪醇类物质，具有强烈的青草气息，是新绿茶青香和清香的来源。茶树鲜叶中含有丰富的萜烯醇类物质，该类化合物具有花香或果实香，对绿茶、红茶花香的形成有重要作用。红茶按照主导香型分为萜烯类和非萜烯类，萜烯类香型表现出愉悦的花香或甜香，非萜烯类香型如己醛、己醇、己烯醇等。

二甲基硫醚有类似洋葱、紫菜的气味，是新绿茶香气的主要成分之一，也是晒青茶的主要香气成分，被鉴定为高品质日本抹茶的关键呈香成分，但对花香绿茶却是负面影响。

泡茶水质中钙镁离子和pH值是影响黄山毛峰湿香的主要因素。从感官评价角度看，影响程度为$Ca^{2+}>Mg^{2+}$。钙离子对香叶醇、二甲硫、辛醛和β–紫罗酮等香气成分挥发有明显抑制作用，而对芳樟醇挥发有促进作用；pH值低于5时有利于芳樟醇、壬醛挥发，pH大于6时有利于二甲硫挥发。

香型对应。香型是个模糊概念，感官审评只是笼统说有花香，到底是什么花香，很难说清楚。表3–7从反向给出香型可能对应的赋香成分和茶类，但不能理解为完全一一对应的关系，比如酯类物质具有水果甜香，但有的酯类也有花香、香料香。具体参照美国食品香料和萃取物制造者协会（Flavor and Extract Manufacturers' Association，FEMA）对不同挥发性化合物所给出的统一香味描述。

表3–7　香型可能对应的赋香成分和茶类

香气	主要赋香物质	常见茶类
菌香	己（庚、壬）二烯醛	黑茶、茯砖
药草香、冬青油香	水杨酸甲酯	普洱茶、黑茶
陈香	甲氧基苯类	普洱茶
酵酸	十六烷酸	黑茶
肉桂香	橙花叔醇、吲哚、植醇	肉桂岩茶
木香	芳樟醇及其氧化物	普洱熟茶
玉兰香	法尼醇、植醇、吲哚	潮州凤凰单丛
花香	萜烯醇	乌龙茶
果香	水杨酸甲酯	乌龙茶、绿茶
花香	谷氨酸	绿茶
干果香	吡喃葡萄糖苷挥发物	乌龙茶
酸香、清新	己酸己酯、己烯酯、醇类	轻摇青长时间静置铁观音新茶

续表

香气	主要赋香物质	常见茶类
火香、浓香、木香、紫罗兰香	紫罗兰酮、香叶基丙酮	足火烘焙铁观音新茶
陈香	醛类、酮类	铁观音陈茶（5年以上）
高香	芳樟醇、水杨酸甲酯、己酸己烯酯、香叶醇、法尼烯	绿茶
栗香	紫罗酮、植醇、芳樟醇	绿茶
香豆素、麝香葡萄	二氢猕猴桃内酯	白茶、红茶

特征香气。每一种茶都有自己的特征香气，尽管有的香气不明显。所谓特征香气是与品种、种植、气候和工艺相关的独特的香气，可能由几种成分构成。特征香气也称香气骨架，决定了茶叶的香型，但特征香气不一定是含量多的香气。

中国以绿茶消费为主，长期实践形成花香、清香、甜香、栗香四大特色香气类型，其中清香、栗香是绿茶最常见的香型，花香、甜香比较稀有。对于干香为清香型的黄山毛峰，具有花香的芳樟醇对香气贡献最大，达到76%；具有清香的二甲硫贡献率为10%；β－紫罗酮、己酸顺-3-己烯酯、庚醛、壬醛和癸醛之和达到10%。

我国传统红茶香型大致分为四类，云南、广西、广东红茶的香气是以芳樟醇为主导；祁红主导的香气是以香叶醇为代表；福建红茶、乌龙茶的香气以橙花叔醇为主导，橙花叔醇在丹桂、瑞香、毛蟹、肉桂和铁观音中分别占精油总量的69%、66%、62%、61%、46%，集中度非常高，香气特征非常明显；其他地区的红茶中芳樟醇、紫罗酮和香叶醇含量都较高。

如果一类茶用一种成分来代表其特征香气，那么可以这样绿茶—香叶醇，红茶—己烯醛，乌龙茶—橙花叔醇，白茶—己醛，普洱茶—三甲基苯，茉莉花茶—苯甲醇，发花砖茶—芳樟醇。

茶香指纹化。茶的特征香气指纹化是指量化某种茶的香气“基因”，找到茶与香气的一一对应关系，可以作为茶树种质资源密码的判断标准之一。指纹化很难，一是因为测试工作量太大，二是因为影响因素复杂，比如具有柑橘香、花香的癸醛被分别认定为西湖龙井、日本绿茶、凤凰单丛、湖北红茶的关键呈香物质之一。

特征香气是出于嗅觉的角度，指纹化是出于理论的角度。专家用气相色谱—质谱曲线上峰面积占总峰面积4%及以上的一种或几种成分作为特征香气，但还是做不到指纹化。

六安瓜片的特征香气明显为：芳樟醇、顺–橙花叔醇、α–紫罗酮、β–紫罗酮、己酸–顺–3–己烯酯。

茉莉花茶的特征香气也很明显（因为主要是茉莉花香）为：芳樟醇、乙酸苯甲酯、邻氨基苯甲酸甲酯、吲哚、苯甲醇。

普洱茶的陈香特征是由5个酚性甲氧基类化合物来体现，木香的特征成分为 α–紫罗酮、β–紫罗酮、α–雪松醇等。

乌龙茶蜜香的主体成分为芳樟醇和芳樟醇氧化物，奶香的主体成分为吲哚，花香的主体成分是橙花叔醇、芳樟醇、水杨酸甲酯、己酸–顺–3–己烯酯和 α–法尼烯。

炒青绿茶香气特征成分是香叶醇、2–乙基己醇、苄醇等。高香绿茶的特征成分是芳樟醇、水杨酸甲酯、己酸–3–己烯酯、香叶醇、α–法尼烯。蒸青温度比较低，蒸青绿茶的香气成分以沸点比较低的有机物为主，恩施玉露的清香品质得益于顺–3–己烯醇、顺–3–己酸己烯酯。

白茶毫香的特征成分是香叶醇、芳樟醇及其氧化物，白茶清香的特征成分是苯甲醛、苯乙醛、苯甲醇和苯乙醇，白茶嫩香的特征成分是己醛、2–己烯醛、3–己烯醇和 1–戊烯–3–醇。

花香茶的特征成分是芳樟醇、香叶醇、茉莉酮。果香茶的特征成分是沉香醇、紫罗酮、水杨酸甲酯。红茶甜香特征成分是苯甲醇、乙酸苄酯、呋喃酮。

又不是教材，为什么用这么多化学名词？如果只说一个香气成分，其他都“等”掉就不科学了，但都罗列就烦了，难啊！1200多种香气成分，常用的控制在12种。简单总结一下，不同茶的特征香气既有相同也有不同；同一香气物质在不同浓度下呈现的香气感受不同；茶叶香气最常见的成分是芳樟醇和香叶醇，芳樟醇有铃兰的清淡爽快，香叶醇有蔷薇的温和雅致，多数茶中二者同时存在，含量各有高低；香气成分也与检测方法及仪器的灵敏度有关，所以目前还不能完全说清楚茶叶的香气。

香气表征。不管什么茶，香气是多个有机化合物同时挥发出来混合呈

香的结果。由于每种成分致香能力和呈香方式不同，并不是浓度越高、含量越多茶就越香，或者就主显这种成分的香型。

每种化合物被人的嗅觉系统感知阈值不同，很难准确判断究竟是哪种化合物呈现的香气。那么有没有办法进一步提高这种判断力及其准确性呢？专家提出，表达茶香的三个指标为香气阈值、香气强度和香气活度。

香气阈值是感官能够感知到该种香气的最低浓度或含量，超过这个浓度马上就能感觉到这种成分的存在，阈值越低香气感知度越好，越容易被闻到。比如茶中呈现柑橘花香的芳樟醇阈值为0.5微克/升，呈现玫瑰花香的香叶醇阈值为3.2微克/升，呈现紫罗兰花香的β-紫罗兰阈值为0.2微克/升，具有木香、花木香和水果百合香韵的橙花叔醇阈值为0.01微克/升。这四种有机物阈值很低，很容易被嗅觉感知，也是茶叶中最常见的香气成分，所以茶叶不香也难。

气味活度值（Odour Activity Value，OAV）的定义为某个化合物的质量浓度与其嗅觉阈值之比，用来评价一种香气物质对茶香气贡献的重要性。香气活度是该香气含量超过其阈值的倍数，活度越高，说明该香气成分含量越高，嗅觉感知越浓郁、纯正。

OAV大于或等于1表示该物质丰富，与感官评审中香气浓郁对应，能引起嗅觉的高度敏感，是能感应到的最显真香气，对总体风味贡献大，判断为风味突出。OAV小于1的物质，虽然存在，但是往往会被嗅觉忽略而不能彰显，常被判断为香气不足。

多数茶叶的芳樟醇、紫罗酮、癸醛、香叶醇的OAV大于1，所以这几种呈香物质对茶叶香气贡献大，也是非专业人员对茶叶香气的共同感觉和记忆。

茉莉花是名花，以香著称，其香气强度高，OAV远远大于1。虽然茉莉花的香气成分与绿茶的香气成分有很多是相同重叠的，但茉莉花茶的香气或香型属于茉莉花。在窨制过程中从茉莉花转移到绿茶中，吸附在茶的表面或结构空隙中。苯乙醇是个例外，在绿茶中含量高，在茉莉花中却没有被检出，窨制过程中流失或被茉莉花反向吸收。茉莉花的花香、清香重塑了绿茶的风味，花香成分含量是清香成分的2倍多，使得茉莉花茶“花香清扬”。

萜烯类。研究发现，以芳樟醇、香叶醇、柠檬烯为典型代表的单萜类化合物是构成茶叶香气特征最基础的物质，其组成和含量基本上决定了香型的特点。特别是芳樟醇及其氧化物与茶树品种、加工程度、鲜叶的老嫩等直接有关，其含量一定程度上代表了茶叶的等级品质。

茶香的主导化合物分为萜烯类和非萜烯类，萜烯类是茶叶香气的主要赋香物质，呈愉悦花香和甜香，其含量占春季茶树鲜叶总挥发油51%以上。萜类化合物的气味阈值较低，包括芳樟醇及其氧化物、香叶醇、橙花叔醇、苯甲醛、苯乙醛、法尼烯、紫罗酮、杜松烯等。非萜烯类化合物包括己醛、己醇、己烯醇、壬醛、己烯醛等，呈橘糖香、葡萄香等果香。

萜烯指数＝（芳樟醇＋芳樟醇氧化物）含量/（芳樟醇＋芳樟醇氧化物＋香叶醇）含量，一般介于0.5～0.98，萜烯指数反映了茶叶香气的质量和强度，萜烯指数越大，香气越馥郁宜人；萜烯指数小，表示香气高锐。比如福鼎大白茶的萜烯指数为0.73，“黔茶1号”为0.89，茉莉花茶的香气与窨制次数关系很大，一般窨制次数越多，花香越沁人心脾，舒适怡人，窨制九次的茉莉花茶萜烯指数达到0.97，窨制三次的萜烯指数为0.94。

有机物特点之一是同素异构体多，比如芳樟醇有3R–芳樟醇和3S–芳樟醇两种旋光异构体，二者香气特征完全不同，表现出不同的致香机制。3R–芳樟醇有木香和薰衣草香气特征，香气阈值为0.8微克/千克；3S–芳樟醇具有甜香、花香、橙叶香，香气阈值为7.4微克/千克。再比如，橙花醇香气甜润，香叶醇有蔷薇香气，二者互为顺反异构，在酶、热作用下常常发生转换，从而引起香型的变化。未来利用合成酶基因技术促成其中一种呈香物质合成，抑制另一种呈香物质合成，可以定向加工调控茶香气的特征。

同样是炒青绿茶，龙井、碧螺春、涌溪火青都含有芳樟醇、香叶醇等大量萜烯类成分，但这些茶并没有明显的花果香，主要表现为栗香、清香，且香气并不高；而庐山云雾、狗牯脑茶等萜烯类成分含量很少，芳樟醇、香叶醇不是关键呈香成分，没有明显香气和香型。所以茶香还是稀缺资源，显香与成分、含量、沸点、阈值、活度、互作等因素有关，目前还不能完全说清楚。香气指数是用精密仪器检测得来的，目前在实际生活中还不可能应用。

龙井香。冠名龙井茶有三个法定产区，传统西湖龙井茶是产自杭州西

湖区，属地理标志产品保护范围；钱塘产区指萧山、余杭、富阳、临安、桐庐、建德、淳安行政区域；越州产区指绍兴、越城、新昌、嵊州、诸暨、上虞、磐安、东阳、天台。研究发现，三个产区的龙井茶的主要香气成分有共同点，也有产地特征，如表3-8。

表3-8　西湖产区、钱塘产区、越州产区的龙井茶的主要香气成分

产区	西湖产区	钱塘产区	越州产区
产地特有香气物质	十三烷、己酸己酯	二氢芳樟醇、香叶基丙酮	十四烷、苯甲醇
龙井香物质/相对含量	己酸-3-己烯酯/18.1%	己酸-3-己烯酯/8.5%	己酸-3-己烯酯/8.9%

龙井香究竟是什么香？是酯香。酯类香气成分含量：西湖龙井＞越州龙井＞钱塘龙井。主要香气成分是“己酸-3-己烯酯”，其含量高、特征显著，形成人们常说的龙井茶“香郁高鲜、清幽清香”的风味特征。己酸-3-己烯酯也是食品添加剂，用作香精香料，有强烈弥散性水果清香，有梨似味道，在化工品中用以调配芒果、鸡蛋果、生梨、菠萝、草莓、木瓜香味。酯类的香气高、远、重，优雅怡人。

传统名茶西湖龙井是正宗地理标志产品，香气好、价格贵，就在于其含有18%强的己酸-3-己烯酯，而其他产区龙井茶己酸-3-己烯酯含量要低10个百分点，仅此足以体现其价格的合理性。香气成分主要是由土壤条件和气候环境决定的，因而形成了独特的产地特征成分“指纹”，用来鉴别茶叶产地和产品溯源。

栗香是什么香？研究发现，生板栗的主要香气物质是具有清香的2-丙烯-1-醇；炒烤板栗的香气物质主要是具有坚果和焦甜香味的呋喃、酮类、酯类；如果是糖炒板栗，由于美拉德反应会生成更多香气物质，如糠醛、糠醇、麦芽酚等大分子物质，所以糖炒栗子香气更重；板栗花的主要香气成分是壬醛、苯乙酮、芳樟醇，与绿茶香气成分有重叠。

茶的栗香是一种类似蒸熟板栗的坚果香型，有人认为类似“嫩玉米”香，是中高档绿茶的典型香气。试验表明，汽热—滚筒联合杀青有助于形成栗香品质，也有人认为炒干方式加工的茶有利于形成栗香。

那么栗香茶究竟是什么香？研究认为，芳樟醇、β-紫罗酮、植醇是茶叶栗香的主要显香成分，芳樟醇浓度高但保留时间短，稍纵即逝；紫

罗酮、植醇浓度不高但维持时间长，能够让人感觉到。从栗香绿茶中鉴定出170多种挥发性香气物质，这些物质对栗香的贡献大小目前还难以量化，只能从含量相对较高的组分中认定。

浙江、贵州、皖西、峨眉、广西、陕西、日照等地的绿茶多数属于栗香，而深加工的红茶、乌龙茶就没有栗香了，说明相应的显香成分挥发或者转化了。比如福建常见的用来制作乌龙茶的梅占、奇兰品种，用其芽叶做成绿茶就有栗香，但用其制作的乌龙茶没有栗香，其香气比绿茶更加多样高爽。

茉莉花茶。追求茶香到极致，唯中国人所及。公元1190年，宋人就领略到茶香之妙，感觉不过瘾，发明了把鲜花与茶放在一起熏制的方法，让茶吸收花之精油而更加香溢醉人。

茉莉、兰花、玫瑰、栀子、橙花、桂花等都是高香，香气优雅，花开了香气就淡了，最香的时候是含苞待放之际，而且摘下来之后更有利于香气释放，适合窨制花茶。为什么市面上常见茉莉花茶？这是因为茉莉花与核心茶区同域种植，产量高，以前主要种植在福州，现在主要在广西横县，而且茉莉花期与采茶同期。而兰花没有大面积种植，香玫瑰主产区在甘肃、新疆等地，橙花要结果不能采摘，桂花花期在秋季。茉莉花茶作为最早、最普及的窨制花茶，除上述因素之外，还有一个重要原因是茉莉花的香气成分与绿茶的香气成分有相似重叠，茶韵与花香珠联璧合，相得益彰。如此“天时地利”“花和”成就了茉莉花茶的金贵。

茉莉花含有90多种香气成分，双瓣茉莉花的主要香气成分有芳樟醇、乙酸苄酯、苯甲醇、邻氨基苯甲酸甲酯、苯甲酸甲酯等，特征香气是乙酸苄酯、茉莉内酯和茉莉酮。绿茶素胚有30多种香气物质，主要香气成分是芳樟醇、α-法尼烯、吲哚。茉莉花茶的主要香气成分是苯甲醇、邻氨基苯甲酸甲酯、乙酸苯甲酯、吲哚、芳樟醇、α-法尼烯。可见花茶的确是结合了花与茶的优势，美美其美。

茉莉花茶因为其香气特征明显，常用定性指标鲜灵度、浓度和纯度来评定。为了定量化，专家提出茉莉花茶香气指数JTF＝（α-法尼烯＋顺式-3-己烯醇苯甲酸酯＋吲哚＋邻氨基苯甲酸甲酯）含量/芳樟醇含量。研究人员用炒青、烘青、蒸青、晒青的绿茶作为素胚窨制茉莉花茶，结果炒青（JTF＝2.95）＞烘青（JTF＝2.19）＞晒青（JTF＝1.94）＞蒸青

（JTF＝1.56），说明炒青素胚的花茶香气品质最佳。表3-9是茉莉花、茶和花茶的香气指数，可见茉莉花茶的香气主要是来自茉莉花，而绿茶自带的和烘焙出来的香气在茉莉花香面前相形见绌、自愧弗如。

表3-9　茉莉花、茶和花茶的香气指数

种类	茉莉鲜花	茉莉精油	茉莉净油	茉莉干花	绿茶胚	茉莉花茶
JTF	3.7 ～ 5.02	5.81	3.68 ～ 6.47	0.52 ～ 0.84	0.00	0.93 ～ 3.57

茉莉花茶原料和制作工艺对香气很关键，茉莉花的最佳释香期（如采花时间）、绿茶胚的吸香功能（如比表面积）和窨制方式（如次数）、茉莉花茶的保香（储运过程）都是影响因素。茉莉花香气在半夜（21：00～3：00）释放，其他时间释放很少，这样正好白天采摘晚上窨制，所以称为"气质花"。窨制茉莉花茶有个秘密，就是要加入一定量的白兰花，称为"打底"。白兰花的香气比茉莉花深沉厚重，所以有了白兰花的嘉惠，茉莉花茶的香气更有深度和层次。

北方人喜欢茉莉花茶，与名人的示范效应有关。慈禧常喝茉莉花茶，只是窨制了两次，新中国成立后窨制五次的茉莉花茶成为国礼，现在窨制九次的茉莉花茶是高档待客茶。

第五节　滋味化学

茶汤中检测到60种以上独立的非挥发性化学成分，这些物质对茶汤滋味、色泽、浓度、口感、回味、甘润度、醇厚度、平衡度构成直接影响，甚至对香气也有间接影响。影响茶汤滋味的"四大家族"是茶多酚家族、生物碱家族、氨基酸家族和糖类家族。

混合味。茶汤滋味复杂性在于成分混合在一起而且还不断变化，所以喝茶有时效性；感官受到多种物质的刺激，同一味觉可能是由多种成分共同作用的结果，比如咖啡碱、儿茶素、茶黄素、黄酮、花青素、氨基酸都有苦味；混合味的特点是多种成分"互作"，比如鲜味和甜味互相协同强化，对甜香也有强化作用。因此，茶风味才苦得那么隐约、甜得那么羞涩，鲜得那么含蓄。假如缺乏哪一种成分，就等于失去了风味的平衡，失去了风味的生命力，就不是茶风味了。

滋味的主观性强，不仅依赖感官敏感度和茶汤风味物质浓度，还与心情、环境、身体状况等有关，唾液也能抹杀滋味分子，导致感觉弱化或错觉。

味型。茶汤滋味大致分为三种类型：清新淡雅型，包括绿茶、白茶、黄茶、铁观音、氧化程度低的青心乌龙茶等；馥郁芳香型，主要是乌龙茶；醇和温暖型，包括红茶、黑茶、老白茶、老安茶等。这些味感都是特指淡茶来谈的，浓茶会掩盖风味，不利于感受。

滋味表征。用Dot值表征主要浸出物对茶汤滋味的贡献度，Dot值＝茶汤中某种显味物质浓度/显味物质的阈值。阈值指味蕾刚好能感知到某种味觉时的呈味物质浓度。Dot 值综合考虑滋味成分的含量和呈味阈值，避免了仅以成分含量考量对滋味贡献大小的误区。

Dot值大于1，即浓度达到并超过阈值，该成分可能对滋味有直接贡献。比如绿茶中黄酮类芦丁（槲皮素—芸香糖苷）的Dot值能达到40000，对茶汤滋味有重要贡献。这种方法现实中不实用，因为测量茶汤中一种成分的浓度有困难。表3-10是总结了主要呈味物质阈值和显味特征。

表3-10　主要呈味物质阈值和显味特征

滋味	滋味特征	滋味活性成分	阈值（微摩尔 / 升）
涩	儿茶素收敛引起口腔起皱粗糙的涩感	酯型儿茶素 EGCG	190
		酯型儿茶素 GCG	390
		酯型儿茶素 ECG	260
		酯型儿茶素 CG	250
		简单儿茶素 EGC	520
		简单儿茶素 GC	540
	氨基酸收敛引起口腔干燥柔和的涩感	茶氨酸	6000
		γ 氨基丁酸	20
	黄酮苷类收敛引起口腔干燥柔和的涩感	杨梅素 -3-O- 半乳糖苷	2.7
		牡荆素 -2''-O- 鼠李糖苷	2.8
		槲皮素 -3-O- 半乳糖苷	0.43

续表

滋味	滋味特征	滋味活性成分	阈值（微摩尔 / 升）
苦	自身苦，在茶汤中不苦	咖啡碱	500
	自身苦，在茶汤中也苦	EGCG	380
		GCG	390
		赖氨酸	3400
鲜	自己不鲜，但能强化其他氨基酸的鲜味	茶氨酸	24000
	弱鲜	谷氨酸	947
	强鲜	天冬氨酸	4000

另一种办法是感官评价滋味强度，由有经验和资格的评测人员，针对茶汤给出苦、涩、鲜、甜的强度值。感官测评真实反映茶汤“混合味”的特点，不是针对某一种滋味成分，而是综合了络合、协同等因素。比如测评苦味，按照10分制，强度由弱到强得0～10分，0～2分为不苦，2～4分为微苦，4～6分为苦，6～8分为很苦，8～10分为极苦。这种方法虽然主观性强，但实用。

用来衡量茶汤滋味的还有相对指标，如茶汤酚氨比、简单儿茶素/酯型儿茶素，但因为都需要测定单项物质浓度，只适合于研究。

滋味测量。实用性可测的滋味参数是可溶性固体总量TDS，可用便携测量仪测定。TDS测的是所有溶解物的总含量，不能区分溶解物是什么。

对于氧化类茶（白茶、黄茶、乌龙茶、红茶、黑茶），茶黄素或茶红素是一个影响全局、贯穿始末的滋味质量指标，可决定茶汤的亮度和色泽，并影响味觉强度、浓度和鲜爽度。虽然茶黄素、茶红素、茶褐素的化学检测不容易，但便携式色差仪可以方便地检测茶汤的颜色、光亮度等，也能从色泽角度判断滋味状态。

儿茶素的戏份。如果说茶多酚是风味大戏绝对的主角，儿茶素就是戏精，仿佛川剧中的变脸。酯型儿茶素EGCG、ECG、GCG、CG溶解于水，具有强烈的收敛性，苦涩感重，也极易氧化变色变味；简单儿茶素GC、C、EC、EGC溶于水，收敛性弱，酯型儿茶素可以降解为简单儿茶素；

EGCG苦味强于涩感，EGC涩感强于苦味，ECG苦涩相当，滋味强度顺序为ECG＞EGCG＞EC＞EGC，而且滋味强度随绿茶茶汤浓度升高而增强。此外所说的儿茶素与茶汤的滋味关系主要是针对绿茶而言。

黄酮苷是重要滋味成分，由于黄酮苷是从儿茶素中降解得来，不是茶鲜叶含有的初级代谢物，而黄酮苷的测量难度较大，所以少为人重视，具体应用到评价茶汤的滋味就更少见了。黄酮苷对茶汤色泽和滋味有显著的影响，发酵茶黄酮苷含量高，由于黄酮苷类阈值很低，所以红茶的涩感主要是黄酮苷起作用。图3-1是酚类衍生物对绿茶苦涩风味的影响，茶多酚家族子子孙孙对苦涩、色泽负责。

茶多酚	儿茶素	酯型	简单	黄酮苷	花青素类	茶黄素	茶红素	茶褐素	酚类物质转化
笼统的苦	很苦	很苦	较苦	微苦	较苦	弱苦	不苦	不苦	苦味
笼统的涩	很涩	很涩	较涩	很涩	很涩	弱涩	不涩	不涩	涩感

图3-1　酚类衍生物对绿茶苦涩风味的影响

在茶树新梢上，从顶芽到第四叶，随着叶片的成熟，酯型儿茶素EGCG和ECG含量逐步下降，简单儿茶素EC和EGC含量逐步增加；春、夏、秋的茶树新梢，芽头的酯型儿茶素含量是：秋＞夏＞春，芽头的简单儿茶素含量是：夏＞春；第一、二叶酯型和简单儿茶素含量是：夏＞春，所以春茶滋味绝对好于夏茶。

咖啡碱的表现。咖啡碱在茶中的含量相对稳定，主要与采摘季节和茶树品种有关，在绿茶、乌龙茶、红茶、黄茶加工中变化不大。但有些菌种（如聚多曲酶）能够在发酵过程中降解咖啡碱。

咖啡碱自身对茶汤苦味贡献度很小，咖啡碱与茶黄素聚在一起有鲜爽感，互相减轻对方的苦味，这种络合形式得到实验证明，但对风味影响机理尚不清楚。有研究认为，咖啡碱能增强EGC和EC的苦味，对涩感没有明显增强，咖啡碱可增强EGCG的苦涩感。

氨基酸的表现。游离氨基酸出现鲜爽味，也是杂环类香气成分的重要前驱体，直接影响茶汤色泽、香气、滋味，是“鲜味”“鲜香”“鲜甜”“鲜爽”的呈味物质。茶叶中检出的氨基酸有23种以上，其中15种以上是

蛋白质态氨基酸，如天冬酰胺；非蛋白质氨基酸有8种以上，如茶氨酸，其含量高于其他氨基酸，而且一芽二叶茶氨酸含量最高。有鲜味的氨基酸是茶氨酸、谷氨酸等，而精氨酸有苦涩味感。

茶氨酸能减弱EGC的苦涩，增强回甘。茶氨酸使得EC苦味减弱，涩感和回甘增强，谷氨酸可以增强EGCG的苦味。

显著性对比。六类茶中绿茶和黑茶是极端的两头，风味截然相反，绿茶原汁原味，代表自然植物的造化；黑茶几乎"没有"茶味，或者说是发酵氧化了绿茶年轻的锐气，磨炼出黑茶老成的熟气，代表人改造自然的作品。对比绿茶和黑茶的风味，对认识茶风味有方法论意义。

黑茶除了没食子酸（GA）和茶褐素含量较高外，其余成分含量都低于绿茶，特别是游离氨基酸显著低于绿茶，所以黑茶几乎没有鲜味，略有酸味。渥堆使得70%～90%的酯型儿茶素氧化降解，所以黑茶汤没有苦涩而显得醇和无味。渥堆也使得大分子纤维素、果胶分解成小分子糖和可溶性糖，所以黑茶茶汤有点儿甜。同时，部分可溶性糖与氮化物缩合以及非酶促褐变反应，使得茶褐素含量升高，平均含量约12%，所以黑茶的汤色、滋味和功效依赖茶褐素。从表3-11两种风味差异显著的对比中可见黑茶茶汤醇厚度低，因为浸出物含量比绿茶减少10个百分点以上。

表3-11　两种风味差异显著的对比

茶类	产地	主要成分	风味特征
黑茶	湖南茯砖	茶多酚 10.88%，氨基酸 0.66%，咖啡碱 3.83%，可溶性糖 7.27%，水浸出物 31.19%	香气不明显、苦涩感不明显、醇和、微甜
绿茶	云茶 1 号	茶多酚 31.3%，氨基酸 3.4%，咖啡碱 4.3%，水浸出物 44.6%，儿茶素总量 158.7 毫克 / 克	花香、鲜爽、苦涩感明显、回甘

滋味因子。滋味是个笼统的名词，要认识滋味，必须要与感官对接，得把滋味分解成感官因子。滋味因子可分解为浓度、厚度、甜度、苦度、涩度、鲜度、醇度、爽度等，各自独立可辨，又相互交叉渗透。其中浓度与厚度是近义词，浓度是溶解在水中的成分，厚度还包括了不溶解的物质；醇度和爽度目前还没有清晰的定义，无法计算测量，但可以感知。

通过感官评审得出某种绿茶滋味指标与滋味因子之间的关联系数，能够解释茶汤滋味味觉的复杂性。如表3-12，相关系数（取绝对值）大于0.5为显著相关，小于0.5则相关性差或不相关。儿茶素含量、简单儿茶素/酯型儿茶素比值与滋味各项指标关联度最大，是影响滋味感官的最大因素。负数表示反向影响，比如氨基酸对涩度的相关系数是-0.49，意思是氨基酸能在中等程度上减轻涩感；茶多酚对甜度是负贡献，很大程度上减弱甜感；咖啡碱在很大程度上抵消醇度（因为络合了儿茶素），却可显著增强儿茶素的涩度。从儿茶素一行看出，儿茶素对茶汤浓度、厚度、回甘、醇度、涩度都是最大的贡献者。表3-12看上去可能有点复杂，但很全面地总结了茶汤中诸多成分与味感之间的真实关系，因为数据是从感官测试中统计得到的，不仅直观可辨，还有方法论、科学观之美。

表3-12　茶汤中诸多成分与味感之间的关联系数

成分	浓	厚	甜	醇	鲜	涩
茶多酚	0.14	0.22	-0.54	0.31	0.28	0.45
儿茶素	0.89	0.73	0.58	0.83	0.48	0.62
咖啡碱	-0.18	0.41	0.20	-0.85	-0.48	0.71
氨基酸	0.20	0.60	0.55	0.54	0.71	-0.49
可溶性糖	0.25	0.49	0.61	0.11	0.48	0.08
酚氨比	0.40	0.29	0.25	0.25	0.45	0.31
简单儿茶素/酯型儿茶素	0.59	0.72	0.57	0.51	0.53	0.84

从滋味成分含量这个“量”的维度和滋味强度这个“质”的维度，形成表3-13中的二维模型，可以清楚地看出多酚类、咖啡碱、氨基酸三大滋味成分对茶汤滋味的深刻影响，表格中浅色字是交叉相互作用。

表3-13　二维模型

主要滋味物质含量										
		多酚类				咖啡碱	氨基酸			
		儿茶素总量	酯型儿茶素	简单儿茶素	EGCG，GCG	**绿茶咖啡碱逆转阈值**3.8%～4.5%	游离氨基酸	茶氨酸	天冬氨酸/酰胺	谷氨酸
滋味强度	苦	贡献	主要贡献	贡献	主要贡献	高于此值是贡献者	按酚氨比贡献苦味	抑制苦味	减弱苦味	增强苦味
	涩	贡献	主要贡献	贡献	主要贡献		按酚氨比贡献涩感	抑制涩感	抑制涩感	
	鲜		按酯型/简单比值贡献鲜味	抑制、减弱鲜味		低于此值与多酚氨基酸络合鲜味主要贡献者	多种氨基酸合作成为主要贡献者	自己不鲜，是鲜味增强剂	主要贡献者，受到茶氨酸增强	
	甜							甜味增强剂主要贡献者		

用表3-13的解析方法，比较龙井43和奥丰两种碾茶—抹茶的风味表现。龙井43茶多酚、咖啡碱含量高，按常规的理解，风味是苦涩的，而两种茶儿茶素和茶氨酸含量相近，酯型儿茶素、简单儿茶素相差悬殊，简单儿茶素也有苦涩感，其中酯型儿茶素—咖啡碱—游离氨基酸形成络合物起到关键作用，不仅降低了苦涩味感，还增加了鲜爽味，风味变好，氨基酸能与苦味受体竞争，并优先络合苦涩成分。

表3-14　龙井43和奥丰碾茶—抹茶的风味表现

茶类	茶多酚	儿茶素	酯型/简单	咖啡碱	游离氨基酸	酚氨比	茶氨酸	风味评价得分
龙井43	17.4	11.54	14.07	3.02	5.01	3.48	1.89	81.5
奥丰	12.07	11.21	2.56	1.84	3.60	3.35	1.56	73

茶中多种化学成分的种类和含量是天仙配，香气、滋味、色泽都是多种化合物的协调作用，而不是单打独斗的结果。所谓协同，一定是在分子层面上有结合，这种协同效应为茶叶加工、调制、塑造风味创造了空间，各种新工艺新技术层出不穷，创造出无限新风味。

产地特征滋味。差别很明显，老茶客可能一喝就知道，但多数人做不到。能不能用滋味成分判别产地？表3-15是几个产地的乌龙茶滋味成分，从表中可以看出EGCG、ECG和咖啡碱含量特征性明显，而氨基酸由于参与茶叶内部多种反应，含量变化比较复杂，相对来说台湾乌龙茶更加醇和香甜。广东乌龙茶主要是潮汕的单丛，以大叶为主，儿茶素显著高于其他产地，本以为苦涩味重，却被潮州人精心“打磨”出各种香型，降伏为小杯啜吸的尤物。换种说法，用EGCG、ECG和咖啡碱三个成分就可以鉴别乌龙茶产地，但日常喝茶不知道滋味成分含量，所以这种方法目前只能用于研究。

表3-15　几个产地的乌龙茶滋味成分

产地	EGCG	ECG	咖啡碱	氨基酸
闽北	5.38	1.09	1.96	0.24
闽南	3.13	0.92	2.75	0.10
台湾	7.49	0.67	1.50	0.58
广东	11.73	1.51	3.49	0.40

绿茶滋味辨析。日常喝茶只能用感官审评方法辨析滋味。绿茶滋味最敏锐突出，最能体现茶的本征风味，其他茶类相对平和。所以用绿茶感官滋味辨析产地，最有说服力。

假设绿茶滋味共10分，研究认为，苦占3.44分，涩占4.17分，其他占2.39分，这与绿茶滋味成分很匹配。尽管苦味物质多而且烈，但苦味物质之间络合以后改变了原有的苦性，而且受到氨基酸、糖的中和，所以苦味被“和谐”了。但涩感是触觉，不受这些因素影响，涩感主要受氧化程度影响，所以绿茶的涩才是真正的“特色”。

专家根据绿茶苦、涩、鲜、爽的滋味特征，将显味成分划分为“苦涩因子”“爽口因子”“苦味因子”“鲜爽因子”四个显味类别（见表3-16）。其中茶氨酸列入“苦味因子”，不是说茶氨酸苦，而是因为茶氨酸能减轻咖啡碱和GCG的苦味，具有统计分析负向显著相关性。按照

1：50茶水比冲泡，绿茶茶汤中大多数滋味成分均在单体阈值以下，即Dot值小于1，显味能力差，只有谷氨酸、EGCG、EGC、咖啡碱、没食子酸等浓度高于阈值，即Dot值大于1，也就是说，绿茶茶汤中主要是这几个物质在显味。

表3-16 绿茶的苦涩因子、爽口因子、苦味因子、鲜爽因子

显味成分	苦涩因子	爽口因子	苦味因子	鲜爽因子
Dot 值高且显著相关的显味成分	水浸出物、茶多酚、EGCG和儿茶素总量	简单儿茶素EGC、GC 和EC	咖啡碱、GCG和茶氨酸	谷氨酸、天冬氨酸、谷氨酰胺、氨基酸总量
占原始风味信息总量的比例	22.3%	18.3%	14.8%	14.4%

绿茶的苦、涩、鲜、爽感官评审是一个综合结果，与单一成分之间没有直接的比例关系，如表3-17所示。在讨论茶汤滋味时，使用茶多酚、氨基酸、咖啡碱、糖等大类组分显得苍白无力，只有在EGCG、ECG、EGC、茶氨酸、谷氨酸、蔗糖等细度上才能对滋味形成比较清晰的认识。在综合评价中，获得较高评分的茶往往具有内含物质丰富、滋味成分含量都较高的特点，而仅是某一个滋味成分含量较高的茶往往综合评分不高。从表3-17中可以看出，涩与水溶性糖含量少有关，醇与儿茶素总量有关，浓与水浸出物含量有关。从这个意义上看，“糖”衣炮弹也是对付“涩”的利器，可惜茶的可溶性糖实在太少；醇度就是儿茶素“酿的酒”；浓度就是溶解出来的总量。

表3-17 四种绿茶的成分含量

绿茶种类	水浸出物（%）	茶多酚（%）	儿茶素总量（毫克/克）	咖啡碱（%）	氨基酸（%）	水溶性蛋白（%）	水溶性糖（%）	风味描述	感官评审
安吉白茶	41.86	25.23	106.05	3.7	5.31	4.04	6.47	甘醇鲜爽	95
福鼎大白	40.64	27.55	122.28	4.38	3.80	4.09	6.33	鲜醇微涩	91
青岛崂山	44.53	30.79	146.94	5.12	3.89	4.58	7.49	浓醇甘鲜	94
中黄2号	40.06	23.35	80.98	3.98	5.79	3.33	5.96	尚醇鲜微涩	90

红茶滋味。国际上分为两种流派，红碎茶崇尚“浓、强、爽”，适合加奶糖。浓的物质基础是浸出物含量高，主要来自茶多酚家族的贡献；强的物质基础是保留下来的儿茶素；爽的物质基础是氨基酸、茶黄素和咖啡碱。中国工夫红茶尊崇“甜、醇、鲜”，适合清饮。甜对应茶汤中的可溶性糖（包括降解的果胶、多糖和蛋白质）含量；鲜对应氨基酸、茶黄素含量；醇对应儿茶素保留量。

红茶生产的最大难度是如何生成更多茶黄素，用什么样的鲜叶能加工出茶黄素含量高的红茶？研究发现，鲜叶中简单儿茶素的含量越高，特别是EGC的含量高，生产的红茶中茶黄素含量就越高。采摘前遮光会使鲜叶简单儿茶素含量降低，特别是EGC含量明显减低，所以，遮阴的鲜叶不适合做红茶。在儿茶素总量相当的情况下，肯尼亚茶鲜叶中简单儿茶素占儿茶素总量的45%左右，云南大叶种茶鲜叶中简单儿茶素占儿茶素总量的23%左右，所以，肯尼亚红茶中茶黄素含量更高，滋味表现刺激性更强，鲜爽度更高，汤色明亮，金圈明显。

印度、斯里兰卡、肯尼亚红碎茶是大工业生产，所以用制作工艺调节风味的可能性很小；国外红茶采用三四叶成熟叶，并拼配大叶种茶，所以茶多酚含量极高。中国红茶多为中小叶种整叶茶（广东云南部分红茶除外），生产规模较小，利用工艺灵活性调节出甜、鲜、爽的滋味。比如适度萎凋让多酚类物质参与发酵，提高茶黄素含量；在萎凋过程加入摇青工艺可以大幅度提高茶黄素和糖的含量；先高温后低温的变温发酵也可以提高茶黄素含量；烘干早期温度适当低一点，多次走水复烘可以保留更多的可溶性糖；中国红茶大多数采用一芽二叶，保证了水浸出物、氨基酸和糖分含量。

中国红茶风味突出花香、果香、甜香，黄红色适中、浓稠度适当，浸出速度恰当；而国外红碎茶风味强调厚重口感、颜色红艳。未来红茶的风味趋势是轻柔口味，预计甜、醇、鲜会成为主流滋味需求。

冷后浑。是指茶汤凉下来后在表面形成一层类似乳酪的悬浮或凝聚物，俗称“茶乳酪”。如果冷放时间长，会有一层亮晶晶的覆盖物，这是析出的咖啡碱或儿茶素晶体。茶乳酪的多寡能反映茶汤品质，有比没有好，茶乳酪是事后可以观察到的，喝热茶的时候还没有形成，并不建议直接喝下这些茶乳酪，毕竟是凉茶。冷萃茶没有茶乳酪，因为冷水泡茶时咖啡碱、茶多酚较少溶解到茶汤中。

红茶乳酪是茶红素、咖啡碱、茶黄素不间断缔结，逐步形成大分子络合物，生成冷后浑，或者说茶红素、咖啡碱、茶黄素是主要致浑因子，三者占茶乳酪总量的88%，其中茶红素致浑能力最强，其次为咖啡碱。

绿茶乳酪成分是儿茶素、咖啡碱和糖，蛋白质中的氨基酸分子与多酚类物质也能络合。绿茶乳酪中约含11%的蛋白质，20%的咖啡碱，69%的儿茶素。儿茶素中主要是酯型儿茶素，EGCG约占64%，ECG约占15%。

金圈。是茶汤表面在杯子边缘形成的一圈“金灿灿”的液体，红茶比较明显，用玻璃杯泡茶可以看得清楚，金圈是色差形成的，因为这里温度低，容易形成冷后浑，茶黄素或茶红素的浓度高于杯内，而且茶黄素络合了蛋白质，所以亮度高。

第六节　风味对比

茶与咖啡仿佛一对孪生姐妹，是植物饮品领域的两朵奇葩，各自芳艳。在讨论茶风味时，咖啡风味是一种现实参考，尤其是咖啡的风味科学和实践走在了前面，值得参照借鉴。由于红茶的全球普及率高，在描述咖啡风味的“风味轮”里专门有一种咖啡风味（参照物）叫“红茶口感、红茶花香”。

这里简单对比一下茶与咖啡的化学成分与风味之间的关系，从整体上来留下一些印象。茶和咖啡中，多糖、蛋白质、脂质都不溶于水，不会直接影响风味，但因降解反应会间接影响风味，与醇厚度、汤色泽明亮度等有关。

表3-18　茶与咖啡的化学成分含量（%）

成分	多糖	蛋白质	脂质	可溶糖	绿原酸/多酚	酸类	氨基酸	咖啡碱
咖啡	35～45	12	10～20	3～9	5～11	2	2	1～3
茶	20～30	20～30	8	4	18～36	3	2～7	3～5

茶与咖啡都可以（很）苦，但也可以做到不苦，苦的主因不是咖啡碱，而是儿茶素和绿原酸。茶与咖啡都不甜，但都可以尝到一点点甜，以甜为贵，以甜为荣。咖啡没有明显的涩（如果一定要说有涩，那是矫情，比起绿茶来说可能是小巫见大巫），而绿茶涩感严重，咖啡没有回甘，而绿茶回甘显著。

差别大的是脂质、绿原酸/多酚、氨基酸和糖。咖啡脂质含量高，所以浓缩咖啡表层有一层黄色油脂泡沫，被认为是新鲜好咖啡的标志。因为许多芳香性脂肪族羧酸（如苹果酸、柠檬酸等）均能溶于脂质中，所以咖啡的脂质多少决定咖啡入口后风味的丰富程度。茶叶脂质含量少，茶汤没有明显的油脂，不知道在压力下萃取茶能出现油脂吗？

咖啡的氨基酸含量很少，所以没有鲜味，而茶的氨基酸含量可达到7%～13%，所以有些绿茶极鲜。氨基酸是茶最尊贵的成分，鲜被认为是茶最珍贵的风味品质，因为鲜不仅“鲜”，还增益甜、爽，抑制苦涩，因此有“鲜甜”“鲜香”“甜香”“鲜爽”等茶叶特有的复合风味。

茶多酚是茶风味的骨干，决定了茶汤的色、香、味表现。绿原酸是咖啡风味的主干，平衡着咖啡在酸与苦之间的选择。茶（汤）的颜色主要取决于茶多酚的氧化程度，绿茶（汤）颜色是叶绿素起作用，其他茶类（汤）颜色是茶黄素、茶红素和茶褐素起作用。咖啡（汤）的颜色取决于糖与氨基酸的褐变反应（美拉德反应）和焦糖化反应程度，咖啡果实的糖含量比茶树叶的糖含量要高。

第四章

解构茶风味

从历史、地理、文化、资本、物理、化学、感官、情感等横向角度了解茶风味之后，需要换个维度，纵向解析茶风味，细说色、香、味，建立茶风味识别信息，将茶风味信息与感官联系起来，形成强对应关系，为做茶、喝茶、赏茶奠定基础，解构风味也是为开发风味、构建茶叶风味轮、建立风味评价体系、建设风味文化做铺垫和准备。

第一节　茶之色

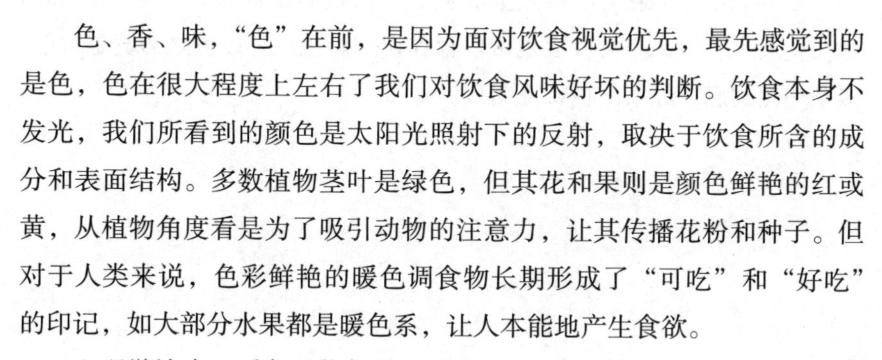

色、香、味，“色”在前，是因为面对饮食视觉优先，最先感觉到的是色，色在很大程度上左右了我们对饮食风味好坏的判断。饮食本身不发光，我们所看到的颜色是太阳光照射下的反射，取决于饮食所含的成分和表面结构。多数植物茎叶是绿色，但其花和果则是颜色鲜艳的红或黄，从植物角度看是为了吸引动物的注意力，让其传播花粉和种子。但对于人类来说，色彩鲜艳的暖色调食物长期形成了“可吃”和“好吃”的印记，如大部分水果都是暖色系，让人本能地产生食欲。

心理学认为，暖色调能促进血清素分泌，血清素是人体三大快乐物质之一，令人心情愉悦，感到活力和温暖，无论从哪个角度说，暗黑色都不是优选项。所以茶多酚家族的变色能力是茶风味的核心竞争力之一，茶多酚是绝对优良的风味资产，让人在喝茶时视觉上更享受，滋味上更柔和，精神上更愉悦，得到快乐增值。

茶颜悦色。茶叶本来是绿色，并不在“可吃”和“好吃”之列，但是茶叶（汤）可以变色，而且色谱还很宽。干茶、叶底和茶汤颜色（俗称茶三色）来源于鲜叶带进来和加工出来的成分，绿茶的三色主要是鲜叶带进来的，其他茶类加工出来的多于鲜叶带进来的。茶三色的呈色物质有黄酮、黄酮醇及其糖苷、类胡萝卜素、叶绿素及其转化产物、茶黄素、茶红素和茶褐素。干茶和叶底颜色由脂溶性色素染色，如叶绿素、叶黄素、胡萝卜素等，茶汤色泽是由水溶性色素染色，如黄酮醇、花青素、黄烷酮及其氧化物、茶黄素、茶红素等。

茶叶加工过程中，发生“酶褐变”生成茶三素；“非酶褐变”的焦糖化反应、美拉德反应也生成茶三素，把绿色变成对人们食欲有刺激作用的暖色调。绿茶汤色泽主要是由黄烷酮引起，叶绿素不溶于水，但其胶体对绿色有一点贡献，胡萝卜素含量高，叶片呈现黄色，如果是紫化茶，花青素溶于水呈暗色。红茶汤的色泽是由茶红素造成，茶红素的染色能力极强，茶黄素对明亮度有积极贡献。黑茶则完全被茶褐素浸染。白茶、黄茶、乌龙茶、久放的绿茶汤色发黄，主要是茶黄素、黄酮起作用。

黄谱系。现行感官评审与颜色有关的指标有三项，即干茶色、汤色、叶底颜色。茶三色能从深层次反映出活性成分的氧化状态，不需动用嗅觉、味觉即可大概了解茶的前世今生，至少可以判断属于哪类。

表4-1是六大茶类色系大全。从表中可以看出绿茶、白茶干茶和汤色变化最大，如果不看叶底色可能存在误判。色泽一以贯之的黄是黄茶，黑茶一黑到底，红茶三色特征明显。

表4-1 六大茶类色系大全

种类	绿茶	黄茶	白茶	青茶	红茶	黑茶
干茶色	绿、黄、黑	黄	正面青绿背面毛白	青、黑	黑	黑
汤色	浅绿、黄绿	杏黄、嫩黄	浅黄	黄、黄红	黄红、红	深红、褐
色泽	带毫不亮	明亮	带毫不亮	明亮	亮度低	可能浑
叶底色	绿	黄	浅色	绿芯红边	红	黑
显色要素	黄烷酮，叶绿素胶体	黄酮、茶黄素	少量茶黄素	茶黄素、茶红素	茶红素、茶褐素	茶褐素
成色工艺	杀青揉捻	闷黄	萎凋	做青	发酵	深度发酵
成色机制	无发酵、少氧化	无发酵、茶多酚水解	自然轻发酵	轻加工发酵	部分或全发酵	深度后发酵

带来黄色的物质有胡萝卜素、黄烷酮、黄酮、茶黄素，而且这些物质溶解在水中色泽明亮清澈，滋味鲜爽，收敛性适中，所以黄色是好色调。大部分茶汤颜色在黄色范围内，黄色是一个谱系，有浅黄、深黄、明黄、亮黄、绿黄、橙黄、黄红、土黄、鹅黄、金黄等。黄色可以由红色和绿色合成，但不是红茶和绿茶拼配合成类似黄茶，也不是红茶汤与绿茶汤合并成类似黄茶汤。无论从风味还是健康角度，黄酮、茶黄素、胡萝卜素等都是好的呈黄物质，遗憾的是含量少、不稳定。

茶叶中胡萝卜素含量约占干重的0.06%，其中β-胡萝卜素占总类胡萝卜素的80%。“中黄2号”黄叶茶是茶树变异、叶色黄化的特异新品种，黄化茶叶片中胡萝卜素的总量较正常品种绿茶要高很多，其中顶芽下第一叶的胡萝卜素含量最高，叶色最黄，其次是第二叶，顶芽和第三叶含量比较低，所以采制一芽二叶最好。黄叶茶的汤色金黄，晶莹透亮。

汤色标度。考量汤色有色泽、亮度、明度、透明度几个维度。透明度与浑浊度是反义，表示光线透过的程度，与茶汤中不溶解的悬浮物有关。从这个角度考量的话，喝茶用玻璃杯最好。亮度是表面发光或反光的强弱，与脂溶性色素有关，如叶绿素、黄酮。色是颜色，泽是水润、脂润、光润，是对可见光的反射，色泽是颜色的鲜艳程度。较难理解的是明度，这是一个心理学名词，是对物体表面亮度感觉的主观心理量，茶汤明度感知是实际颜色和照射在茶汤上光量的综合结果，根据视觉所接收到的能量，大脑判断表面的明或暗，从这个层面上说，品茶、评茶与环境的光线明亮度有关。

茶汤实际上是一种胶体溶液，蛋白质（特别是可溶性蛋白质）控制茶汤均匀稳定而不浑浊，蛋白质是茶汤“亮”的主要成分，因为蛋白质与一些大分子胶体悬浮物结合而沉淀。

明亮度。喝茶或评审时注意力集中在颜色上，对亮度关注较少。亮度是视觉对光线通过茶汤时反射、折射、散射的综合感知，所以感官评审和比赛要求用高透明度玻璃杯。硼硅玻璃耐热性好，急冷急热不会炸裂；含钡玻璃（光学玻璃）折射率高，晶莹剔透，更能衬托茶汤亮度，视觉上造成闪亮冲击，高亮茶汤常常会获得好评和高分。

亮度在光学上分为明度和彩度，明度对茶汤亮度的贡献是彩度的4倍多，彩度是颜色的变化。用便携式色差仪可测量Lab三个参数：L表示茶汤明度，ab表示彩度。a表示茶汤红色（a变大）到绿色（a变小）的程度，b表示茶汤黄色（b变大）到蓝色（b变小）的程度。肉眼对颜色的识别比较容易，但评判亮度比较困难，用光学仪器可以简单快速定量检测茶汤亮度。

用绿茶做试验，观察茶汤放置过程中颜色和亮度变化，如表4-2，可以看到茶汤色泽和亮度的变化。这个实验是干茶长期储存的“缩简版”，就是说，茶汤暴露在空气中几天时间与干茶储存几年的效果类似，最有说服力的指标是抗坏血酸，所以茶叶不宜长期存放。

表4-2　绿茶放置天数各成分以及颜色和亮度的变化

放置天数	花青素	茶多酚	黄酮类	叶绿素	抗坏血酸	色泽	亮度
0	0.18	243.29	10.40	0.32	0.28	黄度变深，绿度褪去，呈现红色	存放时间延长明亮度降低
8	0.14	236.64	9.39	0.26	0.01		
16	0.13	227.93	9.55	0.10	无		

试验发现，新鲜绿茶汤的绿黄色泽主要来源于叶绿素（茶汤绿度）和黄酮（茶汤黄度）。放置过程中，叶绿素减少，绿色褪去；茶多酚氧化，抗坏血酸消失，黄色加深。六安瓜片茶汤静置过程中，随着静置时间延长测量的杨梅素苷（一种黄酮苷）含量降低，明度（L）降低，a是变大的，说明向红色转变，b也是变大的，说明向黄色转变，眼睛观察就是由黄绿色变为橙黄色。杨梅素的抗氧化活性高于其他多酚类活性物质，就是先于其他成分氧化之前自己氧化了，所以含量减少了，同时茶黄素可能增加了。

相同条件下，用不同品种茶树鲜叶制作的红茶，三色素与感官评审对比结果如表4-3所示，可以看出感官评分与茶三素含量和茶红素/茶黄素比值是对应的，与茶汤色泽不对称。也就是说，按照仪器测量样品2色泽应该最优，但感官评审样品3得分高。感官审评包括滋味，说明汤色只是感官的一部分，茶黄素给滋味带来的好处弥补了茶汤亮度的不足。感官审评常常强调颜色而忽视亮度，茶褐素含量越高，茶汤亮度越低，汤色暗红，是茶褐素拉“黑”了茶汤颜色和亮度。

表4-3　不同品种茶树鲜叶制作的红茶的三色素与感官评审对比结果

红茶样品	茶黄素	茶红素	茶褐素	茶红素 / 茶黄素	汤色测量	感官评分
1	0.41	9.85	5.37	24.02	橙黄较亮	81.78
2	0.72	12.30	5.60	17.08	橙红明亮	88.90
3	0.96	11.88	6.06	12.38	橙红较亮	90.38

瓶装茶饮料的色变。大规模工业生产瓶装绿茶饮料就涉及色泽和风味的稳定与平衡问题。可以将叶绿素和黄酮类提取出来，茶汤色泽就稳定，这样可以保持长时间不变色，但牺牲了风味，增加了成本。也可以添加稳定剂来稳定汤色，有效的护色技术如调pH为4.0～5.0，或加入0.06%Na_2SO_3和0.01% $ZnCl_2$等均有利于脂溶性叶绿素的稳定。

瓶装茶饮料长期储存过程中汤色劣变，茶汤有明显熟化味，可能存在一些美拉德反应产物和抗坏血酸降解产物。美拉德反应的中间产物5-羟甲基糠醛在茶汤中的含量呈现先急剧上升后稳定的趋势，初步推断茶汤在热水浸提过程中，温度较高，可能存在美拉德反应，如果4℃储存，美拉德反应发生的机会较小。瓶装茶饮料常用绿色或带有颜色的塑料瓶，也是为了避免色泽变化给储存、销售带来影响。

看风味。茶汤颜色不仅反映发酵氧化程度，也能看出茶的风味特征，如表4-4所示。总体上发酵氧化程度越深，茶汤颜色也越深，香气和滋味越深沉，很像水果成熟过程中色、香、味的变化。

表4-4 不同茶汤颜色的氧化程度以及风味特征

茶汤颜色	浅绿	黄绿	橙黄	鲜红	暗红
氧化程度	10%	20%	40%	60%	80%
香气	草香、豆香	花香、轻香	缤纷水果香、重香	干果香、凝香	黑糖香、香气淡
滋味	苦涩、鲜爽	甜、鲜	甜醇	醇厚	浓重

宋人斗茶是由颜色来决定胜负。斗茶用竹筅旋击茶汤起沫，看泡沫颜色，白者胜。此白不是茶本色，而是搅拌“内卷”的空气。古人总结，泡沫偏青是蒸茶不足，偏灰是蒸茶过度，泛黄是采摘误了时辰，泛红是烘焙过了火候。由此反推古人斗茶用的是碾茶末茶，最终颜色是茶末色、汤色与空气的混合色，主要体现在泡沫反光上，也许获胜秘诀在于搅拌速度。

浑浊。专家认为，不论哪种茶，汤色明亮清澈不浑浊，高香无青草气，口感甘醇不紧涩才是好茶。茶汤浑浊有多种原因，如嫩茶的“毫浑”、雨天采茶、杀青过重导致焦边黑边、储存受潮、泡茶水质太硬等。

信阳毛尖茶汤浑浊，被称为“小浑淡”。采摘嫩芽，茶毫就多，如果是机器加工，部分茶毫会脱落。信阳毛尖大部分是机器加工的，为什么还那么浑？这是因为茶芽太嫩，揉捻过程中把叶片细胞组织揉破，追求干茶外形紧细（越细代表茶芽越嫩，价格越高），还要在炒锅中长时间低温做形，茶汁挤出附着在茶表面，泡茶时进入茶汤造成浑浊，如果揉捻过度就非常浑浊。

第二节　茶之香

古人很重视茶的香气，以“蔎”为茶，蔎者，香草也。今人台湾茶农和消费者最讲究茶的香气，多是使用适制乌龙茶的品种轻发酵加工。英式茶全是深加工茶，重点在于茶汤滋味。中国茶多样丰富，香气与滋味并重，闽粤茶人无香不茶成为一种腔调，大街小巷、庭院茶楼飘溢茶香，弥漫着一股温暖祥和气息，腔调不仅是一道风景，也是文化调控茶风味品质的典范。

香魂。茶虽没有冲鼻的香，但也有其特点。茶香以鲜、甜为基础，来自氨基酸、蛋白质、糖分，也就是常说的鲜香、蛋白霜、甜香，在此基础衬托下，芳樟醇、香叶醇、橙花叔醇等香气得以发挥其引领作用。

自香是品种和产地禀赋，加工香则是萎凋、做青、发酵、烘焙出来的香。茶香是自然香，即使是加工出来的香气，也是柔和舒服的香、清爽怡人的香，没有合成香水的冲。有人喜欢天然的香，那就尽量避免深度加工；有人喜欢加工出来的香，那就按照设计的香型去加工。各香其香，香香与共。

茶香是真香，宝格丽高级香水中就添加有绿茶、茉莉花茶、红茶精油成分。但市面上的茶香精油并不都是从茶叶中浸提出来的，多数是“互叶白千层”树皮提取物。

茶香是复合香，悠然绵长，稳重沉着，不像工业合成香水单一成分那么尖锐刺鼻，即使是用人工合成香料调配出来，营造的是关于茶的联想，而非对茶叶香型的还原。茶香不掩体臭，不熏旁人，不像放在车上的香水醒脑防困，而是令人回想美好往事，向往自然，放松身心，释放灵魂，超越自我，乃茶魂。

香气之于滋味。茶叶香气成分只占干茶重量0.1%～0.5%，却占茶叶风味评价权重25%～40%，相较于30%～40%含量的滋味成分只占30%的滋味权重和20%的汤色权重，是小题大做，还是另有隐情？

香料常伴随有苦味，糖只有甜没有香气，焦糖既苦又香。香气成分比滋味成分丰富且复杂，但含量正好相反。难道这是宇宙法则？香气与滋味孰轻孰重？是鱼和熊掌还是战略战术？

相同之处在于香气与滋味对温度都很敏感，在干茶中香气和滋味成分储藏在细胞结构中，相依为命，互不干涉。温度升高到沸点时香气挥发出来，遇到水后滋味成分进入茶汤。香气在空气中是混合的，约束较少，不改变风味；滋味在水中混合，但不自由，在水的统一领导下，相互络合，改变风味。

滋味与香气从来就是风味不可分割的两部分，甜和香是一对“孪生姐妹”，有的香气能促进甜感，有的甜味能提升香气，所以“甜香”在茶风味中是一种专门的香型，在红茶、乌龙茶中常有。

香型。有多种分法，每一种分类方法都是构建风味轮的思路（详见后面章节）。承接“香气化学”一节所讲到的知识，茶香可分酶促反应（Enzymatic）、梅纳反应（Sugar Browning）、干馏反应（Dry Distillation）所生成的香气，前两种香气都是叶片显味结构中液泡内成分反应产生的，干馏化香气是细胞壁纤维素碳化产生的香气。

第二种分为基础香型和特征香型，基础香型有清香（绿茶、白茶、黄茶、铁观音等，呈现花香、青果香、果酸香），浓香（乌龙茶、红茶等，呈现熟果香、果糖香），陈香（黑茶，呈现木香）。特征香型如兰花香（汀溪兰香）、玫瑰香（云南高山绿茶和祁门红茶）、板栗香（大部分绿茶）、药香（如白茶）、栀子香（如凤凰单丛）等。

另一种分法归纳出五种香型。毫香/嫩香：茶毫与嫩芽几乎是同义词，但毫香与嫩香还是有区别。银针茶一般都具有典型的毫香，另外部分毛尖、毛峰也有毫香。嫩香则是由相对含量较高的氨基酸形成的嫩芽粉甜香、轻盈甜感、细致口感。花香：茶叶散发出类似鲜花的香气，如兰花香、栀子花香、珠兰花香、玉兰花香、桂花香、玫瑰花香等。青茶铁观音、凤凰单枞、水仙、台湾乌龙等都有明显花香。绿茶中如汀溪、桐城、舒城小兰花、涌溪火青等有幽雅的兰花香，乌龙茶中漳平水仙、安溪铁观音、台湾青心乌龙有兰花香。果香：茶叶散发出类似水果香气，如蜜桃香、雪梨香、佛手香、橘子香、李子香、香橼香、桂圆香、苹果香等。闽北乌龙茶有果香，红茶常带有苹果香，如白琳工夫、滇红工夫等。烟香：凡在制造工序中用松柏、枫球、黄藤等烟熏的茶都有烟香，如小种红茶、沩山毛尖、六堡茶及黑毛茶等，现在烟熏制茶少了。陈醇香：云南普洱茶、广西六堡茶和湖南黑茶，随着陈放时间延长，逐渐呈现陈醇香型，带有类似木质气息。

产地香带有风土人情，谁不说家乡茶好，与原产地认证、地理标志认证有关。用香气鉴定原产地还有困难，一方面茶的香气成分太多太分散，难以测定；另一方面检测样本数量还有限，拟合不出规律。现在的认证没有香气成分认证这一项。表4-5汇总了部分绿茶、红茶、乌龙茶、黑茶产地香气特点，茶类—地域—香气三角关系中，茶类—香气比较明确，茶类—地域、香气—地域差别不明显。

表4-5　部分绿茶、红茶、乌龙茶、黑茶产地香气特点

大类	茶品	关键呈香物	呈香参照物	香型
绿茶	西湖龙井	二甲基硫醚、香豆素、二甲基吡嗪、香叶醇、芳樟醇、紫罗兰酮等	豌豆	炒香 豆香
	都匀毛尖	乙基苯、庚醛、苯甲醛、戊基呋喃、辛二烯酮、芳樟醇、己酸己烯酯等	熟板栗	栗香
	白桑茶	紫罗兰酮、芳樟醇及其氧化物、香叶醇、癸醛、茉莉酮	兰花	花香
	日本蒸青茶	辛二烯酮、甲基戊酮、甲基壬烷二酮、癸醛、己烯醇	天竺葵、黑醋栗	清香
红茶	祁门红茶	香叶醇	玫瑰、蔷薇类花	花香
	安吉红茶	庚二烯醛、辛二烯酮、苯甲醛、橙花醇、香樟醇、苯甲醇、香叶醇	含笑	甜香
乌龙茶	铁观音	水杨酸甲酯、芳樟醇及其氧化物，己烯醛、法尼烯	薄荷 花香	花香
	肉桂		蜜桃、桂皮	果香
	金萱包种	十一酸乙酯、丁酰乳酸丁酯	牛奶	奶香
黑茶	普洱茶	三甲氧基苯	蘑菇 泥土 草药	陈香 木味 霉味
对照系	柑橘	壬醛、己醛、芳樟醇、柠檬烯	柑橘	酸甜
	烟草	大马酮	烟草	烤烟

乌龙茶像一幅水彩画，水是纸，香气是彩，滋味是墨，高扬底厚，相得益彰。乌龙茶香气之高浓、丰富为茶中之最。丹桂品种乌龙茶经烘焙后，呈现花果香、清香风味，是因为茶中所含的反式橙花叔醇和金合欢烯，反式橙花叔醇表现为花木香、水果百合香，金合欢烯为清香、花香。橙花叔醇和金合欢烯主要存在于橙果类精油中。枇杷花开在冬天，有些寂寥，悄无声息，花期很长，初冬枇杷花香味刺激，有皂角味，深冬时有淡淡蜜香和丝丝清凉，有清雅的冷香，让人想起枇杷膏的味道，肉桂品种乌龙茶有明显的枇杷花冷香，高冷霸气，蜜香花甜。

黑茶有陈香、槟榔香、药香、菌花香。槟榔香被认为是六堡茶品质优异的特征香气。喜爱咀嚼槟榔的南方人发现了黑茶中的槟榔香，北方槟榔少见，难以想象出槟榔香是什么香味。专家认为，槟榔香只是类似槟榔干燥成熟种子或其切片的香气和滋味，并非槟榔香气的复制或再现，与槟榔中香气化学成分无必然联系。可见品茶之香需要想象力，这想象力离不开日常生活的所见所闻。黑茶菌香来源于陈化过程中金黄色孢子群落微生物生长茂盛时所散发出的特殊气味。

好的茶香是“沉香”，在泡茶、喝茶过程中慢慢释放，能从茶汤中尝到香气。相反有一种香是“浮香”，第一泡还可辨认，第二泡以后就闻不到香气了。机器制茶往往比较“浮”，手工制茶香气比较“沉”，浮香可能是添加的，这不可取。

造香工艺。茶树叶子在树上时没有香气，只有采摘下来并且树叶有一些损伤时才能闻到香气，先民大概是受到这样的启发开始尝试加工茶叶。

把含水量75%的鲜叶制成含水量5%以下的干茶，要经过一系列的加工。不同茶类工艺不同，香气差别也很大。采摘是造香的第一步，从南到北3—5月进入茶季，采摘时机选择在晴天露水褪去时，采摘前几天雨水和气温对能否做出香气很重要。萎凋是造香第二步，萎凋阶段，细胞失水，自然酶促反应生成萜烯类具有浓郁而优雅的花香、甜香和木香。摇青、做青揉捻是造香重要工艺，这是中国特有的制茶技术，摇青造成叶片细胞组织一定程度的机械损伤，人为加速酶促反应，生成更多赋香物质，而且摇青还伴随胡萝卜素类氧化降解生成紫罗酮等香气物质，经验证明，摇青三次以上香气才能稳定呈现。铁观音做青实践表明，做青时间越长，香气物质越丰富，为此人们将摇青和晾青交替进行，通过控制水分、环境温度湿度、光照气流、摇青强度、摊晾厚薄、时间等因素来实现高品质茶香。揉捻是加强版做青，施加力度缩短时间，做形造香，绿茶、乌龙茶、红茶都有揉捻。分布于细胞壁的糖苷酶与糖苷香气前驱体接触机会少，通过揉捻破坏细胞壁后，接触概率增大，生成更多香气物质。研究发现，低温下揉捻比中高温下揉捻能够得到更多香气成分和含量。

烘青、炒青和蒸青是杀青工艺，理论上不造香，只是固化酶促反应生成的香气，如果不锁定，香气会流失或变差。由于杀青有100℃以上温度，凡有温度必有反应，所以或多或少对香气有影响，有时是负面影响。研究表明，蒸青会减少香叶醇、芳樟醇及其氧化物的含量，所以蒸青茶香气较弱，蒸青也会降低儿茶素含量，使蒸青茶的涩感和收敛性较弱。

干燥方式对香气的影响很大，微波干燥速度快，水分是由内向外扩散，这样容易把香气带走。烘干工艺热量是从外向内辐射，热量与水分反方向扩散，香气不容易被带走。

发酵、烘焙是重要造香工艺，后面专门论述。

案 例

台湾东方美人茶是用小叶种鲜叶制作的发酵茶，鲜叶被小绿叶蝉虫咬过，在芽叶上留下红色斑点。为了对付害虫，茶树分泌出一种带有蜜香的气味，当然不是为了讨好害虫，而是吸引害虫的天敌——一种蜘蛛，这种蜘蛛喜欢蜂蜜气味，造香技术秘诀就是把蜜香留住并放大。这种茶被称为“垂涎茶”，因为东方美人茶还有小绿叶蝉的口水。

干香与湿香。是指闻干茶和泡茶时的香气，干香比较明显，容易被鼻前嗅觉捕捉，湿香主要是被水蒸气带出来的香气由鼻前嗅觉接受，也有喝进嘴里通过鼻后嗅觉感受的香气。湿香更考验制茶手艺，那么，怎么能把香气锁定在茶体内，遇热不会轻易挥发，更多地留在茶汤中，而且持久释放呢？但这似乎是个伪命题，香气本来就少，能从鼻后嗅觉感知香气也很难，忙乎半天还是闻不到湿香。

要把香气锁在茶体结构内部，就是要在茶内部原位反应、原地储存。一是不能严重破坏茶体结构，揉捻力度和时间要适度，从这个层面上说，白茶、绿茶持香能力强，湿香显现。红茶深度发酵和重度揉捻破坏了茶体结构，储香能力大幅度降低，遇到温度热量立刻挥发，所以红茶的香气不能持久。二是加工温度要适当低，既要保证反应进行，又不让香气成分跑掉，杀青、干燥、烘焙温度对于香气很重要。三是要有足够长的时间发展香气，萎凋、做青是慢动作，确保香气“原地隐蔽”。

茶香绽放。我们常说的各种美味，多数是嗅觉美味。嗅觉辨识的宽广度和准确度超过味觉和口感，“喝茶不闻香，白往肚里装”。香气不仅仅使人舒服，也能让人清醒。香气是大脑触发器，会让人突然想起过去的经历，所以高香茶俗称“魅惑茶”。闻香，不管是干香还是湿香，要闻三次，每次间隔5～10秒钟。第一次侧重香气纯异和高低，第二次重点是香型表现，第三次侧重香气持久性。

茶香除了给喝茶人带来愉悦，还是制茶人判断加工程度是否到位、是否要进入下一阶段的依据，比如在晒青、摊青、晾青、杀青阶段有经验的师傅不停地抓起在加工的茶嗅闻，判断草青味是否已经释放完毕。烘焙师傅在烘焙过程中抓起来闻，看想要的香气是否已经开始释放，还要把握释放的香气与留在茶汤里的香气达到一定的平衡，比如铁观音，如果烘焙过度，香气过早释放，留在茶汤里的就少了，造成茶汤清淡，香气与滋味不平衡。另外，通过茶香也能判断茶叶是否新鲜。

花香茶。茶中极品，花香绿茶是天然香，花香乌龙茶、红茶是加工香，如表4-6所示。能否“出花”取决于品种、种植、加工、冲泡，特别强调，花香茶的干香气也很高，如果给茶杯预热，放入干茶闻香，花香浓郁，开水冲泡，头两泡花香高昂。

花香绿茶珍贵难得，同一产地同种茶不是每年都能出花。花香乌龙茶、红茶经过加工重塑，花香浓度加强，但出花并不多见。

表4-6　花香绿茶、花香乌龙茶、花香红茶的特征

茶类	绿茶	乌龙茶	红茶
来源	品种、种植	萎凋、做青、烘焙	发酵、烘焙
出花	细长叶品种、高海拔种植	长萎凋、多做青、轻烘焙	轻发酵、轻烘焙
花值	介于清香与发酵香之间	介于绿茶与果香之间	介于乌龙茶与甜香之间
案例	汀溪兰香	安溪黄金桂桂花香	祁门红茶玫瑰香

第三节　茶之咸

人类的味觉感受是在咸味启蒙下觉醒的，生物从海洋上岸后，体内须维持一定水平的钠盐，最初的味觉体验刻在基因里，喝茶也念念不忘咸味，以至于酥油茶大行其道。在食物史和味觉史中，咸味扮演了“总指挥”的角色，协调其他味道。

咸味来源于矿物质成分，如钠、钾、镁、钙等无机盐，感官对咸味好感的盐浓度约为0.9%，这是生理盐水的浓度，味觉可以感知到这个浓度盐的咸。茶中无机盐含量本来就不高，加之受到其他味道干扰或抑制，所以感觉不到茶的咸味。这里不包括少数民族喝的加盐茶和奶茶。虽然茶的咸味不明显，但不等于没有。如果大部分有机风味成分被氧化，无机物的咸味就能凸显出来，茶就变差了。咸使汤水有变稀的感觉。

具体讲，低海拔种植的茶叶，糖分含量低，容易出咸；泡茶用水偏酸性或者钙镁离子含量高，茶水会出咸味；黑茶有点咸。味道之间不协调会凸显咸味。在甜度不足的情况下，酸味过强咸味突出；甜和咸互相促进产生清甜感，比如芝士甜玉米、（咸）蛋黄酥。

酸味和咸味的味觉受器共用离子（钠离子和氢离子）通道，所以酸和咸往往互相干扰，难解难分，就像腌制的老酸菜，酸酸咸咸。如果酸味或咸味过重，可能是瑕疵味。

第四节　茶之酸

酸味和酸气。酸味是味觉感知茶汤中溶解的酸性成分，酸气是嗅觉感应挥发性酸性成分。茶汤之酸，一定是氢离子多了，要么有酸性物质提供了氢离子，要么有东西把水里的氢氧根“拿走”了，酸度不仅与氢离子浓度有关，更与“酸根”的种类、溶液组分特别是糖的存在有关。

日常生活中酸质来自水果，所以酸往往被赋予“活泼”“明亮”的味感，适当的酸质能给茶带来甜度、活泼质感、新鲜水果风味特质。

茶的酸味成分有上百种，但含量低。有些挥发有些不挥发，大部分溶解于水。挥发类有机酸类常见的有己烯基己酸、壬酸、棕榈酸、没食子酸等，留在茶水中常见的有柠檬酸、草酸、苹果酸，还有发酵和烘焙过程蔗糖分解产物醋酸、乳酸等。

茶含有的酸性物质没有达到感官阈值，不能激活味觉，有的被其他味屏蔽。脂肪酸值得一提，菜籽油、米糠油、棉籽油中含有较多的游离脂肪酸，炒菜时挥发出臭味，所以现代食用油加工工艺要脱臭，除去游离脂肪酸。但脂肪酸对于茶风味却有好处，茶叶中脂肪酸含量很低，温度没有达到挥发点，不能被闻到，不会被联想到臭味和果香，但可以与醇类结合产生令人愉悦的花果香气的酯类物质，所以茶中脂肪酸含量越高越好。铁观音新茶有酸气，是酯类物质挥发出来的嗅觉感受，不是味觉的酸味。

有研究认为，绿茶的有机酸总量与茶汤的鲜味正相关，感官评审得分较高的绿茶往往有机酸总量也较高。适当的酸能够使味觉更活泼，滋味感受更鲜活、浓郁。

白茶萎凋过程中，没食子酸、柠檬酸等含量提高，所以白茶有酸味。发酵红茶含有没食子酸、谷氨酸、维生素C等酸味物质，所以红茶或多或少有酸味。黑茶发展出较多酸性成分，如黑茶的茶褐素含量为10%以上，而茶褐素主要是酚酸，占茶褐素的88%，还有棕榈酸、奎尼酸、没食子酸等，黑茶酸味比较明显。

晒青普洱毛茶在渥堆过程中内含物质发生了剧烈改变，茶多酚、儿茶素、茶黄素、茶红素、氨基酸以及可溶性糖等含量都急剧下降，没食子酸含量显著提高。没食子酸有明显的酸性，是五倍子、红景天、葡萄、石榴等酸味的贡献者。普洱茶中没食子酸平均含量为 9.01毫克/克，高的可达到23毫克/克，高于其他茶类，使得普洱茶酸味比其他茶明显。

优雅的酸和龇牙的酸。酸味，有优雅的酸，酸甜可口，比如核果桃子、樱桃的酸，莓果覆盆子、桑葚的酸；也有刺激的酸，如柠檬、李子的尖酸；还有不好的酸，如龇牙的醋酸，酸涩碍口。好的酸味丰富了茶风味，能使回甘突出，钝化苦味，化涩为顺。

氨基酸浓度高容易有甜味，酚酸（绿原酸、奎宁酸、没食子酸）浓度高容易有苦味，脂肪族酸（柠檬酸、苹果酸）浓度高容易有尖酸味道，发酵和烘焙产生的非代谢类酸（醋酸、乳酸）含量高容易有酸臭腐败味。揉捻时间过长或手法过重会出现闷酸味，发酵不透会有偏酸味，过度发酵会出现馊酸味，储存不当吸水返潮有腐酸味。

第五节　茶之苦

能够被苦味味觉细胞识别的物质主要有五大类，分别是生物碱、黄烷酮糖苷类、萜类和甾体类、氨基酸和多肽类、无机盐。大多数生物碱对人体有毒，古人常把苦味东西和毒联系在一起，产生保护机制，所以对苦味更敏感。

对比。研究茶的苦味，有三个对照物，即苦丁茶、苦茶和咖啡。苦丁茶属冬青科，海南、贵州等地多，含有多酚、少量咖啡碱和氨基酸，苦味来源于皂苷类、黄酮类和绿原酸。普通绿茶与苦丁茶的苦味有些不同，绿茶苦味主要来自儿茶素，"苦度"似乎更高、更尖锐，苦丁茶的苦比较腻。有观点认为，"苷类"物质引起的苦没有回甘，苦丁茶回甘不明显。苦茶属于生物碱含量高的茶树品种，除了咖啡碱、茶碱和可可碱外，含有独特的"苦茶碱"，生物碱总含量可达到干茶重量的5.7%，苦茶极苦，回甘也明显。咖啡烘焙程度高，苦味重，咖啡苦味主要是绿原酸加热转化为绿原酸内酯。

苦谱。苦味是茶的原性真味，也是优势资源，但苦属于不好风味，没人无故喜欢苦味。绿茶、嫩芽茶、浓茶比较苦，其他茶苦味不明显，加工程度越深苦味越轻，并不是苦味成分消失了，而是转化为其他风味较好的物质，增强了茶风味的丰富度、复杂度、层次感。

苦是复杂味觉，有直接的也有间接的，有单纯的也有复合的。茶的苦味成分有多种，所以茶苦不是单一的苦，它有一个苦谱：涩苦、鲜苦、咬喉的苦、舒服的甜苦、烘焙过度的焦苦等。

带来苦味的物质有咖啡碱、儿茶素、花青素、茶皂素、部分氨基酸、蛋白质水解产生的氨基酸与其他物质结合物等，苦味是这些物质混合、络合，甚至化合在一起的复合苦，还有氨基酸、糖、蛋白质等作为茶汤基础，不是咖啡碱、EGCG和花青素单独的苦，也不是它们混在一起的

苦。从苦度看，儿茶素含量加上黄酮、茶黄素、花青素对咖啡碱苦味协同增强作用基本决定了苦的程度，乃绿茶的基本苦性。

但研究表明，茶苦与苦味成分不成比例，苦度与咖啡碱含量之间没有显著的相关性。咖啡碱与茶多酚、氨基酸形成络合物，大大减弱了苦性。研究发现，植物蛋白质在酸性热水中水解得到L型氨基酸为苦味，在碱性热水中水解有L型和D型氨基酸，苦、甜、鲜味都有。喝茶无法判断茶汤里是哪种类型的氨基酸，理论上碱性水泡茶可能鲜甜一点，加了柠檬的茶汤可能苦一点。

苦质苦度。是茶风味审评打分指标。苦质是好坏的概念，能感觉到“苦而香、苦而甜、苦而鲜”就是好苦，苦得让人舒服，评分就高。这似乎是悖论，但人确实是一种会因为“不悦”而感到“快乐”的奇怪动物，所谓痛苦并快乐着，比如辣得酣畅淋漓、运动后疲劳而放松，乃传说中有趣的灵魂。

苦度是多少和强度，是量的概念。苦度是变化的，可以调节改造，苦度与苦质可以互相转化，量变到质变，实现好的入口感受。但目标不是完全消灭苦，一点点苦、优质的苦能增加茶风味的复杂度，并能带出一些风味，如香料味。

既然苦味不受人待见，那么就需要管控。同一种风味物质对滋味的贡献有多面性，茶多酚、咖啡碱、氨基酸有苦有涩有鲜，怎样才能苦痛而舒服？苦得细腻、苦得柔和、苦得婉约，同时得到甜的衬托、香气的渲染，把“苦”加持到“酷”。通过工艺设计等管控措施可以做到苦而香、苦而鲜、苦后甘，实现优秀的苦质。

苦果。咖啡因、奎宁、丙硫氧嘧啶都是苦味物质，但苦质和苦度不同。一项研究测试了50万人对这三种苦味物质的敏感度，结果发现，对咖啡因苦味敏感的人，平时喝的咖啡更多，而对奎宁和丙硫氧嘧啶敏感的人，日常喝的咖啡却少。嘴上说不，身体却很诚实。

对苦味熟悉程度不同，直接影响着人的选择。绿茶和咖啡是人们最熟悉的苦味饮料，已经有了“免苦”力，所以接触到茶或咖啡时不会突兀，当面临选择时会优先选择茶或咖啡，而不会选择“奎宁饮料”。这时人们心里想的不是苦味，而是预置的与苦味相关联的事物。

苦味在口腔中不会长期驻留，当苦味退去，回甘便隐现，正是因为苦后的自然感觉，来得那么及时，那么优雅，所以回甘弥足珍贵，要邂逅那美妙的回甘，只能喝绿茶，如要回甘强烈一点，茶汤还得浓一点。并不是所有人都喜欢苦涩回甘，也许对于苦涩的包容，与其内心深处的甜美是一个完整的系统。苦味成分不挥发，对嗅觉没有影响，但在味觉上，苦后对甜味更敏感了，对苦味敏感度降低了。

第六节　茶之涩

涩感。不是味觉，而是触觉或口感。口感是口腔对黏度、温度、烧灼、厚实、颗粒、刺痒、痛觉等方面的感受，涩就像吃青苹果、生香蕉、青橄榄、青柿子的感觉，令人不舒服，好在涩感很短暂，不会长时间驻留。

怎么描述涩感？涩是口腔黏膜接触到特定物质后肌肉神经组织的收敛反应，或者说是儿茶素等涩感成分与口腔中唾液里的蛋白质相凝结，在口腔上皮组织产生褶皱，是一种“干燥”“收敛”的口感。干燥是因为多酚与蛋白形成疏水键结合，收敛是因为形成了皱褶。涩感另一种表达是粗糙不顺滑，如吃抹茶。

对于葡萄酒，涩是葡萄皮单宁造成的，陈酿过程中逐渐消退，是时间赋予好酒的价值。茶也是这样，涩是茶的原性真味，涩是一种力量，是茶汤给口腔按摩。涩与苦、酸不同，对于苦、酸有人喜欢，有人不喜欢，但没有人喜欢涩。

茶涩。儿茶素霸占了绿茶的涩坑。四种E开头的主要儿茶素中，酯型儿茶素EGCG苦强于涩，ECG苦涩相当；简单儿茶素EC和EGC涩强于苦，所以讨论茶之涩的重点应放在简单儿茶素EC和EGC上。有研究发现，茶树种植土壤缺钾时，叶片EGCG含量显著降低，而EGC和EC含量提高，茶汤涩感就重。

茶通人性，儿茶素很容易转化为少涩不涩物质，按照儿茶素—茶黄素—茶红素—茶褐素的顺序，分子结构中不断加入氧，分子越来越大，颜色越来越深，活性越来越稳定，氧化削减了儿茶素的锐气，涩感减轻。

引起茶汤涩感的成分还有茶黄素、黄酮苷，咖啡碱没有涩感，但可以增强EGCG的涩感；茶氨酸没有涩，但可以减弱EGCG的涩感；蔗糖可降低EGCG的涩感；硬水泡茶，钙镁离子增强EGCG的涩感；自来水中残余氯与茶多酚络合在茶汤表面形成“锈油”，有涩感；茶汤中SO_4^{2-}含量达到6毫克/升以上时有明显涩感。

涩谱。涩大体分为青涩、干涩、生涩、燥涩四种。不同的涩，产生的原因不同。青涩就是不成熟的涩，就像不成熟的水果，最典型的就是所谓“明前茶”纯芽茶，青涩绞苦。芽茶本身不吃火，不耐加工，简单杀青干燥就完成了，原汁原味保留了儿茶素，新茶更加青涩。绿茶杀青温度不够或时间不足会留下较重的青涩。

茶叶加工过程中温度不够会产生生涩感，就像夹生饭一样，比如乌龙茶刚加工出来的毛茶很涩。究其原因，是茶叶内部化学反应没有完成，发涩成分没有转化到位，所以乌龙茶要在毛茶基础上精细烘焙。

茶叶烘焙得太干，水分含量低于5%，泡出来的茶水就干涩。太干的茶会吃水太快太多，茶叶迅速膨胀，滋味成分不能均匀地溶解在茶汤中，造成干涩的感觉，冲泡刚出炉的茶就有干涩感。

煮茶时间过长会产生燥涩，时间过长会造成过度萃取，几乎把茶叶里所有可溶成分全部浸出，甚至有些胶质成分也悬沉在茶汤中，当喝进嘴里就有卡喉的感觉，喉咙有干涸感，煮茶方式燥涩明显。

从致涩因素考虑，有酸涩、苦涩、酸苦涩，带酸的涩主要是水果，但不一定是不成熟的水果，成熟水果也有酸（苦）涩；带苦的涩主要是茶、药物。

涩而化之。如果涩不可避免，就要设法化涩，能化涩生津是好涩，否则可能是瑕疵造成的涩。茶多酚对风味的影响深远而复杂。当含量小于20%时，茶多酚对总体滋味的影响是积极的、正面的；含量在22%～24%时，茶汤的浓度、醇厚度、鲜爽度维持和谐；当茶多酚含量超过25%时，鲜醇味降低，苦涩感加重。茶氨酸和糖分会和谐掉一部分涩。

绿茶苦涩同源，总是相生相伴，苦命相连，所以化涩就是化苦，感官体验上确实也是苦涩同步。但在细节上，喝茶时是先苦后涩还是先涩后苦？喝完茶风味消退时哪个在先？灵魂拷问，无法回答。也许苦味觉比较敏感，涩触觉比较迟缓。如EGCG的苦味阈值是380微摩尔/升，涩感阈值为190微摩尔/升，也可能与茶汤中其他成分的共同作用有关。

收敛过后，肌肉恢复，刺激分泌唾液使得口腔湿润柔滑，甚者出现“舌底鸣泉”，涩感由此得以化之，形成生津的感觉。苦涩相随，那么回甘与生津就难解难分，孰先孰后不得而知，如果搞清楚了也许可以揭开回甘之谜。苦化入甘，甘而滋润；涩化生津，津而顺滑。中国人对生津有好感和期盼，津液似为良药，忍耐了涩的难堪，这是中药的辨证；西方人直接将牛奶倒入茶汤，也不知道蛋白质与儿茶素是否发生亲密结合，瞬间化涩，简单而粗暴，这是西药的统一。

红茶少苦少涩，研究发现，红茶汤中只存在一系列黄酮类物质对红茶汤苦涩贡献度较大，黄酮–3–醇糖苷在很低的阈值浓度下，也能诱导口腔产生天鹅绒般的收敛感觉，也有柔和的苦味。而茶黄素、儿茶素类等并没有在红茶汤中被检测到，茶黄素不是红茶微涩的起因。

第七节　茶之鲜

鲜（Umami）。是一种古老而年轻的味觉，鲜味是蛋白质的信号，所以鲜味也称为“蛋白味”，人体缺乏蛋白质时就迫切想吃鲜味食品。1908年，日本化学家首先提出鲜味，认为是高蛋白质的风味特点，就像肉汤。正因为如此，世界上主要是亚洲人使用味精提鲜，中国是日本“味之素”（谷氨酸钠）的最大使用者。到2002年，科学家才在舌头的味觉细胞中找到谷氨酸钠受体，从而证实了鲜味的事实。

迄今发现的鲜味成分包括氨基酸类化合物和嘌呤核苷酸类化合物。鲜味有“相乘效应”，不是加和累计，而是乘法放大。经常搭配的是植物游离谷氨酸和动物核酸，比如日本用海带与木鱼花（鲜味成分肌苷酸钠）熬制海味鲜汤，中国用小鸡搭配香菇（鲜味成分鸟肌苷酸钠）熬制山珍鲜汤，鲜爽无比。鸡精代替味精，“鱼”加“羊”的鲜是纯粹文字的“文化鲜”。

“小鸡炖蘑菇”是长期实践出来的鲜，也有科学依据，与茉莉花茶有异曲同工之妙。研究发现，鸡肉里有500多种与风味有关的前体物质，如肌苷酸、谷氨酸和天冬氨酸呈现很强的鲜味，而核酸、苏氨酸、丙氨酸、甘氨酸、丝氨酸呈现甜味。在煎、炒、烹、炸、烤过程中，有两类反应形成更多香气，一是蛋白质、酯类和碳水化合物大分子发生热解，变成易挥发的小分子；二是氨基酸与还原糖的美拉德反应生成大量香气物质。虽然不同鸡和不同烹饪方法检测到的风味物质有异，但已醛和1-辛烯-3-醇是所有鸡肉最主要的特征风味物质。其中1-辛烯-3-醇又名蘑菇醇，具有蘑菇、薰衣草、玫瑰和干草香气，自然界中主要存在于百里香及鲜蘑菇中，属天然鲜料。所以蘑菇和鸡肉风味有协同效应、乘法效应。

鲜味有很强的亲和力，对香、咸、甜、酸、苦有加持效果，可和谐融合，有助于挖掘出每一种材料本身固有的味道。鲜味喜欢清淡清色，不喜欢油腻重色，所以要欣赏到完美的鲜，就要以清水为基础底料，不加调料，称为“清水煮鲜”，比如高汤。

茶鲜。指新鲜茶的鲜、鲜爽味道。新鲜的茶鲜味明显，陈茶无鲜；深加工的茶不鲜或少鲜；白茶、绿茶汤色浅，滋味淡，具备出鲜条件。茶叶鲜不可能用动物核酸“相乘”，但氨基酸含量高的福鼎大白牡丹、安吉白茶、湖南保靖黄金茶等新茶，鲜味锁不住，自然出鲜汤。鲜味明显的茶汤清澈、透明、顺滑，加上蛋白质的亮度，常称为“民主茶”。

茶所含的氨基酸有十几种，不是所有的氨基酸都鲜，含量最高的茶氨酸主味是甜，不是鲜，而天冬氨酸比较鲜。绿茶的鲜与有机酸总量呈正比，茶虽然不酸，但有机酸总类却不少；虽含量不高，但对鲜味贡献却不小。

尝一口溶解在水中的纯谷氨酸没有味，一旦和其他味道搭配，鲜味就会变得鲜活起来。鲜味有加持其他味道的功能，可创造更多愉悦，鲜味和香气结合，会放大感觉效果，真正的一加一大于二，也说明鸡汤为什么能被称为心灵的“鸡汤”。

虽然茶氨酸主要是甜味，但它是鲜味增强剂，能显著增强其他氨基酸的鲜，也能降伏咖啡碱、儿茶素的苦。所以茶氨酸含量越高，茶的滋味越好。如果说要用茶叶所含某种化学成分来衡量茶叶的风味质量的话，唯有茶氨酸。如果没有茶氨酸，茶就没有鲜甜，风味大打折扣。不鲜不甜是茶的风味缺憾，这说明氨基酸含量低或者在饮用前已经消耗完了，比如砖茶氨基酸含量只有0.97%。

鲜茶是相对于陈茶、陈味而言。新鲜的茶不仅是一种风味，也是一道风景，有炫耀的资本。新茶的鲜既有心里预期，也实实在在滋润了人们的口舌。新鲜是一种态度，从树叶到杯子，一贯的选择。

造鲜吃鲜。除了通过品种和种植提高鲜叶氨基酸含量外，加工也能一定程度地改善鲜味，比如白化茶长时间萎凋多酚类物质下降36%，儿茶素总量减少49%，总糖下降50%以上，唯有游离氨基酸含量显著增加，检测到14种蛋白质氨基酸，25种氨基酸衍生物，29种核酸类代谢物，鲜味增强。

食品工业将核苷酸称为“超级味精”。核苷酸自身鲜味并不明显，提高浓度对鲜味也没有提升作用，但是核苷酸对其他成分的鲜味、甜味、醇厚感有显著的增效作用，对酸味、苦味、焦味有显著的抑制或削减作用。遗憾的是，白化茶中核苷酸含量极少，如果能有更多的核苷酸，那么鲜味可期。

日本绿茶通过高氮肥、遮阴、蒸青、石磨等技术造鲜。采摘前遮阴能降低茶树体内碳水化合物积累，明显提高氨基酸等氮化物的含量，降低黄酮类、EGC与ECG含量，蒸青能最大限度地保留氨基酸，再加上石磨摩擦温度低避免发生化学反应，能吃到极致茶鲜，但不是香气，也不是滋味的丰富度。

绿茶的鲜与乌龙茶的鲜不同，绿茶加工浅，氨基酸损失少，是战胜了儿茶素、咖啡碱苦涩后的鲜。乌龙茶加工消耗了部分氨基酸，是儿茶酸转化减少后让渡出来的鲜。

含有谷酰基的氨基酸单独存在时几乎没有味道，但遇到含糖液体，甜味会加强；遇到咸味，咸味会变重。科学家认为，含有谷酰基的氨基酸能激活味蕾细胞中一种独特的能够感知钙的细胞，遇到肽之后，这种独特细胞会变得可以感知甜、鲜和咸味，且持续时间更长。

鲜味能带来“饱满”感，饱满的反义词是“空洞”，所以要饱满首先要浓郁。浓郁感觉是由短链蛋白肽带给味蕾的，这种肽是短链末端连接谷酰基的氨基酸，能够增强食物鲜味。也就是说，茶的鲜味与氨基酸、饱满感、浓郁感紧密关联。

第八节　茶之甜

糖是植物光合作用的产物，吸收太阳能量维持生命。糖分子化学键很弱，容易参与生化反应，使糖成为生物能量来源。自然界能产生甜味的物质有糖类、氨基酸、甜味蛋白等。

糖甜。单糖（葡萄糖、果糖等）和双糖（蔗糖、麦芽糖）具有甜味，能溶解在水中。说到甜，我们首先想到糖，指的是蔗糖。甜被誉为“欲望之味”，长期称霸味觉世界，嗜好性的味道带上文化属性，造成甜味“泡沫”维持了相当长历史。蔗糖是单一化合物，小分子物质能很快遍布人体，直到人体内糖分太多通过尿液排出，泡沫破裂。蔗糖是双糖，只有甜味。白糖加工成黄糖、红糖、焦糖，后加工糖生成新的风味成分，纯度和甜度降低了，但出来了香气，如焦糖香，从风味角度，焦糖好于蔗糖。

人类对甜味感知阈值平均在0.938%，以蔗糖为计算基础，在一杯250毫升茶汤里，至少要2.345克蔗糖才能感觉到甜。最好的茶所有糖分加起来也达不到，有部分还不能溶解在水中，且除了葡萄糖和果糖，其他糖的甜度都不足同分量蔗糖的一半，要在茶汤中感受到糖甜很难。

除了绝对含量外，糖与甜之间还有更深层关系。西瓜含糖量约4%～7%，梨的含糖量约12%，苹果含糖量约15%，香蕉约15%～20%，火龙果含糖量约14%，山楂含糖量20%以上。为什么吃西瓜感觉很甜，火龙果不甜，而山楂酸涩？这是因为西瓜所含的糖50%以上是果糖（果糖：葡萄糖：蔗糖为5：3：1），果糖是自然界甜度最高的糖，而且果糖的甜与温度有关，温度越低，甜度越高。所以夏天人们喜欢把西瓜放在冰箱里冰镇，但吃了以后有半数人因“果糖不耐”而拉肚子。

茶甜。茶有甜，茶甜也是糖的功劳。成熟的叶片能积累较多的糖，一芽两叶比芽茶糖含量要高。比如一芽两叶湖南红茶的果糖（0.47%）、葡萄糖（0.5%）、蔗糖（0.36%）、麦芽糖（1.98%）比芽茶的果糖（0.26%）、葡萄糖（0.44%）、蔗糖（0.26%）、麦芽糖（1.52%）含量都高。但从风味角度看，茶甜不是糖甜，而是水深火热之后地平线上闪耀的希望之光。一方面茶叶含糖量很少，另一方面糖成分被其他更霸道的风味物质掩盖，仿佛在夹缝中生存。

茶甜更像是谷物的甜，虽然有含糖量，但只有一点点甜，糖尿病病人可能对此有感受。喝茶不能苛求出现喝糖水的感觉，也不能期待水果的甜，但也不必气馁，喝茶是真有甜味，不是画饼充饥，这考验我们的智慧，需要正确地理解思路。

茶有甜，有时候不是味觉滋味的甜，不是糖的甜，而是风味的甜、嗅觉—味觉联感的甜、酮类物质的甜。对于茶甜，有三种新的理解。一是放弃糖甜路径，从谷物的淡甜出发，比如未熟大麦的清甜到大麦茶焦糖甜、巧克力的浓甜；二是放弃甜的单一味觉感受，加入香气鼻前嗅觉和余味鼻后嗅觉感知，也就是说，从味觉、嗅觉、鼻前嗅觉、鼻后嗅觉来理解甜，甜感横跨甜味、甜香、余味三个指标；三是从发展角度理解茶甜，不是固定的甜型和甜度，而是变化的甜香类型和香气浓度。

甜味发展。传统观念中，茶甜是可溶性糖的贡献。绿茶加工过程中可溶性单糖逐渐降低，尤其是杀青和干燥过程显著降低。但可溶性双糖（蔗糖）在杀青和干燥过程中显著升高。不管哪类茶，加工过程任何环节温度不能高，才能保留更多可溶性糖，这是“不发展”观念。

茶性多情，给点温度就变色。茶叶加工过程加热不可避免（似乎白茶不加热，但现代白茶工艺都有烘焙），凡有加热必有化学反应，有的消耗糖，如美拉德反应，也有的生成糖，如多糖降解。茶叶含糖量一直在变化，关键在于怎么控制变化？“甜味发展度”概念就是用来表示变化中的茶甜，以捕获若隐若现的甜。从三个角度理解甜味发展度，一是向着有甜的方向发展，二是争取控制发展到最佳的甜度，三是糖加热后就像糖稀那样变得黏稠，从多方面影响茶汤风味。

用什么指标衡量甜味发展度？测量糖含量显然不可取，用甜香是恰当的，甜香—甜感—甜味内在关联。从风味发展角度看，茶叶萎凋、做青、发酵、烘焙过程正是伴随着“清香—花香甜—果香甜—焦糖香甜—巧克力香甜”的过程，甜度加强。比如酶促反应生成的丙醛有甜香，挥发消失较快；焦糖化生成的丁二酮有甜香，比较稳定；进一步烘焙生成的甲基吡嗪有甜香，比较持久；那么就有人问了，可可是苦的，怎么成了香甜度最高的代表物？这里有情感风味因素，巧克力不是可可粉，巧克力含有糖，关键是巧克力香气给人留下很甜的印象，茶叶烘焙到一定程度就有巧克力香。

举一个例子，有人喝茶喝出烤红薯味，很甜，被风味达人描述为“有香茅醇和香叶醇的玫瑰香气”。其实烤红薯的香气是呋喃类，比如杏仁味的2-乙酰基呋喃，长相如图4-1。呋喃也是烘焙茶的香气成分，闻起来有甜，不是糖甜，而是蜂蜜、枫糖、烤红薯香甜，是一种联想机制，所以甜可以不是味觉，不是嗅觉，而是想象力，有人喝不出甜也就不足为怪了。

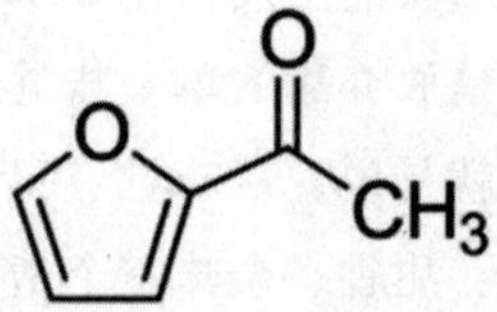

$$\text{2-乙酰基呋喃：呋喃环（O）} - C(=O) - CH_3$$

图4-1　2-乙酰基呋喃

这样就能按照甜香型判断甜度，实际上是香的“重量”，越是沉稳厚重的香，感觉甜度越高。我们知道，香气是一个二维指标，除了“重量”，还有“多少”，就是香气浓度，越浓越香。把“重量”和“浓度”结合起来就是“甜度”，或者“香甜度”。

甜香。就是闻得到甜，嗅觉的甜香和味觉的甜味相辅相成，甜味和甜香不可分割，闻到的甜比喝到的甜更真实，甜香是靠鼻后嗅觉嗅出来的，嗅觉影响味觉，甜香增强甜味。

单糖参与美拉德反应生成香气，蔗糖不参与美拉德反应，但参与焦糖化反应，释放出坚果甜、糖浆甜、奶油甜等甜香，甜香主要来源于焦糖。

茶叶中多糖含量平均约占干茶重量的1%，绿茶最高可达1.41%，乌龙茶多糖含量可达2.63%，红茶多糖含量平均约0.85%，多糖不溶于水，也没有甜味。多糖、纤维素、果胶可以降解成小分子糖，降解的条件是酶、热作用，与工艺技术有关，发酵能使多糖降解为可溶性糖，如福鼎大白茶制作的红茶可溶性糖含量达4.2%～5.4%，湖南红茶的可溶性糖含量为2.5%～3.3%。红茶也要烘焙，红茶的烘焙甜香最明显。

感甜。泡茶功夫之一体现在把糖解放出来、把香带出来，以闻的甜带动喝的甜。试验发现，在不添加任何辅料的情况下，茶汤的甜感与其自然糖分含量关系不大。将一款茶分段浸泡，每泡30秒倒出，分别检测茶汤的糖含量，都在3.5毫克/毫升以下。而3.5毫克/毫升是人类对甜度感知的最低阈值，但在杯测或品鉴中还是经常能感知到甜度，特别是茶汤比较淡薄或者泡茶的后段，甜感更明显。试验证明，同样的茶汤40℃感觉到的甜度比20℃要甜，所以要在本来就不甜的茶汤中品尝到丝毫的甜，就要喝温茶。

这是一个很有趣的现象，一种可能是大脑将某些风味属性与甜味相联系，会造成假象，感知到花香、果香、蜂蜜等就会觉得甜，比如加入焦糖香气的水会比纯水喝起来更甜。第二种可能是茶汤中含量比较高的其他风味物质屏蔽了甜味，前段萃取的茶汤中茶多酚、咖啡碱含量高，感知不到甜，而萃取的尾段茶汤，由于茶多酚、咖啡碱少了，甜感就凸显出来，就像柠檬汁稀释后会比纯柠檬汁喝起来更甜。

茶叶总糖含量与甜度成正比，但糖分并不都献给了甜，可能主要是平衡风味。反过来，甜感也有非糖贡献，如茶氨酸、甘氨酸对甜味的贡献，古人虽不知道鲜与甜有共同的味觉细胞，但已经用“鲜甜”一词来表达了。

甜感与视觉也有关，红色常常与成熟果香联系在一起，比如西红柿、苹果、草莓、西瓜等，所以用带有红色元素的茶具喝茶会感觉更甜，研究也证实了这个结论。甜感也可能来自联想。肉桂本来是辛辣、麝香、木头的味道，有人认为肉桂有甜味，因为总是把肉桂与饼干、蛋糕等甜食联系在一起。甜味也有赖于长期生活积累的记忆，中国人把红豆沙做成馅料，往往加糖，所以豆沙给人的印象是甜。红豆在墨西哥是主食，通常是加盐煮食，所以当地人闻到豆子气味，大脑反应是咸味。所以，吃货是吃出来的。

同一杯茶有的人感觉甜，有的人则感受不到，这种现象很普遍，因为身体状态对味觉有显著影响。体虚的人脾胃阈值高，对味道不敏感，中医叫口淡，味觉分辨能力下降。癌症病人特别容易丧失对甜味的感受，吃东西总是感觉苦，因为舌头血液循环障碍和唾液分泌物的成分改变了。唾液分泌不足的人会强化苦涩、屏蔽甜感。急性炎症、胃肠热症会降低苦味阈值，病人会很容易感受到苦味，压制了甜感。所以风味好像也是为健康人准备的，身体健康，知味长乐。

甜对于茶风味如此重要，有没有办法让茶自然甜呢？科学家正努力培育高糖新品种，开发增甜新技术，不久的将来能使茶再甜一点点。茶叶中不允许添加外来物，包括糖，但伯爵茶中添加柠檬香精、花茶中添加花朵算不算外来物？为了增甜，是否可以适当添加纯植物？代糖植物甜叶菊和西非雨林中的神秘果（魔术果、梦幻果），都是天然增甜剂，虽然它们本身不甜，甜叶菊还稍有一点苦，但它们可以让糖变得更甜，让酸变甜，是甜味放大器。神秘果含有变味蛋白酶，能嵌入舌头的甜味感受器中，蒙蔽味蕾。在中性环境下，神秘果蛋白不会激活甜味感受器，这时吃甜的东西不会觉得更甜，但在酸性环境下，就会激活甜味感受器，让甜味凸显出来，环境越酸，甜感越强烈，茶汤弱酸性和含有一定的糖，正是神秘果用武之地。美国已经将神秘果甜蛋白基因转移到西红柿和莴苣中，云南、广西、广东、福建、海南等地有种植。

红茶汤的甜度。甜味比较明显的茶是红茶。国家标准（GB/T 13738.2–2017）中，对特级中小叶种工夫红茶的滋味描述中有醇厚甘爽。长期以来，人们对祁门红茶的印象就是“甜醇”，其可溶性糖含量可达干茶重量的4.3%。

用黄金茶制作的工夫红茶“甜醇带鲜”，可达到3毫克/毫升蔗糖水的感官对照甜度，这与红茶总糖含量（可达2%）有关，也与黄金茶较高游离氨基酸含量（可达6.3%）有关。专家对黄金茶工夫红茶甜味的研究发现，茶汤的甜味强度与总糖、甜味氨基酸和茶氨酸（可达1.6%）含量呈正相关，其中影响最大的是总糖含量。红茶中可溶性糖有麦芽糖、葡萄糖、果糖和蔗糖，其中麦芽糖含量最高，麦芽糖是加工过程中生成的；甜味氨基酸有甘氨酸、丙氨酸、苏氨酸、丝氨酸和脯氨酸，其中含量最高的是丝氨酸。红茶甜味强度与儿茶素、没食子酸、咖啡碱、茶黄素和茶红素含量呈负相关，其中儿茶素总量、茶黄素含量的负面影响最大。

第九节　茶回甘

蒋勋说：“甜太简单，回甘才有味。”

有人说鲜是文化层次的味觉，那么回甘就是超文化性的滋味。

回甘是一种美妙又莫名其妙的感觉，是一种深邃、持久、奥妙的感受，却无法用科学仪器测定。要欣赏完美回甘，可以将绿茶直接放入口中咀嚼，等待时间的馈赏。甜味在舌面上展示，稍纵即逝；回甘则在舌根、上颚后部、面颊与牙龈之间，持久绵长，甚至喝完茶后吃了一顿饭，口腔里还有回甘的感觉，也许是心理作用。

回甘三论。关于回甘的起因尚无定论，大致有三种说法。

第一，涩感转化论，就是说回甘是由涩转化而来。主流观点认为，酚酸、儿茶素等同唾液中富含脯氨酸的蛋白质通过氢键或疏水作用形成暂时络合物，激活触觉的机械感发器，再由三叉神经的游离神经末梢传导，在口腔表面产生的干燥、粗糙，以及口腔中黏膜和肌肉的紧缩、拖曳或起皱的感觉。当薄膜裂开，口中恢复舒展状态，一股舌底生津的快感油然而生。

涩感产生回甘的典型代表是橄榄，橄榄的涩感来自黄酮，绿茶同样含有4%左右的黄酮。未熟的柿子有涩感，但没有回甘，看来涩不是回甘的必要条件。

有研究认为，简单儿茶素EGC和EC是回甘之源，EGC和EC的涩强于苦。EGC和EC含量越高，涩感加强，回甘也加强。EGCG可减弱EGC和EC的回甘特性，咖啡碱和茶氨酸可以增强EGC和EC的回甘。从这个层面上说，涩比苦好。

也有专家认为儿茶素中有涩感的是EGCG、ECG和GA，还有人认为14个类黄酮-3-醇苷类多酚化合物是红茶涩的来源。从表4-7中可以看出，简单儿茶素是带甜的苦涩，酯型儿茶素是生硬的苦涩，也许回甘就是这带甜的苦涩表现。无限风光在险峰，风雨过后有彩虹，儿茶素-涩-回甘的关系有待研究。

表4-7 儿茶素单体的涩感对比

成分	没食子酸 GA	EGC	C	EC	EGCG	GCG	ECG
呈味	酸涩	苦涩带甜	苦涩带甜	苦涩带甜	苦涩	苦涩	强烈苦涩

试验：分次冲泡绿茶，第一泡，60℃水泡1分钟；第二泡，70℃水泡半分钟，前两泡茶汤都不喝；第三泡，85℃水泡1分钟，茶汤非常苦涩，但回甘不很明显，对比第一泡就用85℃水泡1分钟的茶汤，后者回甘明

显。说明茶的回甘是一个整体表现，不是儿茶素单打独斗，有条件可以用儿茶素单体单独试验，体验口感效果。

第二，错觉论或反差论，对比效应，苦后反射，物极必反。有人认为甜味与苦味是相对的，凡是苦的东西吃下去，过一会儿必然有回甘。比如消炎药甲硝唑奇苦无比，在嘴里含一会儿然后用水送服，过一会儿就会感觉到回甘。但是，中药穿心莲滴丸虽苦却无回甘，看来只有苦还不够，苦不是回甘的必要条件。

研究认为，茶汤回甘强度与苦味强度呈显著正相关，茶多酚和总糖有助于提高茶汤回甘强度。有观点认为，回甘不是咖啡碱的功劳，类黄酮的味感是喝的时候苦，过一会儿就甜了，造成延迟性的甜。在体验回甘时，发现喝完较浓绿茶后张嘴，回甘会明显一点，这是不是因为张开嘴儿茶素快速氧化，苦味减轻造成的反差效应？

第三，唾液分解论。茶多糖、果胶含量其实不低，部分溶于水，没有甜味，常常被认为对茶汤风味没有贡献。但是，可溶性茶多糖、果胶有黏稠度，进入喉咙容易“挂”在喉咙壁上，过一会儿经唾液分解，在口腔水解酶的作用下降解为单体小分子糖，如麦芽糖，所以就有了甜。由于这个过程依赖唾液分泌来溶解多糖，需要时间，所以回甘持久。果胶的口感是浓厚、黏稠和余味长。

苦涩能刺激分泌唾液，唾液可能存在双重作用，一方面唾液中脯氨酸与多羟基有机物暂时络合形成涩感，另一方面唾液能解开EGCG-金属离子络合，或分解多糖、蛋白质。中医养生认为唾液是无上至宝，有“延寿浆”之美誉。生津是一种喉韵，促使口腔分泌唾液，解渴舒顺，滋养精神。民间有说：“苦后回甘，涩后生津。”那么生津是苦的作用还是涩的功劳？生津—唾液—回甘究竟有无生命关系？尚不可知。

还有一种理解是苦味物质能抑制舌头上的甜味感受器，喝下茶过一会儿，唾液稀释作用解放了甜味感受器，被重新激活的甜味感受器让大脑产生了“甜”的感觉。

再思考。回甘虽美好但不常有，如果能搞清楚回甘机理，也许造甘可期。为什么绿茶回甘明显，其他茶类回甘不明显？如果是茶多酚—儿茶素作祟，那么白茶没有热加工，应该保留了最多的茶多酚—儿茶素，但白茶回甘也不明显。黄茶、乌龙茶、红茶中仍保留有茶多酚—儿茶素，但回甘很弱。

涩感转化论与唾液分解论可能是一回事，基于两个事实：茶多酚（儿茶素）能够凝固蛋白质，生成多酚蛋白，而唾液蛋白酶又能分解很多结合不强的络合物。究竟谁是回甘的功臣？

咖啡碱是苦，但在茶汤混合液中，它的苦被其他成分中和了，发挥不出苦功，况且咖啡碱比较稳定，不易转化消失，红茶、黑茶中仍有咖啡碱，一点苦味也没有，也没有回甘，所以靠咖啡碱的苦营造错觉可能性不大。

那么造成回甘的化学成分究竟是什么？也许啤酒和面包的加工能提供一点启发。类黑素是单糖与氨基酸美拉德反应产物，属于小分子化合物，淀粉分解产生低分子糖类、蛋白质分解产生氨基酸都是类黑素的原料。类黑素有其色泽和香气，有黏稠胶体特性，能覆盖附着在口腔，表现出厚重和涩感，与之相反的口感是茶汤轻盈顺滑。鸡汤、鱼汤鲜味十足，给人以顺滑的感觉，顺滑是氨基酸带来的口感。

老茶人常说涩在口中“化了”，就顺滑了，那么“化”的是什么？怎么“化”？是不是类黑素被唾液分解了、还原了，又集中释放出糖和氨基酸，产生回甘，分解完了，回甘也就没了？

根本问题是美拉德反应发生在什么时候？理论上有高温就会发生美拉德反应。回甘明显的茶是不是美拉德反应生成的类黑素多？绿茶杀青、烘干温度和时间与美拉德反应条件匹配，检测也发现绿茶杀青、烘干过程单糖消耗殆尽，是不是绿茶所含有的类黑素正好是回甘的量？

有几种可能，一是茶叶中糖和氨基酸都是有限的，就是说不可能无限反应生成更多的类黑素，那么回甘也是有限的，甚至是或多或少、忽隐忽现的；二是类黑素不是终极产物，发酵、烘焙还可以继续转化为其他物质，类黑素少了，回甘也就弱了，所以深度加工的茶回甘很弱；三是深加工茶生成的类黑素更多，但类黑素越多回甘越弱。

这样就形成了“绿茶—杀青、烘干—美拉德反应—类黑素—涩、黏稠、附着—唾液分解—回甘”模型，只有绿茶加工的“杀青、烘干—美拉德反应”是最匹配、最恰当的工艺。另外，类黑素有苦涩吗？苦涩是绿茶回甘的本质还是表象？有待于科学验证。

似乎炒青方式更有利于回甘，以前六安瓜片是炒制，回甘舒服，现在用烘青工艺，回甘不如从前。

果蔬涩谱。发涩的水果不少，也有回甘，当然水果没有经受温度熬制，也就没有美拉德反应。水果涩有各种类型，酸涩型如油柑、山楂、葡萄、橄榄，生涩型如生杏、生梨、青苹果，苦涩型如未熟的柿子、油柑等。减肥人有吃麦苗，生涩苦涩但无回甘。

水果涩是由可溶解的单宁类多酚引起，单宁是植物为了对抗害虫分泌的"毒性"物质而产生的自我保护的生理反应。水果所含单宁远远低于茶的多酚含量，由于酸的助阵使得水果涩感明显，而茶多酚因为受到氧化，转化了茶的涩感。

吃黄瓜也有一点涩，是因为黄瓜含有丙醇二酸与唾液蛋白结合，黄瓜皮里也有单宁，导致唾液导管收缩甚至关闭，从而产生发干收缩的涩感。可见植物的涩多是由单宁造成，但不一定有回甘。

回甘标样。回甘如此美妙，非得经受苦涩之难？虽不入虎穴焉得虎子，但不喝茶也能体验回甘之美。油柑产于广东潮州、广西等地，大小似金橘，味道与不成熟的绿杏相似，实在不受人们待见。2021年，油柑突然爆红，有两个原因，一是有减肥错觉，二是有虐口风味。咬一口油柑，炸裂的酸涩感袭来，口感狂野，就像浓绿茶。酸是因为维生素C和柠檬酸含量高，涩是油柑皮含有单宁。当油柑果汁充满口腔，本能反应是马上吐掉。但若不怕涩，慢慢把汁液咽下去，之后就会有一股清爽甘甜的津液从口腔、舌下渗涌而出，感觉是先涩后甘，令人畅快淋漓，带入一种奇妙境界，这就是回甘，网友称为"入口微涩，五秒回甘"。油柑堪称回甘标样，是典型的"酸苦涩—回甘"模式。

未熟的葡萄皮、葡萄籽、生柿子、生苹果皮、生山楂、生橄榄等都含有单宁，都很涩，舔一下可以，吃多了伤害消化系统，所以不建议常吃。

再讨论。在此姑且讨论一下茶汤在人体内的历程，看能不能使你更好地理解回甘。如果说回甘是苦涩的结果，那么回甘就是对苦涩"创伤"的一种自我修复。绿茶所含茶多糖最多，发酵氧化都会减少多糖，变成可溶性糖，进入茶汤。绿茶中茶多酚以儿茶素形式存在较多，加工程度越深儿茶素转化越多。

茶汤pH值为6.21～7.02，口腔的pH值为6.6～7.1，胃液的pH值为

1.5～2.0，血液的pH值为7.35～7.45，肠道的pH值为6～8。EGCG在酸性环境下（pH<4）稳定，在碱性环境极不稳定，而EGC、EC对环境没有那么敏感，能苟且偷生。人体试验发现，摄入绿茶儿茶素后，在血液中可检测到“自由态”EGCG，在尿液中检测不到EGCG，而在血液和尿液中都能检测到“结合态”的EGC和EC，这说明，EGCG在人体中不易“生存”，EGC和EC喜欢结合、络合保护自己，适应环境。EGCG遇到碱性环境和适当的酶就降解了，不存在了。研究发现，人体摄入1.6克纯EGCG后仅能在血液中检测到9.6毫克，尿液中没有，回收率6‰，而通过绿茶摄入EGC和EC24小时后，尿液中的回收率分别达到11.4%和28.5%，而且EGC结合物的半衰期长，就是“生存”时间长，这样就给“回”创造了时间和空间。

研究发现，青砖茶中儿茶素总量占干茶的量只有1.4%，大部分转化成茶褐素了，茶褐素含量约占干茶3.8%，而儿茶素中主要是EGC，占干茶的0.93%，这说明EGCG等酯型儿茶素消耗殆尽，而简单儿茶素EGC却很稳定、抗氧化。有专家认为，EC还原能力强，就是说相对于EGCG，EGC和EC在现实环境下更有生存能力。

酯型儿茶素EGCG含量高且苦涩，为什么研究认为含量少、涩感强的简单儿茶素EGC和EC是回甘的制造者？茶汤pH值与口腔、血液、肠道pH值相当，有利于EGC和EC结合并生存。喝绿茶时，口腔唾液中的淀粉酶、黏多糖、黏蛋白、溶菌酶等有助于EGCG降解，也有利于EGC和EC与糖类、蛋白、茶氨酸结合。由于EGC和EC结合物“生存”时间较长，挂壁在口腔和喉部，过一会儿结合断开了，糖类、茶氨酸等甜味物质释放出来，就回甘了？

有时候喝绿茶没有苦涩，更准确地说是没有尝到明显的苦涩，但仍然有回甘，虽然不是很强烈。喝茶后半个小时舌根喉部会发出令人极其舒服的甘饴，这说明有东西能够长时间附着在舌根喉部，缓慢释放出来。

从另一个极端看，云南大叶种晒青绿茶苦涩难耐，酯型儿茶素ECG和EGCG含量都比较高。发酵发花成黑茶后，ECG和EGCG含量大幅减少，简单儿茶素EGC和EC含量升高，这说明发生了从酯型到简单儿茶素的转化，苦涩明显减弱。

回甘是递延的甜，眷恋的甜，就像寓言故事那么美好，老茶客每每

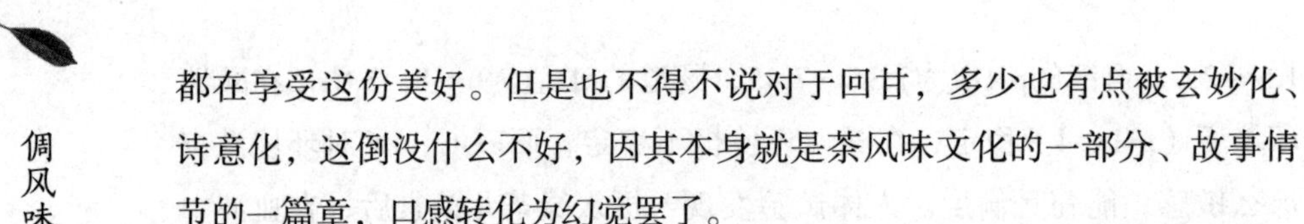

都在享受这份美好。但是也不得不说对于回甘，多少也有点被玄妙化、诗意化，这倒没什么不好，因其本身就是茶风味文化的一部分、故事情节的一篇章，口感转化为幻觉罢了。

余韵。是一种附加值，是一种次生风味，余韵与饮用时所感受到的风味有所不同。茶回甘归入余韵，有点出神入化，就像听完音乐走起路来轻飘飘的感觉，像茶这样有回甘余韵的饮料很稀缺珍贵。

研究发现，不同味道的葡萄酒在口中留存时间长度不同，最易挥发的成分会最先消失，余韵很少。葡萄酒中有一种叫愈创木酚的多酚，亲水性小分子在口腔中停留时间比预期的更长。由此推测，多酚有助于它与口腔内表面蛋白质紧密结合而延长余韵。愈创木酚分子结构中含有一个酚环，会与其他带有类似环形多酚分子结合，助长余韵。

甜与甘。究竟有什么不同？目前还说不清楚，也许甜是指度，甜度；甘是指质，甜质。但甜文化与甘文化有明确的不同。甜与甘好比光与明，甜可以渍腻，而甘从来就淡泊怡然。

中国传统茶文化崇尚回甘，中医理论认为甘入脾安五脏，说的是甘有滋补润燥的性味，而甜则会给身体带来很多问题。所以甜更像西药那么浓烈直接，甘则像中药那样养气间接。

喝了苦茶要过一会儿才能感觉到回甘，也许是入脾之后返回来的，来得慢消退也慢，来来回回持续时间长。甜是舌头上的感应，甘是心理感应或大脑幻觉；甜是糖衣炮弹，甜头往往是诱惑；甘是心中的美好，心甘了情才愿，“相期邈云汉”，有一种把潮湿心情烘干的感觉。

回甘是茶风味中的贵族气息，是茶客的奢侈品，是茶风味文化的精髓。甘露，露水之甘，很少人品味过，也许只有蝉最能说得清楚，古人已“注册”了“甘露”茶。对于甘露之体察，或许僧人最有发言权，全国现存的“甘露寺”至少有十处以上。

回甘不像香气那么娇贵稚弱，香气没有温度激发不出来，而回甘不需要水的温情，即使干茶在嘴里咀嚼后，也能获得清爽回甘，朴实有华。回甘似性情中人，有就有，没有就没有，不善甜言蜜语。

对比尝甘。为了体验回甘，对比试验了云南大叶种普洱绿茶和安徽汀溪兰香绿茶。第一种办法是取少量绿茶咀嚼2分钟后咽下口水，吐出渣滓；第二种办法是各取5克，1∶50茶水比，开水冲泡2分钟后品尝。这两种绿茶感官体验完全不同，详见表4-8。普洱茶多酚含量高，苦涩主要来源于儿茶素，回甘从喝下后一直在持续，好像是要努力恢复原来的状态，修复被涩皱得满嘴紧张的皮层，是对涩苦的补偿，但始终没有出现“甜”。汀溪兰香似乎是咖啡碱的苦，喝下后过一会儿才出现回甘，令人舒服，有明显的甜，在喉部持续。

表4-8 普洱绿茶和汀溪兰香绿茶的感官体验

茶类	茶多酚（%）	氨基酸（%）	滋味	回甘
普洱绿茶	28	7	无鲜、厚重的苦、涩重	苦涩后的缓冲反应、无甜、时间短
汀溪兰香	18	3.7	鲜、轻薄的苦、无涩	甜、甘、明显、持久

回顾一下回甘现象，但仍然回答不了回甘是什么。茶汤中多种滋味成分共存，咖啡碱与儿茶素之间结合力较大，咖啡碱、儿茶素与糖、氨基酸络合力较小，黄酮也极易络合，黄酮的药理功能就来源于络合。温度降低后茶多酚和咖啡碱溶解度也降低，咖啡碱低于80℃会结晶析出，更容易络合。酯型儿茶素不稳定，容易降解为简单儿茶素、氧化为茶色素，苦涩不再。简单儿茶素抗氧化，比较稳定，半衰期长，简单儿茶素-糖/氨基酸络合物解开比较慢、时间长。类黑素是否参与回甘？唾液究竟扮演了什么角色？都有待研究。

第十节　茶之爽

传统茶文化中使用最多的词是醇，其次大概是爽。茶不含酒，何来醇？茶不麻不辣不甜，哪来爽？存在就是道理，醇与爽不是生理味觉，只是精神感受，是喝茶之后被某种风味刺激到神经后的良好感觉，是对茶风味的褒奖。茶人喝到兴致时，会赞叹“香气高爽”“滋味鲜爽”“甜爽”“醇爽”“浓爽”等，或者吃完油腻食品后，喝茶会感觉“爽口”。就是说，茶要“爽”是有前提的，是在甜、鲜、醇、浓实实在在的基础上才能爽起来，是刺激的反馈。

苦涩不受人待见，但爽是好风味，爽可以理解为是由苦涩转化而来。爽度＝儿茶素＋茶黄素＋咖啡碱，鲜爽＝络合物鲜爽＋茶黄素鲜爽＋氨

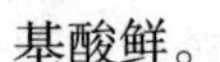

基酸鲜。

鲜爽。是绿茶的尊贵品质，是茶特有的风味术语，“鲜爽”是与鲜甜、回甘同等重要的茶风味，在风味审评中占绝对权重地位。不仅鲜而且爽，这个“爽”具有实际味道，而不是一个简单的纯文化形容词。既然能感觉到爽，那么有没有“显爽”物质？

似乎“爽”与回甘有某种对应关系。有专家把爽口与简单儿茶素EGC、EC和GC联系起来，简单儿茶素含量越丰富越爽口。按照前面“回甘三论”的论述，简单儿茶素是回甘诱因，这就统一起来了。

福鼎大白茶的EGC、EC和GC含量分别为11.64%、5.63%和8.55%，而恩施玉露的EGC、EC和GC含量分别为22.29%、7.00%和15.01%，感官评审福鼎大白茶苦涩味虽较轻，但滋味欠爽；恩施玉露回味爽口。恩施玉露的评分高于福鼎大白，其中“爽”起到关键作用。

考虑到含量水平和Dot值，绿茶鲜爽的主要因子是谷氨酸、精氨酸、茶氨酸和简单儿茶素。表4-9是高氨基酸含量的“中黄1号”（绿茶）和“白叶1号”（绿茶）与低氨基酸含量的“鄂茶1号”（对照绿茶）的鲜味成分和苦涩成分。对于茶叶来说，这样的氨基酸含量就算相差很悬殊了，所以鲜味差距就显现出来了。氨基酸高的同时茶多酚低，与对照茶样酚氨比相差3倍多，足以体现鲜爽。这还不够，高氨基酸茶的简单儿茶素相对含量要高于对照茶样，因为简单儿茶素虽有苦涩，但带甜，回味爽口，所以爽得更有理。

表4-9　高氨基酸含量的“中黄1号”（绿茶）、“白叶1号”（绿茶）与低氨基酸含量的“鄂茶1号”（对照绿茶）的鲜味成分和苦涩成分表

茶类	中黄 1 号	白叶 1 号	鄂茶 1 号
氨基酸（%）	6.1	4.6	3.4
茶氨酸（毫克 / 克）	17.2	16.8	13.4
谷氨酸（毫克 / 克）	4.9	3.7	2.3
组氨酸（毫克 / 克）	2.9	2.7	1.1
精氨酸（毫克 / 克）	6.2	2.5	0.2
天冬氨酸（毫克 / 克）	3.1	2.4	1.2
茶多酚（%）	18	20.6	32.9
EGCG（毫克 / 克）	25.6	31.5	61.7

续表

茶类	中黄1号	白叶1号	鄂茶1号
GCG（毫克/克）	11.1	11.6	25.4
ECG（毫克/克）	5	4.6	10.4
CG（毫克/克）	2.1	2	2.7
EGC（毫克/克）	7.3	19.8	11.8
GC（毫克/克）	6.1	12.1	7.2
EC（毫克/克）	3.4	6	4.9
C（毫克/克）	2.4	3.2	2.9
儿茶素（毫克/克）	63	90.8	127
酚氨比（%）	3	4.5	9.5

酚氨比是衡量鲜爽度的一个指标，酚氨比小只是具备了鲜爽的条件，但能不能真正鲜爽，还要看茶多酚和氨基酸的绝对含量，只有绝对含量都高才能做到鲜爽，也就是说，2：1和4：2在数学上相等，但在物理意义上不同。

络合物。就是这些化学成分在高温下是溶解在水中的，温度降低通过氢键结合成类似乳酪状的物质，这种现象叫冷后浑。冷后浑涉及茶汤色泽、透明度、滋味及其稳定性，对于工业化瓶装茶饮料工艺非常重要。

专家认为，络合物是茶汤鲜爽的主因。尽管络合需要在高浓度下长时间冷凝沉淀，实际喝茶既没有这样高的浓度也没有长时间冷凝，所以很少能看到这种络合物，但络合实实在在改变滋味。茶汤中生物碱与儿茶素容易形成氢键结合，两大苦涩物质竟然抱团共情了，氢键络合以后，味感变了，不是“苦+苦涩=更苦涩”，而是变成鲜爽了，增加了茶汤的醇度，减轻了苦味和粗涩感，真乃奇迹。

绿茶汤中另外一种络合是蛋白（氨基酸）—茶黄素—儿茶素—咖啡碱，蛋白质被包在中间，形成冷后浑絮凝，这种络合也会改变茶汤滋味。有人提出，络合物是由儿茶素、咖啡碱、蛋白质及果胶质按照24：20：18：2的比例组成。

甜爽。是红茶至尊滋味，所有茶类中红茶的冷后浑现象最明显，说明红茶中咖啡碱与茶红素的络合最容易、最普遍。由绿茶的鲜爽变为红茶的甜爽，正是因为发酵所致。茶多酚转化，苦涩物质减少，可溶性糖增加，甜味有加，二者叠加形成甜爽。茶黄素滋味鲜爽，茶红素滋味醇和，茶褐素滋味不爽。研究发现，红茶的“茶黄素＋茶红素”含量高比较爽，而茶褐素含量高则少爽，如海南大叶种红茶（茶黄素＋茶红素）＝（0.95%＋4.25%）、英德大叶种红茶（0.45%＋5.26%）、福建永泰金观音红茶（0.77%＋4.76%），而滇红虽然“茶黄素＋茶红素”也比较高（0.52%＋4.08%），但茶褐素含量达12.12%，比前三种红茶高一倍，所以滇红茶不够甜爽。

醇爽。也是红茶的高贵品质，醇常有，但爽难得。后面“醇厚度”一节会讲到，醇与茶多酚类物质总量有关。如前所述，红茶之爽得益于“茶黄素＋酯型儿茶素”，失之于茶褐素，醇依仗于“茶红素＋茶褐素”，所以凡是有利于增加（更准确地说是留住）茶黄素含量、减少茶褐素含量的技术手段，都是提高红茶爽度的方法。在上述四种红茶案例中，醇爽正好与甜爽相反，滇红最醇爽。

用碧香早茶树品种作原料制作红茶，在初步干燥工艺阶段，分别用热风干燥（110℃，10分钟）和微波干燥（600瓦，3分钟），研究发现，微波初干制作的红茶较热风初干醇爽得多，因为微波初干茶所含茶黄素多于热风初干，如表4-10所示。

微波干燥水分子由内向外蒸发，见效快，时间短，可以快速杀死在制茶中所含酶类，终止酶促氧化，保留更多茶黄素。微波干燥也消耗了更多的茶多酚，保留了酯型儿茶素，所以更醇。红茶中，茶黄素含量达到0.55%已经是难能可贵了，茶褐素控制在7%以下也是很不容易，所以醇爽并不多见。

表4-10　红茶热风初干和微波初干后的成分含量表

成分	茶多酚（%）	茶黄素（%）	茶红素（%）	茶褐素（%）	酯型儿茶素（%）	简单儿茶素（%）	儿茶素总量（%）
热风初干	26.03	0.35	4.72	7.03	1.77	0.75	2.52
微波初干	21.00	0.55	7.63	6.34	2.00	0.53	2.54

爽与茶多酚有关，茶多酚多了少了都不行，那么有没有一个合适范围？研究表明，红茶中茶多酚含量在20%～24%（假设同种绿茶中茶多酚含量为32%，那么有25%～38%的茶多酚转化成茶三素了），泡茶时能做到茶汤浓度、醇度和鲜爽度步调协调，如果含量更高，茶汤是更浓了，可供络合的咖啡碱供应不上，苦涩还重，爽度不高。在绿茶中，具体执行上述任务的是儿茶素，儿茶素总量在105毫克/克～115毫克/克时，茶汤浓度、醇度和鲜爽度和谐统一。

第十一节　醇厚感

《说文》中解释，醇，厚也；醇，不浇酒也。《汉书》中，醇，通纯，无杂也。醇厚，纯正浓厚；汉代郑玄笺说："有醇厚之酒醴。"醇厚度是一个国际公认的饮品风味描述词汇，葡萄酒、咖啡都用，英语里叫Body，意为质感。

"醇厚感"是定性描述茶汤滋味最常用的词汇，夺此桂冠说明茶在人们心中堪比白酒，无上光荣。因为直到现今，白酒仍然是大众心目中的奢侈品，有茅台的心理暗示。即使是葡萄酒，全球酒迷都有晃杯看"挂壁"的习惯，这是最简单的检验葡萄酒"醇厚度"的方法。醇厚就意味着比较浓，预示着"原浆""陈酿""年份"等价值代名词。

茶汤的醇厚。茶汤大致分为三种：一是新绿茶，鲜、苦、涩、回甘过山车式的强刺激，从舌尖到喉咙的流动，从感官到灵魂的收敛。二是红茶、乌龙茶的浓醇，刺激弱，较顺滑，有点甜，泡之不尽的风味瑜伽。三是白茶、黄茶的清淡，汤中带香，不醇不厚，不苦不涩，把矜持留给了小清新。

醇厚是风味的一种，清而味浓，属于口感触觉，由"醇"与"厚"组成，醇代表茶汤里有什么物质，与刺激性相关，比如儿茶素、咖啡碱；厚代表茶汤里物质的多少，与浓度相关，如多糖、蛋白质降解后进入茶汤，浓度增加。一般低浓度的茶汤醇厚度不太好，而醇厚度好的茶汤浓度不会太低，所以浓度是基础，醇度是升华。厚度主要受冲泡条件控制，与浸出物含量成比例；醇度则主要与品种、加工工艺有关，与茶多酚家族含量成比例。

“醇”在风味语境里有其含义，汉语里的文字意义来源于酒，英语里咖啡风味“aroma and cream”指香醇，醇与意式浓缩咖啡表面的一层泡沫油脂有关，这层黄色泡沫是二氧化碳裹挟不溶于水的油脂，所以醇得有理。

体验醇厚。相对于白水来说，醇厚感说明水里有东西，就是比白水要“醇”要“厚”，所以“醇”与“厚”往往连在一起；醇的另一层含义是口感有“麻麻的”“辛辣的”“引起连带反应的”“引发联想的”感觉。

用脱脂牛奶、全脂牛奶、奶油体验醇厚感最有说服力。脱脂牛奶口感水水的，舌头上没有压力；全脂牛奶进入口腔，舌头感到顺滑饱满；奶油在口腔中包裹舌头，有压舌感，整体顺滑厚重，这就是醇厚感。

从风味的角度，并不是越醇厚越好喝，因人而异，适当为宜。太稀薄的茶汤感觉空洞无内容，太醇厚的茶汤浓、强，甚至苦涩，风味也不好。也不是越醇厚越有利于欣赏风味，太浓了，风味物质多，而且混合在一起难以分辨出细微差别，反而茶汤淡一点可以把味谱拉开，找到其中的知味。

醇厚物质。主流风味一定是主要风味物质参与贡献的，茶多酚的霸主地位决定了醇厚感的大部分。醇厚度有料有味，苦—涩—爽—醇—和是一个家族系列——“祖孙风味”，刺激程度递减，都是茶多酚带进来的，只是从酯型儿茶素—简单儿茶素—茶黄素—茶红素—茶褐素的转化，由此构成了绿茶—白茶—黄茶—乌龙茶—红茶—黑茶的醇。当然，“醇”不是单一物质那么“单纯”，是茶汤中混合了咖啡碱、氨基酸之后的复合“醇”。

厚度与浓度不同，浓度是溶解于水的物质之和，属于味觉，比如高于1%的绿茶汤属于高浓度，风味集中，苦味浓烈；低于0.3%的茶汤属于低浓度，风味表现平淡无味。厚度是进入茶汤溶解和不溶解物质总和，属于口感触觉，与油脂、蛋白、多糖、纤维有关，这些成分进入茶汤少，则口感轻盈；如果这些物质进入茶汤多，增加茶汤黏稠度，会有压舌感。

醇和厚叠加在一起的感觉是醇厚感，指口中感受茶汤的重量或饱满度。风味物质有棱有角，在口腔中碰撞，与舌头的接触，感知它的形状、软硬、材质、温度、轻重等。绿茶醇度高厚度薄，红茶醇厚饱满，黑茶薄淡醇厚度低。

风味描述语言中，醇厚是最模糊的一个，可意会言传却无法度量。有研究人员把醇厚度分解成四个触觉属性：顺滑、黏附、涩感和厚重，寻找茶汤中驱动这四个口感的化学成分，目前还没有明确结论。

第十二节　平衡感

有人长期喝一种茶，偏爱茶的某一种偏味，或苦或香或回甘，乐在其中。也有人喝一款茶要同时尝到香、酸甜苦鲜、回甘、醇厚，就是说好风味都要，做到平衡。

平衡是一种风味，可以感知，是各感官的综合感受。风味平衡与成分含量有关，如果要用一个指标来衡量平衡度，那非“酚氨比”莫属，茶多酚和氨基酸共生，共同治理滋味的协调平衡。

平衡与平庸。平衡比较难得，没有绝对平衡，即使用风味物质按一定比例勾兑出一种饮料也达不到茶的自然配比，真平衡了，可能就平庸没味了。平衡是相对的，只是不像鲜、酸、甜、苦、涩其中一种那么偏颇、直冲。平衡度是一种统筹角色，是各种风味相互制衡、协调的结果。

一杯茶的色泽、香气、滋味、口感、余韵之间平衡而不偏颇，相辅相成，互相褒扬。前段、中段、尾段风味的层次和变化，环环相扣，整体兼容，令人舒适，不能开场很高调，结尾很失落。平衡还要体现在不同温度泡茶、喝茶所能感受到的风味。冷萃茶肯定是不平衡的，但因为不平衡突出来的是氨基酸的鲜和糖的甜，少了咖啡碱的苦和儿茶素的苦涩，所以人们乐于接受这个不平衡。

茶风味可以通过适当加工和冲泡技术实现相对平衡，把尖锐的风味削掉，在喝茶时不会“吓”着感官，其中最常用、最简单的控制因素是萃取。用萃取控制绿茶不要太苦，红茶不要太浓，黑茶汤色不要太深。平衡不是平均，更不能平庸，能喝出富饶的平衡感，那绝对是茶仙了。

层次感。茶风味是一个变量，意味着风味可以调节塑造。层次感是一种风味享受，喝茶的时候，风味成分在口腔中随着时间、温度的变化而表现出来多种清晰的风味，要在不同阶段喝出杯中不同风味，或者是让不同风味在不同阶段递次呈现。茶天然含有多种风味各异的主成分，为层次创造了条件。

层次是平衡的一个维度，一种表达。层次感首先是风味变化，没有变化就没有层次；其次是风味的清晰度，即风味可辨认程度，但这并不等同于风味干净度，而是浑浊感的反义词。

层次源于风味成分的浸出秩序，一杯茶从早泡到晚，一杯混沌浓汤喝不出层次。盖碗一冲一泡一喝，可以方便地喝出风味层次。加工程度浅的茶比较容易喝到层次感，如绿茶、白茶、乌龙茶，而烘焙、发酵加工程度深的茶难以喝出层次感，如黑茶、红茶。茶汤太浓或太淡都不利于感受层次，浓度适当才有机会出现层次。整叶茶耐泡，容易控制浸出秩序，所以层次感清晰，而碎末茶不容易出层次感。分段式冲泡容易提升层次感。

茶多酚架起了层次感的空间结构，没有茶多酚就没有层次，苦—涩—爽—醇—和就是多阶梯度层次，咖啡碱、氨基酸、糖使得层次丰满有肉，而不是瘦骨嶙峋。比如陈茶汤色黑褐，口感淡薄，只有茶褐素，没有苦味，没有鲜味，从开始到结束一个味，没有层次感。

复杂度。平衡的另一个维度是复杂。没有复杂度就没有层次感，风味就是平面的、单调的，也就不会平衡。在比赛中，评委的风味辨别能力很强，常常专好复杂度，有了复杂度往往能拿高分。复杂度与平衡度并不矛盾，该有的都有，该特色的特色。

茶风味是天然平衡的、有层次的、复杂的，不平衡、没层次、不复杂是人为所致。这似乎也难免，只要加工必然破坏原有平衡，但人们似乎也能接受甚至喜欢新的平衡、新的层次，或者用冲泡技术缓冲弥补，这才有了茶师这个职业，才能在比赛中决出高低。

第十三节　瑕疵味

瑕疵风味，来源于有瑕疵的茶，是由种植、采摘、加工、储运、冲泡不当造成的。施肥不当导致土壤过度酸化的瑕疵味有尿素味、动物肥料味、豆味、土味等。用不恰当的茶树品种制作了不恰当的茶，比如用酚氨比很高的品种制作绿茶，本身就是瑕疵。

黄片是常见的瑕疵，因采摘时误把老叶子采下来，加工出来的叶片发黄而得名。老叶组织厚实纤维化，多酚类含量高，滋味苦涩不鲜，果胶质薄弱，口感粗糙不顺滑，但比较耐泡。

采摘时间不合适会造成茶品不良，如雨天采茶。生青味是杀青不到位造成的。焦味是杀青时叶片烧焦的味道。馊味可能是茶鲜叶在运输过程中受热，或者晒青毛茶在干燥过程中水分排出不畅、时间过长留下的味道。黄茶熟闷味是加工过程中茶叶含水率高，过度闷黄造成，青涩则是闷黄不够。

发酵不当造成的瑕疵味比较多，青味是发酵不到位产生的；堆味是闷堆不当造成的；酸味是熟茶发酵程度较轻所致。储存运输过程中受潮变质，滋生霉菌导致酸腐，湿度高引起霉变。返青味是保存不当受潮造成的。长时间在共用冰箱中存放会“串味”。

水味是烘焙不到位，水分残存于茶叶中造成的。烘焙过度，香气挥发殆尽，滋味焦苦。烘焙后没有经过退火，燥涩感严重。高火味是温度过高造成的木炭化的味道。烟熏茶叶是一种古法制茶工艺，烟熏是不科学的。有时候烘焙会“走烟”，无意中烟气冒出来，在茶叶表面吸附一些风味不好、对健康不利的物质。

城市自来水的残留氯、洗涤用品洗茶具的残留味会带到茶汤中，造成不好的风味。高度矿化的矿泉水由于水中溶解了太多的金属离子，泡茶会出异味。煮茶常常萃取过度，茶汤口感不佳。

茉莉花茶因为工艺复杂，瑕疵味比较多，主要是香气瑕疵。茶胚带进来的烟焦味、日晒味、青涩味在窨制时被放大；透素是茉莉花用量不够，花香淡薄，掩盖不住茶味而造成的；透兰是打底的白兰花用量过多，干扰了茉莉香气的纯度而造成的；水闷味是窨制时通花散热、闷堆时间长造成香气沉闷浑浊、不干净、不高扬而造成的。

第五章

开发茶风味

确立茶风味体系后，就要从种子到杯子开发风味。种子—种植—初加工—精加工—冲泡—杯子，每个环节都对最终喝到的风味有影响，精加工之前的环节都能创造新风味，冲泡本身不创造新风味，但能不能泡出好风味是个技术活。人们常说，产地种植决定了一泡茶风味的上限，加工工艺决定了一泡茶风味的下限。

产地风味、加工风味和添加风味都是可以改造、开发和优化的，以风味需求为导向，以科学为依据，用先进技术加工出好茶供应市场。在尊重苦涩原真风味的基础上，充分揭示风味变化过程中可能的存在形式，把不确定性定格在某些优质风味，呈现出来，喝到嘴里，是开发茶叶风味的使命。

第一节　品种与风味

中国茶的真正优势是基因多样性，这不仅是种质资源，也是风味资源宝库。福建在政和县岭腰乡设立“原生茶树种质资源野外定点观测站”，派专人长期观测，记录原生种质生长环境因子、土壤、茶叶化学成分、变异等信息，以期保护资源，提高利用率。

种质包括种子、种子圃和离体培养材料，遍布茶区山野。茶树开花结果产种子繁衍，但有性繁殖会造成亲本优势（如风味、抗性）不能长期维持，所以新种植茶树都是无性繁殖。一旦培育出优良品种，就用插条快速繁殖，大面积推广种植。无性繁殖基因结构和风味均匀一致，有利于统一加工。各茶区都有20世纪80年代前种植的有性繁殖原生种、群体种，虽风味多样，但因为品种不一、发芽采摘时间不一致给加工带来困难。

天道与人伦。天道是自然秩序，就是有性繁殖的原始品种、群体种。茶树虽雌雄同花，但异株授粉。群体种处于“野生状态”，有多个品种生长在一起，便于授粉，性状会变异，品质不稳定，繁育有赖于当地环境，不宜异地移植。人伦是人为秩序，就是无性繁殖。无性系良种性状不受环境改变，品质一致，适应快速大规模种植。

当代育种技术遵循“天选人挑”原则，优异群体种作为母本，商品化培育无性系良种，比如“龙井长叶”，有利于品种单一化、标准化、集约化、大规模推广种植，提高产量，也有利于加工设备、工艺定型。

西南茶区云、贵、川是茶叶发源地，至今保留了大量原始品种，可以见到“一山一茶”情景，有性繁殖的茶野性十足，风味彪悍，一山一味，非常适合精品茶“专品种、微气候、山头茶、微批次”理念，天生我才，天赋异禀。关键在于风味开发，技术创新，物尽其用，化育风味。

历史上有性系茶树由西向东迁移，云南大叶种乔木茶树到了广东；近年来在“扶贫脱困”旗帜下，无性系茶树由东向西逆迁，安吉白茶、福鼎大白良种扶贫到西部种植。

从全球角度看，早期中国出口茶主要是屯溪绿茶、武夷山红茶，后来用屯溪绿茶鲜叶制成祁门红茶出口、波士顿倾茶扔到大海里的茶、英国人福均偷到印度种植的茶都是屯溪和武夷山品种，足见这两个品种是优秀风味代表。

叶子大小和颜色。茶树按叶子大小和颜色分类，简单易辨。传统品种有大叶、中叶、小叶，近年来出现了叶色变异白化、紫（红）化、黄化茶，呈现五颜六色景象。

我国科学家完成了茶树基因组测序，结果表明，全球茶树基因有两大类，中国茶和印度阿萨姆茶。茶树基因数量有37000个之多，是咖啡树的4倍。从遗传学角度看，茶树与猕猴桃属近亲，同属山茶目植物。茶树的自然进化已经让茶叶含有一些独特的化学成分而且具有药用和营养价值；同时也进化出抗环境胁迫的能力，如干旱、虫害等。基因研究表明，中小叶种在长期驯化过程中与茶风味关系密切的萜烯类代谢基因和抗病相关基因受到的选择强于大叶种。基因多样性同样也使得茶树具有更多香气、滋味。

大叶种茶主要在云南，化学特征是茶多酚、咖啡碱、总儿茶素含量高，所以水浸出含量高达49%。也就是说，茶叶有一半的重量能进入茶汤，显示出醇厚本能，非常适合作为基底茶制作调配类饮料，最显著的是酯型儿茶素中ECG含量高于EGCG，ECG含量达到干茶重量的4.57%，EGCG含量达干茶重量的4.34%。中叶种和小叶种往往归在一起，中叶种如福建肉桂、铁观音等乌龙茶品种，小叶种如湖北、安徽、贵州、四川等绿茶品种，小叶种最显著的特征是氨基酸含量相对较高。安徽太平猴魁、福建佛手等叶片虽大，有的细长，但属于小叶种。表5-1是叶片几何特征与风味的关系，叶片小、细长、厚，加工出来的茶风味好。

表5-1　叶片几何特征与风味的关系

叶片特征	叶片大小		叶片长宽		叶片厚薄	
叶形	大	小	长	宽	厚	薄
决定因素	品种		品种		种植环境	
对应条件	乔木	灌木	细长	宽胖	背阴潮湿漫射光，叶色深绿	阳光直射，叶色浅绿
风味特点	层次丰富，纤维质高粗糙苦涩	层次较少，纤维较软风味细致	香气密集，口感集中	香气层次多，口感顺滑	果胶多，香气沉稳，口感顺滑	果胶少，香气清扬，口感平顺

台湾茶以轻发酵乌龙茶为主，轻发酵红茶为辅，所用茶树品种不同，得到的茶叶香气特征也有差异。从表5-2可以看出鲜叶长宽比大的呈花香（轻香），制作乌龙茶；而长宽比小的呈果香、蜜香（重香），制成红茶。台湾乌龙茶中，叶片比较窄的青心乌龙兰花香明显，而叶片比较宽

的“台茶12号”花香不明显；闽北乌龙茶中，叶片比较窄的肉桂比叶片比较宽的水仙香气明显。

表5-2　不同茶树品种的茶叶香气特征表

茶树品种	青心乌龙	台茶18号	铁观音	青心大柟	台茶12号	大叶乌龙	四季春	台茶8号	青心柑仔
成熟叶长宽比	3.17	3.11	3.0	2.78	2.76	2.58	2.52	2.45	2.31
香气	兰花香	薄荷，肉桂香	兰花香	蜜味果香	牛奶香	蜜香	小玉西瓜，桂花	柑橘果香	绿豆香
茶类	乌龙茶	红茶	乌龙茶	红茶	乌龙茶	红茶	乌龙茶	红茶	绿茶

窄叶与宽叶。安徽茶区的茶树叶片以细、长、窄、尖形为主，适合制作绿茶；而福建茶树叶子多为短、宽、圆形，适合制作乌龙茶。皖南黄山、泾县、池州、宁国、休宁、舒城等地是长条窄叶，如黄山大叶种、泾县尖茶、汀溪中柳叶形茶、舒城茶形似兰草，最典型的是太平猴魁，历史上全部制成绿茶，因为这些绿茶香气高扬、苦涩不突出、鲜甜回甘、风味独好，不需改造，表现出非凡自信。

黄山附近山区的窄叶茶属于当地群体种、柳叶种，最具代表性的风味是花香，以兰花香著称，在国内茶区独树一帜。泾县绿茶历史上称为尖茶、兰片、梅花片。舒城的小兰花“特香早”品种也很有名，春茶、秋茶均具兰花香。太平猴魁也称柿大种尖茶、涌溪柳叶种、休宁松萝种、宣城尖叶种、霍山金鸡种等都是窄叶，都有兰香。兰香是不是窄叶品种的特征，还没有明确结论，倒是这一带茶山上兰花与茶树共生，茶树叶片与野生兰花细长叶子形似，香型也近似。

发芽早晚。分为早生、中生、晚生种，在风味方面差异不明显，错期发芽有利于茶农采摘加工，特别是大型茶园，茶期采茶时间不能太集中。早生茶早上市，卖得好价钱。

叶片显微结构。大叶种和小叶种的叶片内部显微结构差异较大，小叶种组织结构密实，大叶种组织结构疏松（见图5-1）。显微结构关涉风味物质的存储和冲泡时的浸出，对烘焙和冲泡有指导意义。

小叶种的栅状层有两到三层，大叶种有一层，格栅层里储存着叶绿素，所以小叶种叶绿素含量高，叶片为深绿色，加工时叶绿素就是风味资源。小叶种的海绵层和格栅层厚度相当，而大叶种海绵层厚度是格栅层的2～3倍，风味物质就储存在海绵体内液泡里，海绵体越厚，含有风味物质越多，茶汤就越醇厚，茶体越丰满。大叶种海绵体比小叶种要厚，因而耐泡。叶背表面的呼吸气孔也是鲜叶水分流失通道，还是窨制花茶吸香藏香的地方。

制茶师的关键技艺就是通过看叶背来判断萎凋、摊晾、做青时期的失水进展，特别是带梗的大叶茶，失水过程几乎决定了茶叶的风味品质。梗、叶脉、叶片水分流失速度要均匀匹配，否则会把部分水分锁在里面，排不出去，瑕疵味就出来了。

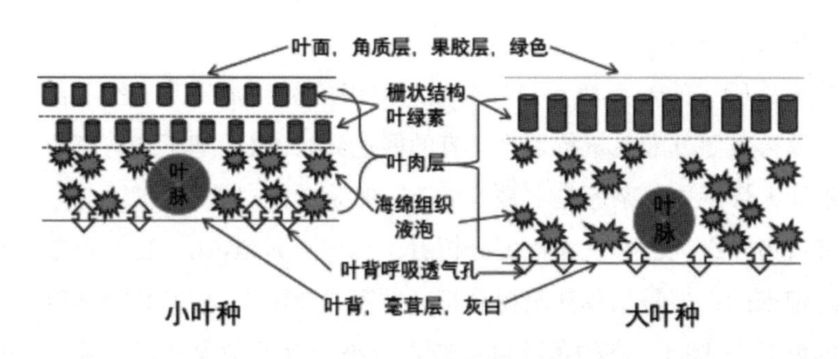

图5-1　大叶种和小叶种的叶片内部显微结构图

品种与茶类。长期以来，各茶区、各品种适制什么茶类、茶形，已约定俗成，几乎不会越雷池半步，形成了历史名茶与区域品牌重叠现象，如西湖龙井绿茶。但近年来，品种、地域与茶类完全打破历史格局，几乎每个品种、每个茶区六大茶类都可以生产，比如“龙井43”、福鼎大白、“英红9号”等白、绿、黄、青、红、黑六类茶都已制成。

传统上，印度、肯尼亚的茶农采摘一芽二叶做成红碎茶，近年来借鉴中国经验，也做蒸汽杀青绿茶；有的茶农把茶芽单独摘下来，按中国工艺做成白茶，卖出高价，加剧了竞争。

云南大叶种茶水浸出物、茶多酚、咖啡碱含量高于中小叶种，酚氨比高，适制普洱茶。1938年，冯绍裘先生到云南凤庆指导用大叶种生产红茶，滇红一举成名，享誉全球。近年来，专家培育出很多适制绿茶的

大叶种新品种，如“云茶1号”、云茶春毫、“佛香2号”、云抗系列等，香气、滋味、汤色都展示出良好品质。

抗战时期，为了出口赚取外汇，全国各地都生产红碎茶，用全国各地的茶树（品种）都来做红茶，大大拓展了制茶思路，开阔了视野。近年来，河南信阳、安徽池州、陕西安康、贵州等传统绿茶基地，用头春茶鲜叶（3—4月）做绿茶，用二茬鲜叶（5—6月）做红茶。

苦茶。是指苦味很重的茶树品种，其苦度是普通绿茶的2～3倍，我国苦茶资源丰富。苦是因为生物碱和儿茶素含量高，生物碱总量达到干茶重量的5.7%。如广东南昆山毛叶茶可可碱含量极高，达到5.6%以上；云南红河苦茶含有独特的苦茶碱，达到1.3%；湖南江华苦茶酯型儿茶素含量达到12%～14%；福建尤溪苦茶酯型儿茶素含量高达20%，生物碱总量达5%，单株茶树咖啡碱含量大于5%，EGCG含量大于15%的双高奇苦茶，尝一口真叫苦不堪言。

并不是所有的苦茶都含有苦茶碱，江华苦茶和尤溪苦茶就不含苦茶碱。尤溪苦茶氨基酸总量特别高，有的能达到12.5%，却不含茶氨酸，这不得不让人怀疑这苦茶还是不是“正统”的茶？是“姓”茶吗？

苦茶为什么很苦？从大数据分析看，总体上是EGCG、ECG和咖啡碱含量高带来的，但是从单株茶树分析，并不是EGCG、ECG和咖啡碱含量最高的就是最苦的，有的苦茶可可碱含量高，有的是含有苦茶碱，有的是可溶性糖含量太少，有的苦味成分（如精氨酸）虽苦但阈值高，Dot值小于1而不显苦。所以致苦物质存在相互作用，苦度是一个多组分综合作用的结果。

可可茶。是指可可碱含量高的茶种，成分特点是三高两低：可可碱含量5%左右，最高达干茶重的6.8%，是传统茶叶的18倍；儿茶素中GCG含量高达9.88%，约为传统茶叶的7倍，而EGCG含量只有3.3%。可可茶的茶多酚含量高，可可绿茶茶多酚含量达32%，红茶也达到13.5%，可可绿茶儿茶素含量达干茶重的25.3%，可可红茶儿茶素含量只有2.2%，茶多酚含量：可可绿茶＞苦茶＞龙井茶，可可白茶＞可可绿茶＞可可乌龙茶＞可可红茶。可可茶的咖啡碱含量很少，可可绿茶、乌龙茶几乎不含咖啡碱，属于“无因茶”，可可碱不像咖啡碱那样会引起兴奋，喝可可茶不影响睡眠。

可可绿茶氨基酸含量较少，平均约2%左右，几乎不含茶氨酸，可可绿茶水浸出物含量可达50%，水溶性糖含量4.7%左右，因此苦涩味重，鲜爽不足。发酵过程使可可碱含量小幅减少，茶多酚、儿茶素大幅度减少，改善风味，所以可可茶适合制作红茶，可可红茶茶黄素含量0.6%左右，茶红素7%左右。

甜茶。是广西特有的甜味植物，含有甜茶素（含量约1.5%）、黄酮、茶多酚（含量约8.9%），似茶非茶。甜茶素的相对甜度是蔗糖的150倍，甜味纯正接近于白糖。甜茶叶具有“茶、糖、药”三合一功能，通过适当的拼配改善传统绿茶的苦味，有巨大发展空间。

群体种。俗称菜茶，是通过种子直播或野茶苗移植，属有性繁殖，在我国各茶区都有，有的是古茶树，有的是二十世纪五六十年代种植，有良好生存适应能力。其特点是保护了广泛的遗传基础和基因的多样性，具有满足不同育种目标所需要的多样化基因。地方群体种是历史留给我们的礼物，风味有更强的可塑性，是茶风味富种区，较无性系具有更多香气成分和含量。

群体种连片种植，不成陇不成行，一株或几株一畦，产量低，只能手工采摘，不适合机械化作业。发芽时间不一，有利于拉长采摘期，但效率低下。一片茶园里品种多，开花杂交，种子掉在地上自发生长，用统一工艺生产可能达不到最佳风味，但也没办法，就当是拼配茶，从种子就开始拼配了。

茶多酚、咖啡碱、水浸出物含量高的菜茶可制作红茶，氨基酸及水浸出物含量高的菜茶可制作绿茶，大部分群体种适合制作红茶，部分适合做绿茶，所制作绿茶、红茶风味品质不差于名优品种绿茶、红茶，如表5-3。EGCG占比是EGCG占儿茶素比例，茶氨酸占比是茶氨酸占氨基酸比例。广西某群体种鲜叶、绿茶（群绿）和红茶（群红）与福鼎大白绿茶（福绿）、红茶（福红）对比，群体种制作的绿茶、红茶风味物质基础不输于福鼎大白。换一个维度看问题，比较一下群体种鲜叶、绿茶和红茶成分发现，加工程度越深，水浸出物含量减少，茶多酚、儿茶素减少。

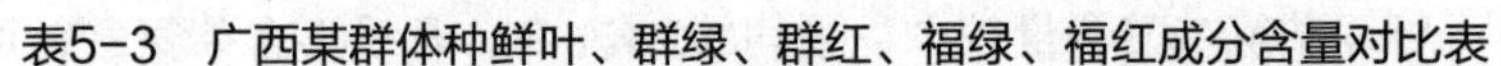

表5-3　广西某群体种鲜叶、群绿、群红、福绿、福红成分含量对比表

成分	茶多酚	儿茶素	酯型儿茶素	简单儿茶素	EGCG占比	氨基酸	茶氨酸占比	咖啡碱	可溶性糖	茶黄素	茶红素	茶褐素	水浸出物
鲜叶	30.0					4.3		4.0					49.0
群绿	23.5	15.0	13.0	2.0	46.5	4.3	41.9	3.2	7.2				42.7
福绿	25.2	15.2	13.1	2.1	48.2	3.5	22.4	2.9	5.9				41.1
群红	16.1	1.6	1.3	0.4	40.8	4.0	19.5	4.2	4.7	0.5	9.0	9.8	34.8
福红	15.0	2.8	1.9	0.9	38.9	3.7	19.0	4.2	5.6	0.5	11.3	11.3	33.9

名优品种。国家优质茶树品种很多，种植面积广，风味优异，常作为科研对照标准，如表5-4。

表5-4　名优品种成分含量对比表

品种	水浸出物（%）	茶多酚（%）	游离氨基酸（%）	咖啡碱（%）	酚氨比	适制茶
龙井 43		18.5	3.7	4.0	5	全类
福鼎大白	42.3	16.2	4.3	4.4	3.77	全类
黄金茶 8	37.18	21.31	6.3	4.0	3.38	绿茶
槠叶齐	44.03	21.39	2.8	3.4	7.48	全类
槠叶种	44.72	31.11	5.4		5.74	全类

西湖龙井有三个优良品种：群体种、“龙井43号”、“中茶108号”。“龙井43号”是优质品种，常常作为风味（成分）研究的对比标准（对标）样。与茶有关科研单位的育种基地里，“龙井43号”是必须有的，作为优质品种用来与其他品种作比较，是品种数据库最全的茶种，浙江大学龚淑英教授等制定了“龙井茶国家标准实物样品”，用于“地理标志产品”管理，锁定龙井茶“形美、色翠、味醇、香郁”的“四绝”品质，供生产企业、质检部门和培训机构使用。

“龙井43号”是科学研究最透彻的品种，因为龙井茶是历史名茶，是标准的标准，是假冒最多的茶，所以备受关注。从遗传基因、种质资源、化学成分、生产制作、冲泡风味、单一成分提纯到生物药用价值均得到广泛深入研究。中茶公司还建立了基于定量分析的龙井茶特征指纹图谱，对产品质量提升和改进提供数据支撑，使得风味评价从感官的、主观性的、表面的判别过渡到依靠精密仪器科学定量测定识别，也把“地理标志产品”做实了，根除假冒伪劣产品，在中欧贸易协定框架下，获得更多出口商机。

福鼎大白茶也是茶中楷模，是国家级优良品种，适制任何茶类。福鼎大白茶在各地茶区都有种植，为茶业发展立下了功劳。

叶色变异。正常绿色植物叶片中叶绿素含量高于其他色素含量，叶片呈绿色；当不同色素含量比例发生变化时，叶片颜色也随之变化，比如类胡萝卜素含量高于叶绿素时，叶片就会变成黄色；当类黄酮化合物、紫花色素苷类含量增加时，叶片就出现紫色。叶片色素组成比例变化，是植物适应周围光热环境和保护光合系统的策略，属于遗传变异。茶叶变异的主要原因是干旱胁迫，缺水容易造成DNA断裂。

植物叶色突变会造成发育迟缓减产，但对于茶树，因为叶绿素合成障碍，造成叶绿素缺失，碳代谢受到抑制，茶多酚等碳氢化合物含量减少，同时氮代谢增强，氨基酸等氮化物含量增加，茶氨酸含量大幅提高，风味价值提升。所以，近年来白叶、黄叶、紫叶茶倍受重视。

黄化茶。是芽叶因变异导致其他色素主导而呈黄色，典型的黄叶种质有黄金芽、郁金香、天台黄、黄金叶、金鸡冠、黄金菊等，叶色呈金黄、乳黄色，可加工成绿茶、红茶、乌龙茶等。

黄化茶游离氨基酸含量高达6%以上，茶氨酸含量达3%以上。以黄金芽为例，水浸出物含量为39%，茶多酚含量为7.1%，游离氨基酸含量为7.4%，酚氨比为0.95，咖啡碱含量为2.5%，制作的绿茶鲜甜清香。

黄金芽叶色变黄属于光敏型，即光照条件变化，叶绿素合成降低，叶绿素降解增多，转化为胡萝卜素，导致叶色转黄，这与植物秋季叶片衰老叶绿素降解而叶片发黄的道理相似。

1998—2013年，在浙江天台、缙云人们发现并扩繁培育出“中黄1号”叶色黄化变异茶树，春季新梢为鹅黄色，颜色鲜亮，夏、秋季新梢亦为淡黄色，成熟叶及树冠下部和内部叶片均呈绿色。成茶外形色绿透金黄、汤色嫩绿清澈透黄、叶底嫩黄鲜亮，被称为“三绿透三黄”品质。

白化茶。其的叶片特征是“叶白脉绿”，白化是茶树抵御或顺应“倒春寒”产生的一种变异，在低温下仍有较好的光合作用，比普通绿茶在低温胁迫下受到的损伤程度要低，表现出更好的低温耐受性，因此适合在高海拔寒冷地区种植。如安吉白茶、景宁白茶、云南月光白茶、白鸡冠等。一般4月茶树新叶颜色从浅绿色变为乳白色，而后为全白色，有25天的演变。变白后的一芽二叶鲜叶氨基酸含量比普通绿茶高一倍，茶多酚含量仅为普通绿茶的一半，所以白化茶鲜味比较独特。

白化有不同类型，安吉白茶是低温敏感型，即由于温度低、叶绿素少造成的白化，当温度高于23℃白芽就逐渐自然返绿。福建白鸡冠茶是光敏型，即由于强光照射引起叶绿素降解，含量降低而造成的白化，当适当遮光后从光氧化损伤状态恢复，叶绿素含量回升，叶片自然返绿。白化茶采摘期是在新稍白化期间，一芽二叶白化茶氨基酸含量可达7%～8%。

紫化茶。是从自然变异群体中选育出性状稳定、全年新稍呈红紫色的一种特异茶树，紫化程度与花青素含量有关。普通绿茶中花青素含量约占干茶重的0.01%，红紫芽茶花青素含量占干物质重可达2.7%～3.6%，同时富含黄酮类和锌。

紫化茶有两种，一种是在高温强光作用下芽叶阶段性由绿变成红紫色；另一种是特异品种，其新梢芽叶全年均表现为紫色、紫红色、红色的茶树，如紫娟茶、紫嫣茶、湄潭苔茶。花青素主要积累在呈紫色的新芽叶中，成熟叶中花青素含量较少。

广东“红叶1号”“红叶2号”秋茶花青素含量最高，鲜叶花青素含量达3.2%，是同期绿茶鲜叶花青素含量的23倍。广东丹妃茶是紫芽，丹妃春茶鲜叶花青素含量是同期绿茶鲜叶的24倍。

紫娟茶是云南普洱茶变种，属阿萨姆种，紫娟茶春茶鲜叶花青素含量约为1.2%，是同期绿茶鲜叶花青素含量的7倍左右。四川农业大学培育的紫嫣茶是新梢边缘发紫的紫化茶。

花青素易溶于水，口感偏苦涩，而且对茶多酚、咖啡碱的苦涩有协助作用，所以高花青素茶从风味角度并不十分惹人喜欢，价值在于营养。富含花青素的果蔬，如蓝莓、茄子、紫薯等都是深色。

既然花青素滋味不讨喜，那么有什么办法可以改善高花青素茶的风味呢？从种植学角度分析，自然环境下光照强度越高，紫外光越强烈，生长环境温度越低，土壤含氮水平越低，茶树叶片花青素含量越高。研究发现，遮阴处理能显著降低茶叶中花青素含量，提高氨基酸含量。

不同酸碱溶液中花青素呈现不同颜色，在 pH<7 时呈红色，pH 在7～8时呈紫色，pH>11 时呈蓝色。由于茶叶细胞液呈弱酸性，所以富含花青素的紫娟茶茎、芽、叶均为紫红色。花青素在酸性条件下稳定，可保存较长时间，茶树生长环境是酸性，所以茶叶中花青素比较稳定，可以单独提取出来，但是如果茶汤中加入其他碱性配料，使得茶汤pH升高，花青素可能降解，茶汤变色。

红紫芽叶茶花青素含量高，但儿茶素含量低，因为它们共用合成路径。红紫芽叶茶如果制成绿茶，可能苦涩味重，如果不同程度地发酵，花青素也是一种酚类物质，发酵氧化降解，可以改善风味。试验表明，随着冲泡红紫芽叶茶时间的延长，茶汤中所含花青素减少，说明发生了氧化。

由于苦涩味与多酚类—唾液蛋白质络合反应关系密切，研究人员发现，在紫娟茶加工过程中添加适量酪蛋白，可以明显地抑制紫娟茶的苦涩感。但这只是科研，并不代表国家标准允许添加。

茶树从印度引种到肯尼亚，在当地环境驯化适应过程中，发生了变异，出现了紫色叶片，肯尼亚茶叶专家敏感地抓住这个机会，把紫叶茶大面积育种试种，产量增加。由于花青素含量高，得到欧美一些营养学家的重视认可，得以批量出口美国。

金牡丹。EGCG是茶叶最有价值的风味成分和药理成分，茶叶中提取的EGCG被广泛用于医药、保健、美容等行业，价格很高。金牡丹的特点是甲基化EGCG含量高。EGCG是儿茶素中含量最高的酯型儿茶素，但很不稳定，容易被氧化，甲基化有利于其稳定存在。金牡丹属于高香品种，春茶儿茶素总量约占干茶重量7%，氨基酸含量较低，约为2.9%，适合制作乌龙茶、红茶。

肉桂。是目前闽北岩茶种植最多的品种，肉桂茶检出204种香气成分，“香不过肉桂”“醇不过水仙”“清香耐泡铁观音”已成共识，组成当今福建三大乌龙茶品种。

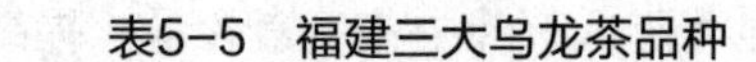

表5-5 福建三大乌龙茶品种

品种	检出香气物质数量	酚氨比	滋味特征	主要香气成分	风味物质特点
肉桂	204	18.8	汤色橙色，浓郁，味重刺激	沉香醇，香叶醇，苯甲醇	干香湿香厚重浓烈，咖啡香
水仙	175	21	汤色橙黄，顺滑，汤中有香	烯类、醇类	花香，汤香
铁观音	120	12.8	汤色黄亮，爽口，略有酸味	橙花叔醇，吲哚，苯乙醇	花香，清香悠长

水仙。在闽北、闽南、广东潮州都有，但不是一个品种。水仙的叶形比较肥壮，比肉桂叶子宽大。以武夷山吴三地老树水仙出名，烘焙火功较高，制作的乌龙茶汤色深红，滋味醇厚，有青苔味、木质味，俗称“枞味”。闽南水仙制作工艺以轻晒青、轻做青、轻发酵、轻烘焙为特色，花香清雅悠长，汤色清澈橙黄，滋味鲜爽，味中有香。潮州凤凰水仙古有种植，也叫“宋种”，当地叫“乌嘴茶”，多数制作成单丛茶。

柿大茶。在安徽黄山，专做太平猴魁，大叶类有性繁殖，叶片狭长，比较特殊。太平猴魁水溶性糖平均含量为3.48%，咖啡碱平均含量为3.64%，茶多酚平均含量为28.16%，平均酚氨比为4.3～5.5，绿茶有兰花香。

特异茶。满足茶多酚高、咖啡碱高、氨基酸高、水浸出物含量高任何一项的品种都属于特异品种，同时满足两项或三项的就非常少见，四项都具有的就是“神仙茶”了。国家对指标达到多少才算“特异”有规定，比如茶多酚含量超过45%，水浸出物含量超过50%，咖啡碱含量超过5%，氨基酸含量超过3%。特异茶是从群体种中筛选出的优良品种，可以大量培育繁殖，如广西某种茶水浸出物含量为56.3%，茶多酚含量为46.3%，氨基酸含量为3.6%，咖啡碱含量为5.2%。以上数据是指鲜叶，但不是直接拿鲜叶做化学分析，而是将鲜叶微波杀青1.5分钟后迅速冷却，然后80℃烘至足干，尽量避免其他因素造成的成分变化。

第二节　种植与风味

风味的“基本面”来自茶农，依仗于品种和种植；风味的“技术面”来自茶人，依赖于加工和冲泡。风土决定风味，风味决定人情，人情决定文化，文化决定喝茶。

全球气候变暖也给茶树种植带来风险与机遇。2018年，有试验将茶树种植在欧洲、美国等北半球不同地区，发现多年前不能种植的地方，竟然也能成活生长了。

茶树生长带在南纬45度与北纬38度之间，山、土、风、光、热、水、气、肥都是影响茶树生长和风味的因素。茶树修剪一年四季都会发新芽，均可采摘制茶。一般认为春茶适合做绿茶，香气与滋味平衡；夏茶滋味浓重，适合制作红茶；秋茶香气高，适合制作乌龙茶；冬茶清雅细致，高山冬茶更加鲜甜清爽，适合制作轻乌龙。

风光。一座山是静止的，但围绕着山的光、风、云、雨、雾、温，甚至病虫害都是瞬息万变的。冷暖气流丰富、水汽旺盛有利于茶树生长，有的茶园风水不当，遭遇切风或平流层，风力较强，热风吹拂，干燥导致叶面水分蒸腾加剧，茶树生长受抑，营养物质不全。

光合作用将太阳能转化为化学能，将无机物转化为有机物，为茶树碳、氮代谢提供碳源和能量。茶树生长需要适中光强度，当日照量超过光饱和点时，过强光照损伤树叶，反过来影响了光合作用。光照不足，光合作用不充分，不能合成足够的营养糖分，风味受损。

高纬度与高海拔有类似的地理效果，纬度高的北方茶区，气温较低，鲜叶中叶绿素、蛋白质含量高，多酚类含量较低，制成绿茶品质较好。云南茶叶研究所所长张顺高在其著作《云南茶叶系统生态学》中，对云南茶区不同纬度和海拔高度太阳光谱与茶叶生产的关系做了长期研究，认为茶树对蓝光和橙光吸收较多。蓝光波长短，在生理上对氮代谢、蛋白质形成有重要意义，是生命活动的基础。橙光波长较长，对碳代谢、碳水化合物具有很高的形成活性，是风味物质积累的基础。紫光比蓝光波长更短，不仅对氮代谢、蛋白质形成很重要，而且与一些含氮风味成

分如氨基酸、维生素和香气成分形成有直接关系。

海拔。海拔对于茶风味形成很重要，也容易讲清楚。与海拔有关的气象要素有温度、光照、热量、风速、雨量等。高海拔自然形成气象要素的再分配，最主要就是气温、湿度、光照，而这些正是光合作用的基本条件，对茶树的生长发育和品质产生影响。

对茶风味有实质影响的是夏季光合作用，因为春季茶树发芽后来不及与光亲密就被采摘了，而秋冬季温度低了，光合作用也休眠了。研究发现，福鼎大白茶适宜的光合作用温度是30℃，低海拔地区夏季持续高温干旱造成威胁，抑制了光合作用，只有高海拔地区夏季保持适宜的温湿度，为光合作用创造有利条件，在树叶中储存了丰富的糖类，为春天芽叶提供足够的碳源，而且作为信号分子参与类黄酮生物合成。

高海拔自然条件下有“三高”，即二氧化碳利用率高、水分利用率高、光能利用率高，使得茶树更从容地合成风味物质。高海拔降雨量、雾日数和空气湿度高，气温低，昼夜温差大，茶树生长发芽缓慢，叶片积累糖分多，可增强茶树保水能力；高海拔茶树抗寒性好，意味着蛋白质、氨基酸及可溶性糖含量高；高海拔土壤排水性好，能使风味成分更集中；高海拔茶树叶片比较致密厚实，风味物质丰富；白天温暖有助于发展出甜味和坚果味，夜间清凉有助于风味均衡和浓郁。

茶树新芽叶中的碳元素可以从老叶片中吸取，而芽叶中的氮元素必须从根部土壤中汲取。高山昼夜温差大，夜间降温水分从顶往根部走，白天升温水分带着营养素从根部往顶端走，所以芽叶氨基酸含量高。

云雾茶。生长在高海拔，生长缓慢，叶片厚实，持嫩性好。酚氨比随海拔升高而降低，咖啡碱含量与海拔高度关系不大。云雾可以用雾日数定量标定，就是一年中云遮雾罩的天数。雾的作用在于夏天高温，干旱季节对强光照有调节作用，避免受到伤害。同时如果山间遍布沟壑涧谷，水汽会停留在近地层，伏季山上的雨量比山下多一倍左右。海拔高意味着立体气候，海拔高度每升高100米，气温下降约0.5℃，降水量增加约48毫米，全年雾日数增加约16天，酚氨比降低0.8。

持嫩性表示在较长一段时间内保持芽叶的嫩度，相反的意思就是茶树随气温升高芽叶很快就成熟老化。高山茶的持嫩性较平地好得多，所以高山茶可采周期长。

高海拔天然的“微气候”“小环境”，人迹少至，远离工业，污染机会少，自成体系，流泉飞瀑，行云走雾，自然雨水，病虫害少，上山人少，无须多管，采茶成本也高。

地形。坡向影响光照、温度、降雨，山地农民都知道，背阴面种的庄稼比同时种在朝阳面的庄稼成熟期至少晚十天，生长期长，背阴面的粮食味道更好。

迎风坡容易形成地形雨，背风坡则雨水减少。比如位于福建武夷山和江西铅山交界的黄冈山叫分水关，海拔2160米，武夷山这边是迎风面，雨水充足，茶叶长势良好，盛产正山小种、岩茶等好茶；而铅山这边是背风阴面，雨水少，比较干燥，种茶不多。武夷山这边阴雨连绵，穿过分水岭隧道到铅山这边，天气晴朗，艳阳高照。

地形营造微气候，地形越陡峭，日照时间长，有助于排水，地力肥厚，鲜叶厚实，风味物质丰富。安徽祁门、四川邛崃山形陡峭，虽然海拔不到千米，但山顶到山脚一天四季，有时像雨林，有时像森林，出产好茶。

茶氨酸只能在茶树的根部合成，而阳崖阴林生态良好，使茶氨酸向儿茶素转化受到抑制，由此产生高氨低酚，降低酚氨比，提高茶叶风味品质。大吉岭红茶是指大吉岭南侧陡坡种植的茶，涩感重；锡金红茶是指大吉岭北侧山坡种植的茶树，涩感轻。黄山太平猴魁采摘讲究高山、阴山、云雾笼罩的茶山、树势茂盛的茶丛、粗壮挺直的嫩枝。

表5-6　坡向对各因素的影响

坡向	南向	北向	东向	西向
光照	时间短，云雾漫射	日照平均	时间长，直射	时间短，光线柔和
气温	温热潮湿	寒冷干燥，温差大	气温高	气温低
生长	适合常年生长	缓慢	生长快	生长慢
叶形	单薄	肥厚	窄小	宽大
成分	糖类含量高	果胶油脂含量高	茶多酚高	氨基酸高，茶多酚低
风味特点	沉稳扎实	层次利落，风味冷冽，粉甜感	厚重饱满，余味长	轻柔顺滑

气温。每种植物都有其适宜生长温度。研究表明，采茶期间气温过低芽叶受冻，光合作用和呼吸速度减慢，体内葡萄糖供应不足，水浸出物、游离氨基酸、儿茶素、咖啡碱含量均有降低。而采茶期间气温太高生长太快，营养跟不上就会饥饿，植物饥饿就要过度消耗葡萄糖，芽叶中生物成分则积累少。采茶期间天气少雨干燥对于生产高品质茶有好处，一方面气候干燥能使叶片可溶性糖含量增高，改善风味；另一方面干燥天采茶水分含量少，容易加工，成茶不发黑、耐存放。

研究发现，海拔低、地势平坦以及盆地地区，夏季高温强度大，茶树易遭受高温热害，同时病虫害也多。高海拔、无树林挡风的茶树易受冻害，极端情况甚至会被冻死。如果茶树适当被雪覆盖，深度冬眠，不会冻死，春茶风味会更好。

晚春谷雨季节，气温回升稳定，光照增强，光合作用、光呼吸作用等代谢活动加强，碳水化合物、黄酮及其糖苷类化合物增多，滋味物质含量增加，因而可获得较高的风味品质。肯尼亚7—9月气候寒冷潮湿，其间所产茶叶氨基酸含量是一年中最高的。

雨水。植物生长的基本原理是从根部土壤吸收营养用水分介质泵送到叶片，叶片光合作用生成糖等营养成分，通过韧皮用渗透压输送到根部。茶树生长对水分相当敏感，尤其是采摘期雨水对茶叶品质影响很大，雨中或雨后采摘的鲜叶糖度会被稀释降低。

茶树喜湿但怕涝，所以茶园涝渍和干旱极端天气对茶叶产量和质量伤害很大。干旱的早期，蛋白质合成受阻，加剧分解，导致氨基酸增加。长期干旱，茶树的生理机能受损，水分、氨基酸、蛋白质、咖啡碱等含量都会下降。

除了雨量还要看雨态，午后雨、夜雨、雾雨、云雾、露水等对茶树发育和茶叶风味绝对有好处。如广东、福建、浙江沿海山区，每年3—5月海风吹来，在山坡高处向上攀爬时凝结成云雨，夜间下雨，薄而凉爽的小雨。江西、安徽山区则是云雾、雾雨、露水常常驻足山间茶园。

有学者研究指出，湿度高气温凉爽的微气候可以提高植物有机酸含量，有助于糖分生成。中国最北茶园在靠海边的青岛、日照，为什么不是在同纬度的内陆？因为茶树与青岛、日照的四五月份的风、雨、光、气温等气候条件完全吻合。

土壤。茶树种植与粮食作物不同，粮食作物需要肥沃的土壤，最好是黑土平地，茶树需要沙石加腐殖土山地。茶树生长喜酸怕碱，适宜的土壤酸度pH值在4～6，最合适的土壤pH值为5.5，能有效吸收矿物质元素，茶多酚、茶氨酸、咖啡碱含量高，水浸出物多。1998年，有研究发现，中国茶园pH值小于4的面积占43.9%。茶园土壤酸化明显，严重威胁茶叶产量和质量，比如酸化茶园中铝、氟和重金属含量会升高，茶多酚、茶氨酸含量下降。酸雨是土壤酸化的成因之一，所以城市周边的茶园，受到大气污染而酸雨增多，茶叶质量堪忧。

砂砾质土壤最适合茶树生长，沙砾是山上岩石常年风化的产物，透水透气，土壤昼夜温差大，利于根系生长，对蛋白质、氨基酸、糖类等形成有好处。

有研究发现，每年耕作茶园土壤对茶叶质量有明显改善，可比条件下耕作的茶园新稍氨基酸含量达到43.4毫克/克，而不耕作的茶园是37.3毫克/克；耕作茶园的新稍酚氨比是5.31，而不耕作的茶园是6.24。

灌木茶树修剪是重要植保工作，维护树形以利于采摘，特别是机采。植物通过修剪促进发新芽，修剪时间很有讲究，一方面是根据气候变化，要保证足够的光合作用储存能量；另一方面修剪时间决定了下一次采摘时间，如果要采摘一芽二叶，修剪后50天才能采摘。每年修剪下来的树叶和杂草直接入土，可积累有机质，回哺土壤，增加自然肥力。厚层有机质土具有保暖防寒、吸热防暑功能，可避免霜冻，预防极端高温热量，有利于微生物生长，使得土壤含水量充足且排水性良好。

酸化。中国茶园因大气污染和酸性肥料施用造成土壤酸化严重，2008—2010年，江苏省调查21个茶园土壤酸化问题，发现pH值小于4.0的茶园占42.8%。酸化对植物吸收营养和正常生长造成不良影响。

酸性土壤中溶解了大量的铝，以离子形态存在，对植物有毒。茶树易于吸收铝又耐铝，所以茶树能自解铝毒，体内铝含量远远高于其他植物，土壤铝过量对于以成熟叶为原料的黑茶品质造成不良影响。

有研究发现，对于黄红土壤酸化茶园，每亩施250千克复合型改良剂和100千克有机肥，可将茶园土壤pH值从4.1调节到5.0。每亩施250～300千克白云石（释放钙镁碱性离子）粉，可以将茶园土壤pH值从3.9调整到5.0。

氮肥。茶树是多年生木本常绿植物，一年中多次采摘，养分消耗大，对土壤养分供应很敏感，施肥补充营养是必需的。氮素参与茶树生长发育的全过程，施氮肥对茶树的产量、总氮含量、游离氨基酸，尤其是茶氨酸、咖啡碱等品质成分的合成有明显的促进作用，土壤含氮量与鲜叶和成茶中氨基酸含量成正比，而与茶多酚含量成反比。咖啡碱是茶树氮代谢的重要物质，氮肥对提高茶树新稍咖啡碱含量有益。氮肥能增加茶树发芽密度，叶面积增大，光合作用增强，叶绿素含量提高，产量增加。日本抹茶的特点就是氨基酸含量高，要求鲜爽、鲜绿、少苦涩，主要是通过施加大量尿素化肥和茶树遮阴来实现。1993年以前日本茶园施氮肥超过1000千克/公顷，正是因为大量使用氮肥，造成土壤酸化，日本茶园平均pH值在3.9以下的占39%，抹茶主产地静冈超过60%的茶园土壤pH值小于3.5，酸化严重。日本认识到过量施肥问题的严重性，大力推动茶园减肥行动，1998年下降到750千克/公顷，2005年减到600千克/公顷，2018年减到540千克/公顷。表5-7是2010—2014年主要产茶国氮肥使用统计平均值，可见日本、中国氮肥施用量还是很高。

表5-7　2010—2014年主要产茶国氮肥使用统计平均值

产地	中国	日本	印度	斯里兰卡	肯尼亚
茶产量（千克/公顷）	1025	1840	1911	1520	2128
氮肥用量（千克/公顷）	280～470	400～600	100～200	120～360	100～250

茶树明显喜欢铵态氮，即施铵氮肥（尿素）能提高茶叶产量和品质，提高游离氨基酸（尤其是茶氨酸、谷氨酰胺）含量。研究显示，同样条件下施铵态氮茶树新稍茶氨酸含量是施硝态氮（硝酸盐）的3倍。但是施铵氮肥会抑制茶树对钾、钙、镁、锌、锰、硼等的吸收，造成微量元素含量低，所以专家建议，茶树同时施用铵氮肥和硝酸盐，既可增加氨基酸含量，又可增加微量元素含量，提高绿茶品质。通过对12个省30个茶区土壤采样分析发现，我国多数茶园硝态氮含量显著高于铵态氮。

磷肥。中国茶园普遍缺磷。磷常常被土壤吸附固定，不易被茶树吸收利用。缺磷使得茶叶产量降低，水浸出物、茶多酚、黄酮类、游离氨基酸等品质成分含量下降。一个有趣的现象是，植物各部位磷含量是逆浓度梯度，即磷含量：老叶 > 嫩叶 > 芽 > 茎 > 根。研究发现，土壤施铵态氮肥能显著增强茶树对磷素的吸收和富集，磷素又能增强茶树光合作用强度，促进茶树糖代谢、多酚类化合物和黄酮类化合物的合成。磷参与根部有机酸的代谢，调控叶部氨基酸合成，促进黄酮类物质生成，提高茶多酚、氨基酸和咖啡碱含量。

钾肥。土壤缺钾显著降低叶片总氮和总磷含量，茶树鲜叶所含醇类、醛类、酯类芳香物质种类少、含量低，茶叶香气品质受到严重影响。施钾肥能显著提高茶叶香气、氨基酸、咖啡碱和水浸出物含量，改善品质。

镁肥。镁是植物叶绿素中心原子，直接参与茶树氨基酸合成等酶促反应，对茶叶风味品质有重要作用。我国茶园普遍缺乏镁养分，田间试验结果发现，茶园施镁肥，茶叶游离氨基酸、咖啡碱含量明显提高，可以增加乌龙茶香气成分总量，尤其是橙花叔醇含量显著增加，对乌龙茶香气有决定性影响。

微生物。土壤中的“丛枝菌根真菌”是能够与超过80%的陆生植物根系形成共生结构的一类有益土壤微生物，在改善茶树营养状况、促进生长、增强茶树抗性方面有重要作用，能提高茶叶中矿物质含量。

丛枝菌根真菌种类很多，研究人员将“地表球囊霉真菌”人工接种到茶树下，发现茶叶的水浸出物、咖啡碱、茶多酚、氨基酸含量都显著增加。而茶园接种“摩西球囊霉”后，茶叶可溶性糖和可溶性蛋白含量显著增加。福鼎大白茶树接种丛枝菌根真菌后茶叶风味物质含量如表5-8，可见茶园接种丛枝菌根真菌后，茶叶风味品质显著提高，酚氨比降低，总糖含量增加，鲜甜滋味增强，香气更浓。

表5-8　福鼎大白茶树接种丛枝菌根真菌后茶叶风味物质含量表

物质含量	蔗糖（毫克/克）	葡萄糖（毫克/克）	果糖（毫克/克）	儿茶素（毫克/克）	氨基酸（%）	茶多酚（%）	酚氨比
正常茶树	43.70	38.02	5.87	204.76	4.41	27.91	6.32
接种处理	47.08	58.34	6.23	243.61	5.79	29.80	5.14

硒是人体必需的微量元素之一。硒对人体是“双刃剑”，过量或不足都不好。茶树富集硒的能力较强，只要土壤含硒量适当，茶树就会自我

调节吸收，能将吸收的无机态硒80%转化为有机态硒，与茶叶中的色素、酚类物质、果胶结合，带入茶汤中。但硒常常富集在树根，在茎叶的含量低于根部。土壤pH值在4.5～5.5区间、土壤含水率高，有利于茶树对硒的吸收。研究发现，当土壤硒浓度超过0.10毫摩尔/升时，茶树出现硒中毒现象。

我国绝大多数茶园土壤缺硒，但在硒矿区种植茶树和给茶树喷施叶面硒肥是危险的，很可能硒含量超标。“世界硒都”湖北恩施地区土壤中硒含量最高可达45.5毫克/千克。对福建茶区检测发现，土壤平均硒含量0.73毫克/千克，高于全国平均土壤硒含量0.29毫克/千克，福建86%的茶园土壤达到富硒标准（大于0.4毫克/千克）。茶园海拔越高、砂砾岩土质、茶树树龄越长的老茶园硒含量和活性越高。

氟和铝。虽然不是茶树生长必需的元素，但茶树嗜氟喜铝，具有高量吸收、转运、积累机制，是超聚铝、聚氟的植物。植物的自我选择必有其道理，好处是在一定含量范围内氟铝帮助茶树更好地完成光合作用，补充生长所需能量。茶树富集的铝、氟含量是同一地点其他植物的几十到几百倍，但大部分茶树并未表现出中毒症状，茶树耐铝耐氟说明自身有解毒功能。茶树在富集氟的同时也大量富集了铝，铝又促进了氟在茶树叶部的富集，氟—铝就像一对伴侣，互相促进了茶树对其吸收。氟和铝按照一定比例络合并富集于叶片等器官中，消除了氟和铝本身的毒性，自我调节让铝减轻氟的副作用。但超过限量，氟铝对茶树生长有害，造成叶片瘦薄，风味物质含量少。

茶叶氟铝含量与茶园土壤有关，酸性土壤中氟铝富集更显著。叶片中氟的积累量占茶树全株的98%，成品新稍茶氟含量在100～300毫克/千克，铝含量在5400毫克/千克左右。

环境温度低于5℃，茶树对氟的吸收速率很低，温度高于35℃，茶树吸收氟的速度是5℃的三倍。土壤pH值高一点（pH值大于6茶树不能生存）、钙镁含量高能够降低茶树的氟吸收和叶片氟含量。所以高海拔、风化沙砾土种植，茶叶含有较少的氟、铝。

从食物摄入过量氟会造成软组织硬化，干扰人体钙代谢和骨组织中胶原蛋白合成。所以冲泡茶不要磨成细粉，也不要泡得太久，否则氟、铝等离子大量进入茶汤。国家标准成品茶氟含量不能超过200毫克/千克，每人每天氟的摄入量不超过4毫克，相当于每人每天饮茶限量烘青绿茶不超过47克，红茶不超过28克，砖茶不超过12克。老叶铝氟含量远高于新叶，成熟叶氟含量达到500毫克/千克，老树叶氟含量达到2000毫克/千克。绿茶含氟较少，烘青绿茶氟含量平均约42毫克/千克，红茶居中，氟含量平均70毫克/千克，砖茶最高，平均含氟量约159毫克/千克。

长期饮用含氟量较高的茯砖茶，会出现饮茶型氟中毒现象。铝对人体也是毒害元素，曾有报道称饮茶型氟中毒可能是因砖茶同时伴有高铝而产生氟—铝联合中毒现象。

上帝关上了一扇门，同时打开另一扇窗。世间万物平衡兼顾，美好的东西往往有其缺陷。喝茶如何避免摄入过量的氟、铝？喝嫩叶茶不喝老叶茶；喝春茶少喝夏秋茶；喝新茶少喝陈茶；喝散茶少喝饼茶；喝整条茶少喝碎末茶；喝绿茶少喝重加工茶；泡茶时间要短，不要从早到晚泡一杯茶，不必讲究耐泡多泡，不必吃干榨尽，一泡茶总泡时间不超过5分钟。

重金属。位于开采矿区的茶园，由于尾矿某些元素含量高，如重金属铅、铬、镍、镉等，会造成茶树污染。工业区周边的地下水和土壤被污染的话，周边茶树也会被污染。

土壤重金属含量高、植茶年限超过50年的老茶园茶树重金属含量也高。研究发现，越是酸化的土壤、土壤有机质含量越少、施用磷肥越多，土壤中镉含量越高、镉活性越高，越容易被茶树吸收。检测发现，全国有的茶园镉含量超标。但茶树比较耐镉，镉主要富集在根系，叶片含量较少，新叶更少，用老茶树的老叶制作的茶重金属含量高。所以通过施加土壤改良剂和有机肥来降低镉危害风险。黑茶中铅、铜、钡、钙含量高于其他茶类。

由于茶叶中重金属在水中的溶出率不高（比如镉的溶出率为11.96%～21.26%），所以喝一次茶不会有中毒之虞，但重金属在体内代谢慢，是长期积累，可能会对人体产生长期慢性损伤。

高氯酸盐ClO_4^-。高氯酸盐对茶叶的污染日趋严重，对人体的危害类似于碘，干扰甲状腺的正常生理功能。ClO_4^-来源于盐湖矿肥、工业排放（如火箭、航空、漂染、弹药、烟花）、施肥、氯类消毒剂降解、氯类杀菌剂除草剂、地表水灌溉等。茶树自身有从土壤中富集ClO_4^-的能力，测试结果表明，含老叶较多的黑茶砖中ClO_4^-的平均含量为0.62毫克/千克，高于绿茶中ClO_4^-平均含量0.23毫克/千克。

茶叶中ClO_4^-检出率高，影响出口，威胁健康。欧盟标准是食品中高氯酸盐含量小于0.01毫克/千克，2016年农业农村部抽检一些地方茶样高氯酸盐含量达到0.239毫克/千克。从这个意义上说，选择远离城市、海拔较高、无须人工灌溉、偏远地区产出的嫩叶茶比较安全。

空气污染。煤炭、木材、石油燃烧产生的多环芳烃（PAHs）具有强烈致癌性。公路边茶园受汽车尾气污染，汽车尾气含有PAHs，茶树吸收后鲜叶中就含有PAHs。传统茶叶烘干烘焙用木炭、杀青燃煤、燃油、燃气、燃柴都要产生PAHs，会被茶叶吸收，所以提倡使用电加热。

虫害。茶尺蠖是危害严重的食叶性害虫，研究证明茶尺蠖幼虫取食可诱导茶树释放大量挥发性物质，从而被天敌、害虫及邻近的植物识别，起到防御作用。茶树叶片中的酯型儿茶素含量在被虫啃咬后一定时间内显著升高，是茶树自我抵御害虫迅速释放的“毒素”。而咖啡碱的苦本身就是为了抵御害虫而进化出来的功能，所以茶叶嫩芽咖啡碱的含量高于其他部位。既然虫害不可避免，又不想施用农药，那么制茶工艺能不能利用这种特点，获得风味更好的茶叶呢？

茶虫啃咬鲜叶造成减产，茶农第一反应是消灭害虫。靠近城区的平地茶园更容易受到虫害，所以杀虫剂使用量大。但是台湾的香槟乌龙恰利用了当地小绿叶蝉啃茶树叶片留在茶叶上的唾液，产生酵素，做出的茶有“口水香”。这是故事还是科学？都是！研究人员发现。虫咬叶加工出来的成茶香气成分（与未啃咬对比）变化不大，但呈香物质含量却增加了。

农药。茶农普遍使用农药，农药残留造成的污染，危害之大，不得不让茶人忧心焦虑。防治虫害的措施有物理办法（如茶园间作、色板诱杀）、化学办法（农药）和生物办法（如微生物制剂、天敌），其中化学防治见效快，是茶农常用的方法，物理防治主要用于有机茶园。除草剂（草甘膦）在茶园使用也比较普遍，有的茶农常年在外，只有采茶季节与茶树打交道，茶园管理基本上交给了农药。

植物生长调节剂芸苔素内酯（俗称天丰素）是一种合成激素，可提高光合作用效率、促进细胞分裂、早发芽多发芽等功能，属于农药类，具有生殖毒性。茶树喷施天丰素有利于茶叶早采早上市，卖得好价钱。

茶农自觉节制使用农药主动性不足，一户施农药、催芽素、除草剂，全村都会效仿，最终成为风气。目前没有好的解决办法，只有示范，如带头人不用农药能挣到更多的钱、茶农自己受到的污染损害也少，加以宣传，再效仿回来。

遮阴或遮阳。其实是一个意思，就是在茶树上面遮掉一部分阳光，控制光合作用。茶树最早生长在原始森林中，各种树木共生，有高大的树在上面，有中等高度的乔木，也有比较矮的灌木，还有地面上的杂草，四层空间。茶树受到荫蔽，光照减弱，周围气温降低，延长了茶树新叶生长周期，使叶片密度提高，果胶质厚实，积累更多风味物质，特别是氨基酸，茶汤鲜味加强、醇厚浓郁、口感饱满。对金萱品种茶树用双层黑色遮阳网遮（高于茶苗）12天，复光后4天采摘测量冷冻干燥茶叶的可溶性糖含量提高8%。

遮阴有多种方式，人工遮阴采用架起离地2米高的黑色网眼布或稻草，也有把网眼布或稻草直接放在茶树上面的；自然遮阴用凤凰树间植茶园，用厚朴树遮阴容易引来病害。

抹茶特有的清新香型叫“覆盖香”，来源于遮阴带来鲜叶中类胡萝卜素含量提高（是露天栽培的1.5倍），加工过程中类胡萝卜素减少，转化为紫罗酮等。表5-9是浙江和日本种植的籔北种抹茶风味成分和感官评审结果，日本抹茶氨基酸达到极致的13.31%，遮阴技术用得好。遮阴会使鲜叶中的EGC含量明显减少，这对茶黄素形成不利，但减轻了涩感，所以遮阴的鲜叶适合制作绿茶。

表5-9　浙江和日本种植的籔北种抹茶风味成分和感官评审结果

产地	水浸出物含量	氨基酸 / 茶氨酸	茶多酚	咖啡碱	可溶性糖	粗纤维	叶绿素	感官评审得分
浙江	34.60	6.80/1.76	16.51	2.62	5.37	8.46	0.90	91.60
日本	37.93	13.31/2.50	12.53	2.90	2.91	7.11	0.92	96.90

遮阴程度要适当，常用网眼大小、单层双层、遮阴时间来控制。过度遮阴造成树冠层平均风速和透光率降低，相对湿度增加，植株表面结

露面积增加，使叶部病害加重。沿海地区天气多雨潮湿，茶农在平地密植茶树，需要较多的阳光，不适合遮阴。试验表明，自然树荫遮阴水平在50%以下不会降低茶产量，产量更加稳定。

2017年国际组织经过四年艰苦拍摄制作了一部纪录片*Shade Grown Coffee*，告诉人们农林复合系统、绿荫种植的诸多好处，由单一种植向与森林共生、从脆弱的平衡到富有弹性的生态转变。

自然农法。就是尊重自然，按照自然规律种植，不人为追求高产量而牺牲质量，不拔苗助长增加环境负荷，不破坏自然、不污染环境、不崇尚暴富原则。比如茶树种植实施农林牧综合作业，茶园间种一些遮阴树种，如经济性木材（降香黄檀树、沉香树、辣木等）、具有固氮功能的树木（通常是印加属）、果树、药用植物，可以驱避虫害。

香茅草是一种防虫植物，主要成分是柠檬醛和香叶醇，国际上早已用其提取精油用作驱虫驱蚊药，近年来在茶园使用效果良好。茶园里有了这些植物，本身生态环境大幅度改善，吸引鸟类、青蛙、七星瓢虫、蜘蛛等控制虫害。茶园也可以养殖绵羊，起到除草作用。

简单讲，100年前农业就是自然农法，保持土壤持续生产力，更主要的是赋予茶叶良好的风味品质。自然农法减少或不用化肥、农药、除草剂、激素（催芽素）等化学品，即使是施肥也要施有机肥，以羊粪比较好。自然农法生产的茶可以标注在外包装上，用二维码记录并溯源，让顾客放心。

有机种植。是有管理的自然农法，有机认证是自然农法的公证，是治理滥用农药的一剂猛药。有机种植不仅仅是简单的不施化肥、不打农药，而是实施一个经批准的土地有机管理计划。这个计划涵盖杂草和害虫管理、肥料的使用、保护和补充土壤健康。有机种植最大的挑战是对付虫害，常用物理或生物办法灭虫。有机认证的最大障碍是认证费用，小茶农无力承担。

有机认证基本要求是：土壤至少需要三年转化期，这三年产出的茶不是有机茶；茶农所有操作和管理都需要记录在案；加工和后处理程序也必须遵守有机规则，确保供应链上的每个环节都是有机的；必须在包装上贴有认证机构按照总量核发的“有机标签”，确保可追溯性，包装袋上自己印刷的“有机茶”没有任何效力。

长远来看，自然农法的茶园比有机茶园更有弹性，保持生物多样性的同时成本可控，价格公道，童叟无欺，适应大多数消费者，但这是一个信用体系，任重而道远。

香气与水土。茶香与种植土壤关系密切，虽然具有浓郁香气的茶不多，但也不乏像安徽绿茶兰花香，福建、广东乌龙茶橙花香及太湖碧螺春果花香等浓香茶。皖南山区野生兰花多，春茶季节山野兰香幽荡。太湖东山、西山茶树与果树（枇杷、杨梅等）相间种植。研究表明，茶叶的兰花香不是兰草花传授过来的，果香不是水果传给茶叶的，也不是根系在地下暗连虬结的结果。这可能与土壤有关，一方水土养一方茶，地理标志的根本。

华南盛产柑橘类（包括柚子、柠檬、柑橘等）水果，花香果香迷人。但在初夏时节柑橘花期已过，果未成熟，山林依然缕缕清香，类似于柚子皮或柠檬、柑橘的香气，这是假鹰爪花开放带来的。假鹰爪是一种遍布华南山野林地的乡土芳香植物，六片花瓣形似利爪，花量大，花期长，从初夏到深秋。绿花无香，等到花瓣变成黄色，芳香油散发，吸引昆虫。"一树花开，满园皆香"，浓而不烈，清爽宜人。香气主要成分是芳樟醇和香叶酸甲酯，其中香叶酸甲酯具有花香和柑橘香调，芳樟醇香气柔和，轻扬透发。这与福建、广东乌龙茶香气很相似。

尼泊尔种植的茶树基本上是中国品种，种植海拔在1450米以上，种植"雨林化"，就是茶树与咖啡、奇异果、夏威夷果、蘑菇、玉米、蔬菜、菩提树、家畜、畜牧、野生动物、水资源混合种养，生态循环，采摘期错开，自然和谐。特殊的地理环境孕育了尼泊尔茶丰富的乡土气息，微气候造就了茶叶浓郁的风土味。

尼泊尔茶叶大多数出口到印度大吉岭，不仅是因为地理靠近，更是因为"品质靠近"。尼泊尔茶60%加工成CTC红茶，40%加工成中国式的"正统"整条茶绿茶、白茶、乌龙茶，80%出口到印度。

定级。茶品常按照芽茶、一芽一叶、一芽二叶来分级，如白茶有银针、牡丹、寿眉、贡眉四个等级；也有按照"明前、明后、雨前、雨后、春茶、夏茶、秋茶"分级；有的按照"玉、蕊、御品、极品、牛头、马肉"等自定义，没有科学依据。

咖啡豆定级办法达成全球共识，有三个主要参数，一是品种，阿拉比卡及其变种比罗布斯塔等级高；二是种植海拔高度；三是杯测评分。这三个指标直接与风味有关，风味至上，简单有效，客观公正。按海拔高度分为：Strictly High Grown（极高山豆，简称SHG），其次为High Grown（高山豆，简称HG），其余为一般豆。举世闻名的巴拿马翡翠庄园瑰夏咖啡有三个等级，“红标”种植海拔1600～1800米，杯测成绩90分以上，通过全球竞拍销售；“绿标”种植海拔1600～1800米，杯测成绩86～90分，不参加竞拍；“蓝标”种植海拔1400～1500米。咖啡包装袋上都会明示品种、种植海拔、风味特征等。高等级咖啡豆产自埃塞俄比亚、肯尼亚、巴拿马、哥伦比亚、厄瓜多尔等非洲、南美洲欠发达国家。

第三节　加工与风味

加工少的茶如白茶和绿茶，风味主要来源于品种和种植，色、香、味自然天成，产地风味突出。绿茶最能体现原汁原味，品质稍逊就会暴露其中的瑕疵；而加工主要靠温度和微生物的感化，赋予新的风味生命，做得好能掩盖绿茶的缺陷，做不好也能放大缺陷，技术造味突出。

简单讲，茶叶加工就是氧化，或者说控制氧化程度，因而可以用氧化程度判定加工深度。那么氧化程度又用什么指标衡量？茶多酚很不稳定，遇热遇氧就被氧化，纯净茶多酚洁白无色，随着氧化程度加深，颜色渐变，呈浅黄、黄、金黄、橙黄、橙红、红、红褐、褐、黑，所以用干茶或茶汤颜色来判断氧化程度，用光泽判断质量，事实上，六大茶类就是按照颜色区分的。是不是茶叶加工只有氧化反应，没有其他反应？答案是否定的。加工过程中各种反应难计其数，才造就了变化多端的风味，只是因为茶多酚含量高占主角，颜色变化显眼，才把主功记在茶多酚名下。不是绿茶就没有氧化，也不是杀青就没有发酵。晒青、萎凋、做青、揉捻都会促进发酵氧化，大部分绿茶都有10%以上的氧化程度，特别是颜色发黑的绿茶。

茶叶加工以风味为目标，机械化、自动化、数字化为技术手段，实现风味设计和塑造。科技发展可以实时记录、监控加工各阶段内含物质的变化，用来指导工艺改进，实现风味优化。

采摘鲜叶。春天茶树发出一个芽，大约需要6天时间舒展成叶。如果不采摘，继续向上生长，爆出新芽，约5个芽发展成叶，最后一个顶芽叫驻芽，当年就不会再长了。制茶鲜叶嫩度最受关注，芽孢、芽、一芽一叶初展、一芽二叶、一芽三叶、驻芽五叶、单叶、成熟叶都是采摘对象。早春气温低，头茬一芽一叶鲜叶茶梗是实心的，充满水分和营养物质，加工时水分均匀流失，能出好茶；晚春气温高，生长速度快，多茬芽叶茶梗是空心的，不利于加工，品质较差。

绿茶常采一芽一二叶，叫“嫩采”，乌龙茶采驻芽五叶，叫“熟采”，铁观音秋采成熟叶，红茶多采夏秋芽叶。成熟叶片角质层发育形成，并在角质层外有较厚的蜡质层（果胶），蜡质层在乌龙茶加工过程中能产生香气物质；成熟叶背下表皮的特殊腺鳞结构也发育完全，开始分泌芳香物质；成熟叶片内叶绿体开始退化产生原生质体，使类胡萝卜素增加，巨型淀粉粒增多，这些都是香气物质的前体；带梗一起采摘，茶梗中含有较多氨基酸和类胡萝卜素，均参与香气物质形成。

茎梗之用。除了六安瓜片，鲜叶采摘是连梗带茎一起采摘，方便之余还有风味道理。新梢芽叶茶多酚和咖啡碱含量基本规律是从上到下递减，即顶芽最高，下面的第一、第二、第三叶依次减少；而氨基酸、糖含量正好相反，且梗茎中氨基酸含量高于芽叶，从上到下第一叶与第二叶之间梗的氨基酸含量是芽的5倍，末节梗的氨基酸含量是芽的2倍。研究表明，一芽二叶连茎带梗一起加工出来的绿茶，鲜甜清爽风味最好，而纯芽茶苦涩强劲。

成熟叶中糖含量、香气成分含量明显高于嫩芽。乌龙茶机采一芽四五叶，连茎带梗一起加工，初制完成后捡梗除茎，因为在加工过程中氨基酸和糖分在水分带动下转移到叶片中，造就了乌龙茶的美味。

摊青/晒青/萎凋。所有茶加工第一步就是萎凋，即鲜叶采摘后晾晒失水过程，让叶片柔软，利于后续加工。采摘后光合作用停止了，但呼吸还在进行。如果不采取措施停止呼吸，就会消耗叶片中糖分等营养成分。

萎凋有自然萎凋和控制萎凋，控制萎凋如恒温槽摊晾、日光、单色光、吹风等复合萎凋。适度萎凋是个技术活儿，通过调节温度、湿度、光照、通风、时间等参数，控制失水速率、香气生成与流失、多酚类物质转化。

萎凋期间鲜叶呼吸作用促使一系列酶促反应，为茶叶香气、汤色、滋味品质形成奠定基础。萎凋必须有水参与，当叶片含水量少于65%时，生成香气的前体物质无法继续发挥作用，同时儿茶素转化为茶黄素的速度也减缓了。以丹霞红茶生产萎凋工艺为例，如表5-10，可以清晰地看到萎凋期间成分变化，以及由此引起的风味变化。香气成分变化大，滋味成分变化小。萎凋工艺存在最优时间，时间短了好的香气出不来，时间长了风味损失严重。

表5-10　丹霞红茶萎凋期间的成分变化，以及由此引起的风味变化

萎凋时间	28 小时		33 小时		38 小时
香气成分	醇类增加，玫瑰味的香叶醇达到最高	香气成分充分释放出来，储存在茶叶里，等待泡茶时绽放	酯类增加，冬青味的水杨酸甲酯达到高峰	香气成分基本稳定，说明萎凋达到较好的程度	前期生成的大部分香气成分开始减少
滋味成分	萎凋时间延长，茶多酚和氨基酸持续减少，茶黄素降低，简单儿茶素明显减少，酯型儿茶素变化不大，可溶性糖和咖啡碱变化不大，水浸出物持续增加				
感官评审	88.95		93.95		88.45

萎凋期间用不同颜色的光源照射，可加速萎凋进程。叶片失水后，细胞膜渗透性增强，在制叶酶活性提高，促使大分子物质酶促降解。黄光萎凋可较大幅度降低萎凋叶茶多酚的含量，增加氨基酸、可溶性糖的含量，感官评价更好。萎凋不能堆积太厚，如果鲜叶堆积过厚不透气，内部温度升高，缺氧状态下呼吸代谢生成醇、酸等中间产物，导致酸馊瑕疵味形成。

白茶萎凋。得单独说说，因为白茶工艺只有萎凋。福鼎大毫茶30℃热风萎凋30小时，儿茶素总量减少四分之三，过程中氨基酸总量变化不大，但各种氨基酸之间，以及蛋白质与氨基酸之间的转化很活跃，此消彼长。萎凋12小时内，蛋白质水解为蛋白质氨基酸，萎凋12小时后蛋白质氨基酸转化为非蛋白质氨基酸。白茶鲜味浓，既然氨基酸总量变化不大，鲜从何来？一是由各种氨基酸含量结构变化带来，二是由核苷酸、多肽带来，二者都是萎凋的结果。

茶氨酸与γ-氨基丁酸是非蛋白质氨基酸，茶氨酸在整个萎凋过程变

化不大，处于动态平衡，就是说有增有减，比如儿茶素—茶氨酸络合体在萎凋期间因儿茶素氧化而解体，释放出茶氨酸；γ-氨基丁酸在萎凋前期增加，后期部分转化为香气物质，白茶的鲜味与香气关联，统称鲜香。

杀青。是绿茶、黄茶、黑茶初制工艺，用温度这个“杀伤性武器”，杀死蛋白酶活性，不再发生酶促和微生物反应，这是针对鲜叶的“杀青”；而红茶、乌龙茶是对在制叶“杀熟”，即发酵完成再杀死酶菌，以固化已经生成和尚未反应的物质。只有白茶不专门杀，烘焙也会或多或少杀死活性酶。只要加工温度超过100℃都起到“杀”的作用，但蛋白酶、菌、微生物杀而不绝，总有残留。

杀青方式有炒、烘、蒸汽、微波等，手工炒青难以将肥厚的叶片杀透杀匀，会在主脉或侧脉残留少许氧化酶，茶多酚氧化后形成“红丝线”。由于产量大，手工茶越来越少，从方便、干净和成本角度，烘青渐成主流，试验发现，烘青茶储藏期间色泽不变，不易返青，风味稳定性好。蒸汽杀青温度高、时间短，叶绿素保留的多，所以色泽更绿，但香气不足。微波杀青穿透力强、升温快、加热均匀，可快速钝化酶类活性，最大限度保留叶绿素、茶多酚，使得叶色均匀绿润，叶形长宽匀齐度好，微波杀青茶的苦味、涩感较轻。

龙井茶炒青温度低、时间长，炒茶过程还是有氧化，茶色发黄，香气出来了，靠手劲压出扁形。2020年龙井茶制造标准制定，提出三个指标：下沉比、酚氨比、氨基酸含量，可以定量评价龙井茶加工质量。

烘干。干燥方式与风味稳定性有关系，热风干燥因为均匀性好，有利于茶叶色泽和风味品质提升。电加热烘干比木炭烘干要好，均匀、干净、污染少。60℃～70℃长时间分次足烘有利于发展风味，在叶温未达到令酶失活变性前，促进蛋白质酶促反应，水解成氨基酸，增加的氨基酸含量明显高于减少的游离氨基酸含量。烘干温度较低，没有发生美拉德反应，使成品茶总体氨基酸含量较高，有利于形成茶汤鲜爽滋味。

摇青/做青。是乌龙茶独有工艺，手工时代就是少量茶青放在竹筛中轻摇—摊晾—再摇—再摊晾，多次循环，竹筐与叶片边缘反复碰撞，破坏叶片组织，原本储存于海绵组织液泡内的茶多酚渗出，接触到氧气发生氧化，叶片出现绿芯红边，摇青尺度全靠经验。以大红袍摇青为例，如表5-11，检测发现大红袍特征香气成分是橙花叔醇、法尼烯、吲哚、苯乙腈、苯乙醇、己酸己酯、己酸顺-3-己烯酯、苯甲酸己脂等。这些特征香气成分在第二次摇青前是没有的，之后才逐渐增加。具有尖锐花香的橙花叔醇在第二次摇青出现，具有明显花香清香的法尼烯在第三次摇青才少量出现，具有果香味的己酸己酯在第六次摇青才出现。可见摇青不到位，这些香气就出不来，不能储存在茶叶里，冲泡时也闻不到这些香气。所以说工艺塑造香气，做青就是做香、造香、塑香，把品种香、山场香加工出来，一分辛苦，一分收获。

表5-11　大红袍特征香气成分表

成分	鲜叶	萎凋	一摇一晾	二摇二晾	三摇三晾	四摇四晾	五摇五晾	六摇六晾	七摇七晾	八摇八晾	杀青	揉捻	干燥
特征香气	0	0	0	12.9	23.3	25.8	35.3	46	48.6	48.2	61	59.8	59
己酸己酯	0	0	0	0	0	0	0	3.7	4.3	4.6	5.3	4.4	3.9
橙花叔醇	0	0	0	9.0	10.3	10.8	11.9	13.1	15.5	14.9	16.5	19.0	20.3
法尼烯	0	0	0	0	6.9	8.6	14.5	15.6	10.2	11.6	19.1	18.1	16.9
烷类	15.6	22.5	7.3	9.5	6.0	5.5	6.3	4.1	10.0	6.3	5.8	3.0	4.3
醛类	4.9	2.7	2.2	2.4	0.9	0.5	1.4	0.6	1.1	0.7	0.9	0.4	0.4
酮类	5.5	6.0	3.0	2.1	1.3	3.6	2.9	6.2	2.5	5.6	3.0	2.5	2.0
醇类	8.4	8.9	11.9	15.0	15.9	16.7	17.6	17.9	21.6	22.6	24.1	25.7	26.5
酯类	13.0	14.7	12.2	8.7	9.0	7.8	10.9	14.8	16.0	18.2	25.7	23.7	22.2
烯类	2.3	1.5	1.4	0.6	7.8	11.6	16.6	15.6	13.8	15.5	19.7	19.9	18.0

从表5-11中可以看出摇青过程中香气变化趋势，烷类、醛类、酮类越来越少，前期的青气、轻香逐渐减少；醇类、酯类、烯类越来越多，花果香、厚重的香渐浓。减少的有机物有些是挥发了，有些是转化为更大分子。分子越大越稳定，易于留在茶叶里。摇青后大红袍毛茶香精油总量是鲜叶的1.87倍。对凤凰单丛加工过程香气成分研究发现，毛茶中

香精油含量是鲜叶的五倍。

对于乌龙茶，研究人员提出以“萜烯醇类含量/鲜叶挥发物含量”比值作为做青毛茶香气品质指标，比值越大说明萜烯醇（花香）类越多，香气越好。也有人提出用吲哚（淡时花香果香）、反式橙花叔醇（淡时花香、浓时果香）和苯乙醛（甜香）含量作为乌龙茶做青品质控制指标。

手工摇青越来越少，代之以滚筒转动，大量茶青放在滚筒中转动—摊晾循环。摇青工艺造香效果显著，所以其他茶生产中也加入做青。

揉捻。除了白茶和嫩芽绿茶，其他茶加工都要揉捻，目的是破坏细胞壁，加速氧化并造型。绿茶杀青后揉捻，乌龙茶、黄茶、红茶杀青前揉捻。揉捻时在制叶要回软，防止揉碎，同时让水分在茶内再次均匀分布，利于风味发展。

未经揉捻的绿茶保留了鲜叶的原始成分，色泽鲜绿，呈清香型，茶泡在杯子里可以直立不下沉，芽茶太嫩经不起揉捻，揉捻之后就没形了，芽茶卖的就是形状。揉捻过的绿茶色泽发黑，造成芳香化合物挥发，多数呈现清香型，香气浓度和鲜爽度相对低一点，泡在杯子里下沉杯底。是否下沉并不能判断风味品质，只是判断是否揉捻过。

绿茶加工风味变迁观览。换个角度，纵向考察绿茶加工全程风味变化，深刻认识茶风味的前世今生。以“龙井43号”为例，全程发现60种初级代谢物，其中，有机酸18种，糖类17种，糖类衍生物14种，内酯类3种，氨基酸2种，以及其他有机物。这60种初级代谢物中有26种比较重要、全程变化比较大，其中有机酸和糖类占有21种。可溶性单糖（葡萄糖、果糖、半乳糖、阿拉伯糖、核糖）显著降低，可溶性二糖（蔗糖）显著升高。与加热有关的杀青和干燥阶段，单糖转化为二糖，成品绿茶中蔗糖含量是单糖总量的几倍到几十倍，茶汤呈现出轻微甜味。

尽管绿茶的酸、甜味道不明显，但确实存在，需要细细品味。有趣的是，酸、甜味都有助于鲜味，是不是鲜味夺酸甜之美？在苹果中发现总糖含量和山梨糖醇含量与苹果的甜度正相关，而有机酸与苹果的甜度负相关，那么茶的酸与甜是不是相克？尚不可知。

工夫茶和功夫茶。是茶叶历史形成的有特定社会背景和含义的术语，也显示了汉语的魅力。工夫指加工精制，工夫红茶是精制红茶，如正山小种、祁红、川红、滇红等，工夫茶一定是红茶，因为红茶比绿茶制作工艺复杂烦琐。功夫指泡茶技艺，功夫茶是泡出来的好茶。功夫茶一般不是指红茶和绿茶，而是指乌龙茶，因为乌龙茶冲泡最为讲究。

福建和潮汕无论是乌龙茶还是红茶，茶人还是茶气，既有制作工夫，又有泡茶功夫，还有精致的茶器，最重要的是爱喝、能喝、会喝，并有比茶情还浓的喝茶气氛，形成了独特地域风味文化。

第四节　发酵与风味

发酵。是人类重大发现之一，是“味道大革命”，堪比火的发现。现代生活离不开发酵，发酵不仅改变了风味，而且帮助消化促进健康。发酵可以全面重组改造酸、甜、苦、鲜、咸味和涩、香气等，塑造出全新的风味。

发酵主体是茶所含的有机底物，蛋白质、脂肪和淀粉，其中以蛋白质为主。其次需要中介，即细菌，有茶叶自带的，也可以人工接种的，比如黑曲霉、酵母和根霉是普洱茶发酵中自带的优势菌种。

茶叶加工中发酵反应不可避免，如菌种与香叶醇反应，转化为乙酸香叶酯，具有玫瑰花香气；茶中芳香物质经常与糖结合成糖苷，糖苷没有香气，但遇到酶菌类，就能分解，芳香物质就释放出来。

发酵度。常用轻度、适度和过度来粗略地表达发酵程度，有没有衡量茶叶发酵程度的科学指标呢？茶红素/茶黄素比值是个好的选择。用什么指标来衡量发酵度，涉及发酵设备和检测仪器，因为要实现发酵过程自动控制，必须要有检测反馈信号。比如用近红外光谱技术结合计算机视觉识别，能识别出分子化学键、化学成分的变化，测量结果很快就能反馈出来，既能判别发酵度，又能预测茶红素/茶黄素比值，这套技术目前还在研究阶段。

实际生产中通过观察发酵叶颜色和辨别香气来判断发酵程度，但感官判断误差较大。发酵过程香气变化作为发酵度指标，可以是定性的感官判断，也可以用精密仪器测量，但仪器昂贵目前还不实用。常见的香气变化模型为：青草气—清香—花香—果香—甜香—熟香，青草香—清香是轻度发酵，花香—果香是适度发酵，甜香—熟香是过度发酵。以芳樟醇、香叶醇、柠檬烯为代表的单萜及其衍生物最能反映香气变化。

发酵过程叶色变化最直观，用色差仪检测色度变化来判断发酵程度是可行的，色差仪检测方便快捷，机器学习算法提高准确率，最接近实用状态。

由于发酵与氧化难解难分，以发酵茶的茶多酚含量与鲜叶茶多酚含量比值作为发酵度指标，代表茶多酚因发酵水解氧化减少程度，比如绿茶氧化度15%，乌龙茶氧化度约70%，黄茶氧化度约50%，如表5-12，黄茶中茶黄素含量高于乌龙茶（占干茶重%），与茶多酚氧化程度、干茶和汤色颜色相吻合。这需要测定茶多酚含量，在生产中不适用。

表5-12　黄茶与乌龙茶氧化度、茶黄素、茶红素、汤色对比表

	乌龙茶				黄茶			
	氧化度（%）	茶黄素（%）	茶红素（%）	汤色	氧化度（%）	茶黄素（%）	茶红素（%）	汤色
1	74.54	0.48	2.55	深红	55.41	0.61	1.95	金黄
2	62.36	0.57	2.03	黄亮	47.44	0.68	1.30	浅黄

茶三素含量变化伴随发酵氧化全程，代表茶多酚转化为茶三素的多少，或者茶三素之间的某种平衡，不同发酵程度的工夫红茶儿茶素及其组分含量与茶色素含量有线性变化规律，可以作为工夫红茶发酵度的判别依据。发酵刚开始茶黄素增加，茶黄素积累一定量后就向茶红素转化，茶红素开始增加，达到一定量后，又向茶褐素转化。所以，茶红素含量和茶黄素含量在整个发酵期间一定存在一个最小值和一个最大值，最小值表示茶黄素最多的时候，最大值表示茶红素最多的时候，之间就是适度发酵期，如图5-2示意。发酵开始前就有了很多的茶红素和茶褐素，是因为前面有萎凋、做青、揉捻工艺，茶三素递次转化，起源于叶绿素降解和儿茶素氧化，由此可以明白儿茶素多么容易氧化，绿茶容易变黑，绿茶汤容易变黄。研究认为茶红素/茶黄素在8%～12%属于适度发酵范围，当茶红素/茶黄素等于8%时，鲜叶茶多酚的转化率约11%；当茶红素/茶黄素等于12%时，鲜叶茶多酚转化率约15%。

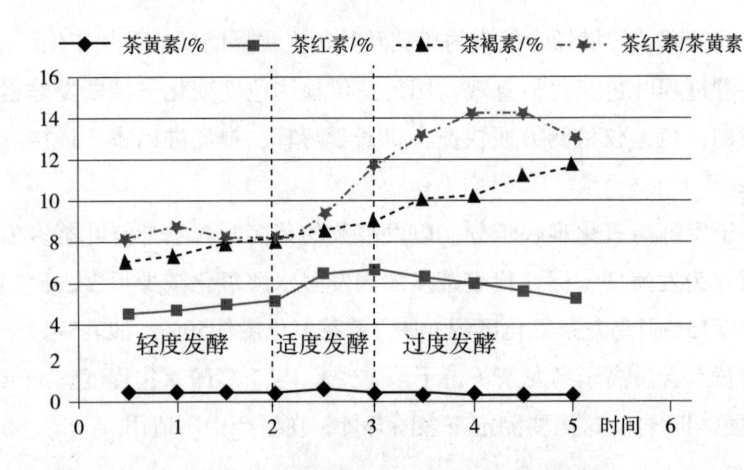

图5-2　发酵氧化全程中茶三素的含量变化

只要发酵进行中，茶褐素就一直在增加。轻度发酵理解为茶黄素含量最多为宜，过度发酵可以简单理解为茶红素开始减少，此时干茶中茶褐素含量接近10%，而茶黄素可能只有0.4%。用茶三素虽然可以很好地理解发酵度，但测量茶三素很麻烦。

发酵与氧化风味。酶菌、酵素、发酵、氧化是不是有一点乱？酶促强调氧化，发酵强调代谢。发酵看不见，却闻得到，发酵是造香最显著的工艺。氧化是显性的，视觉现象就是“红变”，氧化是色泽和滋味剧变的直接起因。

也许黑茶能说清楚发酵与氧化。黑茶先杀青，这时还属于绿茶；然后渥堆，实际上是多酚自动氧化；进入发酵期后，重新培养微生物，属于微生物发酵、非酵素发酵（非酶促反应），后发酵需要很长时间，经过时间酝酿的后发酵茶就“熟了”，有熟味，叫熟化。这类微生物发酵在黑茶、老白茶、安茶等长期存放的砖饼茶中有，在其他茶类生产中没有。

常说红茶100%发酵，其实不准确。以茶多酚氧化损失计算，工夫红茶氧化损失率为35%～45%，生成茶黄素含量在0.4%～2%，茶红素含量在5%～11%，茶褐素含量在3%～9%。未氧化茶多酚还有一半左右，保留下来的茶多酚还会参与滋味表现。在这个意义上说，红茶风味取决于保留下来的茶多酚以及氧化生成的茶黄素、茶红素、茶褐素相对含量。

茶叶发酵度总体较轻，不能与酒、醋、酱油、臭豆腐相比，甚至不能与馒头、面包、酸茶相比。温度、曲霉是白酒发酵造香的关键，白酒有酱、浓、清香型，60℃以上的高温大曲就是酱香，50℃～60℃中温大曲就是浓香，40℃～50℃低温大曲就是清香。白酒香型是个模糊概念，2021年6月新修订的《白酒工业术语》《饮料酒术语和分类》颁布，更新了一些模糊术语，使得风味描述更科学。

酶霉菌。统称微生物，是活的，杀青或开水冲泡能将其杀死。酶是茶叶体内生长代谢"催化剂"，如多酚氧化酶、过氧化酶、葡萄糖苷酶等。霉是茶树叶片从土壤环境中获得的外源性附着物，"霉"并不都是贬义。菌不都是细菌病毒，也有好菌。

植物中普遍存在蛋白酶，它能切断蛋白质一级结构中的肽键，使其分解为多肽。比如菠萝蛋白酶，吃菠萝的时候，菠萝蛋白酶会破坏口腔黏膜结构，造成口腔甚至食道产生强烈刺痛感、灼烧感。

酵母菌不是单纯某一种菌，泛指发酵糖类的各种单细胞真菌。茶叶发酵中后期会产生大量酵母菌，对茶的甜度、陈香和顺滑有贡献。

根霉菌属于淀粉酶，活性高，可分解果胶，生成有机酸、芳香酯类等风味物质，有利于茶的香气、醇厚度和浓度。

黑曲霉大量存在于植物、土壤中，黑曲霉可以降解茶多酚、茶多糖，可以将儿茶素转化为没食子酸，使茶汤口感由涩苦变得温和。黑曲霉也可以将糖类转化为醇，进而变为酯类，呈现香气。

茶发酵技术是基于茶自带菌种的自发酵，属于内源酶。当我们将视野扩大，其他食品的发酵多是外加发酵剂，促进发酵进程，改变风味。茶叶科研开展了这方面的尝试，但生产环节不允许外加发酵助剂。

发酵类型有干发酵，是在制茶自身水分很少，如黑茶的后发酵；湿发酵是在制茶自身水分含量比较高，如红茶；水发酵是茶叶在水中发酵，如瓶装茶饮料。

茶黄素之殇。茶黄素之于茶风味，就像黄金之于金属。黄茶颜色黄、汤色黄、风味也"黄"，类似于"红灯"与"绿灯"之间的"黄灯"，有过渡缓冲之意，黄茶介于绿茶与红茶之间，风味特征是色泽嫩黄、香气呈甜香和滋味甘润醇厚。形成这一特征的关键在于闷黄工艺的湿热作用，多酚氧化酶促进酯型儿茶素水解成简单儿茶素，再形成茶黄素。那么是不是黄茶的茶黄素含量就高？只能说是相对高一点，做不到绝对高。

研究发现，闷黄进程中用湿纱布覆盖进行保湿处理，茶黄素含量均较未盖布处理茶样明显增加，茶汤亮度增加，滋味更加鲜爽。闷黄阶段有微生物繁殖并参与黄茶品质形成，水浸出物、可溶性糖、茶黄素含量增加。碧香早品种闷黄前增加晒青和摇青工艺，黄茶氨基酸、可溶性糖、茶黄素含量分别相对增加3.90%、33.78%和19.05%。

茶黄素对所有茶类滋味都很重要，白茶、绿茶没有促进生成茶黄素的工艺，而乌龙茶、黄茶、黄茶都强化发酵氧化，促进茶黄素生成，但茶黄素含量仍然很少，或者说茶黄素只是匆匆过客，留不住。

红茶中茶黄素也是求之而不得。红茶滋味鲜爽与醇和是一对矛盾对立体，鲜爽就是要保留一定量的茶多酚（儿茶素），生成最大量的茶黄素；醇和就是要彻底消灭涩感，提高茶红素含量，对应鲜爽的是轻度发酵，醇和的是中度发酵；太醇和了就是茶褐素最多，寡淡无味，对应于过度发酵。

传统红茶中茶黄素含量并不高，而茶红素和茶褐素含量高。有什么技术可以提高发酵茶的茶黄素含量呢？在红茶工艺中加入类似白茶的萎凋技术和乌龙茶的摇青技术，可以提高红茶的茶黄素和可溶性糖的含量，使得红茶滋味更好。试验发现，红茶发酵过程中先高温后低温的变温发酵有利于提高茶黄素的含量。红茶干燥过程中，先高温短时间初烘，然后低温多次长时间复烘可保留更多的可溶性糖。

如果红茶发酵后增加渥堆工艺，渥堆20个小时，茶黄素含量会增加23%，茶多酚含量则降低11%，茶红素降低15%，茶褐素增加28%。这样红茶就平衡了鲜爽与醇和的滋味。

红碎茶加工有揉切工艺，强烈且快速破损茶叶细胞组织结构，快速氧化，生成的茶黄素多，然后尽快结束发酵，就把茶黄素留在茶中。红碎茶的茶黄素含量可达到1%～2%，远比工夫红茶的含量高。工夫红茶保持完整叶片，儿茶素氧化速度慢（相对于揉切），发酵时间长，给茶黄素—茶红素—茶褐素转化留出充分的空间。据此道理，工夫红茶加工时能不能按照一叶三切来揉切，切得没有像红碎茶那么碎，但比整条茶要碎，是不是可以增加茶黄素含量，改善滋味品质？这值得一试，当然这就不再是工夫红茶了。

糖是酶菌执行发酵任务的能量来源，茶黄素不能迅速生成，是不是与茶含糖量少有关？也许是出于无奈，茶风味趋势是轻度发酵，以茶黄素最大化为目标，消耗一些儿茶素，减轻苦涩感，让香气最大，滋味醇爽，汤色金黄，金圈明显。

风味驱动的发酵。发酵很复杂，发酵茶风味千差万别。那么究竟该如何利用发酵工艺，求得所需风味？或者说发酵最容易改变哪些风味？如果是风味比赛，发酵能在哪些指标上可以得到加分？

简单发酵就能极大改变的风味是香气、干茶和茶汤色泽、苦涩，体现在风味指标上为干湿香、色泽、鲜爽度、苦涩度、平衡度、复杂度。如果精简到两个突出的正向风味，发酵追求的就是香和鲜爽。以此为驱动力，发酵的关键在于控制香气成分和茶黄素含量。

茶黄素很不稳定，纯度茶黄素与茶黄素单体难以获取，按此理解，控制发酵氧气量和氧化时间，快速氧化，儿茶素氧化成茶黄素后迅速结束反应，不给转化成茶红素留下时间，也许可以得到较多茶黄素。据此把发酵分成三个阶段，建立如图5-3模型。第一阶段是茶黄素形成阶段，即在“高发酵”环境下，把茶多酚转化为茶黄素，需要较高的发酵温度、湿度和充足的氧气，破坏细胞组织，大约需要40分钟的时间。第二阶段是茶黄素积累阶段，温度、湿度和透气量适当降低，让茶黄素累积在茶叶显微结构中，大约需要10分钟时间。如果继续发酵就进入第三阶段，茶黄素转化为茶红素和茶褐素，消耗了前期形成和积累的茶黄素，所以发酵应在第二阶段结束时立即停止，控制手段就是降温、降湿、隔离氧气等，解除发酵条件。整体上属于变温中度发酵，避免了过度发酵带来的风味流失，如茶红素、茶褐素带来的汤色变暗、茶汤太浓、滋味淡薄、下汤太快、没有刺激性、酸馊味现象。

在此模型下，保留一定量的茶多酚，生成最多茶黄素。即便如此，茶黄素含量还是很低，能达到占干茶重量的1%算是很高了，茶多酚能保留对应绿茶的一半就很好了；而茶红素、茶褐素含量控制在7%以下有相当难度。

以丹霞红茶发酵为例，观察风味物质的变化与对应的感官评价，如表5-13所示。发酵存在最优时间，在此时间内，醇类、醛类、酯类、酮类、烯类香气成分比较平衡，都处于较多状态，但可能不是最多状态。时间超过12个小时，发酵过度，酸馊气味。这种红茶的香气成分主要是在醇类、酯类和醛类之间的平衡，因为这三种成分占到香气总量的90%

以上，香气集中度如此之高，对于欣赏风味非常有利。

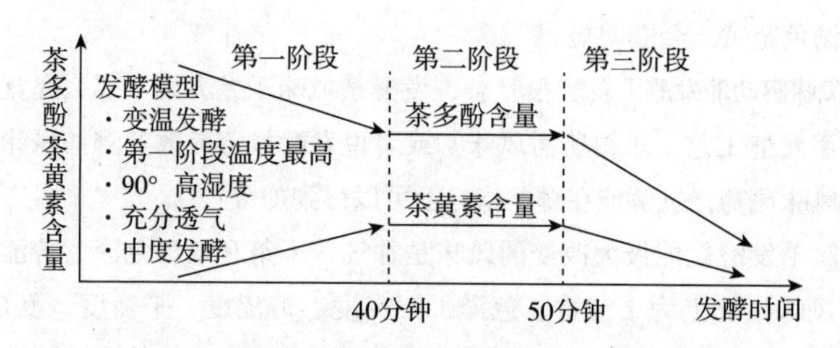

图5-3 发酵的三个阶段茶多酚/茶黄素含量变化

滋味成分与香气成分存在某种平衡，发酵就意味着滋味成分的转化和减少，但这并不代表滋味变差，存在正反两面效应，比如茶黄素减少，汤色变差，但收敛性刺激性好转；氨基酸减少，香气成分就多了。可见茶风味没有最好，也没有更好，只有合适。

表5-13 丹霞红茶发酵中风味物质的变化与对应的感官评价

发酵时间	4 个小时		12 个小时		20 个小时
香气成分	醇类减少，氧化变为醛类	醇类和醛类变化不大，酸类成分含量增加	酮类物质显著增加，酯类小幅增加	酯类开始减少，醛类增加显著，醇类持续下降	酸类成分含量持续增加，发酵过度
滋味成分	随发酵时间延长，茶多酚、儿茶素、茶黄素、氨基酸、水浸出物、可溶性糖持续缓慢减少，咖啡碱变化不大				
感官评审	81.82		91.75		80.38

第五节　烘焙与风味

烘焙产业化。烘焙从烹饪中独立出来，自成体系，满足了人类对风味无止境的追求，本身也演绎成一门科学技术、一种艺术、一个产业，是连接种子到餐桌产业链的终端。

事实上，啤酒、咖啡与茶一样，也是靠烘焙和发酵发展起来的风味大产业。啤酒色泽主要与麦芽的烘焙程度有关，啤酒香气和滋味主要与酒花和酵母发酵有关。咖啡产业经久不衰还风头渐劲，关键在于烘焙从传统产业链中脱离出来，并放大成为一个独立的行业，而正是这个子行业融合科学性和娱乐性，大幅度重塑咖啡风味，接近客户，繁荣市场。

茶叶烘焙已有历史，但一直是作为加工工艺的一环。人们越来越认识到烘焙的重要性，几乎所有茶都要烘焙，而不是简单烘干。笔者查阅茶类专利，发现很多是关于提香的，提香就靠烘焙。

将烘焙工艺从传统茶叶制造产业链中独立出来，自成一个子产业。茶叶烘焙属于精制工艺，可以放到靠近市场的茶城、茶店、茶馆，烘焙好了客户直接买走，就像大街小巷的（面包）烘焙店；也可以举办茶叶烘焙大赛，孵化烘焙风味文化。茶香飘飘，吸引茶客。

烘焙技术。其参数有加热的快慢、时间长短、温度高低、变温还是恒温、连续还是间歇、退火时间长短等。烘焙改变风味是不可逆的，不像毛茶还可能有返青现象。每次烘焙茶量根据烘焙设备大小决定，一般宜用小设备小批量烘焙，即使烘焙失误也不至于造成大损失。全自动烘焙炉可以实现所有参数预设，精准控制。

茶叶结构脆弱，不宜高温长时间烘焙，温度控制在70℃～110℃为宜。低温慢烘发展风味，避免边缘温度高叶芯温度低，水分被锁在里面出不来，形成“包水”。温度过高会干馏化，火功味重，带走了很多轻香气。球形茶、紧压茶、部分乌龙茶、黑茶、成熟叶茶可以适当提高烘焙温度，轻微焦糖化，发展出更多风味层次。

蒸青绿茶不耐烘焙，特别是抹茶为了保持绿色，只能轻烘干；白茶烘焙提香有很大潜力，把青气释放掉一部分，把苦味转化掉一部分；黄

茶和红茶必须经过烘焙才能把不好的“闷味”和“酸味”清除；大叶种红茶比较耐烘焙，在烘焙结束前，用150℃高温快速烘1分钟，能把低沸点的香气挥发，制成甜香高的红茶，蕴含玫瑰香。

烘焙度。分为浅度、中度、重度。温度低、时间短是浅烘焙，适当保留产地风味，沸点低的挥发性成分会率先跑出来，滋味成分变化不大。中度烘焙是随着烘焙温度升高、时间拉长，热解反应持续，糖类物质逐渐分解，香气发展到高潮，滋味转化中等，有充分的美拉德反应。深度烘焙是温度高、时间长，干馏焦化，发展出黑糖、焦炭、木质味道，花果香气消耗殆尽，汤色深褐，滋味干平，给人一种泡不开的感觉，其实是“空洞化”。浅烘焙出现酵素类风味，如蔬菜、香草、花香、果香；中度烘焙出现焦糖化风味，如蜂蜜、焦糖香、坚果味、爆米花香，有一种“蛋白霜”味道；重度烘焙出现干馏化风味，如巧克力味、树脂香、木质碳化、香料味，烘焙师就是根据香气变化判断烘焙程度，可以用红外线焦糖化检测仪测定烘焙度。

如果说发酵是向红色发展，那么烘焙是向黑色进军。黑色对茶风味不是好色，所以烘焙度宜浅，烘焙完成后茶色带白、带绿、带黄、带红是浅烘焙。图5-4是甜、苦、鲜、香随烘焙程度变化示意图。在轻度到中度烘焙区间香气和滋味之间有较好的平衡。

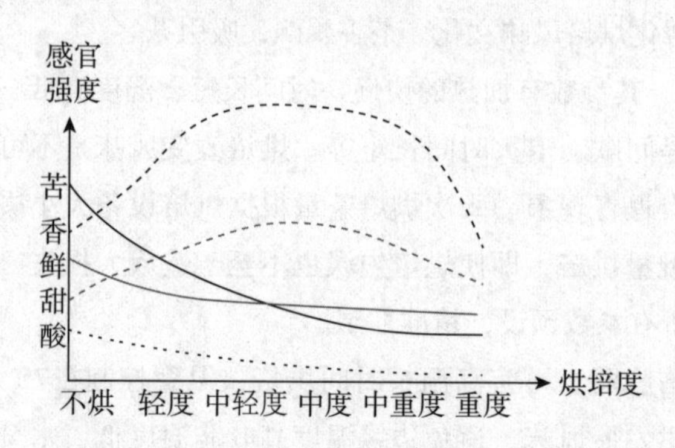

图5-4　甜、苦、鲜、香随烘焙程度变化示意图

香气驱动的烘焙。茶叶烘焙最期待改善的两种风味是香气和甜感。烘焙造香理论基础是美拉德反应、焦糖化反应等。重塑茶风味的关键内因在于含有众多可以转化的化学成分，醇、脂肪酸、有机酸、糖、氨基酸、蛋白质等都是前驱体，可以生成更稳定的有机挥发物质，提升了香气品

质。糖类参与美拉德反应和焦糖化反应后，出现焦糖、巧克力、香草等烘焙出来的甜香，味觉和嗅觉合作加重整体甜感。

茶鲜叶中脂肪酸在加工过程中减少，比如乌龙茶摇青工艺中，不饱和脂肪酸在机械损伤和温度作用下转化为茉莉内酯，香气怡人。毛茶中会保留一部分脂肪酸，为烘焙提香创造条件。绿茶、乌龙茶、白茶成品茶中脂肪酸含量高于红茶、黑茶。烘焙过程脂肪酸在温度作用下分解成醇类、醛类、酮类等挥发性芳香物质，比如武夷山乌龙茶毛茶总脂肪酸含量大约为19毫克/克～20毫克/克，成品武夷山乌龙茶总脂肪酸含量大约为18毫克/克～19毫克/克。

乌龙茶具备良好的烘焙潜质，可塑性强，因为用的是成熟叶，叶片经历60多天的成长期，充足的日照和光合作用，有效成分（如还原糖）含量高，美拉德反应充分，所以乌龙茶香气浓郁。

实践表明，变温烘焙可获得较好风味，比如丹桂乌龙茶采用烘焙工艺“120℃烘20分钟＋90℃烘130分钟＋120℃烘30分钟”，茶叶的醇类、醛类、碳氢化合物、含氮化合物相对含量较高，主要呈香物质橙花叔醇、金合欢烯、苯乙醛、吲哚、苯乙醇等相对含量较高，感官评价较好。

传统大批量炭焙不是一次完成，而是烘焙—退火—再烘焙—再退火，反复循环若干次，有的乌龙茶要烘焙4次以上，具体几次恰当，根据客户的口味偏好由杯测决定。每次烘焙完成后要自然退火，行话叫“回润”，就是装袋在室内静置一段时间（一周至一个月），让茶呼吸一点空气，吸收一点水分在茶叶内均匀分布后，开始下一次烘焙。乌龙茶产区在东南沿海，夏天太潮湿不适合烘焙。4月底至5月初做好的毛茶，要放到8月才开始精制，烘焙—退火，几个轮回下来到了11月，所以当年精制的乌龙茶到年底才能上市。

现代小批量电热焙，第一次低温慢火烘焙后存放起来退火，等与顾客沟通后再决定下一步烘焙参数，烘焙完成后顾客买回去退火一段时间就可以饮用。

甜感驱动的烘焙。茶叶不甜是从绿茶得来的逻辑，因为绿茶苦涩早已把甜淹没在苦海之中，也许是否极泰来，苦涩一手酿造了回甘，尽管回甘不等于甜，也算是一份补偿安慰。到了烘焙阶段，苦涩已经很轻了，把发展甜感作为目标。

茶具备出甜潜质，烘焙一般不会进入干馏阶段，浅中度烘焙美拉德反应和焦糖化反应都要消耗糖，但结果往往并没有想象得那么差，因为反应生成了甜香物质，谷物香甜—果香甜—焦糖香甜—巧克力香甜，甜香穿透力增强，甜香的重感增强，直到烘焙结束，甜感一直在加强，同时苦涩在剧烈减弱，反衬出茶汤有甜味，这就是“甜感”，焦糖就是这个道理，这与喝乌龙茶的感受一致。甜香比甜味更让人印象深刻，感觉舒服，更何况茶叶中多糖也能焦化，甜感增强。从这个角度看，烘焙发展甜感的原料还是糖自己，只是换了“马甲”。

拉老火是六安瓜片烘焙工艺，两个人将竹焙篓里放茶架在铁轨上反复在木炭余火上烘焙（3秒）—移开—翻匀—再烘焙，循环上百次，历时40～80分钟，余火温度40℃～50℃。茶叶水分降到4%以下，叶片表面有炒青爆点，结了一层“白霜”。检测表明，白霜是反复翻匀过程中摩擦形成的，“白霜”成分是咖啡碱、儿茶素、黄酮等非挥发性滋味物质，还有萜烯类挥发香气物质。拉老火是明火干燥，温度没有达到这些风味物质的沸点，但拉火反复翻拌摩擦破坏了茶组织，多种物质升华出来又迅速冷凝，富集在茶叶表面。

六安瓜片经摊青、杀青、干燥制得毛茶，再拉老火45分钟后香气和滋味成分的比较如表5-14所示。拉老火后，有青气、刺鼻等不良气味的低级醛含量因挥发而减少，羧酸与芳香醇反应形成芳香族酯类，羧酸与萜烯醇反应生成萜烯族酯，烯烃和酯类含量明显增加，酯类物质有愉快的花香，茶香从清香转为栗香花香，同时还检测到有愉悦花香的茉莉酮、苯乙醇、橙花叔醇含量升高，获得花香底蕴，所以拉火使得六安瓜片香气高爽，气质明显改善。拉火处理后茶多酚、咖啡碱、游离氨基酸、可溶性糖、总黄酮含量均有不同程度的升高，而具有苦涩感的EGCG、EGC显著降低，茶汤由绿明亮转变为黄绿明亮，滋味从醇厚转变为浓厚。

表5-14　六安瓜片毛茶和拉火茶香气、滋味成分的比较表

茶类	香气物质 / 相对含量（%）				滋味物质（毫克 / 克）			
	醛类	烯类	酯类	羧酸	可溶性糖	总黄酮	EGC	EGCG
六安瓜片毛茶	7.8	15.7	9.7	5.9	29.2	46.0	34.0	68.3
六安瓜片拉火茶	4.9	20.7	10.7	1.8	31.2	56.8	24.9	58.1

前文已经多次讲到干馏，属于达到深度、重度烘焙，香气走向“深沉”，浓度很低，有沉稳的木叶香、圆融的树脂香、温暖的木炭香，这类物质沸点高，需要开水冲泡才能带出来。

烘焙程度越深，叶片密度会降低，浸出物含量减少，内部结构疏松，冲泡时浸出速度快，吸水率高，同样条件下萃取率高，即高萃取低浓度茶汤（如果想降低萃取率，水温要低一点）。茶褐素含量高，汤色深褐，口感醇淡。由于多糖分解后进入茶汤，有一点黏稠，有一点甜度，比较养胃。不管是绿茶还是乌龙茶，深度烘焙严重氧化，茶多酚、儿茶素所剩无几，所以不会有苦味，有一点涩感，可能是烘焙造成的火燥感，这种涩没有回甘。

烘焙手艺。要使烘焙恰到好处，关键在于把握何时终止烘焙，那一刻便决定了烘焙师傅的风格和茶叶的风味。要成功烘焙出一炉好茶，除了多实践训练，还要学习一些必要的知识和技巧。

第一步：了解毛茶的品种、生长海拔、生长环境、叶片大小整碎、初加工工艺、发酵氧化程度、存放时间、含水率以及客户对这一产区茶叶的风味预期和共识。

第二步：确定烘焙风格，单一批次还是拼配茶、先烘后拼还是先拼后烘、轻中重度烘焙、成本与风味、性价比。

第三步：确定起始炉温，芽绿茶、一芽二叶绿茶、白茶、黄茶、乌龙茶、红茶、黑茶的提香机理不同，入炉温度也不相同。

第四步：测量记录室内烘焙环境温度、湿度，南方茶区梅雨季节不适合烘焙。

第五步：了解烘焙设备，电热还是木炭热、火力控制、批量大小、是否能转动、加热均匀程度、密闭还是敞开、测温准确程度。

第六步：设计烘焙参数和曲线，从入炉到出炉的温度、升温速度、恒温时间。

群体种加工。群体种是早年用种子种出来的，那个时候品种识别性差，各茶区群体种都相似，大中小叶都有。由于鲜叶性状不一致，给加工带来困难，成茶风味不稳定，加工成红茶能在一定程度上掩盖这种不稳定。

群体种茶园多数属于国有，后有被个人承租的，茶园多位于远离居住区不种粮食的高山，这里具备出产好茶的条件。群体种可加工成红茶、

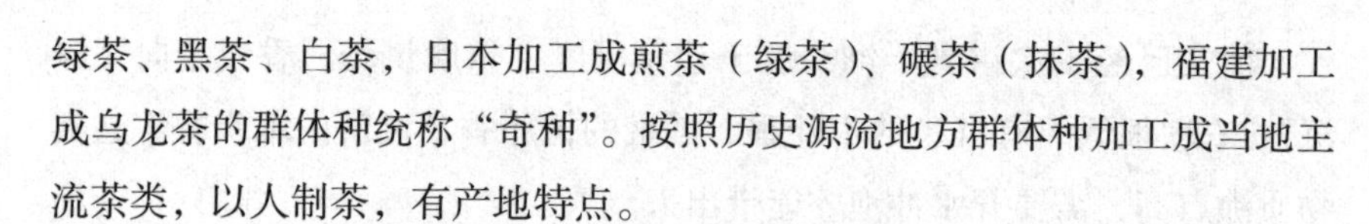

绿茶、黑茶、白茶，日本加工成煎茶（绿茶）、碾茶（抹茶），福建加工成乌龙茶的群体种统称“奇种”。按照历史源流地方群体种加工成当地主流茶类，以人制茶，有产地特点。

传统红茶工艺是萎凋—揉捻—发酵—初烘—复烘，采用加温萎凋槽恒温28℃萎凋，摊叶厚度2厘米，隔30分钟关机翻动一次至含水率61%；揉捻采用轻—重—轻原则，先空压10分钟，逐步加压，全程80分钟；将揉捻叶置于气温25℃、湿度95%、通气加氧的发酵间，每30分钟翻动一次，发酵140～150分钟；初烘时先将烘箱温度升至75℃，然后快速投入发酵叶，烘干机门半开，待温度回至75℃关门，再烘1小时，温度下降至常温后取出摊放48小时；复烘时将毛茶放入烘干机内，110 ℃足火干燥至含水率为5%。传统工艺红茶发酵程度较高，呈现甜香。

红茶的流行趋势是轻发酵，高山群体种可制作花香红茶。在上述传统红茶生产的基础上增加摇青工艺，同时调整萎凋叶含水率、发酵温湿度、复焙温度。光照萎凋有利于形成花香，有条件的情况下可以日光萎凋，每隔2小时日晒30分钟，萎凋后含水率到60%～62%开始摇青，摇1分钟摊放1小时，再摇3分钟摊放半小时，进入揉捻；发酵温度适当降低到23℃，湿度降到90%；复烘温度降低到90℃，文火慢烘。轻发酵群体种红茶呈现花香，汤色黄红明亮有金圈，滋味鲜浓醇爽顺滑。

浙赣边界周边群体种茶园居多，所制绿茶历史有名，如浙江景宁惠明茶1915年获巴拿马博览会金奖，浙江天台云雾茶在三国时期就有，江西遂川狗牯脑群体小叶种茶。群体种制绿茶有丰富经验，前人总结为烘炒结合，采摘一芽一叶至一芽二叶初展，杀青—搓揉（做形）—初烘—提毫整形—摊晾—（炒）烘干，最后一道炒干因人工问题，近年都改成自动化烘干。

群体种绿茶汤色嫩绿明亮，香气浓郁持久，滋味浓厚鲜爽，三泡不减真味。群体种绿茶最是中国茶的历史真味，香气特征不显著，滋味古典纯正。近年来培育新品种香气明显，但滋味可能不及群体种。

加工与加料。都能改造茶风味，但性质不同。加工是通过茶叶自身化学反应改造风味，添加是加入非茶材料带来物理加味。花茶有化学反应，但主要还是物理添加，加糖、奶、果汁、香精、甜味剂等都是物理加味。加入非茶材料需考虑过敏、宗教、文化等非风味因素。

第六节　冲泡与风味

泡茶是茶与水的“恋爱”，有煮、大杯浸泡、盖碗冲泡、滴滤、加压过滤、蒸馏等方式，过程都是水把风味物质萃取、浸出或溶解出来。影响泡茶效果的因素有水质、水温、时间、茶水比、茶叶粒度（整茶还是碎茶）、泡茶方式（泡还是滤）等。从茶的角度，有三股势力影响茶汤风味，茶多酚家族主导苦涩颜色和回甘，糖、多糖、果胶和可溶性蛋白主导甜度和明亮度，咖啡碱和氨基酸主导鲜爽和醇度。

水质对泡茶影响从两个方面考虑，一是风味物质的浸出速度和浸出量；二是水中杂质与风味物质发生化学反应，而改变茶汤的色、香、味。水质对绿茶、白茶风味的影响胜过对红茶、黑茶的影响。

pH与酸碱度。水溶液pH是一个理论值，它只反映水中H＋离子（酸性）或OH-离子（碱性）的多少。由于茶叶富含多酚、氨基酸等弱酸性物质，茶汤pH值普遍低于6。用3克茶150毫升开水（水的pH为7）泡5分钟，茶汤的pH值为：绿茶5.9，白茶5.6，乌龙茶5.4，普洱茶5.3，红茶4.8。可见pH值与发酵度有关，发酵程度越高，形成的酸性物质越多，pH值就越低，喝起来有点酸味。

不同类型饮用水的pH值范围在4.25～7.45，加热后提高到4.70～7.69。牛奶pH值在7左右，所以茶汤中加入牛奶稳定了酸碱度，泡茶用水pH值建议在6.5～7.0。

研究显示，茶汤pH值为4时最容易形成冷后浑，pH值为6.7时最不易出现冷后浑，因为酸性环境有利于保护EGCG不被氧化，而冷后浑主要是儿茶素的络合物。

汤色对pH很敏感，用红茶做试验，pH值低于5时，汤色比较稳定；当pH值超过5时，汤色会加深；当pH值大于7时，汤色变暗。这是因为pH值高于7时茶黄素、茶红素趋于自动氧化，反映在滋味上，就是鲜爽度没有了，所以泡茶不宜混入碱性的东西。

酸性是茶汤中氢离子含量多于氢氧根离子，酸度就是多出来的氢离子含量。碱度是水中游离氢氧根离子或者能接受氢离子的物质总和。雨

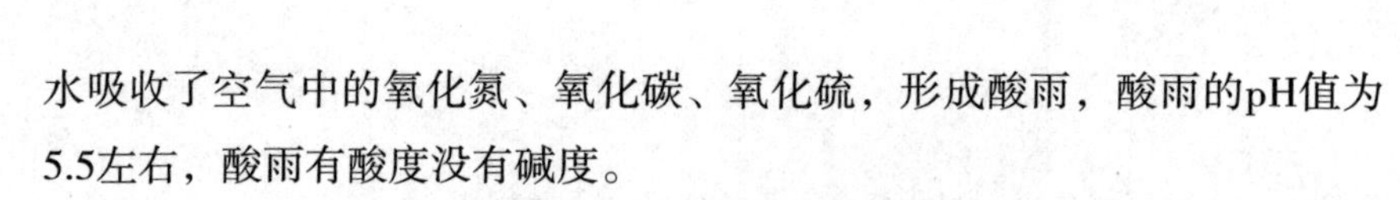

水吸收了空气中的氧化氮、氧化碳、氧化硫，形成酸雨，酸雨的pH值为5.5左右，酸雨有酸度没有碱度。

酸碱度与pH值是不同的概念，两种水pH值可能相同，但酸度或碱度可能相差很大；反之，碱度或酸度相同，pH值可能相差很大。pH值只说明酸性有多强，就像资产负债表是一个时点的状态，但pH既不能说明水中的细节，也不能说明发生了什么过程，如水中Na^+、K^+、Ca^{2+}、Mg^{2+}离子和CO_3^{2-}、HCO_3^-、PO_4^{3-}离子的变化。酸度或碱度却可以提供过程信息，就像现金流量表，能解释水自身抵抗外来改变的能力，或者说自身缺乏可变的能力。正如温度与热容的关系，温度可能一样，但石头比木头能容纳更多的热量，因而石头的温度变化缓慢。

TDS与硬度。TDS也叫矿化度，指水中可溶性固体总量，包括钙、镁、钠、钾离子和碳酸根、碳酸氢根、氯离子、硫酸根和硝酸根等。市面上已经有像温度计那样小型便携TDS测量计，测量单位是毫克/升，浓度单位是ppm（1ppm＝1毫克/升）或%（1%＝10000ppm）。白利度（Brix）也是一种浓度单位，1° Brix白利度约等于1克/升。

测量泡茶前后水和茶水的TDS值，能反映从茶中萃取出来并溶解在水中物质总量的多少，但不能显示萃取出来的是什么，萃取出来每一种物质的量是多少等细节。泡茶用水的TDS值建议为75～250毫克/升，最好在125～175 毫克/升。

日常生活常用的水质指标是硬度，就是加热后能形成水垢，折算成碳酸钙含量150毫克/升是软硬水分界线，专家认为饮用硬度为150～450毫克/升的水比较好。纯净水（蒸馏水）的硬度为零，矿泉水硬度可达几百。

TDS与硬度不同，但有一定关联，硬度是钙镁离子含量，TDS是所有溶解物质总和。表5-15选取了最有代表性的水样，使人可以了解各种水的真实面目，以后喝水或泡茶心里有数，清澈透明，喝得明白。喝矿泉水收获更多的矿物质对得起付出的价格，但用硬度高的矿泉水泡茶适得其反，可能影响风味展现。

表5-15　各种水样的成分含量对比表

水样	火山矿泉水	冰川矿泉水	自来水	泉水	纯净水
钙离子（毫克/升）	81.65	22.57	27.63	3.41	0.23
镁离子（毫克/升）	59.38	11.48	3.6	1.22	0.04
钾离子（毫克/升）	72.72	10.57	7.62	0	0
钠离子（毫克/升）	44.26	50.05	17.16	1.64	0.79
氟离子（毫克/升）	0.1	1.1	0.28	0.02	0
氯离子（毫克/升）	17.72	5.31	21.45	2.47	0.25
硝酸根（毫克/升）	49.83	10.18	17.3	16.64	0.61
硫酸根（毫克/升）	12.04	36.91	26	0.47	0.27
TDS值	337.7	148.17	121.04	25.87	2.19
pH值	7.34	7.29	7.23	5.82	6.76

试验表明，含Ca^{2+}、Mg^{2+}、Na^{+}离子的矿泉水冲泡龙井，茶汤鲜味降低，苦味增加，带熟味。用纯净水泡龙井茶，滋味品质不及矿泉水泡茶。硬度高的水偏碱性，Ca^{2+}、Mg^{2+}对萃取有利，但碱性对茶汤品质又不利，所以Ca^{2+}、Mg^{2+}对泡茶影响是双向的，存在一个不软不硬、中等硬度最佳泡茶水质范围。如果碱性高，用CO_2或少量柠檬汁处理，pH值下降，呈弱酸性，茶汤的鲜爽味明显提高。优质泡茶水要含有适当钙镁离子（适当硬度），同时pH值在6.0～6.5弱酸性范围。研究表明，锈在茶具上的茶垢主要成分是多酚与钙、镁、钾、硅等离子的结合物，可见泡茶水质的影响很大。

值得注意的是，有时候泡茶滋味不好找不到原因，这可能与使用的自来水中含有氯、钠、铝、铁离子有关。氯是风味杀手，过滤可有效去除；钠离子含量高会出咸味，泡茶用水钠离子含量在10ppm以下；随着Al^{3+}浓度增加，茶汤颜色变浅；随着Fe^{3+}浓度增加，茶汤颜色变深，茶汤中滋味成分喜欢与Fe^{3+}离子结合，长期喝浓茶容易贫血。

品水师。水质检测可以用仪器完成，但嗅味只能人工完成，这就是品水师的职责。水的味道主要受pH值、TDS值和碳酸化三大因素影响。品水师的绝活就是准确辨别出水中矿物质含量、pH值和水源地，甚至根据当地水质向居民推荐匹配的菜品和酒品搭配方式，水厂应该配备品水师，

定期向社会发布水质信息。

酸味与pH值和碳酸化程度相关。水的pH值偏高，口感偏甜，较为润滑，即碱性水有点甜；pH值偏低，口感偏酸，清新发涩，pH值小于6.5时会有金属味。pH值为7.5的饮用水口感最佳。咸味与TDS有关。TDS值越高，口感就越重越咸，饮用后容易产生口干感觉；TDS值越低，水的味道越寡淡，更加轻盈柔软。钠离子含量高的水偏咸，镁离子含量高的水偏苦涩。

品水师将经过活性炭处理的水作为无臭无味对照样品。品水师要看水的澄清度，闻水的异味，喝出水的丝滑度、甘甜度、柔顺度。

水硬度与泡茶风味。大部分人用自来水泡茶，一些地方自来水硬度很高。钙镁离子是阳离子，与茶中带负电的风味物质结合，形成一种强萃取力，能把茶中的成分吸引出来，提高萃取率。极端情况是用Ca^{2+}离子沉淀分离茶多酚和咖啡碱，成为一门茶叶功能成分提纯分离技术。纯净水中没有带电离子，只靠水的极性、氢键萃取力有限。试验表明，水硬度在40～250ppm$CaCO_3$时，硬度对总萃取效率影响不显著，这也是合理的泡茶用水硬度范围，150ppm$CaCO_3$软硬水分界线正好在中间。

水处理包括净化和软化，净化是去除杂物和细菌，使水清洁透明，软化是去除部分钙镁离子。家庭或茶馆常用过滤设备主要是净化，稍有一点软化功能。自然界的软水有雨水、雪水、露水。用各种水冲泡西湖龙井，风味表现如表5-16所示。

表5-16　各种水冲泡西湖龙井的风味表现

水样	用水钙镁离子总和（毫克/升）	用水pH	茶汤中茶多酚咖啡碱氨基酸含量总和	茶汤简单儿茶素/酯型儿茶素	茶汤滋味感官评审	茶汤香气成分含量	茶汤香气感官评审
火山矿泉水	141	7.34	最低	0.60	82	最少	79
冰川矿泉水	34	7.29	较低	0.61	83	较少	87
自来水	31	7.23	低	0.49	84	较多	83
泉水	5	5.82	较高	0.23	89	次多	90
纯净水	0	6.76	最高	0.23	88	最多	88

可见，钙镁离子多不利于茶多酚、咖啡碱、氨基酸和香气物质的浸出，而有利于简单儿茶素浸出，可见硬水对茶汤色、香、味都不利。Ca^{2+}可明显增强四种酯型儿茶素的涩感，但对苦味影响较小。正常情况下，绿茶中简单儿茶素/酯型儿茶素为0.4左右，含钙镁离子多的矿泉水茶汤中简单儿茶素/酯型儿茶素达到0.6，再次说明，简单儿茶素常以结合态存在，而且涩感明显，所以感官评审得分低。风味评价与用水pH值完全对应，弱碱性水对茶汤风味不利。

奇特的是，用水的钙镁离子越多，茶汤中可溶性糖和黄酮（醇）苷越高，弱碱性水有利于糖类和黄酮类物质浸出，黄酮类物质有明显涩感。又回到了自然的平衡，中庸是天然选择。

似乎所有的问题归咎于用水钙镁离子含量，这是一个日常最容易被忽略而又不应该被忽略的问题。经验启示我们，最贴近于生活的事马虎不得。钙镁离子与简单儿茶素、有机酸反应生成络合物，与氨基酸反应生成螯合物，就是说，钙镁离子把茶多酚和氨基酸锁定了。钙镁离子含量高，茶汤浑浊沉淀物多、苦味钝化、涩感增强、鲜味减弱，有钙镁金属味。

钙离子含量处于适宜的水平时能增强茶水的甜感，含有谷酰基的氨基酸能激活味蕾中感知钙的细胞，所以当真正感知到钙时，同时也触发了甜鲜感，就是说少量的钙有助于增加甜、鲜味。

茶碱与咖啡碱都是茶叶所含嘌呤碱，有一种治疗哮喘的药叫多索茶碱，治病机理是茶碱吸收细胞内的Ca^{2+}离子，抑制气管收缩，等于扩张气管，用的是辨证法，“少输就是盈”。可见茶碱容易与钙离子结合，这一机制在泡茶过程达到什么程度还未知。日常泡茶观察到很多现象，比如用纯净水泡茶的茶汤透光率高，沉淀少；而用自来水泡茶时茶汤透光率低，沉淀多，也是这个道理。

茶膜。是用硬水泡红茶在茶汤表面形成一层膜，由于膜的化学成分与茶汤不同，反射、折射光的效果不同，产生的视觉效应。茶膜类似于“冷后浑”，只是不等茶凉就有膜。茶膜是硬水中的钙镁离子与红茶中茶红素结合产物，绿茶、黄茶、白茶、轻发酵乌龙茶形不成茶膜，因为茶红素含量不高；软水泡茶形不成茶膜，因为钙、镁离子少。

茶汤中加入柠檬汁，茶膜消失，因为pH值降低，解开了茶红素与

钙、镁离子的结合，茶红素降解。茶膜无毒无害，但茶膜与牛奶结合，既不好看又不好喝。水质较硬地区如果不能软化水，就少泡红茶，或者加点柠檬。这也许是伯爵红茶的起因。

碳酸。是弱酸，碳酸饮料是在纯净水中压入二氧化碳，有弱酸性。氢离子在舌头上是什么感觉？首先是酸味，但由于氢离子不多，舌头只能对高浓度氢离子有反应，所以舌头几乎感受不到碳酸的酸度；其次是二氧化碳气泡刺激到体感系统，产生痛觉，有麻辣的感觉。

研究发现，喝碳酸饮料那种刺激性的触感并不是由饮料中的气泡引起的，与气泡的多少大小没有关系，而是与饮料中溶解的二氧化碳多少有关，即与碳酸浓度有关，刺激性感觉是由碳酸离解出来的氢离子产生的，是两种感觉的综合，即味觉受体感受到的酸味和“伤害感受器”感受到的被酸激活所产生的刺激感。这刺激感就是氢离子的真实味道，由于碳酸是弱酸，氢离子含量少，所以才是真实的氢离子味道，而盐酸的氢离子浓度太多，刺激成了灼伤。氢离子是最小的离子，比钠离子小得多，所以这氢离子的酸味刺激感比钠离子的咸味刺激感强烈得多。

碳酸电离出氢离子的能力确实很弱，为什么还有这么强的刺激感呢？因为舌头上存在一种让它变得更酸的因素，那就是位于细胞表面的碳酸酐酶。碳酸酐酶可以催化二氧化碳与水反应形成碳酸氢根和氢离子。虽然这个反应不经催化也能发生，但催化后效率提高。这样就可以在局部产生更多的氢离子，由此产生一定的酸感。这种作用只对碳酸有效，对柠檬酸等无效。

能够用于泡茶的“酸”除了柠檬等水果酸外，只有碳酸水（二氧化碳）。碳酸水不宜烧开，试验用4℃碳酸水泡贵州绿茶13个小时，茶水比为1：50，结果如表5–17所示，可见浸出水平有限，风味好似茶可乐。

表5–17 用碳酸水与纯净水泡茶的风味对比

水样	泡茶前		泡茶后		色泽	风味
	pH值	TDS值	pH值	TDS值		
碳酸水	4.5	68	5.1	525	浅黄带绿	碳酸味浓，茶味淡，无苦略鲜
纯净水	6.6	0	6.1	392	浅黄带绿	无苦无涩，无醇无厚，有鲜味

柠檬的酸。果味茶已成为潮流茶饮的主流，其中柠檬茶独占鳌头。快消品大数据平台统计发现，柠檬茶是最火爆的果茶类型，词频统计发现，柠檬口味茶占到所有茶饮料总量的17.34%，地位不可撼动。

研究发现，通过添加柠檬酸、苹果酸、琥珀酸及抗坏血酸等降低茶汤的pH值，有利于茶汤风味品质的提升，所以不管是茶馆还是家里泡茶，放点柠檬切片，从视觉上和味觉上都有利于风味体验。

甜和酸是一对好朋友，一杯糖水体现出来的是纯粹的呆甜憨甜，如果加入微量的柠檬汁，反而会激活甜感，表现出来的是活的有灵魂的甜感。有人认为这是舌头感应先后快慢的平衡作用，也有人认为是糖与酸化学作用的结果。

茶多酚、儿茶素的分子结构含有活泼的羟基，本身是抗氧化剂、保鲜剂，自身能提供氢质子，能提供质子的属于酸。柠檬汁含有鲜活的维生素C，维生素C更容易被氧化，抢在儿茶素之前氧化，属于竞争性氧化，牺牲了自己，保护了儿茶素，结果茶色素在某种程度上被还原，所以加入柠檬汁后，茶汤颜色变浅；儿茶素在碱性环境中更不稳定，或者说是一定程度上氧化，所以加入碱性物质（如碱度和硬度比较高的水）后，茶汤颜色加深变暗。

有研究表明EGCG和维生素C在一起时，维生素C能保护EGCG，使得EGCG稳定而不分解，这样茶汤中EGCG浓度高，EGCG的风味特征表现得更加强烈。柠檬汁pH值约为2.4，酸性环境下EGCG比较稳定。

从实际操作的角度看，泡茶很难准确控制儿茶素、茶黄素、茶红素的存在和含量，茶汤中加入酸性的果汁既有利于风味又能保障较多的儿茶素和茶黄素。其实茶汤进入胃里，还有胃酸的洗礼，谁知道在那里会发生什么。

柠檬的类似功能在煮绿豆汤时也能发挥出来。由于绿豆皮中含有黄酮类多酚物质，多酚氧化使绿豆汤变成红色。煮绿豆汤时加入几滴柠檬汁，能预防多酚氧化，加少量的盐也能防止氧化，但加入碱、糖会氧化变得更红。

来自市场的选择得到风味科学的证实，柠檬的主要风味成分是柠檬酸，与柠檬酸最匹配的茶类是红茶。酸能提高红茶汤的亮度，部分茶红素还原为茶黄素。酸抑制涩感，增益甜度。伊利的“味可滋”橘柠茶、雀巢的柠檬冻红茶、东鹏特饮的“柚柑柠檬茶”、农夫山泉茶π柠檬红茶、康师傅柠檬茶、香飘飘金橘柠檬味茶、维他柠檬茶、统一红茶柠檬味等瓶（盒、罐）装茶饮料，成为市场主流。

苏打的碱。苏打水是弱碱性的碳酸氢钠水溶液，含有钠离子和碳酸氢根，不含钙离子。钠离子与茶汤中的阴离子结合比较弱，对风味影响较小。碱性中和胃酸利于养胃，夏天4℃的苏打水清凉解渴，但是要喝室温的苏打水就不那么爽口了。用苏打水泡茶味道怎么样？用贵州绿茶，在4℃浸泡冷萃13个小时，茶水比1∶50，结果如表5-18所示。试验发现，钠离子对浸出影响不大，纯净水和苏打水泡茶浸出量相当，但风味差异显著。

表5-18　用纯净水和苏打水泡茶的风味对比

水样	冲泡前		冲泡后		色泽	风味
	pH	TDS	pH	TDS		
纯净水	6.6	0	6.1	392	浅黄带绿	无苦无涩，无醇无厚，有鲜味
苏打水	8.8	244	7.1	655	金黄明亮	无苦无涩，茶鲜明显，略甜，比较醇厚

调配水。水质对泡茶风味如此重要，那么在比赛、杯测等涉及公平公正的活动中，如何保证用水的一致性？比如2020—2021年由于疫情，不能集中到产地杯测，世界各地的杯测师能不能使用同一款水做测试？但茶叶可以快递，大量的水怎么快递？

调配水就是用配制好的“调配料”兑入纯净水中制成的标准水，纯净水全世界都一样（TDS为0），只要按照一定比例加入“调配料”，就可以得到定量的TDS和离子含量搭配（如钙镁比）的泡茶用水。

市场上已经有“调配料”供应，其中一款是用700米深海水浓缩而成的纯天然的液态调配料，由于深海水常年温度在6℃以下，形成稳定的矿化度，蕴含的多种营养离子滋养了水下生物，在低温真空下浓缩后，TDS和硬度值一定，罐装密封在条形塑料包装里，一袋6毫升调配液倒入纯净水中，15秒内即可完全混合，不存在混合不均匀的问题，可调配出7升“调配水”（钙4.5ppm，镁12.1ppm，钠0.4ppm，钾0.4ppm，硬度61ppm，TDS 85ppm），也可以按照不同比例稀释，以匹配冲泡的茶样。

泡茶水温。温度本身就是风味的一部分或者说一种风味，喝开水和凉水的差别就是温度的风味。烫水那种防御的“辣”，像白酒灼烧的辣，像吃辣椒那样刺激神经。冰水那种紧缩效应，像收敛的涩感。

水温影响风味有物理作用，如挥发；也有化学作用，如溶解、络合。总体上水温越高溶解速度和溶解量越大，浸出率提高，水中溶解的风味物质越多。水温还会改变风味物质的提取比例，从而改变味觉的平衡。

有史以来中国人喝茶，都是用开水煮、泡或冲，近年来出现了常温（23℃）和低温（4℃）冲泡。即使是使用精确控温烧水壶，泡茶时与茶接触的水温已经下降了，特别是冬天，这对于泡茶效果影响不小，但很少有人注意并研究这个细节。

用不同温度的水冲泡绿茶（茶水比1：50），茶多酚、咖啡碱和氨基酸达到饱和所需的时间如表5-19所示，可以看出泡茶温度越高，浸出速率越快，氨基酸比较容易浸出，咖啡碱次之，茶多酚相对较难浸出。

表5-19　用不同温度的水冲泡绿茶，茶多酚、咖啡碱和氨基酸达到饱和所需的时间

温度	100℃	80℃	25℃
茶多酚	40 分钟	60 分钟	180 分钟
咖啡碱	30 分钟	60 分钟	180 分钟
氨基酸	20 分钟	40 分钟	120 分钟

研究显示，绿茶中茶多酚、咖啡碱不易溶于80℃以下的水。龙井茶冲泡到第5分钟时，冲泡水温100℃时茶多酚的浸出速率为0.58毫克/毫升·秒，80℃时为0.35毫克/毫升·秒，25℃时为0.04毫克/毫升·秒。对于100℃冲泡，5分钟已经很长了，茶汤很浓，而对于25℃冲泡，5分钟时间很短，茶汤还很淡。

常温水冲泡茶容易控制杯中的酚氨比，但酚氨比不等于风味。对于西湖龙井，用100℃和80℃的水冲泡4分钟，茶汤的酚氨比分别为2.15和2.13。而用常温水冲泡4分钟，茶汤中的酚氨比为0.90，虽然酚氨比降低了，似乎风味好了，但因呈味物质的浓度过低，未能呈现龙井茶应有的色、香、味特质。

对于绿茶，常温冲泡40分钟，茶汤中茶多酚、咖啡碱和氨基酸浓度

与100℃泡2分钟相当，给我们的启示是，变温分段冲泡，后段冲泡水温低一点可以避免风味不太好的物质进入茶汤。

冷萃茶香气成分被溶解在茶汤中让味觉感知。嫩绿茶、清香型乌龙茶、芽白茶适合冷萃。嫩绿茶冷萃保留了鲜爽的品质，减轻了涩感；清香乌龙茶（如铁观音、金萱）冷萃突出冷香；香气不突出的红茶（如滇红）冷萃彰显甜味；芽白茶（如银针、白牡丹）冷萃毫香明显。

冷萃茶的咖啡碱含量低，如果对咖啡碱的兴奋作用非常敏感的人，冷萃茶更适合。冷萃茶风味有层次感，不像热茶那么混沌而难以分辨。

有研究表明，高海拔产区的茶叶用开水和冷水冲泡，茶汤中的有效成分差异大，而低海拔地区产出的茶用开水和冷水冲泡，茶汤中有效成分差异较小。说明高海拔的茶风味物质更丰富，而开水冲泡对于欣赏茶叶风味更有效。

美国市场冰茶流行。冰茶消费占美国茶叶总消费量的75%～80%，店家所用原料是速溶红茶粉，要求在4℃的冰水中速溶成1%浓度的茶汤，汤色清澈透明。但是红茶中有茶多酚及儿茶素氧化物与咖啡碱络合形成的冷后浑，影响红茶的冷溶性。因此发明了“转溶法”，大规模生产中用酸碱或者单宁酶把冷后浑溶解掉，实现冰水中速溶。

变温冲泡。从风味的角度就是把风味好的物质尽可能多地泡出来，把不好风味的物质尽可能少地泡出来，但这说起来容易做起来难。比如儿茶素不稳定，那么冲泡过程怎样控制杯中儿茶素含量？假如一款茶可以冲6泡，总泡茶时间6分钟，前几泡时间可以短一点，后几泡时间长一点，那么用开水快速洗茶、唤醒后，再用不同温度的水冲泡，可得到风味迥异的茶汤，享受变温冲泡带来的变化和乐趣。

对乌龙茶内含物浸出研究发现，水温在85℃以下，冲泡5分钟咖啡碱的浸出率低于20%，而茶多酚、氨基酸、可溶性糖的浸出率达到60%～70%；当用开水泡茶，所有风味成分5分钟能浸出98%，所以冲泡乌龙茶时，可以先用开水快速洗茶，然后用85℃以下的水冲泡，茶汤中的咖啡碱不多，茶汤滋味香甜，苦味很轻。

对绿茶的研究发现，冲泡水温在80℃以上，茶多酚、咖啡碱、氨基酸的浸出率变化不大，茶多酚5分钟浸出率在25%左右，咖啡碱、氨基酸5分钟浸出率在45%左右，所以冲泡绿茶用80℃水和100℃水冲泡，对于萃取风味成分的效果相差不大。

以上两个案例说明乌龙茶和绿茶的冲泡规律之差异。上班先冲泡一杯咖啡碱含量高的茶汤以唤醒大脑，比赛时冲泡一杯氨基酸和糖分含量高的茶汤以取悦评委。

温度与显香。香气物质是有机挥发物，温度就像启动开关一样，让香气释放。这正是传统开水冲泡、小壶小杯喝茶的科学依据。

温度越高，挥发出来的干香成分和泡出来的湿香成分越多。在25℃、60℃、80℃下，乌龙茶释放的干香成分总量比例是1∶3∶5；在25℃、60℃、80℃水中萃取的乌龙茶挥发性组分的总量比值大约为1∶2∶4。乌龙茶中高沸点物质如 α-法尼烯、橙花叔醇、香柠檬烯、茉莉酮、茉莉内酯、吲哚等只有在高温下才能挥发或萃取出来；低沸点物质如苯甲醛、薄荷醇、苯乙醛、罗勒烯等随着温度升高挥发或萃取出来的量明显减少。所以开水泡乌龙茶是标配。

温杯是在冲泡前用开水冲洗杯子，保持杯子温热，不会因为吸热而降低茶叶和茶水的温度，影响风味欣赏。温杯后放入干茶，就会闻到释放出的香气，这就是干香。

从100℃降到60℃，香气集中释放，这个阶段温度高不能喝，但可以闻湿香。湿香有三种闻法，一是打开壶盖，闻蒸汽带出来的香气，夏天要用手轻扇轻闻，避免热气烫伤；二是闻盖香，泡茶时香气物质挥发凝结在壶盖上；三是闻杯香，用洗茶水洗杯，倒掉水后杯的内壁吸附残留的香气挥发物。温度低于60℃香气基本挥发，或者被锁在茶汤中出不来。

开水洗茶的汤不喝，可用来闻香。经过揉捻的茶，在加工时有茶汁挤出来附着在茶的表面，洗茶时容易进入茶汤。把洗茶水倒入杯中过一会儿再倒掉，就能闻到空杯子里散发出来的厚重的香气，无比沁心。

温度与显味。温度对显味阈值有明显的影响，25℃时蔗糖甜味的阈值是0.1%，而0℃时是0.4%；25℃时食盐咸味的阈值是0.05%，0℃时是0.25%；25℃时柠檬酸酸味的阈值是0.0025%，而0℃时是0.003%；25℃时硫酸奎宁苦味的阈值是0.0001%，而0℃时是0.0003%。随着温度的升高，味觉增强。对于常温食物最适合味觉产生的温度是10℃～40℃，30℃最敏感。对于热食50℃～60℃是合适的味觉温度，以50℃为宜，而65℃以上的食品似为致癌物质，不可入口。

苦味随着茶汤温度降低而更加明显，甜味在30℃～42℃之间最明显，酸味随温度变化不明显，鲜味在高温和低温区都没有在中等温度区间明显，涩感在低温和高温区间都比较明显。所以仅就味觉来说，一杯茶在中等温度区间（30℃～60℃）综合味觉体验比较好，或者说是甜苦鲜比较协调。很难准确找到一个最佳品饮温度，只能是一个区间。

茶汤温度对品尝甜度和平衡度的影响最大，味觉体验要看鲜甜味能否盖过苦味，因为甜味比较微弱，如果鲜味明显盖过苦味，那么喝茶温度区间可以低一些。这种情况在绿茶中比较难实现，因为绿茶苦味太重，而在乌龙茶、黄茶中则很容易实现，因为乌龙茶、黄茶苦味轻，鲜味重，而且甜味也明显，甜与鲜盖住了苦。

从60℃降到30℃可以欣赏到茶本身纯粹的味道，如苦质、酸质、甜感、醇厚度等。常温下苦涩感、缺陷味往往集中，如木质、泥土味显现。正因为如此，我们就能够判断出这一杯茶是因为茶好、冲泡适当而好喝，还是因为茶叶本身质量不高或者是冲泡技术、水质、水温不当造成的不好喝。

水温如此重要，自己喝茶自己掌握，没有标准，但是要参加比赛或正规品鉴活动，水温的一致性和准确控制是必要的，需要精确控温设备。图5-5是感官体验与温度关系的示意图。

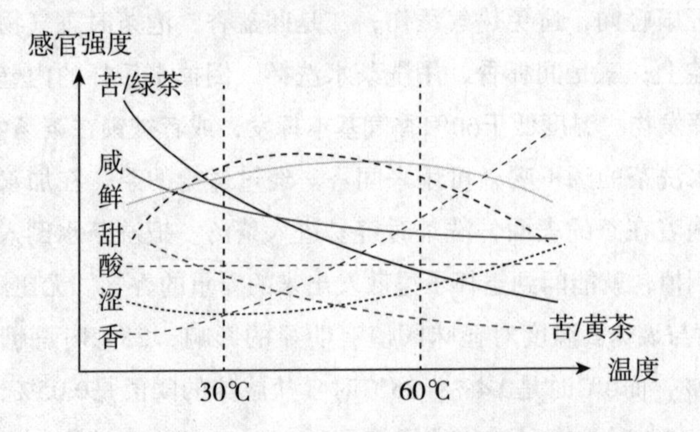

图5-5　感官体验与温度关系的示意图

真味。茶汤是一种混合悬浊液，茶漏过滤后仍然包含了不溶于水的微颗粒，如茶毫。颗粒之间容易聚集，感官会觉得茶汤醇厚浓重，有颗粒感，适合老茶客口味；通过更细的微滤后得到胶体液，包含溶解于水的物质再聚合而成聚合物；再通过超细过滤得到真溶液，清澈、晶莹、透明。市售的瓶装茶饮料是超滤的，损失了部分滋味成分，失去了真味，换来了透明稳定。

试验发现，如果过滤分离，咖啡碱和氨基酸都在真溶液中，而且溶解于水的速度比较快，几乎可以全部喝下去；茶多酚分布在胶体液和真溶液里，说明多酚类物质分子大，比较活跃，容易结合，聚合就会改变单一成分的味道；糖类也主要进入真溶液中，但因为糖类容易与其他物质形成络合物，少部分留在悬浊液中，这样不利于甜味的呈现。

理论上茶汤的滋味与其成分是一一对应的，评茶员认证、茶叶冲泡比赛、茶艺师认证、杯测等都要求尽可能品出茶叶的具体风味，判断茶叶的品种、种植环境、加工工艺等要素，但这是一件很难的事情。传统泡茶方式，喝下去的是浑浊不清的“大杂烩”，尤其是长时间泡茶连木质的纤维素都进入水中，屏蔽了真味，或许这才是真实味道。

50℃喝茶是一个综合平衡点。研究发现，50℃左右茶汤最稳定，就是说，放的时间长也不变色、不聚合、不沉淀。50℃左右总糖留在真溶液里最多，能够有更大的空间表现、风味张力。而50℃正是最佳饮茶温度，在50℃左右可以很好地感受到茶汤的醇厚度、轻盈、圆润、顺滑，乃一大幸事，并不是什么饮料都是温暖的搭档。

喝茶不会用温度计，50℃如何掌握？上嘴唇就是“温度计”。试验表明，经盖碗—温杯—开水—茶海—分杯—行茶一系列流程后，温度即可：开水冲下去后温度就下降到93℃，半分钟温度降到89℃，过滤到茶海后温度为80℃，分茶到杯子后温度降到70℃，如果动作慢一点，适当放一放，大概就是50℃左右的入口温度，冬天还得动作快一点。

一杯饱满活泼的热茶放凉了，风味也就死了。油脂类、多酚类、氨基酸类物质氧化了，瑕疵味就凸显出来了，一股沉重的金属味让人联想到“茶凉人走”。

“金属味”是什么味？很少有人吃过金属，只有钠离子、钾离子是咸味，大部分人觉得金属味就是将不锈钢勺子放在嘴里的感觉。金属不能通过蒸气散发气体分子，所以闻不到气味，但用手摸金属后再闻确实有味，这是人体分泌物与金属接触后发生催化反应形成有气味的醛类或酯类物质，这种金属气味其实是人的“体味”。勺子放在嘴里有一丝甜味，这是因为金属不纯，含有杂质或碳，在口腔唾液的作用下形成弱电流的刺激，大脑反映出来的就是甜味，这种金属味道其实是电。总之，鼻子闻到的金属味一定不是真的金属味，舌头尝到的金属味也不一定是真的金属味。

泡、冲、煮萃取方式。煎煮茶不常见了，普遍使用冲泡，包括泡和冲两种方式。泡茶就是传统的浸泡式，这是杯测常用的方法，在固定的容器内用一定量的水浸泡茶叶，均匀萃取，直到饱和。冲茶在古代很讲究，水壶高度、水流快慢直接影响茶在杯中的运动，因为冲有力量，相当于冲刷或搅拌，有助于萃取。

滴滤式既有泡也有冲，是年轻人喜欢的流行风尚，但滤的过程水温显著降低。用不同温度的水滴到茶（粉）上，一边注水一边萃取，经细漏、滤纸或滤布过滤接收饮用，有常温水萃取和冰水萃取。有手工滴滤和设备自动控制的滴滤方式，还有加压（茶粉）的过滤方式。业内正在大力开发自动滴滤设备，想必未来会蔚然成风。

冲茶是动态过程，艺术性强，表演性强，可玩好玩，常用在比赛中。冲茶的风味不稳定，但风味层次突出，有利于凸显香气，前、中、后段冲出来的茶汤风味差别较大。泡茶是常见的形式，是静态的过程，相同条件下泡出来的茶汤风味稳定一致。盖碗泡茶一泡一饮，简单易操作，也有艺术性，便于观赏，每一泡风味都不同，能够喝出全过程风味的变化，为茶人所好。煮茶就像熬制中药，茶汤浓烈，不易控制滋味细节，如奶茶、酥油茶。

泡茶时间。要确定合理的冲泡时间，茶汤中溶解的抗坏血酸是一个合适指标，因为抗坏血酸是敏感的抗氧化剂、保鲜剂。绿茶中含有抗坏血酸，100℃水冲泡绿茶10分钟，茶汤中抗坏血酸浓度达到53微克/毫升，指示茶汤的新鲜程度。试验发现，用热水冲泡绿茶，大多数情况下，冲泡超过10分钟，茶汤中抗坏血酸的含量开始下降。同时，80℃以上水温泡茶，10分钟浸出率都在90%以上，浸出基本达到饱和状态，所以绿茶冲泡时间不超过10分钟。试验用70℃～100℃的水冲泡绿茶，8分钟内茶汤中氨基酸的浓度与氨基酸的浸出率完全吻合，说明浸出的氨基酸没有与其他风味成分发生化学反应，所以喝绿茶尝到的鲜味就是氨基酸的鲜，或者说要品尝到绿茶的鲜，还是要用高温水冲泡，冷泡冷萃，茶汤氨基酸含量低，鲜度不足，泡茶时间不宜超过8分钟。

白茶冲泡实验显示，开水冲泡6分钟内，儿茶素、咖啡碱、氨基酸含量均呈上升趋势，但到第7分钟，儿茶素、咖啡碱含量有所下降，所以推荐白茶冲泡时间不超过7分钟。

闷泡是一种极端行为，用带盖的茶具开水闷泡，由于过度萃取，容易把茶里滋味不好的成分浸出，能体验到茶的缺陷风味，茶叶评审常用这种方法评价茶的缺点。不管什么茶，只要泡的时间足够长就会有些不溶于水的物质进入茶汤中，以悬浮状态存在，比如果胶、多糖、纤维素等，这些物质的触觉表现为颗粒感、粗涩感、刺激感。

禁区。开水泡茶总时长不宜超过8分钟，控制在5分钟内较好。如果是待客聊天进茶缓慢，可以在两泡之间暂停注水，否则重金属、氟、铝、高氯酸等成分会进入茶汤。茶叶中氟含量主要以无机氟离子存在，氟在茶汤中浸出率很高，达到60%～99%，其中白茶中氟浸出率最高。绿茶汤中氟含量可达2.43～6.94毫克/升，白茶汤中氟含量可达5.39毫克/升。随水温升高泡茶时间延长，氟浸出量增加，肉桂乌龙茶用开水冲泡，茶汤中氟含量达1.76毫克/升，60℃水泡茶氟含量为1.1毫克/升。

铝在茶汤中的浸出率为30%～47%，镍的浸出率可达51%～82%，钴的浸出率可达31%～74%，铅的浸出率为20%～50%，镉的浸出率为11%～19%，汞的浸出率为22%。

茶叶残留甲胺磷、乐果等农药浸出率高于80%，新烟碱类农药（如吡虫啉、噻虫嗪、啶虫脒）和氨基甲酸酯类农药浸出率高于60%。有机氯农药、拟除虫菊酯类农药浸出率低于10%，联苯菊酯等几乎没有浸出。农药浸出率随泡茶水温升高、时间延长而提高，但与茶叶种类、农药残留量关系不大。试验发现，分次冲泡过程中农药浸出率存在差异，第一泡农药浸出率大于第二泡。从这个意义上说，开水洗茶有科学依据。

冲泡芽茶。芽头是植物生长素的合成部位，有效成分含量少，芽茶不耐泡，用盖碗泡第二遍就很淡了，如果洗茶一次，基本上把易溶解的成分都洗掉了，所以有芽茶不洗的说法。

成熟叶可溶性糖含量比芽头高，春茶芽头下面第三个叶片的可溶性糖含量是芽头的4～5倍，所以成熟叶茶汤甜感比芽头明显。白茶芽头咖啡碱和茶多酚相对含量较高，所以白茶芽茶苦涩较重，比如白毫银针的

茶多酚含量为420.7毫克/克，咖啡碱含量为98.6毫克/克，而寿眉的茶多酚含量为342.7毫克/克，咖啡碱含量为53.8毫克/克。

外国人不喜欢芽茶，因为味淡。中国人把芽茶奉为至宝，因为送礼。金骏眉卖的是茶条的直径，0.3毫米粗细茶的价格是0.6毫米茶价的5倍，而不是直径的2倍。做茶的人不喝芽茶，卖茶的人也不喝，买茶的人也不喝。芽茶消费有点畸形，喝芽茶不是为了好风味。采茶芽降低整体茶叶产量，甚至在利欲熏心的作用下茶农施用催芽素（芸苔素内酯），让茶树早发芽、早上市、卖高价。

发酵风味驱动的冲泡。冲泡到了“茶生”旅程的尾声，如何把风味特色呈现在杯子里？前面讲到品种风味、种植风味、烘焙风味的利用，这里补充发酵风味的冲泡。

发酵作为后制工艺将来可以独立出来，放在茶店里或饮料店里进行，自己发酵自己冲泡，这样就可以在发酵之前设计风味，按照“发酵师”的理念来冲泡，用冲泡技术解读发酵风味。“发酵师”和“茶师”的眼光与技术不同，比如发酵师必须清楚茶叶产地风土中菌群状况，对茶园非常了解，而茶师可能对此不感兴趣，但是茶师必须知道发酵师的设计和工艺路线。

问题总是存在的，比如发酵师在确认自己的发酵工艺是否恰当、发酵程度是否到位时，肯定要用杯测方法。杯测时所用的水、温度、冲泡方法与茶师冲泡时所用的方法如果不一致，那么茶师泡出来的风味是不是能达到发酵师所设定的风味呢？所以按照发酵风味来设计冲泡框架是非常重要的。在家里自己泡茶，可以从茶叶包装袋上或者销售商那里获得发酵信息和冲泡建议，期待其成为未来茶风味文化的组成部分。

发酵茶的风味特点是香气凝重而不轻浮，没有高温香气冲不出来，所以要用开水冲泡。发酵茶冲泡时下汤快，如果用开水冲泡就必须快速出汤，否则茶汤很浓，汤色很深。发酵茶不苦不涩，比较淡的茶汤在50℃左右饮用甜味最明显。

发酵茶的咖啡碱更容易被萃取出来，在使用相同量的茶、水、温度和同一时间的条件下，红茶中萃取出来的咖啡碱量大于绿茶大于白茶，前几泡较浓苦，后面出汤的红茶比较甜。所以在冲泡比赛或实践中，分段冲泡，以得到不同的香气、色泽和滋味感受，获得风味层次体验。

第七节　金杯萃取律

金杯。不是用黄金做的杯子，而是合理冲泡得到风味普适的茶汤。喝茶本来是一件简单有趣的事，一不小心把事情搞复杂了，喝个茶还要知道那么多吗？老茶人自己泡茶心中有数，浓淡自如。笔者曾闹出笑话，招待朋友喝茶，按照笔者的习惯泡得茶比较浓，朋友喝不下。问题来了，上茶馆、店铺，怎么能喝到比较适口的茶？如何以一茶调众口？或者说饮料店怎么能呈现给客人一份比较满意的茶？现场谁来判断这杯茶风味是好是差？满足每一个人的要求只能通过定制，商业化、批量化的快消饮料只能从概率上满足多数人的基本口味需求。那么是不是有相对固定的配方、冲泡程序来保证普适性口味？这就是金杯萃取。

全球传统茶文化都面临挑战，英国人越来越不满足于浓红茶汤加糖加奶；日本年轻人越来越不喜欢繁文缛节的茶道；中国年轻人也不愿意花时间自己沏茶。在快节奏时代，快消品畅行。怎么能让瓶装茶饮料有风味，怎么使店销茶饮料快速产出还要有好风味？金杯萃取是一种保障机制。

全自动智能泡茶机一定会普及，按一下风味选择键即可得到一杯心仪的茶饮。风味选择键背后需要事先设定参数，输入投茶量、用水量、水温、时间等，这也是金杯规律。

金杯萃取就是以风味为导向，强调香气怡人、色泽明亮、滋味鲜爽、醇厚回甘，操作简单，普遍适应。确定茶水比、用水温度、泡茶时间三个萃取条件，得到每一种茶适宜的萃取率和浓度。

方法论。要满足“多数人满意”的“好风味”，只能靠大数据结果，通过大量冲泡与感官审评结合，确定合适的冲泡条件，这样能给新手以指导，给饮料店带来方便，降低成本。金杯萃取是一种平衡主义，掐头去尾舍去极端，保留中庸和谐，也是“正态分布”原理。

萃取就是把茶的好风味带得出、留得住、喝得到。要冲泡好一杯茶有三个层次，第一层次是水温，水质（pH、TDS），茶水比，茶叶形态（球茶、条茶、碎茶），时间，冲泡方式（浸泡、冲泡、滴滤），这六个要素是最直观、最容易掌握的参数，但每一种茶要从六个参数中交叉试验出一个最佳组合，工作量太大。第二层次是萃取率和茶汤浓度（TDS），这两个参数是第一层次泡茶的结果，直接影响到风味感受，或者说是离风味体验最近的可量化、可视的风味参数，每一类茶用这两个参数表达“金杯”风味是可行的。第三层次是金杯萃取律，这是一套完整的操作流程和风味控制体系，按照这个规则冲泡大概率上可以获得一杯风味恰当的茶汤，落在一个“好喝”的范围，但不一定是“最优”风味，也不一定是风味成分“效益最大化”。

三个层次是递进的，其中第一层、第二层都是可测量、可计量的，甚至可以通过大数据建立相关性“方程”，确立层次之间的关联关系。三个层次目标直接指向感官体验，与大多数人的风味喜好度建立起关联。这个关联来自大量的实际体验反馈，不是计算出来的。

拿什么衡量金杯萃取？从科学性和操作性考虑，茶汤浓度和萃取率是合适的金杯萃取指标，因为这两个指标可以全面反映茶汤色香味，以及色、香、味的物质基础，而且都可以测量，浓度用TDS测量仪，萃取率用称重法，知道一个可以反算另一个。

金杯萃取浓度和萃取率是一个范围，不是一个点。要找出每一类茶的最佳冲泡水温、水质、茶水比、时间、冲泡方式，并建立与浓度和萃取率的关系难度很大，难在影响茶汤浓度和萃取率的因素很多，数据一致性和重复性差。

茶水比/萃取率/浓度/浸出物含量/相对萃取率。讨论金杯萃取的入口就是萃取率。买茶喝茶的诉求是把茶多酚、咖啡碱、氨基酸、多糖等（既是生物活性成分又是风味成分）喝下去，这些成分在泡茶时被萃取进入茶汤，构成了茶汤的浓度。萃取率和浓度互为正比关系，都与溶解在茶汤中的物质多少有关。

茶与水的重量之比叫茶水比，水的单位用克或毫升都可以。萃取率＝萃取出来进入茶汤物质的重量/所用干茶的重量，实际测量时把泡茶后的茶渣（叶底）充分干燥后称重，（原干茶重量–干茶渣重量）就是萃取出来物质的重量。浓度＝（萃取率×干茶重量）/（用水的重量或毫升–茶叶吸收水量）。萃取率和浓度都可以测量计算，如果没有测量设备，只能从颜色和醇厚度用感官粗略估计，但不准确。

萃取率≠浓度，计算萃取率和浓度的分子是一样的，分母不同。萃取率的分母是投入的干茶，浓度的分母是茶汤量，同样水量下，萃取率高浓度也高。萃取率是水让茶叶释放出来多少风味物质，浓度是多少风味物质溶于水中。浓度高不一定有好的味道和口感，浓度高不利于辨识风味；高萃取率不一定风味就好，后段萃取出来的物质风味不好。相对来说，前段萃取，提高浓度；后段萃取，稀释浓度，提高醇厚度；短时间萃取属于高浓度低萃取，香气和滋味好，层次感和醇厚度较差。

3克茶样、150毫升（茶水比1∶50）、100℃水冲泡5分钟的杯泡法，是国际通用的绿茶、红茶审评、杯测、比赛用冲泡标准，被广泛使用，有其合理性。比如取六安瓜片10克，按照1∶50茶水比，用500克开水冲泡5分钟，沥干水分称得湿茶重量39克，然后烘至足干，称得干茶渣重量8.4克。10克茶有1.6克风味成分浸出，萃取率为16%。10克茶冲泡完成后吸水30.6克，那么六安瓜片的吸水率为1∶3.06，即1克干茶完全泡开后能吸收3.06克水，这基本还原到鲜叶75%的含水率，500克水泡茶出汤500-30.6=469.4克，茶汤浓度为0.3%，萃取率为16%。

茶叶科研和日常用的一个品质指标是“浸出物含量”，其实就是萃取率的最大值，极限萃取率，即把所有可能溶解的物质全部浸出来。一般是精确称取一定量的干茶，在100℃恒温水中浸提30分钟，然后超声波辅助二次浸提10分钟，然后蒸发水分，到一定程度再冷冻干燥，称取重量计算含量。浸出物含量是所有萃取物总和，尽管不能告诉你茶多酚有多少，但如果是开水泡茶，浸出物比例与干茶成分比例相当，所以浸出物含量可作为风味风向标。成茶的浸出物含量比鲜叶高，因为在加工过程中总是有一些不溶于水的物质，在水热条件下发生水解反应转变成可溶解（如蛋白质、多糖、果胶水解），使得浸出物含量增加。相对萃取率=实际萃取率/浸出物含量，萃取率不会超过浸出物含量，相对萃取率小于1。

表5-20列举了部分茶类的浸出物含量，由于测量方法和仪器精度不同，数据准确度略有差异，只代表一个大概范围。浸出物含量在30%以下和47%以上比较少，大多数茶的浸出物含量在30%～47%。绿茶的浸出物含量真实反映能喝到嘴里的优质风味物质多少，深加工造成浸出物含量失真。

表5-20　茶类的浸出物含量对比表

茶类	龙井	碧螺春	黄山毛尖	黄金茶	信阳毛尖	六安瓜片
浸出物含量（%）	32.5	35.5	30	41.8	40	37.5
茶	云南大叶晒青	红茶	福鼎大白	太平猴魁	都匀毛尖	乌龙茶
浸出物含量（%）	49	44	40.6	27.5	47	42

案例：选用43个茶样做试验，有绿茶（包括单芽、一芽一叶、一芽二叶初展）、白茶、乌龙茶、红茶、普洱茶，茶水比都是1：50，泡茶温度为80℃～100℃，泡茶时间是2～6分钟，得到的萃取率与浓度关系图如图5-6，可以看出测试结果都落在一条直线上。

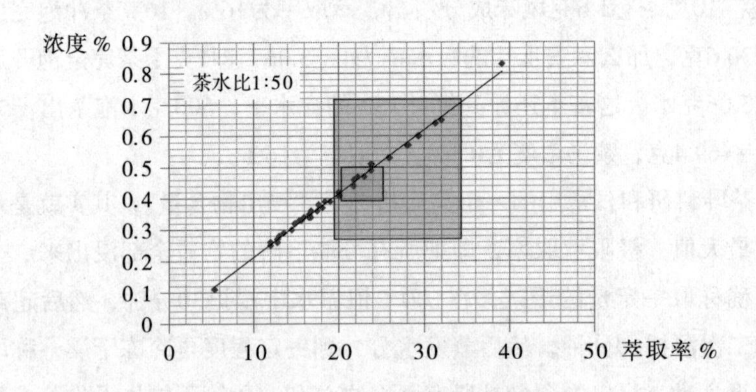

图5-6　萃取率与浓度关系图

试验：对于龙井茶，经感官审评，金杯萃取范围的萃取率在21%～26%，浓度范围在0.44%～0.54%，如图中小方框内。龙井茶的浸出物含量33%左右，那么在金杯浸出范围内，相对萃取率为64%（21/33）～79%（26/33），就是说，把可以浸出物质的60%～80%萃取出来了，这是合理的。

龙井茶咖啡碱含量约2.3%，3克茶含咖啡碱总量约69毫克，假设90%的咖啡碱浸出，150毫升开水5分钟萃取出来的咖啡碱约在0.44毫克/毫升，那么900毫升这样浓度的茶汤中所含的咖啡碱大约是396毫克，按照成人每天咖啡碱摄取量不超过400毫克计算，每天喝龙井茶不超过3杯，每杯300毫升，大约需要19克茶。

验证1：龙井茶水浸提物干粉中咖啡碱含量6.39%，按照33%的浸出物含量，3克茶用1∶50茶水比、100℃水浸泡5分钟，有63毫克咖啡碱进入茶汤中，折合茶汤浓度0.45毫克/毫升，落在0.44%～0.54%的金杯范围内。

验证2：用1∶50茶水比、100℃水冲泡龙井绿茶5分钟，茶汤中茶多酚的浓度已经达到2毫克/毫升，咖啡碱浓度达到0.44毫克/毫升，氨基酸的浓度达到1.1毫克/毫升，浸出物含量达到7.5毫克/毫升，相当于TDS达到7500ppm，浓度0.75%，超出金杯范围。喝下这样的茶汤900毫升，那会摄入396毫克咖啡碱，这其实是比较浓的，大部分人每天摄入400毫克咖啡碱就受不了。如果冲泡时间缩短到2分钟，茶汤中茶多酚的浓度下降到1.64毫克/毫升，咖啡碱浓度降到0.35毫克/毫升，氨基酸的浓度降到0.92毫克/毫升。如果把泡茶水温降到80℃，泡茶时间3分钟，茶汤中茶多酚的浓度降到1.12毫克/毫升，咖啡碱浓度降到0.23毫克/毫升，氨基酸的浓度降到0.71毫克/毫升，浸出物浓度0.48%，落在金杯范围内。

对于所有茶类，金杯萃取范围应该更大一些，大部分茶的浸出物含量在32%～45%，假设相对浸出率取60%～80%，那么金杯浸出率范围应在20%～35%，金杯浓度范围应在0.3%～0.8%，不同的茶，金杯萃取范围有较大差别。比如湘波绿毛尖浸出物含量达50%，假设取80%的相对萃取率，那么实际萃取率达到41%，如果按照3∶150茶水比，萃取出这41%的物质集中在140毫升（减去了被茶吸收的水分）茶汤中，浓度达到0.9%就太浓了，只有稀释后才可口可喝。

茶水比因人因地而异。台、粤、闽茶民最青睐茶风味，多以乌龙茶适口，为了赏香气，茶杯茶壶特别小，常用110毫升的盖碗泡5克茶，形成1∶22茶水比的习惯。

毛茶与成品茶杯测选用不同的茶水用量，同样是1∶50的茶水比，精制茶用3∶150，而毛茶用4∶200，因为毛茶的风味特征还不明显，没有定形，需要更多的茶汤反复审评寻找发展潜力。

金杯萃取图。用一款绿茶做试验，茶水比1∶50，开水冲泡5分钟萃取率为32.5%，茶汤浓度为0.63%，浓淡口感适宜，应该是落在金杯萃取范围内；用茶水比3∶100开水冲泡5分钟，浓度为0.9%，萃取率为30.6%，感官测试茶汤较浓；用茶水比3∶200开水冲泡5分钟，浓度为0.5%，萃取率为34%，茶汤口感偏淡，这二者情况应该是落在金杯范围之外。

图5-7是金杯萃取图，（a）是示意图，金杯萃取范围落在萃取率和浓度适中的中间区域。（b）是金杯图的实际制作过程，对于任何一款茶，只要确定一个茶水比，在同样的萃取条件下，都能得到一个萃取率和浓度，如图中的数据点。（c）是中间图的局部放大，把坐标轴（黑色X-Y）向右上方平移（灰色X-Y），把感官审评合适的金杯萃取范围取在萃取率—浓度—茶水比三维图形的中间。

浓度 \ 萃取率			
	浓 萃取不足	浓 中	浓 萃取过度
	中 萃取不足	金杯 萃取	中 萃取过度
	淡 萃取不足	淡 中	淡 萃取过度

（a）

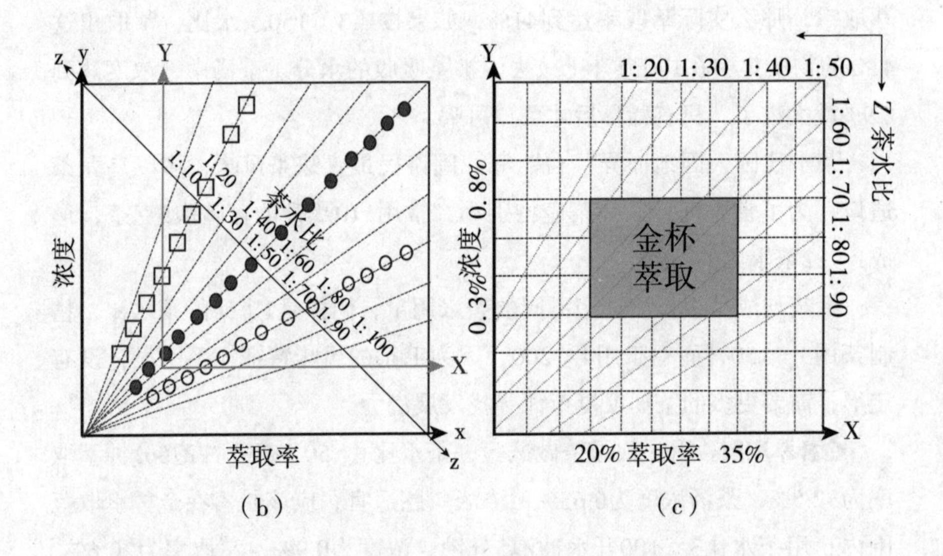

（b）　　　　（c）

图5-7　金杯萃取图

高萃取率低浓度的特点是泡茶用水量多，典型的是盖碗冲泡，总萃取率是每次冲泡萃取率的累加，浓度就不能累加了，每次喝下去的浓度比较低，绿茶汤滋味比较温和。低萃高浓的特点是高温水少，短时间内把容易萃取的都萃取出来，绿茶汤滋味非常苦涩，有回甘。低萃低浓的特点是冷萃，绿茶汤滋味鲜甜。高萃高浓的特点是开水泡碎茶，绿茶汤滋味浓稠醇厚，满汉全席。日常泡茶喝茶应取高萃低浓度，或者低萃高浓度，就是金杯萃取区域的左上—右下对角线，这样的茶汤稀而有料，浓而不强。

浸出秩序。发酵与烘焙使得茶叶显微结构更加“疏松”，更容易浸出，所以红茶、乌龙茶下汤速度快，绿茶所有成分浸出速度慢，最耐泡。从这个意义上，冲泡红茶用水温度应该低一点，冲泡绿茶温度可以高一点，分段变温冲泡绿茶，最能喝出茶本味，喝出风味层次。

理论上各种风味物质浸出顺序总体上是分子较小、极性较高、水溶性大的先萃取出来，溶入水中的先后顺序是酸、鲜、甜、苦、涩物质。最容易也是最先被溶解出来的是能够带来明亮水果风味的果酸和有机盐，随后是氨基酸、糖类以及因梅纳反应和焦糖化反应产生的能够带来坚果、焦糖、香草等风味的轻芳香类物质，之后是多酚类苦涩成分，最后是有木头、灰、麦芽、烟草风味的大分子量有机物，关乎醇厚度、黏稠度等口感。

在影响浸出秩序方面，水温和时间扮演的角色不同。时间只影响到浓度和萃取率，而温度还控制着浸出的先后顺序。似乎每一种风味物质浸出都有一个温度阀门，达不到这个温度浸出量很小，比如80℃以下咖啡碱浸出很有限。

测量浸出秩序以常温冲泡为宜，开水冲泡浸出速率太快无法控制。用25℃的水冲泡绿茶，按照1：50茶水比冲泡绿茶，分别测量茶汤中茶多酚、咖啡碱和氨基酸含量，计算出萃取率，如表5-21所示。可以看出，在冲泡的前30分钟，氨基酸的浸出速率最快，其次是咖啡碱，茶多酚的浸出速率最慢。

表5-21 不同冲泡时间绿茶的茶多酚、咖啡碱和氨基酸浸出率变化表

冲泡时间	30 分钟	60 分钟	90 分钟
氨基酸累计相对浸出率（%）	36.8	73.6	82.1
咖啡碱累计相对浸出率（%）	17.6	36.7	50.7
茶多酚累计相对浸出率（%）	7.9	38.3	44.4

不同茶类的实际浸出规律各不相同。由于日常泡茶用开水多，所以还是要用开水冲泡做试验。对于西湖龙井，浸出速度咖啡碱＞氨基酸＞茶多酚，有的绿茶则是氨基酸＞咖啡碱＞茶多酚，连续冲泡的第3～4分钟，“浸出物”的浸出速度最快，其中咖啡碱在第一分钟内浸出速度最快。另外，简单儿茶素浸出速度快于酯型儿茶素，茶红素浸出速度快于茶黄素。黑茶正好相反，茶多酚、儿茶素浸出速度快，其次是咖啡碱，氨基酸的浸出相对较慢。绿茶中黄山毛峰萃取速度慢，碧螺春萃取速度快。

试验：按照1∶50茶水比，100℃水冲泡5分钟，绿茶咖啡碱和游离氨基酸萃取率为60%，茶多酚还不到30%；60℃水冲泡5分钟，咖啡碱和游离氨基酸萃取率为30%，而茶多酚只有25%。开水冲泡5分钟，乌龙茶水浸出物、茶多酚、游离氨基酸、可溶性糖、咖啡碱的萃取率都达到98%；用85℃水冲泡，咖啡碱的萃取率只有25%，而其他成分的萃取率都可达到60%～70%，说明乌龙茶比绿茶更容易萃取，所以泡茶出汤要快，也说明影响浸出的因素很多，每次泡茶结果都有差异。

萃取率与风味。金杯萃取图是大量试验的结果，是用茶水比—萃取率—浓度对风味的数据表达形式，其中最重要的是萃取率，浓度是萃取的结果。在日常泡茶中，实际用到的知识技能是如何通过调节茶水比、温度、时间和方式泡出一杯好喝的茶，这个过程正好是金杯萃取图反过来，即利用金杯萃取图来指导泡茶。

影响茶叶萃取率的主要因素是茶水比，如图5-8所示。以绿茶为例，当萃取率一定，茶汤浓度随投茶量增加而增大（图中点1到点3）；当浓度一定，萃取率随用水量增加而增大（图中点4到点6）。萃取点8的茶汤比较淡，有一定喉韵，就是苦涩味稍重，萃取率高，那么怎么调整修正这杯茶的风味呢？从图中可看出，点8向点0靠近，萃取率降低，浓度升高，只能增加投茶量；萃取点7的茶汤浓强鲜甜，但没有层次感，没有喉韵，

浓度高，如何修正这杯茶的风味呢？在图中就是点7向点0靠拢，提高萃取率，只有加入更多的水。

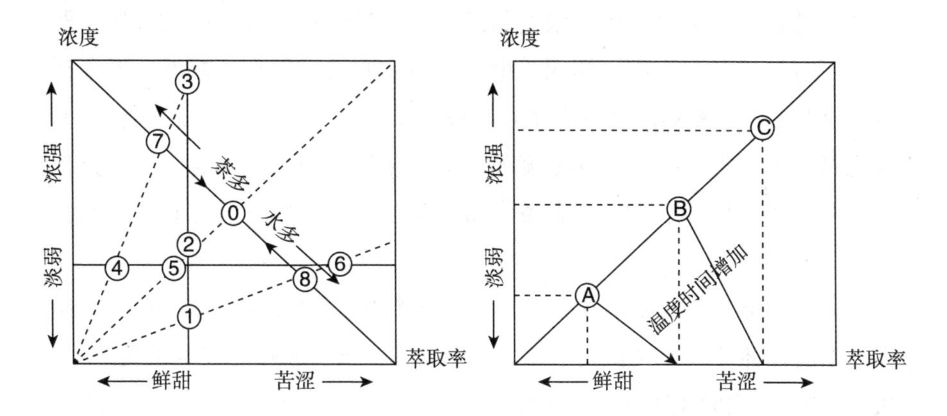

图5-8 浓度与萃取率的关系图

泡茶是多因子过程。当其他萃取条件不变，增加投茶量，萃取率会降低；减少投茶量，萃取率会增加。所以要调整一杯茶的风味，还要考虑温度、时间等因素。还以绿茶为例，茶水比固定，总体上随着萃取率提高，茶汤浓度也会升高，如图5-8右图，用盖碗冲泡，第一泡用70℃水泡1分钟，得到萃取点A的茶汤鲜甜清淡；第二泡用85℃水泡2分钟，得到萃取点B的茶汤滋味平衡，口感适中，萃取点B的鲜甜浓度可能高于A点，但因为B点出现了苦涩，把鲜甜掩盖了部分，导致口感上鲜甜变弱；第三泡用开水泡3分钟，得到萃取点C的茶汤苦涩，喉韵绵长，回甘明显。

试验：用3克绿茶做试验，70℃～90℃水冲泡3～10分钟，用水量100～250毫升，结果发现5分钟浸出量达到10分钟浸出量的83%，7分钟浸出量达10分钟浸出量的90%，这说明温水泡茶速度快，浸出在前几分钟基本完成，延长冲泡时间意义不大。80℃的浸出量达到100℃浸出量的96%，其中咖啡碱80℃的浸出量是100℃浸出量的88%，这说明80℃以上温度对浸出不敏感了。150毫升用水的浸出量是250毫升用水的96%，这说明用水再多也不会对浸出有大的帮助。

由于氨基酸极易溶解，3克茶在70℃水温以上、100毫升用水量以上和泡3分钟以上的浸出量几乎没有变化，也就是说，对于氨基酸，这是最经济的浸出参数，这对于想尝鲜味的人来说是福音。酯型儿茶素较简单

儿茶素难溶解，所以温度较低、时间较短浸出来的是简单儿茶素。

金杯萃取律。相对萃取率60%～80%是容易理解的经验值，既满足浓淡适宜的口感，又照顾到不浪费的经济性。根据感官审评确定金杯萃取律，所有茶的萃取率应该相同，世界各地人们的差异在于浓度。即金杯萃取率为20%～35%，金杯浓度为0.3%～0.8%（0.3～0.8克/百毫克）。范围宽是因为茶类不同，金杯浓度随发酵氧化程度加深而提高，绿茶金杯浓度在0.3%～0.5%，白茶、黄茶、乌龙茶在0.5%～0.7%，红茶、黑茶在0.6%～0.8%。

咖啡的金杯萃取率是18%～22%，金杯浓度是1.15%～1.45%，为什么与茶的金杯萃取差异较大？对于茶和咖啡，感官风味喜好度是相同的，从表5-22就可以明白金杯范围内，咖啡萃取率低，但浓度高，而茶叶萃取率高，浓度低，差异主要来源于冲泡习惯，这是茶文化与咖啡文化的不同。低萃取高浓度说明喝到嘴里的是前期萃取出来的好风味物质，但利用率低，浪费吗？

表5-22　咖啡与茶的金杯萃取差异表

种类	状态	苦味成分	粉（茶）水比	用量	萃取水温	萃取时间
咖啡	粉	少	1 ： 15	15克	93℃	5分钟左右
绿茶	整叶	多	1 ： 50	5克	90℃～100℃	5分钟

假设所有茶的平均浸出物含量为43%，那么在金杯萃取率范围内，相对浸出率在50%～80%，至少一半以上的风味物质进入茶汤，比较合理。金杯萃取最大挑战是没有把全部可浸出物质萃取出来，把最难浸出的20%的物质舍弃了，造成浪费。因为金杯理念是风味至上，相对萃取率达到80%时，好的风味成分全部在茶汤中了。毕竟喝茶不是吃药，风味价值观，风情在金杯。

特例1：太平猴魁的浸出物含量为27.5%，即使全部浸出也达不到30%的萃取率，考虑到口感，在金杯萃取率的下限内（20%），相对萃取率73%（20/27.5）。湘波绿茶的浸出物含量达到50%，考虑到经济性，在金杯萃取率的上限内（35%），相对萃取率70%（35/50），皆属合理。

特例2：极限浸取（相对萃取率100%）情况下，所有浸出物都进入茶汤。干茶中隐藏限位于茶叶显微结构的风味物质，各自友好相邻相处，互不干扰。但进入茶汤后获得自由，在水中自由自在运动，互相碰见还可能发生化学反应。那么在茶汤中风味物质及其风味结构是什么样？茶汤的风味结构如图5-9。主成分搭起风味架构，副成分填充和润饰风味细节，即使在99%水的挤压和稀释下，整体仍然圆润饱满。

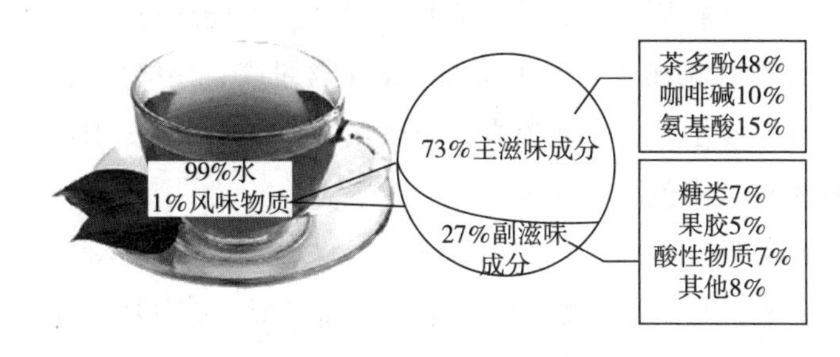

图5-9 茶汤风味结构

金杯萃取律只是一个指导泡茶实践的经验性指南，目前处于起步阶段，需要不断完善。简单小结一下绿茶的萃取滋味规律：

低浓度低萃取：鲜、香、浅绿；

低浓度高萃取：鲜、香、甜、黄绿；

高浓度低萃取：苦、回甘、黄、醇厚；

高浓度高萃取：苦、涩、回甘、橙黄、醇厚、浓稠。

互作问题。虽然风味取决于成分，但茶汤中的风味成分并不是孤立存在的，而是存在各种互作，影响了风味的发挥，络合就是其中之一。“抱团”的成分不仅味道变了，还影响色泽、口感等。金杯萃取有没有考虑到这种互相作用？特别是茶汤温度降低时的络合因素？

如果简单粗暴地将萃取率分成三个阶段，0～10%萃取率时浸出的是小分子，10%～20%萃取率时浸出的是中等大小分子，20%～35%萃取率浸出的是大分子，如蛋白质、多糖、茶褐素等滋味不明显的物质。

分离茶汤中大小分子最直接的办法就是过滤，比如用0.45微米醋酸纤维素滤膜抽滤茶汤，过滤后茶汤中“颗粒”的平均粒径在16～20微米，这种茶汤叫“胶体液”。将此“胶体液”再经过超滤得到的茶汤叫“真溶液”，物质粒度都在10微米以下，完全是分子尺度，所以透明，没有颗粒。但是日常喝茶不可能过滤这么细，喝的是悬浊液，包括络合物，所

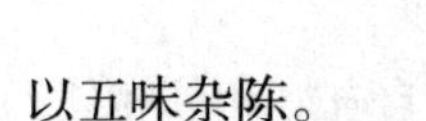

以五味杂陈。

研究发现，咖啡碱和氨基酸全部在“真溶液”中，说明咖啡碱和氨基酸分子很小。茶多酚在“胶体液”和“真溶液”中各有一半，说明多酚类物质中有一半分子（如儿茶素）较小，另一半分子（如茶色素）中等大小。而总糖类中约60%在“真溶液”中，这是单糖、双糖等小分子糖，而40%左右在原汤中，这是多糖大分子，不能通过微滤，又没有溶解，只能悬浮在茶汤中。这也说明茶汤中含量高、易络合的多酚类物质仍然是主导茶汤滋味的主要因素，与风味评价中“浓强”对应，而多糖、蛋白质则主导茶汤色泽明亮度。

形状因素。浸出难易与茶造型也有关。对于绿茶，氨基酸浸出速率快慢顺序为：卷曲形（以碧螺春为代表）＞直条形（以仙居雨花茶为代表）＞针形（以信阳毛尖为代表）＞单芽针形（以竹叶青为代表）＞扁形（以西湖龙井为代表）＞朵形（以黄山毛峰为代表）；茶多酚的浸出速率快慢顺序为：卷曲形＞直条形＞针形＞单芽针形＞扁形＞朵形；咖啡碱的浸出速率快慢顺序为：针形＞直条形＞卷曲形＞单芽针形＞扁形＞朵形。

金杯萃取率是平均萃取概念，是每一片茶叶在水中萃取率的平均值。茶形对风味的最大影响是均匀萃取问题，如图5–10所示。即使平均萃取相同，但碎茶萃取效果好，均匀萃取，而砖茶萃取效果不好，不能均匀萃取，有些在低萃区，有的在过萃区。泡茶方式萃取比较均匀，滴滤方式萃取不容易均匀。不均匀萃取的茶汤风味偏颇，只有均匀萃取且每一片茶叶的萃取率都落在金杯范围，茶汤才好。假设金杯萃取范围为25%～35%，浸出物含量为40%，那么平均萃取率就是30%，35%～40%萃取出来的物质风味不好，落入过萃区。

影响均匀萃取的因素除了茶形（碎茶、整条茶、球形茶、紧压茶等）和泡茶方式外，还有茶叶密度（高山茶结构致密）、揉捻程度、发酵程度、烘焙程度，针对这些情况，冲泡要达到金杯萃取，可以通过选用不同TDS的泡茶用水、泡茶时间来调节萃取率，避免低萃和过萃。从冲泡的角度，较高TDS的水、高水温、细碎茶都是萃取力，可提高萃取率。

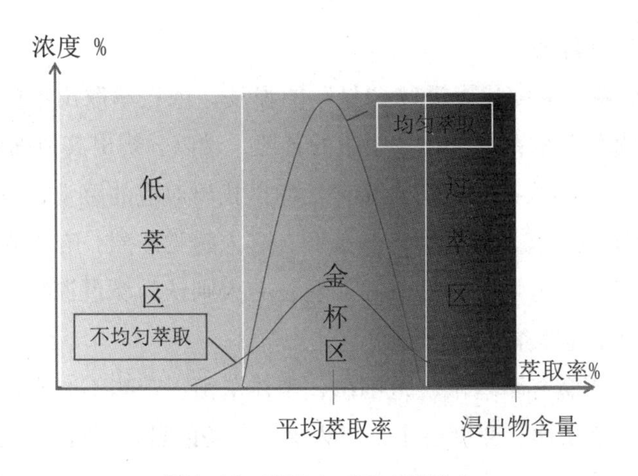

图5-10　萃取率对风味的影响

过萃和过浓有交叉，但也不同。过萃的风味不好是把所有可溶的物质都萃取出来，还有部分纤维质，比如茶少水多长时间煮出来的茶汤，干涩、粗糙、空洞。过浓是萃取出来的物质太多，可能都是好的风味物质，比如茶多水少短时间冲泡，苦涩（绿茶）、醇厚、回甘。

分段冲泡试验。盖碗泡茶是实用的分段冲泡。用绿茶做实验，茶水比1∶50，100℃纯净水，每一泡5分钟，主要滋味成分萃取率如表5-23所示。可见第一泡氨基酸含量较高，茶汤鲜爽甜润；第二泡咖啡碱和茶多酚含量上升，茶汤苦涩爽甜；第三泡萃取率是个含量均衡，但氨基酸和咖啡碱绝对含量太低，不是茶多酚的对手，以涩为主，茶味失真；前三泡可以有回甘，四泡以后就清汤寡水了，如果一直喝到底，连回甘也没有了。按照这个泡法，喝前三泡足矣。

表5-23　主要滋味成分萃取率表

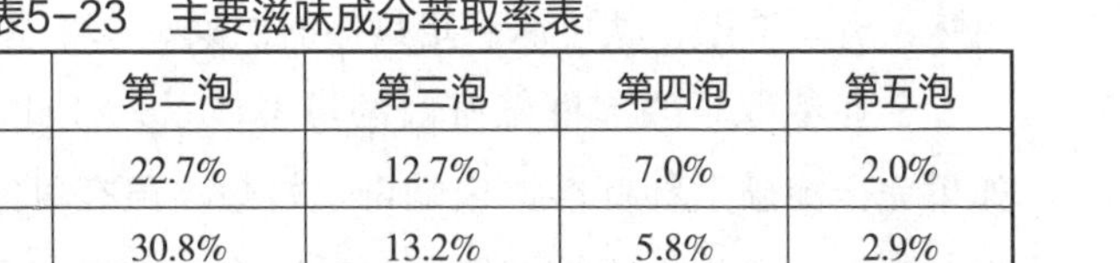

成分	第一泡	第二泡	第三泡	第四泡	第五泡
氨基酸	54.7%	22.7%	12.7%	7.0%	2.0%
咖啡碱	48.5%	30.8%	13.2%	5.8%	2.9%
茶多酚	36.5%	30.9%	15.3%	11.0%	6.0%

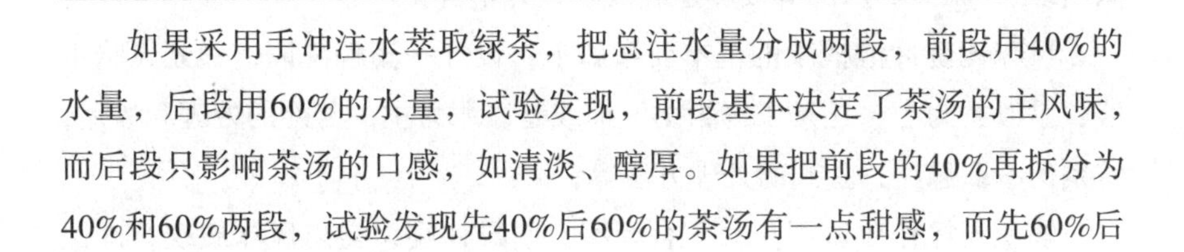

如果采用手冲注水萃取绿茶，把总注水量分成两段，前段用40%的水量，后段用60%的水量，试验发现，前段基本决定了茶汤的主风味，而后段只影响茶汤的口感，如清淡、醇厚。如果把前段的40%再拆分为40%和60%两段，试验发现先40%后60%的茶汤有一点甜感，而先60%后

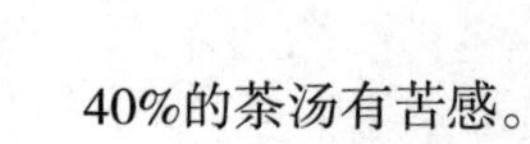

40%的茶汤有苦感。

感官体验。浓度代表滋味“量”的强度。浓：萃取出来的滋味物质多，超出金杯萃取范围，比较集中的苦涩，难以分辨出其他细微的风味，但回甘集中。喝浓茶时人们会从记忆库里找出对应的感觉，有人认为是持久的醇厚感，有人称之为丰满圆润，有人感觉浓烈，有人直接与咖啡碱含量、苦味、心跳加速联系在一起，有人则认为颜色深绿，有人则不停地吧唧嘴，老茶饕则直呼过瘾。

中：位于金杯萃取浓度范围内，整体平衡，苦味不突出，但能把味谱拉开，出现层次，甜度适中，鲜味明显，汤色明亮，回甘一般。

淡：整体寡淡乏味，缺乏余韵和醇厚度，回甘不明显，甜度明显。

对甜味的感官体验非常微妙，往往甜感与糖含量无关，而且浓茶和淡茶中糖的含量都达不到阈值。较浓的茶汤中糖含量要高于淡的茶汤，但是浓茶中感受不到甜，而淡茶却可以感受到。

冲泡框架。泡茶尽可能感受茶叶的风味，享受喝茶的乐趣。冲泡是深度挖掘和释放茶叶内蕴风味灵魂的过程，事先构建一个冲泡框架，有创意能打动人，有理论基础能说服人，有好风味能取悦人。对于参加茶类风味比赛，有想法的冲泡是必备功课。

冲泡框架就是自编自导自演一个泡茶节目的剧本，有完整的故事梗概，有远见的观念，有独特的创意，有动人的情节，核心是风味。选择一款茶，根据茶类、制茶工艺和品茶人的喜好设计一种挖掘风味潜力的系统性方法，不是简单的冲泡参数。建立自己的冲泡框架，就是在冲泡前确定原则，整合彼此关联的参数，设计出一套流程，最大限度地展现风味。有了框架，就可以确定具体的茶具、水、水温、时间等。

金杯萃取是冲泡框架有效的参考体系，在此基础上创新效果可期。如果完全突破金杯标准，极端奇思妙想，虽有可能斩获大奖，但概率较小，就像高考作文不按套路写，风险大，结果在于判官，但现实中的黑暗料理、“屎”类产品等屡屡逆袭成功，并不鲜见。

风味比赛冲泡框架的基本要素如下：设计一套解说词，确立风味主线，是以香为主，还是以鲜为主，抑或是以甜为主，苦涩的处理和妙用，特别的萃取思路，独到的处理方法等；

解说与操作协调同步，配合紧凑，引导评委，突出风味展现，确保赏味在峰值期；

讲茶园的天时地利微环境，讲茶农的故事，讲茶叶制作的秘诀；

硬度高的水不适合泡茶，安装过滤器的自来水比较好，泉水更好；

开水适合所有茶类的冲泡，要欣赏香气，开水冲泡是合适的；

洗茶是必要的，快洗快出，洗茶汤用来闻湿香；

久泡不可取，累计泡茶时间不超过5分钟；

茶汤浓度为0.2%～0.5%，萃取率在13%～18%为好；

在萃取主风味的故事中，要有科学依据，比如对于绿茶，苦涩在人们的预期中，创新的冲泡技术把甜呈现出来，鲜甜协同效应达到最大化，让苦涩的茶多酚和咖啡碱转化为爽，还要能实实在在尝到爽，对爽的描述和感知要点等；

盖碗泡茶有利于欣赏不同阶段茶的香气和滋味，也便于控制水温；

40℃～60℃是合适的品饮温度，烫茶凉茶风味均不好；

瓷器和玻璃茶具适合于所有茶类冲泡和品饮；

两人饮一次，冲泡5克绿茶、8克乌龙茶浓淡比较适宜，这是考虑了咖啡碱的总摄入量；

茶的受潮程度以含水率衡量，5%的含水率比较好，如果超过10%就要在冲泡前醒茶焙干；

冲泡全叶绿茶、白茶时，出汤可以慢一点，冲泡红茶、黑茶时出汤要快，否则就很浓，乌龙茶、黄茶介于之间。抹茶适合街边店里调制果汁、牛奶等快饮时使用；

保持茶席的干净整洁，从视觉的角度营造喝茶环境。如果条件允许，可以根据主风味选择合适的背景音乐，增强风味的听觉助力。

第八节　抹茶的风味

抹茶起源于魏晋，发展于隋唐，繁荣于宋代。唐代传入日本，陕西法门寺出土的文物展示了盛唐碾（碎）茶、吃（抹）茶场景。传入日本后，人们在家里用石磨手工把薄叶磨碎，就变成“抹”茶了，供“茶道”之用，与“未曾”变成“味噌”道理相同。“抹茶”一词有点混乱，真正

的抹茶是用碾茶去茎除脉，石臼慢磨出的超细茶粉。在日本碾茶是和玉露、煎茶同级的茶类名茶，碾茶是抹茶的原料，是蒸青绿茶的干碎片，一份碾茶可以做出0.75份抹茶。

传统抹茶消费在日本占据高端奢侈地位，是茶道的道具，仪式感比抹茶本身更重要。年轻人离抹茶越来越远，原因是繁文缛节的形式。日本茶道饮用（正宗）抹茶是春茶，2009年产量约1300吨，其中品质最好的遮阴种植、手工采摘、石磨研磨的首采茶仅128吨，经过石磨研磨的有750吨，其他就是机采、第二次采摘、机磨组合。其他用于食品加工、医用、化妆品等统称“加工用抹茶”（茶粉），有的是用秋茶制作，质量不及春茶，日本茶粉年产量约2700吨，用于冰激凌、咖啡、牛奶、巧克力、蛋糕等。抹茶与茶粉质量、风味、价格差别很大，市场上鱼目混珠，多以茶粉标榜为抹茶。

抹茶属于绿茶，但风味不同于其他绿茶。吃喝抹茶要求原汁原味，即原色、原味、原质，清香、清口、青气。尽可能保留茶的本来面貌，风味以“鲜”为主，在色、香、味方面要求叶绿素含量高（墨绿色）、游离氨基酸含量高（鲜香甜）、茶多酚和咖啡碱含量低（不苦涩）。全球公认的抹茶风味是“墨绿色、海苔香、鲜醇味”。

抹茶品种。国内最近几年大量种植和生产茶粉，少部分可以达到抹茶级别，大有复兴盛唐之势。抹茶适制茶树品种的共同特点是：小叶种、叶张薄、叶片大、色泽绿。国内试验与筛选出的抹茶适制品种有中小叶种的“龙井43号”、福鼎大白茶、鸠坑、“中茶108”等，其中以中茶系列品种表现突出，色亮绿、香清高、味鲜醇。日本的薮北、奥绿等在国内也有部分种植，日本种植的薮北种抹茶有明显的海苔味，浙江移植的薮北种抹茶海苔味不明显。

日本做碾（抹）茶的茶树品种有：产量最大的是“早绿”，叶色翠绿，滋味鲜甜，采收期长。其次是“朝日”，叶片薄，香气高，产量低，价格高，采收期短。还有“御香”“宇治光”等品种。

日本做茶粉的茶树品种有：产量最大的是“薮北”，也适制煎茶。其次是“奥绿”“宇治绿”，叶绿素含量高，色泽艳绿，滋味苦涩，不适合抹茶。

抹茶种植。有两大特点，一是施足量氮肥，可提高氨基酸含量，茶树氨基酸是在根部合成，然后输送到新叶。二是采摘前2～3周遮阴，遮光率逐渐增加。有两种遮阴方式，一是棚架上面铺稻草、芦苇、单层或双层黑色网眼纱布等，棚架高度1.8米；另一种是将黑色网眼纱布直接覆盖在茶树上面。

遮阴起初是为了避免冬春冰冻霜害，结果发现色、香、味有了明显改善。阳光照射叶片能使氨基酸转化为儿茶素，这就是遮阴的理论依据。遮阴几乎把95%～98%的直射光线挡掉，抑制了氨基酸向儿茶素转化。同时遮阴后，新芽叶为了吸收更多阳光，就会扩展叶面，叶片变薄变大，叶绿素含量增加，这是生物都有的自适应、自救济行为。日本有些品种如“朝露”“京绿”，如果不采取遮阴措施，常有“薯味、薯香”，这不是那么令人愉悦的味道，遮阴以后就没有了，反而出现了“覆盖香”。

研究发现，遮光抑制了茶多酚的合成，茶多酚含量有所下降，儿茶素总量也下降，但酯型儿茶素却有所增加，下降的主要是简单儿茶素，特别是EGC含量明显下降，所以遮光后苦涩程度总体上变化不大，但抹茶的回甘变弱了。

春茶结束后，覆盖用的干草麦秸就地铺设在茶园地上，茶树修剪下来的枝叶也盖在地上，可以减少夏季土壤水分蒸发，也可以减少杂草丛生，秋天再耕地翻入土壤中，增加有机质，改良土壤一举多得。

抹茶加工。抹茶加工要素：不揉、烘干、臼磨，手工采摘为主，部分机采。茶粉的加工则没有这么严格，多数机采，有的轻揉，有的不揉，机器烘干，粉碎机磨粉。

抹茶的工艺步骤是：手工采摘一芽三四叶—风吹除湿—室内萎凋—蒸青—急冷—烘炉干燥—回软—切片—切梗除脉—烘干—石臼慢磨—抹茶。叶子薄的要“浅蒸”，叶子厚的要“深蒸”，是为了茶末绿色和口感的稳定，蒸青40秒能保持较好的形、色，时间长了叶色转黄；初烘温度控制得当（实际上是控制水分的流失速度），可以最大限度地保留叶绿素含量，减少黄酮类的自动氧化。精制抹茶要用切碎、风选、远红外干燥、色选等工艺，进一步提高质量。碾茶烘炉最高温度达到180℃～200℃，快速烘干。石磨转速控制在50～60转/分钟，每台每小时出茶末40克。转速太快，温度升高，茶发黑；转速太慢，研磨时间长，香气逸失。石磨效率的确很低，日本每年只有750吨抹茶是石磨生产的，其余都是用球磨机研磨的。研究显示，石磨研磨抹茶粒径从0.1毫米减小到0.01毫米，滋味成分茶多酚、氨基酸、咖啡碱、维生素C等含量几乎不变，说明研磨温度没有升高。

抹茶颗粒的粗细要过60目筛子（约0.3毫米）即可，太细了茶色泛白，容易结块，不好保存。抹茶只能现买现磨现吃，放久了氧化发黑。

薄沏。适合多数人吃喝抹茶的方式叫薄沏。取2克抹茶置于茶碗，5毫升温水沿碗边倒入，茶筅搅拌30秒，再加入95℃水60毫升，相当于1∶33的茶水比，击拂30秒即可。水温太低不能享受到茶香，而且起泡状况不佳。

练茶。喜欢浓茶的人，需要冲泡更多的抹茶，叫练茶。取4克抹茶，加入6毫升温水，用茶筅搅拌1分钟，散发出香气且有光泽，再加入15毫升95℃的水，练茶2分钟，到刚出现黏稠感即可，如果感觉太稠，再加入适当水量，直到可以喝下去。

一般茶水几乎没有热量（能量），而抹茶有。一碗200克水加6克茶的薄沏抹茶的热量为324千卡，营养成分蛋白质、碳水化合物、胡萝卜素、类黄酮、维生素E、维生素C、膳食纤维等一同吃了下去。

抹茶香气。有五大特点，一是高氨基酸含量的“鲜香”，二是遮阴种植出来的“覆盖香”，三是特制碾茶炉烘焙出来的“焙炉香”，四是石臼研磨出来的“臼磨香”，五是夏季茶园土地上覆盖干草和剪下树枝的“下木香”。

准确地说，抹茶的香气没有其他绿茶高，更没有花香、果香、栗香，原因在于遮阴，回避阳光的后果。5月生产的抹茶，青叶醇之香较浓，夏季之后，香气淡化，到了冬天索然无味。鱼与熊掌不可兼得。

抹茶香气不高，那么香味感官（阈值）训练就非常有意义。取2克抹茶粉充分溶解于60毫升80℃的纯净水中，得到质量浓度为0.033克/毫升的粉汤。吸取5毫升粉汤，用纯净水稀释至5毫升体积的500、1000、1500、2000、2500、3000倍，经评审员感官评审，从稀到浓，确定样品香味被检出概率大于50%的稀释倍数作为该茶样的香味感官阈值，大部分抹茶的香味阈值在1500～2500，阈值并不能完全反应风味质量。

抹茶滋味。其识别度很高，吃喝抹茶是一种极端行为，超细粉末加搅拌，1∶33的茶水比，如果是其他绿茶则苦涩难以下咽，但抹茶还好。抹茶滋味口感特征有三：鲜爽，氨基酸起到决定性作用；温醇，就是要喝热的，不要凉了喝，要有一点儿茶素的涩，没有涩就没有醇；顺滑，颗粒、果胶、蛋白质、泡沫使得抹茶口感柔顺。

吃喝抹茶原汁原味，全价摄入。抹茶风味与粒度有关，磨粉越细，茶粉越亮、越绿越好看；磨粉过程茶多酚、游离氨基酸、咖啡碱含量没有明显变化，但有部分酯型儿茶素转化为简单儿茶素，磨粉过程几乎没有风味损失。

高质量抹茶的酚氨比在2左右，滋味浓醇鲜爽，以鲜为主。虽然可溶性糖能增加茶汤的醇度，日本抹茶的可溶性糖含量较低（2%左右），杯水车薪，但日本抹茶倍受欢迎，也可理解为抹茶的“吃性”掩盖了糖的甜缺。

抹茶的风味部分来源于绿色的诱惑，叶绿素含量在0.9%左右。抹茶的口感也与纤维素含量有关，粗纤维本身白色，如果含量高会贬损绿色，也影响口感，好的抹茶粗纤维含量约9%。从表5-24可看出碾茶与普通绿茶风味成分的差别。

表5-24　碾茶与普通绿茶风味成分的对比表

含量（%）	水浸出物	游离氨基酸	茶多酚	酚氨比	咖啡碱	叶绿素	可溶性糖	粗纤维
碾茶	31 ～ 39	4.2 ～ 13.3	11.9 ～ 19.2	0.9 ～ 4.6	2.4 ～ 3.2	0.77 ～ 0.93	1.7 ～ 5.4	6.94 ～ 10.86
普通绿茶	30 ～ 40	2 ～ 5	15.0 ～ 28.5	2.8 ～ 6.7	2 ～ 4	0.4 ～ 0.6	0.8 ～ 4	9 ～ 15

单一品种的抹茶和所有茶一样，色、香、味不可能都很好，拼配就是合理的解决办法，有的是用旧茶（存放一年的茶）和新茶拼配。日本比较香的碾茶是“宇治山手”，带有“地香”，香气高雅浓郁，但茶色偏浅，像竹叶颜色，新茶滋味浓烈，存放到隔年后滋味才变得顺口，所以常用旧茶。“御香”和“早绿”碾茶香气不足，但新茶滋味非常鲜美。“滨茶”研磨后绿色鲜艳，像是松针的墨绿，新茶滋味温醇，但冬天过后就走味。用这三类茶拼配，得到色、香、味兼具的碾茶。不同季节，拼配三种茶所用比例不同。

碾茶杯测。日本碾茶是通过拍卖销售，交易的基础是杯测。杯测三步骤，先看茶样，后品茶汤，再看茶渣。碾茶3克，200克热水浸泡4分钟沥出，叶底茶渣摊开在茶漏中。碾茶茶样是碎片，形状不是评审指标，重点在颜色和触感。样品放在手掌上轻压、轻握、轻摸，够不够柔软、会不会扎手、质地是蓬松还是坚硬，从这些方面可以判断种植和加工的信息。颜色以明亮的绿色为佳，看上去偏红、偏黄、偏白、偏黑或者黯淡无光就不好。茶汤滋味主要指标是强烈的鲜味和适当的涩。对于碾茶，茶渣是最重要的评价指标，重要性超过茶汤滋味，因为茶渣直接关乎抹茶的色泽。刚过滤沥出的茶渣都是鲜艳的绿色，无法判断优劣，等待半小时冷却后，品质差的碾茶渣就会逐渐变成黄色、橙色或褐色，只有充分吸收土壤肥料的好茶才不会褪色。

另外，作为非抹茶用茶粉，比如用在蛋糕、冰激凌中的茶粉则需要比较强的涩，如果涩感微弱，吃的时候感受不到足够的茶味，茶的鲜也被奶油掩盖。

红抹茶。传统上把蒸青绿茶超细粉称为抹茶，那么红茶、乌龙茶的超微粉能不能叫抹茶？或者称为“青抹茶”“红抹茶”？这是个创新问题，红茶超微细粉一定也是“风情万种”，风味特别。未来可用机器自动冲泡细粉制作浓缩红茶汤，如果是粗粉，纤维素可以部分过滤掉，如果是超细粉，纤维素一起进入茶汤，就是彻头彻尾的“红抹茶”。

将整条红茶磨成平均粒度为30～100微米的细粉后，细胞壁破坏，冲泡红末茶，萃取率提高，相同条件下茶汤浓度就高，厚度增加；茶多酚和游离氨基酸的含量高于整条茶，茶汤醇度提高；茶黄素增加，茶红素和茶褐素含量减少，茶汤更加明亮，为橙黄色；可溶性糖含量增加，茶汤呈现甜醇滋味；粗纤维含量减少，口感顺滑细腻。

第九节　算法与风味

茶业走到十字路口，不得不迎接数字化时代。茶风味说不清道不明，风味数据分散，规律性不强，是一个难以掌控的科学技术问题。茶风味与AI相遇，是历史性机遇，用人工智能解决茶风味这个难题，恰逢其时。如今AI智能时代渗透到生活的方方面面，AI机器人沃森已成为虚拟大厨，寻找合适的食材组合和风味。

茶风味这件事，很适合用AI算法来塑造或改造，因为这里有很多数据积累。一方面研究成果越来越丰富，茶的风味成分、加工参数等都可以指纹化，另一方面消费者喜好的风味也可以测定出来，即时反馈到生产端。

品种优选、加工环节、冲泡过程数字化、自动化，既可以优化风味，还可以满足个性化需求。主要集中在三个领域，一是用积累的数据实现按风味要求来生产、冲泡，包括自动化生产。二是积累有效数据，由于茶风味的多样性、分散化特点，数据很离散，而且按照传统的定量检测方法费时耗力，所以探索用简单的仪器快速在线检测非常必要。比如红外线定量分析可以鉴定茶树种植微环境（如海拔高度），过程控制，多组分（多酚类、儿茶素类、氨基酸、咖啡碱、叶绿素、含水量等）同时检测等，这种方法不用化学测定，而是建立模型，一旦模型验证有效，就一劳永逸，而且检测费时很短，不破坏样品。三是原产地溯源，风味“特征指纹”鉴定，农药、重金属、掺杂等检测，假冒伪劣分辨等。

由于（春）茶季时间很短，加工茶叶一年只有一次机会，即使制茶师有了新的想法，也要等到下一年才能试验，出来的风味还不知道如何。在走访安徽池州茶区时，茶农说有时候能做出非常好的兰花香，但没有可重复性，有时几年都不会出现，不知道是什么因素导致，很是期盼又很失望。

在传统工艺基础上，人工智能对生产线的升级改造，可提高生产效率。利用在线摄像头、电子鼻、电子舌、检测仪等，配合感官评审校验，用算法优化风味与工艺参数之间的关系，人工智能鉴定香气和滋味标签，既实现了茶品和风味的指纹化，又能实现新产品开发、定制、品控和质量检测的精准度，从而可以绘制一款茶的风味指纹图谱。

AI引领改造产业链，将诞生一批高科技公司，如传感器、物联网、数据开发、生产线、加工设备等。便携式近红外光谱分析仪是比较成熟的快速在线检测技术，2014年开始用于茶叶掺假检测；2018年进口红茶大幅增加，近红外技术用于检测进口红茶质量和真伪鉴别；近年来又用在出口炒青绿茶糖含量检验，用于防范添加蔗糖和葡萄糖浆。

计算机模型比人的感官能更准确地辨别风味的细微差异，关键在于建模的准确性。比如发酵类茶叶生产过程中最敏感的化学指标可能是茶

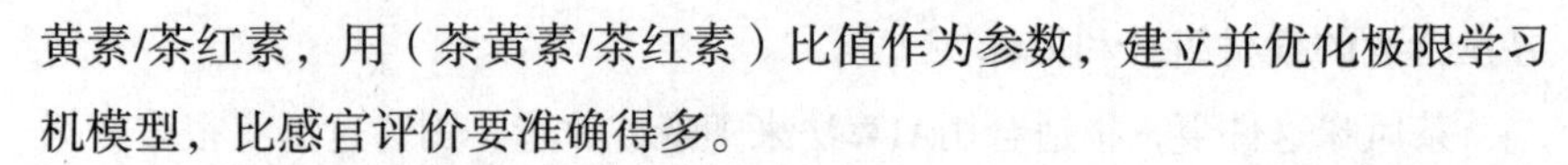

黄素/茶红素，用（茶黄素/茶红素）比值作为参数，建立并优化极限学习机模型，比感官评价要准确得多。

原产地风味算法鉴定。地理标志产品得到全球认可，在国际贸易协定中占有重要地位。福建、广东、台湾是乌龙茶原产地，近年来安徽、贵州、浙江、湖北等地也有生产。从外观上分辨不出来，非专业人员感官也难以分辨，甚至用化学成分分析都分辨不了。专家通过高效液相色谱仪测定儿茶素、咖啡碱、没食子酸、茶氨酸等成分含量，用遗传算法、连续投影算法筛选特征风味成分，再结合支持向量机、随机森林、反向传播人工神经网络等机器学习方法，建立了乌龙茶产地鉴定模型，基本步骤是：优选参数—建立模型—验证模型。

遗传算法模拟自然遗传选择过程，直到满足某种收敛，再用支持向量机、反向传播人工神经网络、随机森林法来验证模型的可靠性、预测的准确性，在130多个样品中筛选出咖啡碱、EGCG和ECG三个成分指标在闽北、闽南、广东和台湾乌龙茶中存在显著差别，可以鉴别乌龙茶产地。因为乌龙茶是用成熟叶制作，而茶叶氨基酸含量与芽叶嫩度呈正相关，即越嫩含量越高，所以氨基酸含量没能被选中作为产地鉴定指标。连续投影算法可以消除多余信息，减少建模变量，提高建模效率，选出EGC、EGCG、ECG和儿茶素总量作为产地鉴定指标。

今后喝乌龙茶时，表5-25中的大数据能告诉你主产地滋味特征，喝得口中有味，味中有数。比如在甜度方面，闽南乌龙茶包糅合做青加工程度深，导致多糖水解为可溶性糖，所以比较甜爽。

表5-25　不同产地乌龙茶的滋味特征

产地	咖啡碱含量（%）	EGCG含量（%）	EGC含量（%）	茶汤中可溶性糖（克/升）	滋味特征
闽北乌龙	1.96	5.38	1.09	0.13	中，较醇厚，汤橙黄，平衡
闽南乌龙	2.75	3.13	0.92	0.45	轻，薄，甜爽，汤色亮黄
广东乌龙	3.49	11.73	1.51	0.24	重，醇厚，苦涩，汤红，大叶种
台湾乌龙	1.50	7.49	0.67	0.29	较轻，较醇厚，平衡，汤黄

数字发酵机。红茶制作的萎凋、揉捻在茶厂进行，发酵可以就地加工，也可以后置放在茶城、茶店进行。发酵工艺靠近客户增加了娱乐性、定制性，对于普及茶风味有益。

茶叶发酵主要控制参数是温度、湿度、时间、气流。湿度太大茶叶有发酵味，很多人不喜欢，湿度低发酵时间就长，茶叶风味比较干净细致。发酵温度高有熟味，温度低发酵耗时长。通气涉及富氧或厌氧发酵，也是控制温湿度的手段，数字化发酵机可以满足这些控制。

传统红茶发酵程度高，汤色红褐，下汤快，滋味醇厚，香气沉重或有熟味，适合茶饮店作为基底制作奶茶、水果茶等。精品茶时代年轻人喜欢香气清扬的轻发酵红茶。轻发酵可以控制香气成分以萜烯类为主，而且以芳樟醇、香叶醇和柠檬烯等为典型成分的单萜类化合物为主，构成花香型，实现更好的风味平衡。

研究发现，发酵机发酵的红茶汤色明亮，水浸出物含量、游离氨基酸总量、可溶性糖含量及茶红素含量均显著高于自然发酵，而茶褐素含量显著低于自然发酵。

如何设定机器发酵程序？按照自然发酵经验，红茶发酵一般取相对湿度90%、温度30℃。使用数字化富氧发酵机发酵时，先设定不同的发酵时间，取样做感官评价与成分仪器检测，二者对应起来确定最佳发酵时间，使得单萜类香气最浓，滋味、汤色适宜。

目前已经开发出基于嗅觉可视化的红茶发酵—检测—判断一体机，核心部件是内置的可视传感器阵列，能识别100多种有机气体，基本覆盖红茶发酵过程释放的主要气体。嗅觉可视化技术结合各种分析算法，如PCA分析、LDA线性判别、Fisher判别、BP-AdaBoost算法等，根据不同发酵阶段释放气体判断发酵程度，建立判别函数和预测模型，确定红茶香型，生产客户定制的红茶。

厌氧发酵类似于闷黄工艺，用厌氧发酵机（可以充氮气）制作青砖茶与黄茶。先按照传统工艺：摊青—杀青—干燥，制作毛茶，在发酵前将毛茶喷水加湿到38%含水率使其软化，控制温度45℃，湿度80%，发酵15天，然后再烘干进入烘焙环节。研究发现，厌氧环境有利于单萜烯醇的加速形成，而有氧状态下茶多酚强烈氧化，抑制了单萜烯醇的形成，萜烯类是求之不得的好香气。

数字烘焙机。烘焙工艺从传统产业链中独立出来有利于茶风味普及流行。红外线或电加热烘焙，干净无污染，精确可控制，已经研制出数控烘焙机。远红外辐射变温烘焙机，自动控制精度高，连续作业烘干均匀，效率高成本低，适合茶农、家庭、茶店、茶馆和茶商自行烘焙。

买回家的茶苦涩味重，或者存放久了有异味，怎么办？烘焙可以解决问题，让茶恢复可喝好喝。苦涩的茶多是因为加工不到位，烘焙可以促进内含成分转化，提高香气和滋味品质。家用小型变温自动控制烘焙机，可实现嗅觉、味觉可视化，其中嗅觉可视化是监视美拉德反应气体的实时状态。味觉可视化不是自动尝味，而是在线自动无损检测茶多酚类化合物的转化状态和含量。变温烘焙是将整个烘焙程序设计为温度高—低—高或低—高—低，时间长—短—长或短—长—短等方式组合，温度高（110℃～130℃）一点可以快速去除杂味、提香，温度低（80℃～110℃）一点可以精准控制茶多酚转化、锁定香气。时间长了香气流失严重，短了转化不到位。根据经验数据或反复试验的大数据积累，将设计的烘焙参数输入到机器里，即可获得各种香型和滋味醇厚度的茶品。

AI气味和滋味识别、嗅觉和味觉记录器都是重要的研究领域。

第十节　精品茶风味

精品茶（Specialty Tea）的目标是好风味、个性凸显的风味。有人说中国茶与世界的差距就在于工业化、标准化程度太低，以至于偌大的产业上市茶企寥寥无几。精品茶本质上是摆脱一致的工业化产品的羁绊，让风味多样化，消费个性化；有人说喝茶是为了保健功能，精品茶就是让喝茶多了风味功能；有人说喝茶是因为有茶道表演，精品茶是将茶叶科学提升普及到一个新的水平；有人说好茶都被有钱人买去了，或者被茶叶爱好者圈层化了，精品茶是对劣质商业茶的回应，是让优质茶商业化、普及化、全球化；精品茶是一股茶业变革的清风，让产业链系统变革，使茶树品种更快地更新，种茶理念和技术进步，茶农和茶客都将得到实惠；精品茶是对新一代年轻消费者的直接回应，他们关心的是更好的质量、更高的透明度、更新的风味故事。

精品茶关乎的是风味而不是产量，适合茶农、庄园、小规模经营，这与茶园所有权、经营权现状非常匹配。安徽六安地区，按照所有权茶园面积在10亩以下的占50%，10～50亩的占21%。福建安溪县茶园面积为4万公顷，90%以上的茶园分布在16万户茶农手中。尼泊尔只有1%的种植面积是大型茶园。茶农自己管护茶园利用各种碎片化时间和空闲，成本可控，茶业属于小农经济。

旧年间好像只要参加国际博览会，茶叶都能拿到大奖，现在却不行了。似乎市场上的茶都是好喝的茶，但有一定喝茶史的茶友都在感叹找不到好喝的茶，可能只有专家或者踏遍茶园的资深茶友才知道哪里有好喝的茶。没有人或者没有一种机制告诉你哪里有好喝的茶，茶就是这样一种特殊的东西，是商品但又缺乏或者具有超乎商品的属性。

茶叶有很多光环，比如区域公共品牌、历史名茶、金奖银奖、高档礼品等，支配着人们的消费观念。但茶又没有糖那样的口感，茶给人的第一印象可能并不舒服，以至于人们对茶的好坏并没有形成概念，更没有形成统一认识。如果是定位于保健食品，消费者可能越来越少，如果定位于风味饮料，又如何突围呢？

精品茶。尚无明确定义，一般理解为“传统茶叶”或“商品茶”的升级。有的从理论层面，侧重杯测评分、质量概念，用数字界定是否为精品，杯测分数决定价格。但这离消费市场较远，因为喝茶百姓难以理解和参与到杯测活动，也接触不到这种精品茶；有的从商业层面，关注茶的属性，因其独特的属性而被认可的茶或喝茶体验，因而获得额外的市场和经济价值。无论如何，国际上对精品茶有一个共识，那就是精品茶是“整叶茶”，而不是碎茶。

那么什么是精品茶的属性？有市场应用价值的高杯测分数的茶属于精品茶，这个定义结合了数据型量化标准和价值型市场接受度两个方面。杯测分数仍然是可量化的、理性输出结论的评判基石；而一个产品的终极价值在于消费端的普遍认可和可获得性，如果只是少数人的玩物，没有社会价值。让精品茶更接近喝茶百姓，将茶园与茶客、加工与市场连接起来，引导全社会尊崇茶业正确的发展方向，使精品茶更接地气，精品茶源于“精品”茶园，而不是炒作。精品茶无论自己能不能风光，也

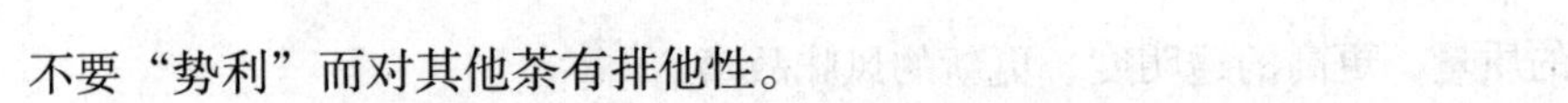

不要“势利”而对其他茶有排他性。

要正确理解精品茶，需要把握以下要素：首先是以风味科学为指导，有特色的成分和鲜明的风味，至少有一种与香、鲜、甜、醇厚、回甘相关的独特属性，没有风味缺陷；其次以品种、种植为基础，强调种植海拔等微气候环境，适当加工、无人为污染、无农药残留、无化学品添加的新鲜的可追溯的天然茶叶；再者是杯测评价得分高、大众能消费得起，也能获得的茶，茶农与消费者（包括个人和茶馆）建立起直接的供应关系，减少中间环节，不炒作价格。精品茶是对行业的道德约束。

精品茶本质是好风味、可获得，问题是普遍高质量是否可行？2020年，中国茶叶产量297万吨，未来也不可能全部是精品茶。我国茶区大部分属于高山茶园，具备出精品茶的种植条件。要达到普遍高质量的关键在于品种更新、合理使用农药和加工技术的提高，这三项虽然可实现，但需要时间。

“大众溢价”是指大多数人愿意为高质量付出一定溢价，溢价可以弥补因质量提高造成的产量下降。但全球来看，中国茶叶价格已经是最高的了，还有多大溢价空间？这些年，一些茶商靠涨价已经赚得盆满钵满，目前的价格足以支撑未来精品茶的推广普及，关键在于放弃一夜暴富的心态。茶叶高价格和炒作是行业发展的毒瘤，无节制无监管，终将损害茶业自己。

谁来推动精品茶变革？从国家战略的高度、茶叶知识结构、社会影响力、公允性和增加消费营销的角度，行业协会和茶叶爱好者是合适的角色。从功利性角度看，茶商和地方政府已经操作了几波炒作涨价，造成行业“自杀性”破坏，所以茶商和地方政府不是推动精品茶的主角。精品茶变革将使茶业转型，产业链各方的作用和合作关系将发生系统性变化。

精品茶文化。需要创新，育种、种植、加工、冲泡、评价方法等都以科学为依据，而不是传说、古法、历史故事、炒作。具体来说，就是在谈论精品茶时，讨论的话题是茶叶的品种、种植环境、加工工艺、烘焙、风味成分、物理化学变化、花香还是果香、香气的持久性、滋味、回甘、鲜爽、瑕疵风味、风味轮、评价指标等具体术语，通过杯测、品鉴会、比赛、展会等形式宣传推广，而不是评奖方式。

推动精品茶文化建设需要组合拳，如品种推广、生态种植、行业整合、投资收购、直接采购、网购直播、茶园（线上）旅游、独立烘焙、甄选店、新产品（如冷萃茶即饮茶）、杯测、比赛、操作简单、全球推广等风味创新。

纵观葡萄酒和咖啡，在“新世界”和“旧世界”都有精品。“旧世界”如波尔多的葡萄酒和埃塞俄比亚的咖啡，“旧”的好处在于原生态资源的多样性和“落后”带来的保护。而“新”的优势在于创新和宣传，在于接近目标市场，如澳大利亚的葡萄酒和哥伦比亚的咖啡，“新”在庄园化、微环境、杯测、比赛。

微批次。一个果园里，其中有一区块的果子吃起来比其他的香脆多汁，那么是整个果园里的水果混起来统销呢，还是把好吃的果子单独卖呢？这就是微批次的概念，也可以理解为从重产量转移到重质量，但实际情况是按照果子大小分类出售，处理起来比较简单。

换个角度看，精品茶强调的是微气候、微环境、小批量、微批次（mircolot）、单一庄园（single origin），也与年份有关，强调杯中风味来自茶农、茶园地理环境、精细化种植和加工。微批次可能是从一批好茶中挑选出品质更好的茶，也可能是来自农场某一小地块种植的茶，或者是一个新品种，抑或是特殊加工方式。微批次茶追求质量，必然要花费更多的精力，投入更多的资源，成本较高，供应量有限，产量不固定。反过来，微批次茶的消费者对茶农、茶园比较了解，做过实地考察和风味测评，消费者也为该微批次茶做了广告，实实在在的双赢。

微批次各茶各味，品质无二，从一个细分市场开始，教育客户，培育市场。比如潮州凤凰单丛茶，一树一制，一茶一味，产量低，茶农自己嗨，感染得茶客也嗨起来，影响力逐步扩大，扎实发展，长期繁荣，而不是靠雇人排队的假象爆发式虚荣。

那山。古代精品茶理念是“上者生烂石”。出精品茶，山是基础，地形和风是影响一个区域降雨量的关键因素，迎风面与背风坡、朝阳面与背阴面、风力大小对雨水有显著的影响。风力大的区域，茶树叶片蒸腾失水加剧，影响茶树营养物质的积累。暖湿气流遭遇到山脉阻挡被抬升，与云层的冷空气相遇在迎风面形成降雨，而背风坡降雨量较少。朝阳面日照温度高，水分蒸发多，土壤干燥。背阴面日照少，水分蒸发少，土壤含水量相对高一点。在新疆旅游发现，在高海拔、降雨量少的地区，山的背阴面有高大乔木林，而山的阳面光秃秃的。

不得不说说茶园美与风味美。有些茶山从脚到顶全是茶树，层层叠叠，巍巍壮观，甚至连一棵乔木树都没有。美吗？不美！从哪个角度看都不美，风味也不会美，茶树不能种到山顶。

那海拔。高山种植就是恰当地利用了“逆境原理”，不受高温、虫害胁迫，无须生成太多的茶多酚、咖啡碱。高山常年云雾缭绕，冬季薄雪覆盖，茶树休眠。春季细雨蒙蒙，光照短而漫射光多，糖类化合物的缩合反应困难，使得茶叶的纤维素不容易形成，茶树的芽叶能在较长的时间里保持鲜嫩，不易老化，就是持嫩性好。

在漫射光的照射下，由于蓝紫光不易穿透，光质中的红光、黄光多，有利于叶绿素、含氮物和香气成分的形成与积累，所以高山茶香气突出，滋味丰富，鲜甜度好，干净利落。

高山温度低气压低。白天茶树通过光合作用合成有机物，夜间温度低茶树呼吸消耗的能量少，茶芽积累的有机物质多，富含风味物质。植物有其自身调节机制，实现自我保护。为了防止过度蒸腾，芽叶就会分泌一些物质来抑制水分的过度蒸腾，这些物质就是芳香油或精油。芳香物质的分泌和富集使得高山茶更香，香气更持久，庚醛被认为是高海拔茶的特征香气。图5-11是台湾乌龙茶滋味物质含量与种植海拔高度的关系，可见，随种植海拔升高茶多酚显著下降，氨基酸显著提高，咖啡碱变化不大，梨山乌龙茶种植海拔2200米，酚氨比只有4，风味鲜甜清爽。

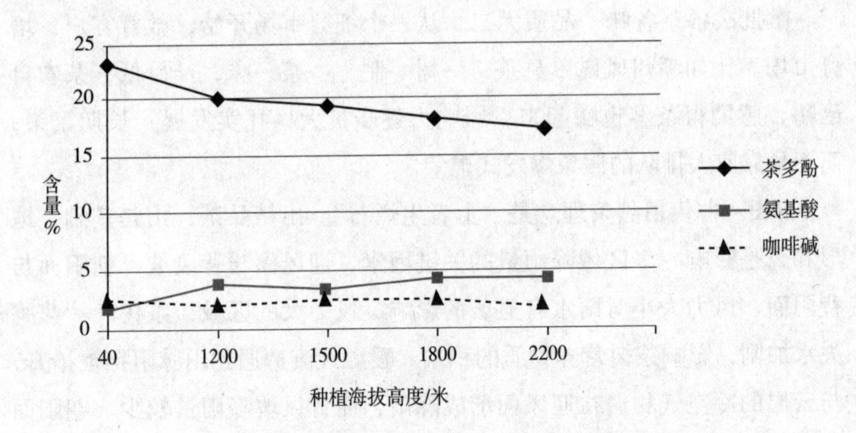

图5-11　台湾乌龙茶滋味物质含量与种植海拔高度的关系图

高山上花的颜色比较清淡，如西藏的花，没有像热带花朵那么浓烈鲜艳。植物为了抵抗寒冷，会将淀粉类物质转化为糖类。四川西部一些高海拔茶园，冬天大雪覆盖，冰雪寒冷条件下茶树生成更多的多糖（淀粉、纤维素）物质，以储存能量备冬过冬。茶叶加工过程，特别是烘焙工艺使得多糖分解为双糖（蔗糖）或单糖（葡萄糖），其中葡萄糖可能参与美拉德反应而生成香气物质，蔗糖则进入茶汤，提高甜感，所以高山茶自然甜感高。除了品种，海拔可能是精品茶最主要的可量化的定价基准。

那雨。高山农作物靠雨水，茶区雨水的形态也很重要。雾状雨、夜雨是精品茶产区的主要特征。靠近热带雨林的茶区，常年多云多雨，天上有密集云层，地上有丰富的植被覆盖，湿度较高。高山和雾雨叠加，凉爽与高湿度并存，对于茶叶生长特别有利。高湿度和高热度地区的水果比较甜，海南和新疆是典型代表。

午后雨和夜雨是“及时雨”或“实时雨”。白天阳光照耀，温度高，适合光合作用，叶片积累葡萄糖等营养物质，雨水易于蒸发；午后或夜间降雨，环境和茶树温度降低，水分储入土壤，山地排水性好无涝渍，为茶园带来凉爽潮湿的环境，增强了叶片的持嫩性，有利于营养物质的长时间积累，特别是糖分的增加。

那光。光合作用是植物生存的动力源，叶绿素是一种光合色素，光合作用的工厂在叶子上。叶绿素吸收阳光，将二氧化碳和水转化为氧气和糖，糖是植物代谢的基础、能量来源。所以从某种意义上说，茶树种植的光环境决定了茶叶的化学成分，也就决定了茶叶的风味基础。

如果说叶片是茶树的制糖工厂，那么树叶的大小多少、树叶是否生病、光照的强度和时间、是否有遮阴等因素，都是直接影响茶叶风味的重要因素。光照太强、温度过高会造成叶片枯黄，会影响光合作用；光线太弱、光合作用不足，叶绿素含量低，也不能合成糖分，都会造成茶叶营养不良，风味不佳。

经过遮阴覆盖的绿茶叶绿素和氨基酸明显增加，类胡萝卜素为露天栽培的1.5倍，其氨基酸总量为自然光栽培的1.4倍，叶绿素为自然光栽培的1.6倍。高海拔云雾起到自然遮光的作用。

微气候。生长环境的“水、气、肥”决定了茶叶基本营养物质——

初级代谢物；而“风光”既是光合作用所必需，又会造成逆境胁迫伤害，生成次级代谢物，如茶多酚、咖啡碱，所以次级代谢物是干旱、冷冻、虫害胁迫产物，没有次级代谢物，也就没有茶风味。

特定的小气候生长环境对风味有重要影响，比如山坳、湖边、水库边。山谷中的凹沟，直接日照少，常年云雾缭绕，阳光漫射，空气相对潮湿，叶片厚实，香气发展沉稳，糖类含量较高，甜度较高，风味结构饱满浑厚。

内陆气候干燥，冷空气刮向北向山坡，寒冷刺骨。如果山边靠近水库河流，可增加空气湿度，北风能变得温和一点，云雾覆盖时间增加，多酚类物质合成少，果胶含量增加，口感立体饱满，风味平衡细致。安徽茶区这种小环境较多，适合制作绿茶，如号称皖南“川藏线”从宁国到泾县的水墨汀溪峡谷，四季水流不断，盛产兰花香绿茶。

那人。传统流行风尚往往是要名人的广告催化，而精品茶应该由茶农、消费者、科学家共同营造和维护。传统“好茶”往往落入炒作、炫富、造假的俗套，精品茶的健康发展需要推出新的机制和规则。

微批次常常起因于一些茶叶达人顽强的匠心，他们对风味的追求没有止境。比如有的茶人嫌红茶发酵程度太重，汤色深红，茶黄素太少，开水冲泡把茶中胶质纤维等不好风味也泡出来，就提出像做乌龙茶那样做红茶，做青、轻揉，控制发酵度，从而香气高扬，茶汤艳黄，茶黄素含量高，风味得到极大改善。要知道这需要几年甚至更长的时间，因为每年茶季很短，很忙。

微批次茶产量有限且产出不稳定，比如高山茶，如遇冬天大寒，大雪覆盖时间长，茶树冻伤，从而减产。还比如采茶期间雨水连绵，不适合采摘，错过了最佳采茶期，风味变差，产量减少。

微批次也代表了买卖双方的契约精神与合作精神，茶农付出心血，顾客心有期待，对茶叶认可、对杯测评价信任、对规则尊重。微批次不是炫耀的资本，而是一种实实在在的商业慈善。

推动微批次茶发展需要多方面努力。要与科研机构合作，做深入研究，使得风味有科学的背书，需要茶农改变观念，培训技能，需要培育规则（如拍卖、品鉴定级、杯测）。目前微批次茶还处在理念阶段，没有形成规模。

至此，买茶有了基本模式：挑品种、选产地、看庄园、重工艺。

精品茶陷阱。意大利有历史悠久、影响全球、象征民族身份的世界非物质文化遗产——“意式浓缩咖啡”，还有引领过潮流的深度烘焙拼配咖啡豆和享誉全球的咖啡机。2018年调查发现，70%的意大利人喝浓缩咖啡，意大利有14.9万家咖啡馆，只有100家供应精品咖啡。消费理念是“浓烈、苦涩、便宜的浓缩咖啡，看重知名品牌（就像中国茶的区域公共品牌）及其所承载的魅力”。对此意大利人认为去咖啡馆目的不在于喝咖啡，而在于社交体验的仪式感；生活太忙，没有时间细细品味和放松体验；精品咖啡太贵，浓缩咖啡大量使用便宜的罗布斯塔商业咖啡豆，一杯浓缩咖啡多数不超过1欧元，最高1.1欧元。其实意大利人属于“慢食”，不接受精品咖啡的关键在于沉浸在厚重的“意式浓缩咖啡”文化和引以为豪并依恋的咖啡机具，这就是精品咖啡的尴尬之处。

奇妙之处在于意大利人生活节奏很慢，发明的咖啡机几秒就能搞定一杯咖啡；美国人生活节奏快，发明的冷萃咖啡需要几个小时。时间是金钱，还是风味至上？

精品茶最终能否摆脱精英主义的桎梏，平易近人，从而对产业链上的茶农、茶企、烘焙、贸易、茶店、茶馆、茶师、消费者都带来益处？这既要体现精品茶的价值，让人们不失追求的热情，也要警惕精品茶陷阱。

精品茶是不是少数专业人士的俱乐部？或者有钱人的玩物？对于多数茶客来说，精品茶可能会令他们望而生畏。风味至上的精品茶爱好者，可能排斥糖、牛奶和任何稀释物，鄙视对茶风味的无知或错误，这些爱好者会投入精力和时间玩赏精品茶，“阻碍”精品茶的发展。

第十一节　制茶新模式

成品茶本质上是形状与氧化程度的组合。做形（球、直片、饼）本身对风味影响不大，只是成本增加。如果都采用自然成形的散茶，问题就简单多了。极端地说只有一类茶，同一种茶鲜叶只是按照氧化程度分类，氧化程度越深，茶色就越暗黑，就有了白、绿、黄、青、红、黑茶。

茶还是那个茶，氧化程度不同，香气物质和滋味物质的种类和含量有了变化，造成风味有别。这一切源于茶叶的本性，即从树上采摘下来后，在加工甚至存放过程中茶叶内部的化学成分一直在不停地变化，只是把这种转化变成人们可以控制的过程。这既有好处也带来麻烦，好处是茶叶的香气和滋味可以调节，可以塑造，麻烦是品质不可能是一样的，不像工业产品那样均匀一致。

茶叶风味千姿百态，消费者的需求变化多端，怎么达成二者的匹配？这里提出一种新的模式，就是重塑茶叶的加工体系。在萎凋、做青、闷黄或发酵三个粗制加工的基础上，再烘焙精细加工，目的是提香塑味。其中萎凋、做青和闷黄/发酵放在茶厂，制成萎凋基础毛茶、萎凋＋做青基础毛茶、萎凋＋闷黄/发酵基础毛茶。烘焙可以不放在茶厂，甚至发酵也可以不放在茶厂，而是后移到茶城、茶店、茶馆或家庭。简单的烘焙就是醒茶、除潮、除吸附的杂味，复杂的烘焙是二次塑造风味。

毛茶仍然含有一定水分，刺激性极强。喝毛茶有头晕、茶醉、心悸、上火等症状，风味结构松散，容易带出杂味。精制的第一步是烘干烘透，就是用低温（约75℃）慢火烘干，行话叫“焙清”。焙清的茶干净饱满、清澈扬香，风味表现完整，层次分明。

把烘焙工艺独立出来，让造香技术透明化，展现在消费者面前，让新鲜烘焙的茶靠近消费者，让烘焙出来的茶香飘满大街小巷，让更多的人闻到浓郁的茶香，让烘焙成为传播茶风味的载体，让烘焙成为一种娱味时尚、一种职业、一种比赛项目、一门贴近大众的实用茶学。

萎凋基茶。传统茶中白茶最讲究萎凋，正是因为萎凋塑造了白茶特征风味。白茶品种有福鼎大白茶、福鼎大毫茶、福安大白茶、“福云6号”、政和大白茶、“丹霞1号”“丹霞9号”“桂热2号”等。现在，传统做绿茶的“龙井43号”“鄂茶1号”，做红茶的“英红9号”，做乌龙茶的福建水仙、黄观音、肉桂、大红袍、梅占、奇兰等品种都已经制成了白茶。

既然萎凋对白茶风味如此重要，那么对其他茶也应该有效，所有的茶如果重视萎凋，必有一番新风味，问题是萎凋需要时间，茶期根本忙不过来。这里提出一个想法，在大部分茶的加工中，按照白茶萎凋技术，加工成半成品，供后续精加工使用，这种毛茶称为萎凋基茶。

选择用白茶萎凋技术作为基础是有科学依据的。从图5-12可以看出，用同一种茶树鲜叶制成不同茶类，白茶所含的风味成分最多，这些风味成分正是我们希望在茶杯里呈现的，比如白茶的茶多酚含量中等，但并不是消失，而是转化成茶黄素、黄酮等物质。

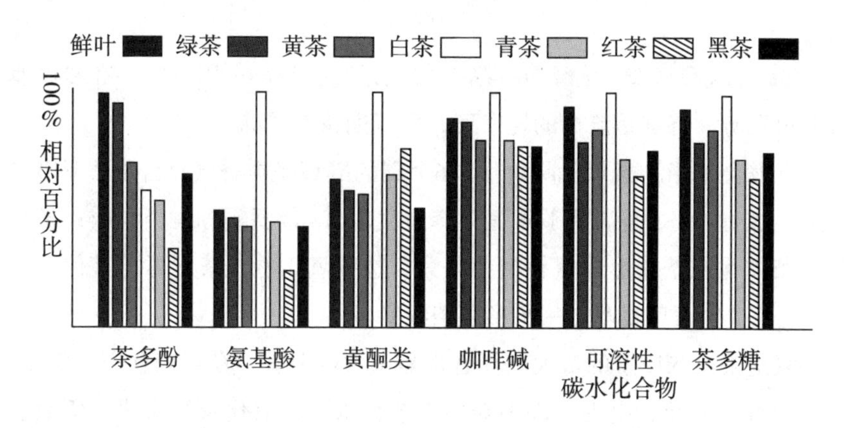

图5-12 相同鲜叶加工成不同茶类后内含物质对比

白茶工艺不炒不揉，最大限度地保持鲜叶的性状，只经过萎凋干燥制作而成，没有破坏酶的活性，因此是最原始、最自然的茶。此“白”就是中国画里的“留白”，即最少的加工。毛茶加工程度越浅，就为后续精制留出空间。

试验表明，福鼎大白茶20℃、36小时左右的萎凋比较合适，辅以通风、湿度、光照、并筛、堆青等物理萎凋手段，达到醇类、醛类、烯类、酯类等香气物质以及氨基酸、茶黄素等滋味物质增加的化学萎凋目标，塑造出绝美的花香。30℃～40℃文火慢干可以最大限度地保留萎凋形成的香气，还不杀死菌类，为后续发酵埋下伏笔。这种基础毛茶的主要香气特征是清香、嫩香、花香，滋味特征是杏黄明亮、清淡甘甜。如果喜欢沉稳一点的香气、醇厚一点的滋味，就要再经过发酵、烘焙工艺来塑造。

萎凋过程伴随脱水，随着鲜叶水分散失，促使叶内发生了叶绿素降解、部分多酚类物质氧化、蛋白质水解、淀粉水解、氨基酸氧化，干茶色白隐绿，汤色杏黄明亮，滋味甘醇爽口，香气有点像冬天梅花（非蜡梅）微微的酸甜。白茶所含化学成分最接近鲜叶，因此是原汁原味，最具生物活性。

萎凋＋做青基茶。做青是传统乌龙茶主要造香技术，既然做青效果明显，那么应该对其他茶也有效。在萎凋基础上再做青，会出现比白茶更浓重的香气，即转化而来的香气分子比较大，比较厚重，如水果香、香料香。

萎凋＋发酵基茶。发酵造香已有共识，所有茶都可以发酵，在萎凋基础上再发酵，特别是流行的轻发酵，可以期待新风味。

发酵会使脂肪酸氧化降解生成6个碳的醇和醛类香气化合物，亚麻酸降解生成青叶醇；类胡萝卜素氧化降解生成β－紫罗酮等酮类物质；多酚氧化酶催化儿茶素形成氧化型儿茶素，这种氧化型儿茶素再与其他儿茶素缩合，产生茶黄素及进一步形成茶红素。

氧是茶风味质量的最大破坏者也是最大改造者，在合理利用“氧化”和“发酵”方面，出现了许多新的工艺技术，二氧化碳浸渍法、厌氧发酵可以创造出新的风味，专家正在试验厌氧发酵专用酵母，预期未来会有神奇的香气和滋味。

精制烘焙。可以大幅度调动萎凋基茶的香气潜力，再次唤醒酶促反应、美拉德反应、焦糖化反应的造香功能，改变原有的呈味成分和含量，大幅增加茶汤甜度。

研究人员用光谱仪测定白茶的滋味特征，发现可以科学地标定白茶的“甘甜度”和“醇爽感”，适度的烘焙工艺（曲线），能显著改善白茶的“甘甜度”和“醇爽感”。以烘焙白牡丹为例，茶水比1：20，90℃水浸提20分钟，萃取率达到28.8%，每克提取物中含有茶多酚310毫克，EGCG115毫克，黄酮28毫克，咖啡碱110毫克，游离氨基酸167毫克，可溶性糖140毫克，可溶性蛋白100毫克。这个茶汤香甜成分显著高于毛茶，但因为太浓不适合直接喝，可以稀释后饮用。

烘焙作为后置精制技术，是因为数字化小型烘焙设备便于操作，可以整合生产和销售，让消费者及时喝到最新鲜的茶，不需要囤积茶，以免储存不当。生产与服务融合，生产服务化，服务生产化，订单定制化，科普生活化。店内烘焙模式必将流行，这对于宣传普及茶风味知识，提高全民茶风味素养，扩大消费群体，吸引年轻人非常有利。

城市街角，匆匆的年轻人喜欢快消茶饮，边走边喝，基本闻不到杯子里的香气，岂不可惜？如果店里兼营烘焙，那么茶香飘逸，弥补了消费者喝不到茶香的缺憾，也是一种活广告、自宣传。

炭焙与电焙。木炭烘焙是传统手工工艺，非常辛苦，效率低，技术因人而异。电焙是新型技术，技术可控，适合规模化生产。

研究表明，木炭余火放射出带负离子远红外线，使茶叶产生微热，对茶叶起到醇化作用。炭焙茶的特点是色泽油润起霜，汤色明亮，滋味鲜爽，花果香气，耐冲泡。精品茶烘焙要分多次复培，每次复焙需间隔15天以上，选用龙眼木炭，避免阴雨天焙茶，用文火慢焙，茶叶可以吸附木炭本身的气味，有香有汤，香气与滋味平衡。多数人认为炭焙茶风味好于电焙。

烘焙曲线。除了风味建设，茶叶烘焙具有观赏性、娱乐性、文化性。烘焙曲线是在全自动精准控制温度的烘焙机上完成的“升温—保温—……—降温”的烘焙全过程。

构建烘焙曲线需要做大量基础工作，根据感官评审结果，摸索出温度、时间、升温速度等参数，制定出一条完整的烘焙曲线，输入烘焙机，实现一茶一曲线的烘焙，环肥燕瘦，自出风情。

烘焙体验店。是最具创意、最具实验精神的零售环境，在这里可以与顾客零距离接近，仔细观察顾客需求，发布新产品，试验新产品，造势噱头，制造文化，推向风口。

烘焙店不仅仅是风味大汇总，而且是工艺大展示。利用视觉的引领效果，充分发挥了茶叶在烘焙过程集中释放大量挥发性的芳香类物质，浓郁而沁脾。这种感觉以前只有山区里的茶厂有，被茶农独享，制茶期间茶农被熏得迷醉而麻木，幸福并痛苦，奢侈而浪费。把这道工序移植到城市里，让消费者共享浓郁的茶香，岂不乐哉！

巧克力产业成熟之后，威利旺卡巧克力工厂店的体验锁住了年轻人的口福。精酿啤酒出现之后，精酿酒吧现场酿制特种啤酒体验，成为网红店。精品咖啡出现后，星巴克工厂店的咖啡体验红遍全球。啤酒和咖啡的规模化消费都是从欧洲发起的，但精酿啤酒和精品咖啡都是从美国兴起，风行世界。起因都是对传统味道的不满意，而创新精神在此时本能地、自发地迸发出来，而不是顶层设计出来的。

第十二节　器具与风味

喝茶是一个五官并用六根共识的全面体验。茶具对欣赏风味绝对有影响，小型盖碗和杯子对喝出香气、风味层次感、分段品尝不同滋味有利，但大部分人关注不到这个细节，毕竟用盖碗泡茶还是少数，会欣赏风味的则更少。所以，与其说茶具对喝出风味有影响，倒不如说是茶具造型、颜色的精美打动了喝茶人的心情。

茶具形状影响到喝茶时杯子倾斜的角度所营造的空间对香气和鼻子闻香的体验，影响到茶汤表面大小和气体挥发对闻香的感受，影响茶汤在空气中氧化和散热速度。茶具口部缩放对于聚香有影响，茶具材质和颜色对于保温、触感和视觉有影响。

茶具包括茶杯、茶壶、茶漏、茶海、温控烧水壶、滴滤萃取设备、烘焙机、发酵机等。茶具的功能很多，不仅要美观，把玩性好，还要有利于闻茶香，人性化设计。盖碗比茶壶更易于闻香，小杯比大杯更能捕捉到香气，所以潮州、武夷山人所用茶具都很小。从材质角度，玻璃、瓷器是喝茶的最佳选择。

2017年，一项跨文化研究杯子形状与咖啡味道之间的关系，发现受试者将窄口的杯子与较浓烈的香气联系在一起，较矮的杯子与苦涩、强烈的咖啡味道联系在一起，而较宽口的杯子会令人感到突出的甜感。当参与者用3D打印机打印出来的有一定凹凸的杯子时，苦味等级高出27%，而当参与者用圆滑的杯子时，甜味等级高出18%。研究证实，用质地光滑的杯子喝咖啡，味道更甜，口感丝滑柔润，而用质地粗糙的杯子喝咖啡，味道偏酸，口感干涩。

古代茶人在实践中发明的又细又长、可以倒扣的闻香套杯，香气聚集在一个较小的空间，能够使人强烈地感受到香气，但程序比较复杂。新时代成套茶具简单实用，有主人杯、客人杯，卫生而有趣。

对于商业或办公室喝茶，可以发明一种大型泡茶机，供多人同时饮用。过滤水、烧水与现有的开水机相似，只是设计3～4个出水口，每个出水口下面放置一个不锈钢过滤器，里面分别可放10克左右的绿茶、白茶、乌龙茶、红茶，放绿茶的过滤器网眼小一点，红茶过滤器网眼大一点，过滤器下面放杯子接茶水，想喝什么茶就接什么茶水，冲泡几次后把过滤器拿出来倒掉茶渣，更换新茶。这种适应多人使用的泡茶机在网店未见有售。

茶具不是本书的重点。国内茶具品类非常丰富，笔者走访了部分茶具市场，感觉浙江龙泉青瓷在造型、创新、烧成质量、原料等方面比较讲究，品质较好。需要注意的是区分陶和瓷，烧成温度决定了致密度，瓷器表面有一层釉（玻璃），烧成温度在1300℃以上，近年复古“柴烧”，但用柴火烧不透，还有污染，不可取。喝茶用简洁明净的浅色瓷器比较好。

第十三节　风味架构师

从前文的分析我们知道，茶风味其实是一个复杂的事情，不要说普通茶客，就是茶学专家也难以告诉你一款茶的所有风味要素，更不可能要求有很高的准确性。但是，我们仍然想了解一些茶风味的概要，也便于在品茶时有个谈资，如果能喝得明白，知晓喝茶时闻到了什么，喝下去了什么，也是一种进步。

那么谁来完成在科学家与普罗大众之间架起风味的桥梁、在普通人的茶杯里解读出科学仪器检测到的风味数据这一光荣任务？风味架构师便呼之欲出，这对于繁荣茶风味、引导茶业向更高阶发展具有历史性意义。

风味架构师是茶风味宣传员、培训师、设计师，也是茶文化布道者。善于讲风味故事，挖掘风味潜力，反馈民间风味取向，唤起风味意识，设计出百姓喜欢的风味。

谁适合做风味架构师？那些在各种世界风味大赛中的获奖者是合适人选。比如茶叶、咖啡、葡萄酒风味大赛的获奖者，在接受一些茶叶知识的培训后，能全面掌控茶叶风味。

对于风味架构师，首先要搞清什么是好茶。这是一个没人敢直接回答的问题。这里笔者斗胆提出一个简单的架构：从风味的角度，从产地风味特征的角度，好茶的标准是香、鲜、甜。因为茶多酚、咖啡碱含量已经决定了苦涩是茶风味的基调，也奠定了醇厚度基础，追求香、鲜、甜风味有如让胖子参加百米竞赛。因为香、鲜、甜是建立在氨基酸、糖、多糖基础之上，而且香、鲜与甜本来就是一家，难舍难分。

品种、种植、加工、烘焙、冲泡都会影响香、鲜、甜。中小叶种茶多酚含量较低；高海拔种植并适当遮阴，糖类、氨基酸含量高；烘焙要浅，小火慢焙，消耗较少的氨基酸；适当发酵，茶多酚、儿茶素转化为茶黄素，也能络合部分咖啡碱，既减少苦涩，又增加络合物的鲜爽，分解较多的多糖，这就构成了一款茶的好风味。

这样论述很笼统，难为了风味架构师。因为品种、种植、初加工环节离风味架构师比较远，实际上无能为力。对于风味架构师最需要掌握的是发酵—烘焙—冲泡过程风味结构，如图5-13。在发酵—烘焙—冲泡三维空间中，发酵是真正的造香高手，酶促反应、非酶促氧化、微生物反应都是“活生生”的现场，可以生产各种愉悦的香气，因为有“生物”参与，所以香气也是有活性的，草、花、果香活泼多样。

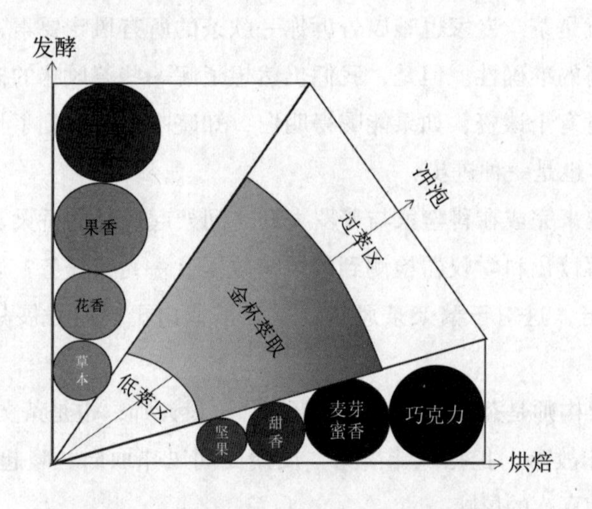

图5-13 发酵—烘焙—冲泡过程风味结构

烘焙既能整合发酵出来的香气，部分挥发出去，部分香气再次重组反应，并储藏在显微结构中；又能在火功的“热情”下，发生美拉德反应、焦糖化反应、干馏反应转化香气格调，由轻盈变得稳重，但受限于含糖量，烘焙生产的香气没有发酵多。

发酵和烘焙表象看是香气重组，实际上滋味与口感变化也很显著，可从冲泡维度观察。随着茶水比增大、时间延长、温度提高，茶汤浓度越来越大，萃取率越来越高，风味越来越重、越熟，中间区域是金杯萃取，风味适合多数人。

风味架构师是稀缺的，但对于茶风味繁荣又是必需的。新的职业不断涌现，风味架构师也呼之欲出，个人爱好是基础，培训加实践可提高水平。

第六章

喝出茶风味

第一节　风言味语

喝出风味是一门显学，不需要故弄玄虚，最重要的是交流。建立新的茶语体系，通过交流弥补因文化、习惯、地域、经历不同和偶然性因素带来的不同感受和障碍。

传统文化中对茶的描述极尽奢华，用尽了所有可能的溢美之词，无所不用其极，语言富有诗意，其他餐饮无可比拟。但风味描述语言混沌，参比性差，简单不明了。科学技术发展使得茶风味质量可检测、可评定，通过感官或仪器、物理或化学、统计或预测等方法，把茶风味说得清楚，此时此刻，茶风味描述语言、评价体系可以修订更新了。

咖言啡语。全世界的咖啡店里墙上挂的“菜单”名称近乎一样，如意式、美式、拿铁等，都是以意式浓缩为基底、意大利语言为基础。为什么意大利获得咖啡风味语言的全球“冠名权”？意大利既不是咖啡原产国，也不是咖啡登陆欧洲的首站。这要归功于意大利人在恰当的时机做了一件至今仍锲而不舍的匠心事业，即精而再精的意式浓缩咖啡机，精致美观，功能先进，方便实用，普及到全球咖啡店和家庭，款款都是榜

样和标准。意式浓缩咖啡机是咖啡行业的一次革命，这件事非常符合意大利人的性格，慢工出细活儿，抓住了一个机遇，缩短制作一杯咖啡的时间，满足了人们的消费需求。意大利文化彻底渗透和统治了全球的咖啡厅，连“美式咖啡”也被意大利语同化成Americano（结尾带no），星巴克也是其创始人Schultz在意大利孕上咖啡情怀而诞下的品牌。

咖啡语言另一大色彩是美国人创立的“风味轮”，把各种风味、化学成分与花、水果、坚果、香料等建立起直接的联系，形成对应关系，经过训练可以识别，从而奠定了咖啡风味培训、鉴赏、比赛的通用语言和风味参照，显示出将风味量化、逻辑化、系统化的优势。

咖啡语系的第三特征是杯测评价（针对产地咖啡豆和烘焙）、培训认证、比赛（针对从业爱好者）体系，形成全球普适标准和文化，严肃活泼，寓教于乐，寓乐于赛，传播性极高，参与性极广，影响面极大。

咖啡语系的第四个特征是用科学语言来“文化”咖啡。真正让咖啡持续成为“网红”的是对咖啡深入的科学研究，风味科学大众化、娱乐化、文化化。比如，近期美国费城大学的研究人员用世界各地产的咖啡豆经浅烘焙，分别制作热咖啡和冷萃咖啡，检验其pH酸碱度和抗氧化水平，发现热咖啡的总滴定酸度和抗氧化活性高于冷萃咖啡，总滴定酸度高还有助于人体携带更多的氧，令人舒服。

咖啡语体系日臻成熟，标准都是外国人制定的；但茶语体系还没有国际通行认可的标准体系，我们还有机会。

茶语体系建设是一件艰难而危险的事情，要打破传统语系会激怒一些人，要创建新语系会遭人反感。关键在于如何从命题、样式、手法上开辟一种新的可能空间，拿出一套全球普适的茶风味鉴赏体系。

目前有茶叶加工、评价等很多国家标准，有几家单位可以对外培训，发放评茶员、茶师等级证书。现行茶叶质量等级评审国家标准GB/T 23776—2018，包括外质审评（外形、杂质、色泽）和内质审评（汤色、香气、滋味）。按照这套标准，芽茶得分天生就高，因为芽茶的颜色形状好看。把茶叶评价改为茶风味评价，重点放在风味上而不是叶片的颜色形状。风味评级本身主观性强，需要有一套客观性强的评价体系约束，使得评价本身更客观、准确、可信。

建设新的茶风味语言体系迫在眉睫。总体思路是尊重历史形成的约定俗成，即民间大众已经熟悉的茶语，补充一些科学性的术语，使得茶语更加规范，更加科学化、国际化，并可以推广为国际标准。喝出茶风味、风味评价指标、风味轮首先要规范风味用语，而风味用语与感官体验对应，而感官体验与人的吃喝经历、感官灵敏度、文化素养等有关，所以建设茶语体系是一项巨大工程。

风味标签化。就是用简洁的形式完整地表达一款茶的主要风味。风味描述方式多样，除了文字描述，还有蜘蛛网（雷达）图、风味轮等。每一类（款）茶都可以有自己的图像化、可视化表达，将风味描述出来，供消费者参考。

“风味标签”可以打印在茶叶包装袋上，图文形式均可使用。风味标签没有法律效力，也就是说消费者可能喝不出标签上描述的风味，但不能依此要求退货或赔偿。只涉及诚信建设，商家要严肃认真请专家杯测审定风味，不能随便标定。“清洁标签”是欧盟使用的诚信标签，指纯天然、新鲜、有机、安全、纯净、简单加工、无人造成分、无添加剂、无防腐剂、无不熟悉成分、非转基因、真实可信任的食品。

第二节　协同掩蔽

两种以上的风味相遇，因协同而互相增强，因掩蔽而强刺激抑制弱刺激，致其减弱或消失。茶主风味是香、甜、鲜、苦、涩、甘，咸味、酸味不显著。即使是香、甜、鲜、苦、涩也是在一个混合汤中互相影响的结果，有互扬也有互抑，总体风味不是单纯、尖刻，而是混沌、中庸。真实的茶风味用单一成分或几种成分无法说透，也无法用几种风味成分勾兑复制出真实茶味，必须考虑多种成分之间的互相影响，叫作“滋味组学”。比如单独品尝咖啡碱只有苦味，但是在茶汤中咖啡碱与苦味关系不大，而对鲜爽味有很大贡献，这是因为咖啡碱与茶多酚、氨基酸协作。但是反过来按照一定比例把茶多酚、氨基酸、咖啡碱等成分混在一起，也不是茶味。组学是一件非常复杂的事情，目前还缺乏研究。

茶的特点是风味成分之间存在互促互抑、干扰抵消、增强促进、反应转化。加工和冲泡的技术性就在于掌握其中的奥秘，实现好的风味。

搞清楚风味成分之间的抑扬和顿挫，既是赏味要领，也是风味设计的要点。这种方法论在民间普遍使用，如北方有一种紫皮水萝卜很辣，生吃要掉眼泪，特别是萝卜皮更辣，但是稍拌一点盐做成凉菜，就不辣了。再比如，酸能吸收脂肪，使得风味变得薄瘦，减轻醇厚度，就像东北酸菜炖肥肉，减轻油腻感，改善风味。

选择性协同掩蔽目的是实现所要的风味，加糖、加奶、加盐、加酸虽然简单有效，但属于外源性，我们探讨的是内源性自协同或自掩蔽。这里有两个维度，一是从味觉基因互感互作的角度，就是利用共同的、不同的味觉细胞，以及感知的快慢、味觉阈值来影响协同感知；二是利用风味成分种类和含量，通过萃取顺序或浓度来实现掩蔽感知。

风味搭配。相似的化合物之间有增强或降低味觉强度的影响。研究人员做了一个实验，两杯同样的水中加入等量的蔗糖，在其中一个杯子中添加了无糖草莓气味剂，参与测试者明显感觉到加了草莓气味剂的糖水更甜，果香与甜难分难解。鲜和甜也是一对好兄弟，炒菜加糖，菜的味道更鲜，加味精的菜更甜。

研究表明，食材如果含有共同的风味化合物，它们组合在一起的餐饮吃喝起来风味更和谐，更有同质感，更能被人们接受，但是也削弱了风味的复杂度。

描述这种风味搭配的专业术语叫原料风味双向网络，表示原料之间共有风味化合物的多少。比如巧克力与蓝纹奶酪至少有73种共有的风味化合物，所以巧克力与蓝纹奶酪被认为是最佳搭配。再比如，白葡萄酒、奶酪、番茄和虾之间相互有很多共享的风味化合物，所以番茄烤虾配奶酪和白葡萄酒是一道风味无比丰富的名菜。

可盐可甜成为风味形式多样性的代名词。盐（咸）的反义词是淡，甜的反义词是苦，咸甜大概可以代表五味。以前偏远山区人们缺盐严重，就以酸食代盐，食物经特殊发酵加工后很酸，现在贵州原住居民仍然保留了酸肉饮食习惯，吃起来有点咸。

风味搭配有地域差异。研究发现，欧美食谱中食材含有的共享风味化合物平均数量为11个，而韩国食谱原材料的共同风味化合物平均为6个。实际情况的确如此，欧美食材搭配中，黄油、鸡蛋、香草用得最多，而这三种食材共同的风味化合物也很多。韩国食材搭配中出现频率最高的是辣椒、大蒜、小葱，而这三种原料共享的风味化合物很少，辣椒和小葱之间没有共同风味化合物。

茶风味搭配。茶有上千种风味化合物，与大部分水果都有共享风味物质，所以水果茶会很和谐，不会产生刺激感。茶与香料也有共同风味成分，比如肉桂、豆蔻。茶与花也有共同风味成分，比如兰花、栀子、茉莉、桂花、木槿、玫瑰等，所以茶基调制饮料风味好有其科学道理，未来必将开发出更多的潮流网红调配茶饮。

研究人员在伦敦街头做调查，让行人品尝分别沾茶水、咖啡和牛奶的饼干，看哪种更好吃、风味更好，结果大部分人认为饼干沾茶水的风味更好。看来英国人下午茶的搭配是风味优选，茶与发酵烘焙食品很搭配，或许是本末倒置，因为英式下午茶从开始就是茶水点心搭配，形成心理定式。无论如何，都是茶与烘焙食品的两情相悦。

有意思的是，地球上三大饮料有着相似的经历。茶最早是饮品，后来被炒菜，还作为腌制酸茶、抹茶粉、茶点心等吃下去。可可最早只是饮品，后来转型升级变成了巧克力。咖啡目前还是饮料，最近美国一家“The whole coffee”公司开发出可以吃的咖啡，将烘焙咖啡豆研磨成超细粉，用可可脂包裹咖啡粉，保留咖啡的香气和滋味，推出块状产品和咖啡酱。

第三节　风味结构

茶风味范围变化广大，可以饱满苦涩、厚重绵长，也可以轻盈柔和、顺滑淡雅，可塑造可选择。那么如何梳理茶风味，便于人们理解、契合年轻人的兴趣呢？对于这类事物，结构化是最好的分析工具。

风味结构取决于风味成分结构，风味成分取决于风味开发。每一种饮料的风味结构不同，厘清了茶的风味结构，对于风味设计、风味开发、风味搭配、引导风味流行方向有帮助，可提高茶叶风味识别度。结构是个纲，纲举目张。

金字塔结构。其底部是含量高的成分，如茶多酚、多糖、蛋白质等；中间是含量中等的成分，如咖啡碱、茶氨酸等，顶部是含量少的成分，如可溶性糖、香气、叶绿素、胡萝卜素等。

含量高的成分有茶多酚、多糖、蛋白质等，其中多糖、蛋白质在水中溶解度有限，对风味直接影响不大，但通过加工可以转化。底部是基础，决定了风味结构的稳定和厚实，是支撑风味的基石，特别是对一杯茶的视觉效果，让人一看就知道这是一杯茶。

中部是中坚骨干，决定了茶风味的表现力，"管理"着风味的深度和广度、持久性和延展性，不至于空洞化。中部力量"管控"着茶汤的法力边界，既不会因太苦吓跑喝茶人，又可使饮茶人保持足够的兴奋，思维活跃，助力工作，还不能让其兴奋过度睡不着。最匪夷所思的是所含的辩证力量，一体两面，酸与碱、镇静与提神、鲜甜与苦涩的对立与统一、个性与平衡。统治味觉，让人一喝就知道这是一杯茶。

顶部精华是点睛成分，属于特征性风味，是展现个性的成分，也是最受欢迎的风味，是风味开发中要强化的部分，也是风味效率最高的成分。这部分成分是风味附加价值的体现，就是说喝茶过程尝到了满意的色、香、味之后，还有余韵、有回甘、有回忆。延续性风味需要成分的暗助，也需要喝茶人的主动意识，追求附加值，让心情愉悦、精神爽快。风味高扬，让人一闻就知道这是一杯茶。

风味立体化。风味结构要在点线面维度上各有铺陈，适应人的感官结构，比如色香味在立体结构上，酸、甜、苦、鲜、咸在一个平面上，苦、涩、甘在一条延长线上，香、甜、鲜、爽在平行线上，咸在一个点上。

风味结构就像树的根、干、枝、茎、叶。要搭建立体风味结构，叶梗一起采摘是必要的。茶树从根部吸收营养经干、枝、梗运送到叶，老叶子把光合作用合成的碳经梗传递到新叶。茶梗含有一定的多酚物质和较多的咖啡碱。多酚类物质就是风味的骨架，只有足够的儿茶素才能支撑起茶汤在口腔中的立体感，否则茶汤比较柔绵，尾段薄弱，最典型的是六安瓜片（太平猴魁也类似），只采半成熟的第一、二叶，不采芽不采梗，香气不高，轻微苦涩，所以六安瓜片风味比较轻柔，立体感不明显。而其他绿茶既采梗也采芽，所以风味强悍，立体感明显。

风味是交响乐，有小提琴缥缈的、活跃的、扩张的高音（香气），有钢琴稳健的中音（鲜甜），有大提琴穿越的低音（苦涩），有绕梁余音（回甘），能量延续，首尾呼应，回味无穷。

风味复杂性。风味复杂性是基本诉求，风味结构太简单没有可塑性。正是因为香气成分有上百种共存，才使得茶香那么厚重不轻渺、不突兀。香气主成分就等于是骨架，没有其他香气成分的烘托，主香气也扬不起、立不住。

对风味复杂性是一种不自觉追求，常吃一种饮食就腻了。茶风味的复杂性在于有苦的底蕴，有甜的期约，有鲜的支撑，有回甘的延展，这在绿茶中是自然搭配，错落有致，跌宕起伏。红茶、黑茶加工太深，消灭了苦，破坏了复杂性，喝多了感觉平淡无味，麻木不仁。

复杂性也体现在风味评价中，每种风味指标在杯测或比赛中的重要性或得分能力是不同的。干净度和平衡度是及格线，是一杯茶的基础风味，只有干净度和平衡度合格才能得到60分的基础分。香气、色泽、鲜甜是60～100分的得分项，可达到优等生的资格。回甘则属于附加分，超水平发挥，可遇不可求。

分散与拥挤。风味成分藏在茶细胞里，冲泡时受水的吸引蜂拥而出。如果这些风味物质同时出来，而且“抱团”拥挤在一起，风味交叠，感官不容易把单一风味辨认出来，只能感觉到模糊的轮廓，就像很稠的八宝粥。相反，如果风味物质依次出来，拉开距离，茶汤比较稀薄，结构疏松分散，就像很稀的小米粥。

重揉重发酵的红茶，下汤太快，风味拥挤，而黄山毛峰下汤慢，风味分散。如果同一种茶出现分散与拥挤现象，那就是水质问题了。水质太硬，钙、镁离子多，容易把风味物质吸引出来并聚合在一起，难以分辨；纯净水也容易把风味物质泡出来，形成浓汤。用一定TDS的水泡茶，得到清晰的风味分布，呈现出立体可供鉴赏的感知空间，领略风味的层次感。极端情况下，如果红茶出现了冷后浑络合结晶，这时分别尝下络合物和剩余茶汤是什么感觉。

个性与平衡。风味平衡的茶汤与个性突出的茶汤其风味结构不同，萝卜青菜各有所爱，偏科的好学生能成才，职场需要像激光一样专注于优势领域的人；不偏科的学生能考高（总）分，老师、家长喜欢全面发展的优秀。强化了某一种风味而弱化了其他风味，付出就有回报，获得就有代价，没有绿叶的陪衬，红花也不鲜艳；但管理大师德鲁克说：“弥补短板只会让你平凡，发挥优势才能实现卓越。”

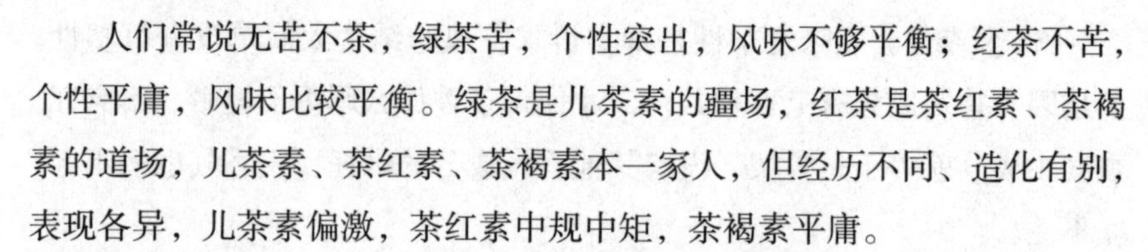

人们常说无苦不茶，绿茶苦，个性突出，风味不够平衡；红茶不苦，个性平庸，风味比较平衡。绿茶是儿茶素的疆场，红茶是茶红素、茶褐素的道场，儿茶素、茶红素、茶褐素本一家人，但经历不同、造化有别，表现各异，儿茶素偏激，茶红素中规中矩，茶褐素平庸。

数量与质量。风味结构是个骨架，需要血肉填充。数量型风味如浓度、萃取率、强度等，强度包括酸度、香度、鲜度、甜度、醇厚度、回甘度、苦度、涩度等。质量型风味如香型、层次感、鲜甜、回甘、品性等，品性包括瑕疵、色泽、干净度、均衡度、一致性等。数量是基础，质量是生命，量变引起质变。

在数量维度上用温度和时间等冲泡技术调节茶汤浓稠强、淡稀弱、前中后风味，在质量维度上用品种和加工技术调节鲜香甜、苦涩甘、令人舒服的风味。

喝茶简单平常就好，搞得这么复杂，真是画蛇添足，请各位海涵。

第四节　茶风味轮

风的形成是太阳光对地表的不均匀照射引起的热对流，风味也是因为地球人不同的饮食习惯引起的互相交流。风味一定是服从于需求，只有人们喜欢才能把原来不是很普及的风味流行起来，普遍不喜欢的风味会被逐渐淡忘。

问题和思路。世界各国对于风味的描述各有千秋。汉语言内涵丰富，表达灵活。尽管白酒有6000多年的历史，直到今天只能品出白酒的“浓香”“清香”“酱香”，抑或是“尖香”。而不像欧洲人搞出葡萄酒“风味轮”，把具体的风味具象成日常生活中可参照的对象，如花香、果香。其实酱香、浓香、清香在口感上就是辣度差别，如果用三个辣椒表示酱香、两个辣椒表示浓香、一个辣椒表示清香就比较容易理解了。

香气馥郁、滋味醇厚是传统茶文化中最常见、最流行的词语，这要归咎于汉字表意的强大功能和中国传统文化的朦胧意境。比如“鲜爽”“甜爽”“甘爽”等，“爽”是一种深深战栗，感官受到强刺激后的心理感觉，吃了辣椒后的爽、干了一件漂亮事情后的爽，爽是结果，但过程往往不爽。“甜爽”是口舌遭遇苦涩之后的心意，毕竟秋高气爽是对夏天闷热的不满。又如制茶“工夫”和泡茶“功夫”，“锐则浓长，清则幽远”，更有“岩韵”“观音韵”，不明觉厉。但谁能准确描述这“馥郁”“醇厚”“韵”究竟是个什么味?

风味像一幅不规则的图案或片段音乐，很容易辨认出来，却很难描述，只能用其他类似的、熟悉的东西来形容、去认知，这就是风味轮的作用。但我们品茶最终要感知的是一款茶的整体风味和记忆，而不是这款茶所含香气成分的气味和滋味成分的味道，以及用来形容描述香气和味道的参照物，也就是说，风味轮只是工具，而不是目的。

风味一定与脑海中的记忆有关，对风味不敏感的人、美味记忆不多的人较难欣赏风味，所以风味与吃货之间是相辅相成的。只有多喝才能慢慢感觉到茶的精致味道，同时要建立和完善自己的风味记忆库，平时喝茶要有意识地锻炼风味存储和连接，与爱好者多交流。有人说吃饭喝茶轻松一点，不要这么累。但世上就怕有心人，你不理风味，风味不理你。

跨界找灵感。1978年，苏格兰威士忌研究协会制作出第一张葡萄酒风味轮，1984年改版；受葡萄酒风味轮启发，1995年美国咖啡协会的Ted Lingle发布了第一版咖啡风味轮，2016年美国精品咖啡协会发布第二版咖啡风味轮，修订的最大看点是香气与滋味的融合，不再把二者独立对立起来，而是强调感官的协同作用。咖啡风味轮建设有很多值得借鉴的方法和思路，这里简要梳理一下。

目的：统一咖啡风味交流语言，达成共识，超越人界，推广精品咖啡。风味轮是描述性的，不是规定性的，风味轮是感官体验的向导，风味轮与风味本身无关。

基本出发点：从科研成果而来，比如按照风味有机物分子量大小排列；风味参照物选用日常生活中经常接触到的食物，如草本植物、发酵物、水果、花、糖类、坚果、香料等。

配套文件：第一版咖啡风味轮配套《咖啡杯测手册》，规范了行业标准；第二版咖啡风味轮配套《感官词典》，选出99个风味词汇，做了详细的定义性描述，剔除了不易测量的触感类词汇，如涩的、质地、口腔触感等。该词典识别出110种存在于咖啡中的香气、滋味和口感特征，并为测量它们的强度提供参考。风味词典要接地气，比如“黑莓”，用的是“黑

莓酱”的风味，这样即使从未尝到过黑莓鲜果的人也能够建立起联系。

表现风味产生的底层逻辑：风味轮描述了咖啡种植、处理、烘焙、萃取和感官的内在规律。第一版香气风味轮分为二瓣，左边是瑕疵气味，右边是正向香气，对立统一。右边香气组自上而下排列顺序是分子量越小越靠上边，越容易挥发，越容易被感知。香气包括初始阶段酶促反应生成的香气（种植、初加工），烘焙阶段生成的香气（酶促反应、美拉德反应、焦糖化反应、干馏化反应），萃取阶段释放的香气。

相邻风味依据：花香与果香相邻，是因为这两种香气都是酶促反应带来的，在生物、物理和化学上有相近性。

新版咖啡风味轮建设：美国咖啡协会与多所研究机构、大学、行业代表合作，测试分析全球13个国家、105个咖啡样本、29名志愿者、43名行业专家，用软件做独立测试，大数据分析（凝聚层次聚合分析法、多维尺度分析法），首先将风味规整出大类，建立起大类之间的联系，比如“酸味”“花香”“果香”“甜味”紧邻（即把香气与滋味联系起来了），大类项下再纳入具体的香型以及排列顺序，比如：果香—莓果类果香—黑莓、树莓、蓝莓、草莓（排列顺序有讲究）。

新版风味轮亮点：新的风味轮犹如一个绚丽的万花筒，充满活力，由英国伦敦One Darnley Road专业创意机构设计，每种颜色和色调都是精心挑选的，与相应的风味最佳匹配，将一个复杂的技术工具变成一件普遍喜欢的艺术品，印在海报、衣服上，甚至作为自拍背景。

我们将咖啡风味归结为九大类，即风味轮内圈的九格：花、水果、酸质/发酵、绿色植物/草本植物、烘焙、辛香料、坚果/可可、糖类和其他，这是大部分人都能分辨出的粗略的风味类别。中环是二级明细科目分类，普通喝客有的能分辨出来，有的则难以分辨。外环则是细化的风味参照物，要分辨出与参照物相似的风味，就要先尝过参照物，对其风味形成记忆，然后需要专门训练，掌握风味描述能力。

这是一项非常重要而艰难的工作，确定了咖啡风味的基本类型，在此基础上展开细节。新版咖啡风味轮共用了85种风味参照物，就是说，尽管咖啡中含有800多种风味物质，这些物质组合成不同的风味，但常见的、有影响力的就是这85种风味，或者简单粗暴地说，咖啡就85种风味，已经多得把感官吓呆了。

在可视化的平面风味轮上，各种排列和颜色赋予风味确切含义。比如“花香”和“其他”面对面两极，“甜味”“水果”和“花香”紧挨相邻。又比如花香、果香用鲜艳、明亮的颜色，这与日常的观感吻合，把“鲜香”“鲜甜”与色（艳、亮）、香（花、果）、味（鲜、甜）自然联系起来。“花香”用粉色，“果香”用橙色，“丁香”“肉桂”“肉豆蔻”“茴香”香料用棕色，“巧克力”用褐色；风味之间的缝隙大小代表两种相邻风味之间的相似程度，缝隙越小越相似，难以分辨，比如“巧克力”与“黑巧克力”之间的缝隙很小，而“丁香”与“花生”之间的缝隙就很宽；食材搭配方面，选用相邻的风味容易搭配，但缺乏层次感，使用相距远的风味搭配风险较大，但可能有意想不到的效果。

风味轮里圈是大类，中圈是小类，外圈是具体的味。风味轮直观地给出香气与滋味、瑕疵与正向风味的联系，先看内圈确定大类，然后向外看确定类别，再看外圈确定最终风味。

问题：风味轮以欧美文化和习俗为中心，不够包容，带有明显偏见。比如蓝莓、枫糖浆、蔓越莓、覆盆子等都是美国人熟悉的词汇和风味。另一方面，风味轮适应于训练有素的人员使用，但这样容易形成“回音室效应”，即在一个封闭的环境下，意见相近的声音不断重复，并以夸张或扭曲的形式重复，以至于多数人认为这些扭曲的故事就是事实的全部，扼杀了现实世界中风味多样性和非专业人员的再创造。

风味轮本土化。风味轮需要不断更新，因为新技术推动新风味不断涌现。比如咖啡风味轮只有18种水果的风味描述，不够丰富和广泛；厌氧发酵咖啡豆所酿造出的风味远超咖啡风味轮所能定义的范围，等等。世界各地的风味轮不应该是一个，而是根据当地的文化特点，推出修订版本，以保持代表性、实用性、包容性、多样性，适应本地人群，回归风味有“文化偏见”的属性。

咖啡风味轮本土化以美版为基础，就像一个开放的实验室，或者像华为的鸿蒙平台，可以添加更多独特的本地风味。在杯测实践中积累大量的本地常见风味，征求民众意见，列入候选名单，剔除一些模糊、不普遍或不一致的术语。比如，台湾咖啡风味轮就是在精品咖啡推动下做出的本土化，2018年发布，有95个条目，增加了本地特色的风味，如肉酱、人参、杉木、桂花、洛神花、酒酿（甜曲米）等，水果类增加了龙

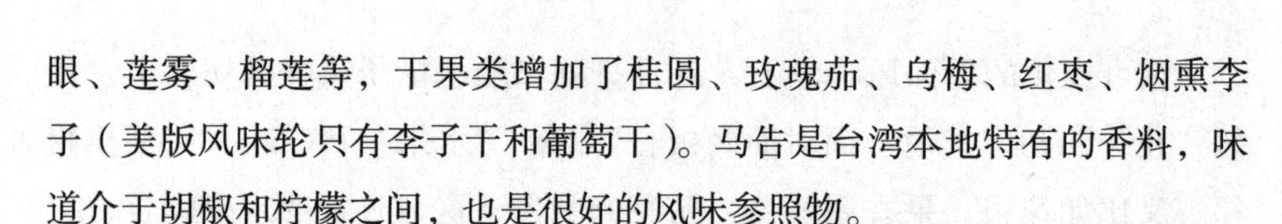

眼、莲雾、榴莲等，干果类增加了桂圆、玫瑰茄、乌梅、红枣、烟熏李子（美版风味轮只有李子干和葡萄干）。马告是台湾本地特有的香料，味道介于胡椒和柠檬之间，也是很好的风味参照物。

印尼是世界第四大咖啡生产国，曼特宁咖啡享誉全球。民间机构针对本国实际开发了本地风味轮，并指导咖农使用，服务全球客户。印尼是香料大国，所以印尼版咖啡风味轮增加了香料风味，包括36种香气参考（美版有18种，其中香料类6种）和82种感官描述。印尼咖啡多数以“湿刨法”为主，就是重视咖啡果肉在发酵过程中对咖啡豆风味的正面影响，所以印尼版风味中将咖啡果肉划分在“发酵”部分，而美版中划分在瑕疵风味。

茶风味轮要解决什么问题？简单地说，风味轮就是要让全世界所有喝茶的人都可以在同一“频道”上用相互能听得懂的语言交流风味。因为风味轮把能感知到的味觉、嗅觉、触觉系统地、具象地归类，是一种能准确描述风味的可视化工具，是高效的风味语言。

在舌头这个舞台上，味觉是主观的。为了让感官评价更科学，可以更合理地设计评价指标；为了让科学评价感官化，能够让风味在感官上放大展现，就要培训。风味轮方法可以有机地把二者结合起来，也就是说，风味轮能抹平一些主观性，增加一些科学性。

风味轮是一种工具，可以像字典一样方便使用，可以帮助消费者在买茶和喝茶时获得更多信息，关注到每一个风味细节，增加喝茶乐趣，丰富精神生活，自娱自乐是现实生活中成本低、幸福指数高的行为。

茶风味轮构建。这里介绍的是正规的风味轮研究，不包括民间演绎。2007年，国外报道了绿茶感官评审风味轮，2012年，国外发布第一款南非“博士茶”风味轮，2019年，中国学者发布了多款茶风味轮。

风味轮建设首先要开发茶风味词库，编制感官词典，使其成为风味实践指南，既是操作说明书，也是标准，这是一项艰巨的工程，需要不断完善。《茶叶科学》杂志报道，2019年，中国农科院茶科所张颖彬研究员等对中国茶感官评审术语做了系统研究；2019年，西南大学Li Huahua等对湖南茯砖茶风味术语做了研究；2021年，安徽农业大学戴前颖教授针对安徽霍山黄大茶用感官评价分析法提炼风味术语。

风味轮构成要件：圆轮形式、风味属性、定义、参照物、强度和操作说明。

圆轮形式：共三层，内层是总分类，中间一层是子风味，外层是风味对照物，由内向外、由粗到细、由大类到具体。

风味属性：根据感官属性分为滋味、香气和口感三大类。

定义：对每个属性给予明确的定义，如甜味，是五味之一，基本味觉，蔗糖是最典型的代表物。

风味对照物：每一个属性都对应一个或几个参照物，作为该属性的标准，如烟熏味有二硫化苄，松烟、枫球烟和木灰四个参照物。

强度评分：每个参照物都有一个强度分，分值在1～10之间，帮助评价人员对照参照强度给样品属性强度打分。

操作说明：就是风味轮使用说明书，比如评测环境、光线明暗、茶具要求、温度等。

表6-1给出了“甜”味在风味轮中的具体示例。

表6-1 “甜”味在风味轮中的具体示例表

内层，总风味属性	甜				
中层，子风味属性	红糖	香草	香草醛	甜腻	甜香料
外层，对照物属性	糖浆，枫糖，焦糖，蜂蜜				
“甜”的定义	五味之一，基本味觉，蔗糖是最典型的代表物				
强度测评参照物	强度得分		操作说明		
1.0% 蔗糖溶液	1.0		放在加盖的 1 升塑料容器中		

茶风味轮建立了实物与风味、风味与颜色之间的约定，绿色草本植物、黄色的花香、橙色的坚果、浅蓝色的甜香、深蓝色的烘焙味、红色的香料、粉色的水果、棕色的木质土壤大地味。

中国茶风味轮。张颖彬等提出针对所有茶类的风味轮。用126个感官术语“基元语素”，包括32个颜色属性，13个滋味属性，75个香气属性。可见茶风味轮仍然以香气特征为主，75个香气属性归属为7大类特征香气，即基础特征、品种特征、树龄和环境特征、品种与工艺特征、工艺特征、工艺与存放特征、存放特征。

汤色描述：主要汇集《GB T 14487—2017茶叶感官审评术语》中的

汤色描述词语，根据词语中重复出现的字进行简化、组合，找到合适的茶汤描述词语。单字有：浅、清、澈、明、亮、净、鲜、艳、深、浓、暗、混、浊。组合词有：明亮、深暗、黄亮、红明等。颜色有：绿、黄、红、褐等。

香气描述：香分为七个维度，即高、扬、长、郁、锐、浓、幽。

九个香型：花香、叶香、蔬果香、干果香、木香、药香、糖香、烟香、香料。

滋味描述：分为三感，即体感、口感、气感。味分为五个维度，即苦、鲜、甜、酸、回甘。口感分为涩、醇、厚、浓、纯、平、和、淡、寡。

戴前颖等系统研究了黄大茶的风味语言体系，筛选出8名有经验、受训后的感官评价员组成小组，对样品的表观属性、气味、滋味、风味、质地等进行自由描述，初步选出110个风味描述词汇；进一步筛选，删除快感术语、定量术语、同义术语等，描述词汇减少到69个；最后用“5点标度”、计算几何平均值等分析方法，提炼出27个词汇。给出每一个风味描述词汇的准确定义，比如“醇和”定义为滋味稍淡、鲜味不足、无粗杂味。给出18个风味属性参比样，其中15个参比样赋予对应15点标度的风味强度值，比如锅巴香，0.5克锅巴粉风味强度为4，2.0克锅巴粉强度为8，5.0克锅巴粉强度为13。得到黄大茶风味轮，内圈是2个一级分类味觉和嗅觉；中圈分为4个二级分类：香气、风味、基本味道和口感，其中香气（包括烘焙香、焦香、植物气和甜香）对应于嗅觉，风味、基本味道和口感对应于味觉，其中“风味”（flavor）一词划归味觉，类似于美式咖啡风味轮的分类方法，实际感官体验更接近湿香，如烟焦味、烤谷物味；外圈是27个三级术语，包括19个味觉风味，8个嗅觉风味，其中醇厚、醇和没有办法对应参照物，简单理解为喝黄大茶能有27种较明显的风味体验，你喝出来了吗？

黄大茶27个风味术语中19个与味觉、8个与嗅觉关联；湖南茯砖茶17个风味术语中11个与香气、6个与滋味相关，这是不是从另一个侧面反映这两款茶的风味差异呢？感官评测出来的风味术语越多，说明该款茶越有优势，术语少说明“味屈词穷”。

台湾产茶大概有六种，分别是绿茶、清香型条形包种茶、清香型球形乌龙茶、烘焙香型球形乌龙茶、东方美人茶、红茶。台湾茶农、专家、茶人通过大量样品实测，用风味轮这个工具建立了六种茶的风味标准，即每一种茶一个风味轮，列举了该款茶所有可能鉴定出来的风味，任何人透过风味轮即可轻松辨识台湾茶的风味，实际上也是“地理标志”产品的可视化、指纹化。台湾茶人主动出击，率先发布六种茶风味轮，确立了台湾茶的风味索引，掌握话语权，风味轮印刷在包装袋上，开拓市场。

台湾的绿茶风味轮和台湾烘焙香球形乌龙茶风味轮是台湾绿茶和乌龙茶风味轮，这种风味轮不是通用性的，只是针对台湾茶的专属风味图谱，从每一种茶的风味轮中可以直接阅读出这种茶的风味特征。从风味轮颜色看，总体亮艳，色调清雅，没有大红大紫，没有灰暗深色，说明台湾茶整体上风味轻盈淡雅，重香气轻滋味。绿茶不发酵，茶汤翠绿显黄，略带蔬菜味，甜香甘醇，绿茶风味轮有58个风味词汇。清香球形乌龙茶为高山轻发酵，汤色蜜绿带黄，滋味甘醇柔滑，香气雅淡，香气与滋味并重，后韵持久。

台湾茶的香气极为丰富，风味轮香气子分类和对照物很细目。以条形包种茶为例，有花香、果香、甜香、青香、坚果杂粮、烘焙香；花香又分为清香及浓香；果香分为青果、熟果、干果；甜香分为奶香、糖香、蜜香；青香分为豆类、蔬果、青草；坚果杂粮可分根茎、谷物、坚果；焙香分为烟焦、焙烤。香气繁多，风味轮甚至把“不香”的气味也一并列入。

风味轮没有好坏之分，只是把各种可能出现的风味罗列出来，难以辨别的都归类于“其他”。“其他”类不属于瑕疵味，只是一种描述。像木质味、薄荷味、肉桂味等味，有人喜欢也有人不喜欢。以条形包种茶为例，香气中“其他”包括化学类、辛香料、海洋、陈旧味；化学类的气味包括塑胶、橡胶、西药；辛香料的气味有薄荷、罗勒、肉桂、中药；海洋味有鱼腥、海带、海苔；陈旧味指腊油、污泥、霉、泥土。

看了风味轮，有人就要问你真能喝出菠萝味？其实喝不出那么强烈的菠萝汁味，也不必为此尴尬。风味轮是一个实用性经验性指南，丰富了喝茶的趣味性，增强了品茶的参与度。

茶叶风味轮研究和使用处于起步阶段，基础工作还很薄弱，制作团队人少分散，系统性差，方法局限，社会代表性不够，针对性、创新性不足，成果不显著，尚未形成影响力。笔者在此呼吁有实力的企业担纲，组织社会力量做好这项有益的工作，对全球茶业发展建功立碑。

第五节 指标体系

评价茶风味指标很多，不同茶类、不同评审目的、不同消费者关注的指标不一样，本节把常用于评价茶风味的指标总结出来，分析归类，准确定义，建立起“指标体系”，为以后的应用打好基础。

风味鲜明并不等于高质量，高香往往给人鲜明印象，但香气只是风味特色的一部分，口感触觉愉悦程度、干净度、鲜甜、苦涩、整体平衡感、结构复杂度、层次感都是人们喜欢喝茶的理由，所以建立风味指标体系非常重要。

杯测和比赛都需要各自独立的评价指标。杯测针对茶不对人，测评茶风味品质，要重点考察茶的品种、种植、初制或烘焙所塑造出来的风味，给茶打分。比赛又分为成茶风味赛、烘焙比赛、冲泡比赛。成茶风味赛是在现场赛茶，隐匿茶样主人，获奖发给茶样主人；烘焙比赛和冲泡比赛针对选手和茶，限时现场赛人，获奖发给选手。不管哪种杯测和比赛，对评委的要求是一致的，主要是审评茶样的风味。

赛茶一定是同类茶，不同类型茶无法比较风味；烘焙赛人用同一款毛茶，不同选手针对一款毛茶才有可比性，如果是烘焙拼配茶，更能展示个人对风味的把控，展现选手的能力；冲泡赛人有指定茶样和自选茶样，指定茶样对所有选手都一样，公平合理，自选茶样充分展示个人冲泡技术和表演魅力，利于选手发挥潜能，体现出赛人的合理性；杯测是一门技术，适合于所有风味审评，如果改造成比赛，也可以有各种各样杯测比赛。

风味表征。不同国家或地区习惯使用的指标不同，全球审评项目常用外形、汤色、香气、滋味、叶底五个指标，也有“八因子”评审法，评干茶的外形、色泽、整碎、净度，和评湿茶的汤色、香气、滋味、叶底。日本在讨论茶叶风味时常用香气、茶色、浓度、涩度四个指标。我国台湾茶则常用香气、甜度、风味、滋味、口感、尾韵、平衡、干净度八个指标。

审评中对干茶外形、叶底的重视，是基于过去茶叶科学不发达条件下提出的，现在检测技术把茶叶中的风味成分全部挖掘出来，并有系统的感官训练，能把风味成分与感官信息对应起来，全面准确地感知和表达风味，所以原有的审评因子明显不合时宜，变革的命题就此提上日程。茶样可以五花八门，但风味规律可循。茶叶品质审评必须回到风味至上的原则，看茶形和叶底捕捉到的风味信息是间接的，信息量小，而且与实际喝茶的关注点相去甚远。最直接有效的还是风味内质，即色、香、味，所以审评重点要回到色、香、味本质上来。

香气分为干香和湿香。欧美人称湿香为“aroma”，对“aroma”只作评价不计分，相应的“aroma”内容融在“flavor”中，“flavor”强调嗅觉和味觉的不可分割性，正像吃水果的自然感受。

英语里隐隐约约的飘香叫“fragrance”，即干香，激发荷尔蒙的香气叫“perfume”，不太好闻的气味叫“smell”。可见欧美人嗅觉发达与表达嗅觉的词汇丰富是匹配的，正因为如此，欧洲人最早发明了葡萄酒风味轮，而且风味轮所用词汇大部分是香气词汇，但不知道与其大鼻子有无关系。

中国习惯感官性、描述性的分类和标准，与国际通行的指标化、量化方法不同。杯测、比赛用评判指标要尽量客观公正、可测可评、跨文化适用。

指标分类。目前还没有公认的茶叶风味指标和评价体系，需要众人在实践中总结出接地气的指标体系。指标总体上分为两大类：一类是可量化指标，数量和质量两个维度，如香气、甜度、苦度、涩度、色泽、回甘、瑕疵等；另一类是不可量化指标，如一致性、干净度、平衡度、醇厚度、韵味、整体评价等，只有一个维度，即是否、有无。由于风味存在协同和掩蔽，在设计指标时要考虑甜香与甜味、甜味与苦味、涩感与回甘、余味与平衡度等关联关系。韵味包含在整体评价中，避免“韵”的歧义和不确定性；瑕疵与干净度不完全等同，瑕疵往往是从滋味中感受，不干净往往是从气味中感受。

业界已经形成从香气、滋味和口感三个方面评价饮食风味的定式。

比如番茄，气味：草气、青涩、水果气、霉味、土味；滋味：甜、酸和鲜；口感质地：多汁、硬实、生涩、沙软、柔软。

指标顺序：由于风味物质随温度变化，从泡茶开始到室温，呈香呈味物质一直在变，同时感官受体敏感度与温度有很强的关联，所以评审时指标的先后顺序也有讲究。尽量在最能显示某种风味指标的时候来评价这个指标，过了最佳显味温度区间来评价这个味容易失真。另外有些指标评价需要的感官相同或相近，这些指标应靠近，并关联评价，避免重复使用同一感官，浪费时间。按照降温顺序安排指标评价先后顺序，印在纸上的评分表格从左到右设置指标，合理设计，提高效率。

首先确定第一个和最后一个指标，头尾最重要，所谓“评头品足”。风味评价第一个指标是香气，干香、湿香在泡茶高温时挥发最旺盛，刚开始时香气浓，过一会就淡了；最后一个指标是甜，因为甜味觉在40℃左右最敏感。从15℃升高到37℃，甜味受体的敏感度提高100倍。茶汤刚进入口腔，含量最多的茶多酚也是味感最刺激的成分，所以刚开始很难有甜感。

排在第二位的是色泽，因为这个时候茶汤温度可能还在65℃以上，不能入口，是观察色泽的最佳时期，温度再降低，茶汤表面氧化色泽变差。排在第三位的是鲜爽、苦涩和余味，这三个指标本质上都与茶多酚、儿茶素、茶黄素、黄酮、咖啡碱、氨基酸有关，评价这三个指标所用感官相近，所以这三个指标应统筹考虑。60℃左右舌头对苦的敏感度高，也是茶汤可以入口的温度，这时还能感受湿香。先啜吸一口在口腔中充分搅拌扩大接触面后咽下，静静感受等待余味。低于60℃就会开始有络合现象，影响风味感受的准确性。60℃～50℃是评价醇厚度、一致性和平衡度的最佳区间，这三个指标可以同时感受，或者说是用这三个指标评估萃取率和浓度，以及萃取均匀性。换句话说，金杯萃取关注的是醇厚度、一致性和平衡度，用萃取率和浓度来计量这三个模糊的质量指标。50℃～40℃是评价瑕疵味的最佳区间，因为温度低一点瑕疵味才能显现出来。

指标评价要点。在现场没有检测仪器的情况下，只凭感官，需要关注一些细节才能评价得更客观，才算抓住要害，突出风味重点，既不抹杀优点，又不放过缺陷，对茶对人尽可能做到公正，所以要找对这些细节，并对每一个指标约定一些评价规则。

汤色。长期以来，干茶的形色被用作判断茶风味质量的一个指标，建立起对应关系，但也遇到尴尬，比如绿茶的颜色也有黑色。茶产量越来越大，机械加工自然成形无规则，以前的手工造型少了。所以用干茶、叶底的形色评价茶风味质量不尽合理。

茶汤色泽能准确反映茶的风味质量，干茶和叶底形色所包含的风味信息可以体现在茶汤色泽中。汤色可以定量检测，与风味成分有直接的对应关系，能从色泽的角度标度风味质量。

加分项：黄绿、淡黄、金黄、橙黄、红黄，清澈、光亮、透明。

减分项：棕色、褐色、黑色，浑浊、沉淀、无光泽、不透明。

干湿香。干香是烘干、烘焙、醒茶、温壶时干茶散发的香气。湿香是高温水洗茶、头二泡散发出来的香气。湿香有两种来源，一种是挥发性成分被水蒸气带出来；另一种是香气成分溶解在水中或油脂中，附着在杯子内壁或口腔中，逐步释放出来。

乌龙茶香气成分足，不仅挥发出来的香气多，溶解在茶汤中的香气成分也多，所谓味中透香，就是湿香明显。用洗茶水洗杯倒掉后闻空杯，香气非常浓郁。高温香气浓，低温香气淡。

香气评价分为香气质量和浓度，香气优雅怡人、浓郁悠长，得分高。如果有浓重的特殊气味不受一些人喜欢，如香料，也不应该打低分，因为这是茶叶本身的特征（人工添加除外），可以在“平衡”项中扣分，也可以在“整体评价”项中扣分，而不应当作瑕疵风味。

加分项：熟板栗香、兰花香、桂花香、橙花香、茉莉香、焦糖香、玫瑰香、玉兰奔放艳丽的香、梅花轻柔悠长的香。

减分项：烟熏气、稻草气、霉变味、青气、不干净气味。

鲜度/甜度（Sweetness）/苦度（Bitter）。甜的价值要与苦对观，“苦基调的甜”是现实的，苦味成分含量远多于甜味成分，甜是从苦味中逃逸出来的，甜的时间短暂。衡量甜有两个方面，即有没有“被苦掩盖了的余甜”和“四杯茶汤”的一致性。茶甜一定是淡淡的、隐约的，有可能感觉到蜂蜜、饴糖、焦糖、水果的甜，绝对不会像蔗糖那样渍口。

衡量苦从强弱和苦质两个方面着手，好的苦是柔和的苦、快速消失的苦、水果的苦、被甜中和了的苦，能够让人苦中作乐、激发正面评价的优质苦，是好茶的标志；不好的苦如尖苦、涩苦、咬喉的苦。

茶喝不出味精的鲜，只有被茶多酚、咖啡碱等络合过的苦鲜，叫鲜爽，新茶是鲜爽、鲜甜、鲜香的融合。

加分的甜：从苦味中“逃”出来的甜、香气中的甜、鲜味中的甜、干果的甜、隐约的甜。

加分的苦：微苦、柔苦、短苦、被甜亲吻过的苦、络合物的苦。

加分的鲜：鲜爽、新茶的鲜、苦味转化过来的鲜。

减分项：无甜、奇苦、涩苦、咬喉的苦、无鲜、陈味。

口感/涩感/回甘/余味（Aftertaste）。余味是茶风味整体不可分割的一部分，是喝下去之后风味的延续。评价余韵有三个向度：强度、长度和品质。品质指是否令人愉悦、是否有不舒服的感觉。强度越高、持续时间越长，“良久有回味，始觉甘如饴”，则得分高。余味并不完全是滋味的重复，回甘是独有的余韵。回甘在茶风味指标中的权重应该高一些，因为回甘特别喜悦、感人，是香气和滋味里感受不到的。

正面的余味：回甘、生津、明显、持久、蜂蜜、甘饴。

负面的余味：干涩、杂味、短暂、灰尘、快速消失、没有余味。

不管喝什么茶，口感很重要。口感是一种整体感受，口感不好可能再也不会喝了。如果口感不在预期之内，要么喝茶人不了解茶，要么茶有问题，可能是新奇的茶，也可能是加工或存放坏了。

加分的口感：顺滑、轻盈、柔和的涩、苦的涩、短暂的涩。

减分的口感：涩、怪、不苦的涩、颗粒感、沉重感、水稀感。

涩是儿茶素惹的祸，儿茶素在绿茶中像个脾性暴躁的少年，在黄茶、乌龙茶中像个性格温和的中年人，在红茶、黑茶中没了脾气，含量很少了。绿茶的涩度也有差异，大部分绿茶涩感并不明显，甚至没有，所以不必“谈绿涩变”，也不必有消除涩感的预设，没有苦没有涩，茶一点也不好喝。嫩芽茶刚生产出来几天内喝就有不舒服的涩。

加分的涩：温柔的涩、短暂的涩、带苦的涩、钝化的涩、生津的涩。

减分的涩：尖涩、长涩、口腔里连成片的涩。

平衡（Balance）。金杯萃取的茶就是平衡的，适合大部分人。所以在评价中，平衡度放在干净度、甜鲜苦涩、口感、余味之后，属于压轴项目。平衡也容易与没有明确的风味混淆，如何理解平衡度指标的综合性？

平衡指各项风味处于和谐协调状态，整体表现给人舒服的感受，不会很突兀，也不是一杯苦鲜甜平衡的茶就一定好喝。那么失衡的茶有什么表现呢？苦、涩极端肯定令人不舒服，因其浓度太低、口感差、没有香气、味道太单调而没有吸引力、没有回甘就像没有善终，同时缺乏美感，令喝茶人失望。

平衡也意味着风味指标的平衡，就是在蜘蛛网图上各指标得分匀称，连线比较圆滑。欣赏平衡度要求感官敏锐，最好是有专门训练才能尝出隐藏在平衡里的个性。这样才能喝出平衡的魅力，百喝不腻，常喝常新。

平衡度的加分项：完整、均衡、多种丰富的味道、有层次感、有复杂度、热冷滋味各有不同、前段（第一泡）与尾段（第三泡）呼应。

平衡度的减分项：不均匀、强烈的、没层次、尖锐的、无尾韵。

干净度（Clean cup）。相对于饼干、罐装饮料等食品，茶叶生产各环节的卫生、干净程度要差一些，况且茶厂SC认证还没有完全覆盖，这给茶叶风味带来负面影响。这里讲的干净度主要是指风味里的杂味，不涉及卫生问题。

干净是可感知的综合风味，不能有杂味、怪味，反过来说，风味是清晰的、透彻的。虽然有时候找不出明显的杂味，但其风味模糊，难以辨别，给人一种浑浊的感觉，这也是干净度欠缺的表现。干净度常以鼻后嗅觉感知，干净度排在评价指标的首位，因为不干净最容易从气味中感觉到，如果一个茶样有明显的不干净气味，那么立刻就可判定其不合格，没有必要继续评价了，“一项否决”。

除了不干净气味，还有不干净滋味，往往是种植、采摘、加工、烘焙、存储、冲泡中受到污染或人为失误造成。燥味、烟呛、霉味、青臭、土腥、水味、陈腐味、化学药剂等令人不悦的杂味会严重抑制和掩盖好的风味，甚至影响心情。

干净是追求风味的一种境界，除了明显的瑕疵味，不干净的因素还有新茶的燥感、陈茶的陈感、茶毫、粉茶、末茶与过度冲泡引起的浑浊感等。茶苦不属于不干净，萃取率低比较容易体验干净度，高萃取率、高浓度的茶汤难以体验干净度。

干净的味：透明、清洁、无杂味、无异味、无燥味、无陈味。

不干净的味：浑浊、沉淀、添加物、草味、水味、油味。

瑕疵（Defect）。瑕疵是风味缺陷，在任何一个环节都可能造成风味缺陷。瑕疵风味在总评中会被放大处理，杯测时计分办法是：瑕疵分数等于发现瑕疵的杯数乘以瑕疵强度，再从总分中扣减。

瑕疵减分项：见“第四章第十三节瑕疵味”。

醇厚度（Body）。醇厚度属于口感指标，是感受，不是味道。体现茶汤中主要干物质是什么以及含量多少，可以认为是茶体重量，是一种重量感、丰满感、厚重感。厚度是薄厚、浓稠、寡淡程度，醇度是内含物的浓烈程度，醇厚也与茶汤中不溶于水的物质（如蛋白、纤维）有关，极端醇厚是膏状浓缩物。

影响醇厚度的一个因素是茶叶中的胶质成分，包括不溶解于水中的悬浮物质和油脂，比如蛋白质分子、纤维、果胶、多糖等大分子物质，这些不完全溶于水的物质提升了茶汤的饱满、醇度、厚度、润滑度、张力、弹性，喉咙可感受到由胶质传达出来的黏稠感，就像酒类挂杯。茶汤里含有一些油脂性的成分，醇厚度就好，如果用滤纸过滤掉油脂，茶汤醇厚度就差，但干净度就好。

“醇厚度”是用舌头的中后部位“称量”的，舌尖太轻浮，不能承受“醇厚”之重。这是一个深层次的风味体验，要发挥整个口腔的感觉。多数人对用喉咙感知风味比较陌生，没有专门的训练、不是特别醇厚的茶，喉咙没有发言权。多酚类物质是醇厚的灵魂，醇是由苦涩转化而来，醇有“麻、辣”感觉，醇厚是余韵的条件，只有醇厚才有好的余味。

醇厚度是一个多因素综合指标，可以从黏稠、厚实、顺滑、单薄、粗糙、涩感等方面理解。口感的“重量感”可以从酒、咖啡、茶的比较中窥见一斑，酒最重，茶最轻。从生物学角度，果实积累的营养成分要比叶子厚重，所以白酒、咖啡比茶叶的口感要重一些。但此“重”不是重量，而是刺激性、黏稠度，比如50°白酒，含有50%的乙醇，乙醇密度小于水，如果二者不相溶，乙醇就浮在水的上面，但因为二者溶解就混在一起，水没有刺激性，乙醇有。

加分项：醇厚、浓淡适度、黏性、油腻、润滑、余味悠长。

减分项：粗糙、水味、无重量感、稀薄、砂质、颗粒、过分刺激。

整体评价（Overall）。是从整体上综合评价，比如品种特征、地域特征、高山特征是否明显，一味难求、拍案叫好、难喝想吐的感觉有没有等。整体感受可以适当弥补单项评价带来的偏差或失误，但绝不是其他指标的折算。

茶韵。这是什么味？韵味是中国茶与汉字的有趣组合，民间已有广泛流传，比如岩茶的“岩韵”、铁观音的“音韵”、单丛的“丛韵”、高原红茶的“蜜韵”、生津回甘的“喉韵”等，比较玄妙，难以实际体会。但是如果把一款茶非常显著的特征风味诗化成某种“韵”，也未尝不可，其实韵就是气质。比如山野散养茶的自由不羁、高海拔茶的冷香、有机种植的纯净、长满苔藓老树茶的菌味等。如何在尊重事实的基础上，把这些“韵”定性甚至定量评价出来，是个难题。茶韵这项评价放在整体评价中。

整体评价加分项：有韵、特征明显、无缺陷。

第六节　以度审味

茶业转型，科技引领。风味至上，”科技方法论”助一臂之力。大型检测仪器不可能普及到茶饮店、茶城等百姓可及的范围内，而便携化的各类小型测试仪，可以实现风味定量化，增加风味消费的娱乐性、科学性。

以度审味就是在可测基础上，建立风味模型。这是一项艰巨任务，目前处在各种风味成分、指标测量阶段，今后向数据积累、判断、预测、优选、定制化发展。以度审味也可助推杯测、冲泡比赛更加客观公正，甚至一些达人自己可以配置简单的仪器，让喝茶更有趣。

品种识别。基因技术的发展使得茶树品种识别成为可能，SSR分子标记技术就是通过直接分析遗传物质的多态性来鉴别生物内在的核苷酸排布及其外在状态表现规律，简称DNA基因序列识别工具。经过长期DNA样本采集，积累数据，SSR提供茶树DNA检测，茶叶品种验证、批次验证、茶园验证，为茶叶出口、追踪溯源服务。这些技术有望在未来十年投入市场应用，简单便捷的操作也让“高大上”的DNA技术率先走入百姓生活。

茶树品种识别，不仅针对性地改良品种，对抗自然环境变化（温度、病虫害等）带来的胁迫，提高遗传整合度，更主要的是风味选优，为精品茶时代单品茶风味发展奠定基础，给茶人带来长期稳定的精品风味。

香气检测。蒸馏萃取（SDE）、顶空固相微萃取（HS-SPME）、全二维气相色谱飞行时间质谱（GC×GC-TOFMS）、顶空气相色谱—离子迁移谱（GC-IMS）、HS-SPME/GC-MS、SDE/GC-MS、气相色谱在线嗅闻（GC-O）等香气识别技术在科研领域已经普及。

检测不破坏样品，不需制备液体样品，室温下捕捉易挥发性有机气体，无须富集浓缩，最大限度保留原样所含风味成分，结果贴近真实状态，检测极限ppb级，5～15分钟快速检测，结果稳定可靠，自动分析三维数据，省时省力，风味直观可视。

滋味检测。对茶汤这个混沌系统的科学解读，是喝出风味的必由之路。茶多酚、咖啡碱、氨基酸等快速测定，色泽、TDS浓度、pH值、温度、苦涩味、鲜爽味可以数据化标定，回甘也可以测量出来，乐趣与风味同台表演。

风味指纹图谱化。随着茶风味数据化定量化，积累的数据库越来越大，如色香味的关键化学成分、风味化学特征指标、工艺过程化学成分的变化规律，可以建立风味品质成分的化学指纹图谱，使得鉴定品种、品质，优化工艺参数、设计风味成为可能。比如，判断黑茶的陈化年限，判定是高山茶还是平地茶，判断是西湖龙井还是浙江龙井或者是其他茶区的龙井、发酵菌类和生物活性等。

电子鼻、电子舌已有大量应用，今后会继续提高测量敏感度。红外线焦糖化、茶多酚氧化度测定技术，通过色泽判别烘焙程度，控制风味发展，用来指导烘焙和冲泡，便于消费者选择购买。

电子舌是模仿人体味觉机理研制出来的一种智能识别电子系统，是近年来发展起来的新颖食品组分识别和检测技术，由味觉传感器、信号激发采集模块以及模式识别三部分组成，它得到的不是被测样品中某种或某几种成分的定性与定量结果，而是样品的整体信息，也称作“指纹”数据。传感器是由有机物覆盖的硅晶体管制成，每个传感器前端有一个电子芯片，芯片表面覆盖一层敏感吸附薄膜，可以选择性吸附液体中的游离分子。

电子舌与人工神经网络分析方法、主成分分析法结合，可以给茶分级，区分茶类，辨别风味特色，分析茶汤滋味强度等。比如用法国α-ASTREE电子舌检测装置，检测器由7根传感器和Ag/AgCl标准参比电极组成，对酸、甜、苦、咸、鲜五味具有交叉敏感性，即每根传感器对多类物质均有响应，但敏感度有差异。取20毫升茶汤，倒入电子舌专用测试盒中，每个样品采集时间为120秒，每秒采集一个数据，选取所得的稳定数据作为输出值，然后利用化学计量学工具对复杂而庞大的多维数据进行分析处理。

第七节　感官训练

你不爱美味，美味不爱你。感官训练可提高风味品鉴力，通过比较不同茶的风味，找到细微的差别，尝到风味带来的红利。感官训练好了，也就打开了风味的匣子，使喝茶变成一件趣事。世间可贵的难题之一就是找到属于自己的乐趣。

有人说，世界上最远距离是你看到包装袋上描述的丰富风味，却喝不出来。也有人说，世界上最尴尬的是茶师津津有味地泡制一杯自认为风味十足的茶，顾客却没有从中找到任何感觉和乐意，失去回头客。所以，感官需要训练，愿意提高鉴赏水平的爱好者都可以训练自己的感官能力。

感官训练就是用人的感觉器官作为“测量仪器”来评价风味，因为感官受茶风味物质、生理、心理、环境、方法等影响，为了让感官分析更加客观、准确、有效，统一标准就非常必要。

环境因素。研究发现，在高海拔和干燥的环境下（比如飞机机舱），人们对甜味和咸味的敏感度降低30%；当噪音超过85分贝，人们对甜味感知会降低，而对鲜味的感知增强，食物的味道整体变淡。所以人们总感觉飞机上的食物无味。

想象力。味域空间很大，每一种味道都有自己的谱系，感官是最灵敏的检测仪器，感官训练就是用自己的感官定位谱系中的某一点。人类可以分辨一亿种气体，但只能尝出五种基本味道。味觉和嗅觉的感官训练不完全相同，嗅觉主要是在记忆库里储存更多的直觉印象，简单地说，就是多吃、多闻、多记，如柑橘花、枇杷花、香橼果、百香果等。味觉则是提高敏感度，就是神情专注地用心感应茶汤里酸、甜、苦、咸、鲜的闪现和强度。在混合、浑浊、混沌的茶汤中能分辨出酸、甜、苦、咸、鲜的存在，感知涩度、醇厚度、干净度、平衡度、瑕疵味。

尽管风味轮帮我们搭建起实物与风味之间的联系，但茶风味并不是参照物的味道，否则一杯茶不就成了一杯橙汁了吗？感官训练要有起码的想象力。

茶风味的感官训练有两个难题，一是茶没有统一固定的风味，同一款茶的风味研究结果往往不一致，重复性差，导致认可度不高；二是对于感官体验，我们的困惑源于“人人相同”的预设，实际上很多隐藏在皮囊里的可大可小的个体差异很可能带来显著的体质差异。味觉因人而异，在所有感官中是独特的，视觉（色盲除外）、听觉、嗅觉、触觉都不存在明显的个体差异，所以感官训练主要是味觉训练，需要多一点规范。特别是作为评判考官，味觉评分争议较大，需要在指标设计、计分标准方面给予特殊考虑，提高公正性。

风味学常常强调某一种风味的独特或奇特，比如酸、甜、苦、辣、麻等，但是茶叶这种木本植物树叶提供的是多种成分混合并不十分尖锐的风味。这为茶风味学带来了麻烦，既要品到各种风味之妙，又没有显著的风味可捕捉，让人捉摸不透、飘忽不定，要在想象中找出确定性。

感官训练是打开茶风味世界的钥匙，只有尝到风味，才会爱上茶，欣赏茶世界的无穷乐趣。这里介绍的感官训练只是抛砖引玉，不是标准。社会各界专家、能人有不同的心得和方法，特别是那些在国际大赛中拿得大奖的年轻人讲茶风味课，实践性、时代性、创新性更强。

冲泡准备。国家标准对评审茶汤准备有详细规定，这些方法经过长期检验并修订，实用可行。比如乌龙茶盖碗评审国家标准GB/T 23776—2009中规定，先用沸水将评茶杯碗烫热，随即称取有代表性茶样5.0克，置于评茶杯中，迅速注满沸水，1分钟后揭盖评香气，至2分钟将茶汤沥入评茶碗中，用于评汤色和滋味；第二次注满沸水后加盖2分钟评香气，至3分钟将茶汤沥入另一个评茶碗中，再评汤色和滋味；第三次注满水后加盖3分钟评香气，至5分钟将茶汤沥入另一个评茶碗中，三评汤色和滋味。

基本程序。不管是训练还是比赛，鉴赏茶风味有一个基本程序：用纯净（冰）水漱口，清洁口腔；刚刷完牙不能品茶，因为牙膏里的起泡剂十二烷基硫酸钠会弱化甜味而突出苦味，刷完牙喝橙汁也是苦的。

茶汤高温时，鼻子凑到茶杯（盖子、茶壶）上方或揭盖后用手轻轻把挥发物扇向鼻子反复闻嗅；中温时，用汤勺搅拌过滤好的茶汤，送到鼻下闻，送到嘴边尝；低温时，大力吸啜茶汤进入口腔雾化并用舌头摩擦上颚，反复几次体会触感和味觉；咽下茶汤闭口回气感受香气和余味；事后用清水漱口。

如果只测滋味，取20毫升样品含于口中，口腔做漱口动作，计时10秒后吐出，做滋味评价，之后用清水漱口至口腔无味，间隔5分钟再试。为减少“饱和效应”，样品浓度宜逐级升高，同时为了避免“惯性意识”，宜打乱部分样品的顺序，对同一样品宜多次测试验证重复性。

啜吸。是感官训练的一个基本技术动作，有点夸张，会发出声音，但无伤大雅，目的是雾化茶汤、气化风味分子以提高味觉和鼻后嗅觉的测味效率，风味物质能均匀分布在口腔舌头的各个区域，风味容易释放出来。

啜吸时，茶汤温度在50℃左右，低于50℃味觉灵敏度降低，茶汤可能出现冷后浑等结晶现象，影响风味协调和表现。啜吸步骤：用杯测勺舀取适量茶汤，平行送入口中，勺顶住牙齿，下嘴唇贴住勺底不留空隙。用喉部力量猛吸，用上嘴唇测量温度并控制茶汤吸入量，动作要连续快速不停顿，使茶汤尽量多雾化。

嗅觉训练。嗅觉除了个体生理差别外，文化差异也有影响，比如日本人对于香气的表达方式仅限于好闻、不好闻、梅香、树香、草香等具体形式。不知道是嗅觉敏感度问题，还是文化表达问题。所以要品尝全球有共识、可比较的风味，嗅觉训练非常必要。

闻茶香以热嗅、温嗅、冷嗅结合，热嗅（注意防烫）可以辨别香气的类型、高低和缺陷；温嗅可以嗅出香气特色、优劣；冷嗅可以了解香气的持久程度、余香。

风味瓶是培训香气识别用的标本，目的是校正风味，统一认定标准。1980年出现针对葡萄酒的Le nez du vin风味瓶，后来又推出针对咖啡的

Le nez du café 风味瓶。每一个瓶子里有一种人们日常熟悉的香气或味道，通过闻嗅来锻炼判断香型，比如玫瑰香型、苹果香型、草莓味道、巧克力味道等。目前市售有法国产36味闻香瓶，而韩国Scentone产T100味闻香瓶是针对2016年改版后咖啡“风味轮”提出的100种咖啡风味训练，最新设计已经达到144种。但目前还没有针对茶叶风味培训专用的“闻香瓶”。

表6-2是法国36味咖啡感官训练用的闻香瓶明细，供参考。其分为4组，每组9瓶。36种香气分为酶促反应、焦糖反应、干馏反应和芳香污染四种类别。酶促化生成的香气挥发性强，一般在干香、湿香和浅烘焙茶叶中找到，包括土豆、青豆、黄瓜、山茶花/红醋栗、咖啡花、柠檬、杏子、苹果、蜂蜜；异味类是指加工或存放不当产生的结果，包括泥土、稻草、咖啡果肉、皮革、印度香米、熟牛肉、烟熏、药味、橡胶；干馏化是烘焙过程植物纤维干馏反应的结果，挥发性弱，一般会在品尝时发现，包括雪松/杉木/香柏、丁香、花椒、香菜籽、黑醋栗、麦芽、枫糖浆、烟丝、深烘焙咖啡；焦糖化是烘焙过程焦糖化反应的结果，挥发性中等，一般在湿香中发现，包括香草、黄油、吐司、焦糖、黑巧克力、烤杏仁、烤花生、烤榛子、核桃。通过反复训练，记住这四大类36种具体香型。

以花香为例，大致分为三类。一类是闷香型，略带呛香，刚开始闻有点冲鼻，比如洋甘菊、桂花、柑橘花。二是幽香型，有一种安宁舒缓的感觉，代表有薰衣草、玫瑰、兰花、茶花。三是清香型，香气上扬有活力，代表有茉莉花、咖啡花等。

表6-2　法国36味咖啡感官训练用的闻香瓶明细表

	Spicies 分类	香味		分组
咖啡闻香瓶	泥土 Earthy	1	泥土 Earth	Taints 异味
	蔬菜 Vogetable	2	土豆 Potato	Emezytic 酶化
		3	青豆 GArden peax	Emezytic 酶化
		4	黄瓜 Cgcumber	Emezytic 酶化
	干菜 Dry/Vegetal	5	稻草 Straw	Taints 异味
	木材 Woody	6	雪松 / 香柏 / 西洋杉木 Cedar	Dry distillation 干馏化

续表

	Spicies 分类		香味	分组
	香料 Spicy	7	丁香 Clove-like	Dry distillation 干馏化
		8	胡椒 Pepper	Dry distillation 干馏化
		9	香菜籽 Coriander seeds	Dry distillation 干馏化
		10	香子兰 / 香草 Vanilla	Sugar Browning 焦糖化
	花香 Floral	11	山茶花 / 红醋栗 Tea-rose/ Redcurrant jelly	Emezytic 酶化
		12	咖啡花 Coffee blossom	Emezytic 酶化
	果香 Fruity	13	咖啡果肉 Coffee pulp	Taints 异味
		14	果醋栗 Blackcurrant-like	Dry distillation 干馏化
		15	柠檬 Lemon	Emezytic 酶化
		16	杏子 Apricot	Emezytic 酶化
		17	苹果 Apple	Emezytic 酶化
	动物 Animal	18	黄油 Butter	Sugar Browning 焦糖化
		19	蜂蜜 Honeyed	Emezytic 酶化
		20	皮革 Leather	Taints 异味
	烘烤 Toasty	21	印度香米 Basmati rice	Taints 异味
		22	吐司 Toast	Sugar Browning 焦糖化
		23	麦芽 Malt	Dry distillation 干馏化
		24	枫糖浆 Maple syrup	Dry distillation 干馏化
		25	焦糖 Caramel	Sugar Browning 焦糖化
		26	黑巧克力 Dark chocolate	Sugar Browning 焦糖化
		27	烤杏仁 Roasted almonds	Sugar Browning 焦糖化
		28	烤花生 Roasted peanuts	Sugar Browning 焦槍化
		29	烤榛子 Roasted Hazelnuts	Sugar Browning 焦糖化
		30	核桃 Walnuts	Sugar Browning 焦糖化
		31	熟牛肉 Cooked beef	Taints 异味
		32	烟熏 Smoke	Taints 异味
		33	烟丝 Pipe tobacco	Dry distillation 干馏化
		34	烘焙咖啡 Roasted coffee	Dry distillation 干馏化
	化学 Chemical	35	药味 Medicinal	Taints 异味
		36	橡胶 Rubber	Taints 异味

韩国T100闻香瓶分为十组：热带水果类、浆果类、柑橘和其他水果类、核果类、谷物和坚果类、焦糖和巧克力味、草本和花类、香料类、蔬菜类、咸味和其他类。100味包括番石榴、山竹、芒果、香蕉、椰子、百香果、西瓜、木瓜、热带水果、菠萝、哈密瓜、石榴、荔枝、芦荟、草莓、蓝莓、覆盆子、蔓越莓、黑莓、西印度樱桃、巴西莓、黑醋栗、白葡萄、麝香葡萄、葡萄、柠檬、橘子、青柠、柚子、葡萄柚、水梨、苹果、木梨（椁）、樱桃、黑樱桃、桃子、李子、杏桃、红枣、榛果、核桃、松子、杏仁、花生、开心果、芝麻、红豆、麦芽、锅巴、烘焙咖啡豆、焦糖、红糖、蜂蜜、枫糖浆、牛奶巧克力、黑巧克力、摩卡、奶油、黄油、优格、车打芝士、松树、山楂、罗勒、百里香、伯爵红茶、玫瑰、茉莉、槐花、接骨木花、薰衣草、佛手柑、菊花、木槿、桉树、肉桂、香草、肉豆蔻、丁香、小豆蔻、八角、孜然、黑胡椒、大蒜、生姜、酱油、芥末、美乃滋、南瓜、番茄、黄瓜、蘑菇、芋头、葛、人参、甜椒、麝香、琥珀、烟、烤牛肉。T100比“36味风味瓶”更细化，区分了柠檬、橘子、青柠、柚子。

闻香瓶已经历练为国际公认的风味语言和标准，不仅香味全面，涵盖了葡萄酒、咖啡和茶可能有的香气，而且具体可指认、可识别，避免了含糊其词的意念术语，为不同文化背景的人在一起共同切磋风味提供了统一的参照标准。比如“巧克力味”这个词是一个非常模糊的概念，不能用来准确描述和评价风味。巧克力的英语为chocolate，德语为schokolade，芬兰语为suklaa，意大利语为cioccolato，法语为chocolat。各国巧克力食品（准确地说可可成分含量）标准不一致，荷兰巧克力里加入碱性盐降低了苦味，还有半甜巧克力（涩misweet chocolate）、苦甜巧克力（bittersweet chocolate）。

美国的“贝克巧克力（Bakers chocolate）”曾经是风味标准，“Bakers”是美国一家元老级巧克力食品公司的商标（目前在卡夫亨氏旗下），其经典巧克力含可可粉48%，含糖量超过50%，还有可可脂和牛奶，用作烘焙面包的原料，由于含义的特殊背景，“贝克巧克力”也不再作为风味标准了。如今“黑巧克力”成为风味标准，对应于“36味风味瓶”的第26号，去脂可可粉含量高于70%，牛奶不超过12%，风味描述为微甜、微酸、带有苦感、可可味浓郁。除了巧克力味道，黑巧克力嗅觉有一点发酵酸，味觉有点苦，但不是奇苦，上等乌龙茶就有黑巧克力味。

需要提醒的是，闻香瓶精油浓度很高，不宜直接对着瓶口闻，那样会损伤嗅觉系统，闻瓶盖比较合理。事实上，观看老茶客喝茶，也是闻盖碗的盖子上的干香和湿香，盖子上冷凝的香气最可爱。

湿香训练。用闻茶汤的香气定量判断香型和强度。选取有代表性的茶香，如兰花香、橙花香、桂花香、茉莉花香、甜香/果香、栗香、豌豆香、桂皮香、烘烤香所对应的参照物，配制成不同浓度的水溶液标准样品，对应不同的香气强度和评分，闻香后集体讨论直到达成一致，形成记忆。采取9分制，没有闻到香气0分，9分为强度非常强，如表6–3，这只能在实验室完成，日常训练无法实现。

表6–3　不同香型的香气强度和评分表

香型	参照物	1 分浓度（微克 / 升）	5 分浓度（微克 / 升）	9 分浓度（微克 / 升）
花香	芳樟醇	10.0	50.0	90.0
青草香	顺 –3– 己烯醇	70.0	350.0	630.0
甜香 / 果香	苯乙醛	6.3	31.5	56.7
烘烤香	2，5– 二甲基吡嗪	20.0	100.0	180.0
木香	α 紫罗酮	2.6	13.0	23.4
焦糖香	葫芦巴内酯	18.0	90.0	162.0

标准样品训练后，呼吸10分钟新鲜空气，在洁净的环境下开始对茶汤进行实际审评，用开水泡茶，茶汤温度分别在约90℃、60℃和室温下闻香。实践证明，闻茶叶湿香最好的办法不是闻茶汤上面，而是闻杯盖和杯底。杯盖（或碗盖）外面凉里面热，香气挥发出来凝聚在杯盖内侧，闻起来香气浓郁，而且是复合香；把杯子里的茶汤喝完或倒空，再闻空杯，凝聚在杯子内壁上的香气集中释放出来，浓郁而持久。

热分析发现，吲哚的熔点是53℃，沸点是150℃，在53℃～150℃挥发，其中53℃～80℃缓慢挥发，80℃～150℃快速挥发，所以在实际泡茶体验中，80℃～100℃是欣赏吲哚香气的最佳温度区间。也就是说，对于大部分茶的大部分香气，只有在80℃～100℃才能闻到足够的香气，这是泡茶闻湿香的温度作业区。另外也说明茶叶不能在100℃以上长时间烘焙，150℃以上吲哚香气就跑光了。

味觉训练。用不同浓度酸、甜、苦、咸、鲜标准液体，训练分辨酸、甜、苦、咸、鲜及其浓度等级。常用标准液配制，甜：1升水中溶解24克蔗糖；酸：1升水中溶解1.2克柠檬酸；咸：1升水中溶解4克氯化钠；苦：1升水中溶解0.54克咖啡碱；鲜：1升水中溶解2克味精。

酸、甜、苦、鲜、涩标准液还有：甜味用15毫摩尔/升的L-丙氨酸；酸味用20毫摩尔/升的乳酸；苦味用0.05毫摩尔/升的盐酸奎宁；鲜味用8毫摩尔/升的谷氨酸钠；涩感用0.05%的单宁酸，或者用EGCG、槲皮素吡喃半乳糖苷、明矾等作涩感参照。目前还没有训练回甘的参照物，无法对标。

魔鬼测试：把两种或者多种不同强度的酸、甜、苦、鲜、咸标准液混在一起，分辨出有几种滋味及其强度。

环境要求：为了避免光线的干扰，在闻香和味觉测试中要关闭灯光，只开红光，瓶子包裹住，避免颜色参与到判断中。

民间喝茶有各种感官术语，既耳熟又难理解，如何融入正规训练和指标评价，还有待研究、规范，这里列举一些供思考。

汤香：香呈型（浓郁、清香、幽香、香而不腻，香而不艳），香纯度（纯正、夹水味、夹寡苦味、夹农药味、带烘青味、带烟味、带焖菜味），聚散（香沉、香聚、香飘、香冲），香复合度（香含鲜爽、多种香型复合），香持久性（口腔留香长短），香穿透性（齿颊留香、香入喉）。

汤水感：汤浓度（温良厚实、味足饱满、滋味浓郁、清汤寡水），劲道（锐力的苦、温和的苦、厚重良苦、苦而寡、平淡无奇），汤水融合性（香融入水、各种滋味融合）。

滋味反馈：苦涩化解（入口即化、苦涩难化），回甘（回甘快慢、强弱、长短），化涩生津。

苦味训练。以咖啡碱水溶液作为标准样品，训练并校正苦度。咖啡碱浓度分别为0.15克/升、0.3克/升、0.45克/升、0.6克/升、0.75克/升的水溶液的苦度定义为1、2、3、4、5。通过反复乱序盲测，给苦度排序，训练对苦度的准确判断。按照国标GB/T 16291.1—2012方法，训练苦涩分辨能力、感官苦涩灵敏度分辨率。

甜味训练。正因为茶的甜度很弱，而又念兹在兹，所以更需要训练，“明知茶不甜，偏要感觉甜”。以不同浓度蔗糖溶液作为甜味参照物，即蔗糖浓度 0、1、2、3、4、5毫克/毫升分别代表 0、1、2、3、4、5 分甜度。参照国标 GB/T 23776—2018《茶叶感官审评方法》冲泡茶叶，将冲泡所得茶汤稀释1倍，并与不同浓度梯度蔗糖溶液的甜度对比，量化评价不同茶汤的甜度。每次用汤勺取5毫升左右参照溶液或茶汤，吮吸至口腔前部并由舌尖在口中搅拌，感受舌尖甜味强度，为了避免回甘影响，吐出茶汤后立即进行记录，每次品尝茶汤或者蔗糖溶液后需用纯净水漱口，相邻两次试喝之间休息1分钟，避免味觉疲劳。

为了双向感受更真实的茶汤甜味，选用EGCG作为儿茶素类代表物，蔗糖作为甜味代表物。分别将12.5、25.0、37.5、50.0、62.5毫克的EGCG添加到3毫克/毫升的蔗糖溶液（100毫升）中，搅拌均匀，配置成蔗糖和EGCG 的混合溶液，用上述同样的方法评价甜度。

触觉训练。触觉感应涩、颗粒、重量、黏稠、醇厚、气泡、金属感等。涩感训练参照物分为两类，一类是引起“起皱粗糙”感的涩，如单宁酸、EGCG。另一类是引起口干舌燥柔和的涩，如花青素中的槲皮素。标准参照物（如0.05%的单宁酸）的强度作为10，比对茶汤的涩度。

民间有一种说法叫涩在口中“融化”了，化得越快越是好茶。这就是涩感随时间变化的感觉，常用方法是摄入15毫升绿茶汤，用舌头翻滚茶汤，在口腔中停留10秒后咽下，记录涩感的变化。

醇厚度/余味训练。浓度（厚度）、醇度、醇厚度、余味、回甘都是可以感知的，但每个人的感知灵敏度不同，作为感官评审、杯测人员乃至普通茶客，需要训练。

感知浓度阈值测定：在1L纯净水中，每次加入浓度为10000ppm（1%）的茶汤1毫升，摇匀后倒出10毫升做测试，直到能够感觉到茶味，这时的茶汤浓度就是能够感知到茶味的浓度阈值。比如第五次察觉到茶味，那么这时茶汤的浓度为64.5ppm（64.5毫克/升）。

如果不是像上述茶汤浓度从零开始逐渐增加，而是从中间某个浓度逐渐增加或者逐渐减少，需要多大的浓度间隔感官能分辨出茶汤浓度变了，是变大还是变小，这就是浓度感知灵敏度。可以采用“感知浓度阈值”作为灵敏度，比如上述例子中的64.5ppm，就是说当茶汤浓度相差约65ppm就能喝出浓淡差异。

也可以单独测试感官对茶汤浓度的感知灵敏度。初始浓度选择在金杯萃取范围内，每隔50ppm梯度配制更浓或更淡的茶汤，给样品标号，然后测试，直到有感觉，喝出了浓淡差异，这时的浓度与初始浓度之差就是感官分辨浓度的灵敏度。测试的时候，既要按照浓度递增或递减的顺序，也要打乱顺序，每测一次要用纯净水漱口。

厚度即浓度，同一种茶的浓和稀很容易用口感区别，视觉就可以判断。用TDS比较接近的三杯茶汤蒙眼口测，按照浓度大小排序。

由于颜色的干扰，不同类茶的浓淡区分有难度。先用两杯TDS相同（在金杯萃取范围）的绿茶和红茶做校正样，反复口测形成记忆。再用小TDS绿茶汤和大TDS红茶汤，或者小TDS红茶汤和大TDS绿茶汤做口测对比训练，形成浓度梯度印象。TDS差距选用上述测定的浓度感知灵敏度。

醇度没浓度那么精确可辨，醇度是个模糊概念。配制出TDS接近，茶多酚/儿茶素含量明显不同的绿茶汤，反复测试。心理暗示浓度对口感没有影响，茶汤风味差别来源于茶多酚相关成分，意识集中在与醇有关的风味方面，如苦、涩、爽、麻、辣等。不同茶类的醇度表现差异很大，比如黑茶主要是茶褐素扮演主要角色，红茶可能主要是茶红素起作用，绿茶可能是儿茶素主导。训练时，配制出TDS相近的茶汤，感受不同茶类的醇度表现。

喝绿茶期待回甘余味，其他茶类虽没有明显的回甘，但仍然有不错的余味，特别是醇厚度好的茶汤。回甘余味也可以训练，前面讲过回甘标样油柑，可以用油柑来体验回甘。

训练前用纯净水清洁口腔，做好心理准备，一旦尝过一次，再尝第二次感觉就不明显了，所以第一印象非常重要。油柑入口咬碎后，果汁渗透到整个口腔，先酸、后涩、再苦，把果渣吐出去，很快就有明显的回甘和生津出现，有人说口水是甜的，上颚后部和牙龈都是甜的。这个回甘与茶的回甘相同之处是饴甘厚甜，不同之处是茶的回甘持久，油柑的回甘短暂，而且油柑回甘有一点果糖之甜感。

如果说没有物质存在就不可能有余味，那么什么东西能够存在于喝茶之后的舌根喉部呢？分子比较大的、黏稠的东西，对于茶汤最大的嫌疑对象是络合物，包括茶多酚类与咖啡碱、多糖、蛋白质、果胶、纤维素的络合。

听觉训练。既然风味和声音都有情感反应，二者之间本身就可能是通的，通过频率共振联通。有学者研究了很脆和比较脆的薯片，发现脆度高的薯片，人们能更快感知其风味，味道更强烈。这可能与咬脆的声音和快感有关，脆度高的薯片更容易碎成小块，有效地增加了接触面积，能让挥发性风味物质迅速进入后鼻腔。

由于音频能增强味觉感知能力，所以在风味训练时可以利用乐器来激发味觉感知力。这是基于一种叫同频共振的共鸣现象，或者说是一种人体感知系统引起的情感想象或情绪反应。

奇妙的是，黑巧克力的苦味是一种能量介于40～80Hz的低频波，这个频段构成“浑厚”的风味基础，可以传递出苦味信号。研究发现，低音和苦味就是通的，那么通过低音训练，可以强化黑巧克力苦质的感受。最适合与黑巧克力苦味联想的器乐是大提琴，《巴赫G大调无伴奏大提琴曲》是非常合适的感知苦味的低频音乐。其实苦与低音的共振已经是文化了，比如哀乐。

在训练、比赛时，如果有背景音乐，就会干扰风味判断的准确性，所以训练、比赛场所禁止任何杂音。而在品鉴茶风味时，选择适当的背景音乐，可以欣赏到平时难以尝到的风味。

视觉训练。视觉参与颜色、光泽、浓度等风味判断。只看汤色辨别茶是一种可行的训练。

绿色系茶汤：（黄绿）清汤—烘炒青绿茶；青绿汤—蒸青绿茶或清香铁观音。

黄色系茶汤：杏黄—银针或牡丹白茶；浅黄—生普；青黄—高山浅焙乌龙茶；橙黄—发酵和烘焙较深的乌龙茶、黄茶。

红色系茶汤：橙红—发酵程度浅的红茶；红艳—发酵程度重的红茶。

褐色系茶汤：红褐色—烘焙程度较深的乌龙茶；酱褐色—熟普、黑茶。

乌龙茶因为加工程度有深有浅，所以茶汤几乎跨越所有色系，从加工程度极浅的黄绿色，到深度烘焙的黑褐色。重度烘焙乌龙茶褐色茶汤与深度发酵陈茶黑茶一样，都是源于多酚类物质转化为茶褐素。

阈值调控。感官受体对香气和滋味的感知，都与呈味物质的阈值有关。阈值与多种因素有关，比如呈味物质本身、温度、人的体质、溶剂等，那么在日常喝茶可控的范围内，有没有可能调低一些成分的显味阈值，让更多的人更好地尝到香气或滋味呢?

为什么伤口碰到酒精会疼?人体VR1受体的作用是高温预警，当身体暴露于高温下有灼烧感，酒精会降低VR1受体的阈值温度，所以伤口遇到酒精就有灼烧感。利用类似的原理，饮料中加入适当的酒精会不会增强一些风味成分显味呢?风味达人已经尝试咖啡、茶与威士忌、啤酒、红酒的搭配，期待有新的风味体验发布。

口测是茶农惯用的简单方法。口测香气就是抓一把茶在手心，靠近嘴，而后对其吹热气，然后马上用鼻子闻香。口测滋味是捏一撮茶放入嘴里反复咀嚼，用唾液来浸泡茶，吐出茶渣，滋味强烈，简单直接，深刻有效，是一种很实用的检验茶风味的方法，可供大部分人参照训练。

盲测训练。三角盲测有多种形式。三杯相似的茶，有两杯是一样的，辨别出不同的那一款；或者三杯不同的茶样，辨别出是什么茶，不同茶类之间分辨相对容易，同一茶类辨别出产地则较难。比如辨别绿茶、乌龙茶、黑茶比较容易；如果同是绿茶，有龙井、碧螺春、毛峰等，要能分辨出来有一定难度；再进一步，三杯都是龙井绿茶，能分辨出西湖龙井、淳安龙井、假龙井等难度就大了。

综合训练。橙橘类水果品种繁多，“橙味”又是风味领域使用频率最高的参照味，呈现酸、甜、鲜、苦、涩、香、颗粒细腻度等口感和风味。用橙（脐橙、血橙、甜橙、红橙、冰糖橙等），柑（芦柑、丑柑、椪柑、青柑、佛手柑、爱媛、贡柑、油柑等），橘（砂糖橘、金橘等），柚（文旦），香橼，柠檬（青柠、黄柠）等鲜榨果汁作为试验材料，通过盲测辨别种类，利用果汁的气体、液体和固体训练嗅觉、味觉、视觉和触觉，是一种低成本、方便易操作的综合训练方法。

校正。使用测量仪器辅助训练，可以改善训练效果。温度对风味感知至关重要，温度的准确测定和控制使得训练更科学，小型测温仪就能发挥作用了。其他小型便携测试仪如酸碱度（pH）仪、水中溶解物（TDS）测定仪、农药残留测定仪、茶成分（咖啡碱、氨基酸、茶多酚等）测定仪等可以辅助训练。

训练时间长了感官会麻木迟钝，也需要恢复或校正。用醋酸、蔗糖、盐、味精等去校准茶汤滋味未免有点残酷，毕竟茶汤风味还是比较温柔友好的。这里提出用茶自身所含风味成分作为校正参照物，取纯度较高的单一风味物质制成的标准样品，在训练中校正滋味。

表6-4　滋味评价等级

感觉	标准物	0～2（分）	3～4（分）	5～6（分）	7～8（分）	9～10（分）
酸味	奎宁酸	微（酸）	低	好	很	极
甜味	果胶	微（甜）	低	好	很	极
苦味	咖啡碱	微（苦）	低	好	很	极
鲜味	谷氨酸	微（鲜）	低	好	很	极
涩感	EGCG	微（涩）	低	好	很	极

交流。感官训练必须加强与别人交流，自学进步太慢。交流可以校正自己的感官，要敢于表达自己的风味感受和判断，在交流中学习，增强实践性、参与性，参加杯测、比赛也是好的交流方式。

第八节　杯测技术

杯测（Cuping）。是一个外来词，是有体系的感官检测风味方法，输出评价结果，说法比“品鉴”土气，比“喝茶”洋气，简单理解就是拿着杯子测风味，比较接地气，所以广泛使用。杯测不是感官审评的代名词，也不能说是升级版的感官审评，而是一种技术。杯测赛茶也赛人，评价毛茶和精制茶的风味质量，赛人的烘焙水平和风味鉴赏水平。

既然冲泡方式对茶风味很重要，那么杯测用哪种方式？一定是浸泡式，因为浸泡被认为是干预最少、最能体现茶叶原本风味的方式，浸泡也是最原始的泡茶方式。

杯测是针对毛茶的，也就是初制茶，毛茶还要继续精加工才能作为终极产品卖给消费者。精制主要指烘焙，也有窨制花茶，主要目的都是提香。既然是精加工，就意味着还能在较大尺度上重塑茶风味，满足不同消费者的风味需要，本书倡导将烘焙放在靠近消费者的茶叶店、茶馆和居民家庭。这就形成了一种新的模式，即烘焙店买进毛茶和销售成茶都要控制质量、确定价格，那用什么办法来检验毛茶和成茶的品质？最简单的办法就是泡一杯尝尝，这就是杯测的由来。杯测的意义在于给毛茶和成茶按照风味定级、定价。

既然毛茶属于在制品，不是最终产品，那么直接冲泡毛茶评价风味没有意义。怎样才能公平、合理地给风味定级呢？那就是先烘焙后杯测，来判断毛茶的风味潜力并定级。初加工和烘焙是风味来源，冲泡是风味呈现，而杯测只是风味检测。如果毛茶怎么烘焙也测不出好风味，说明毛茶质量不好；如果在烘焙毛茶中测出好风味，则毛茶和成茶质量都好。反过来，金杯萃取是靠杯测或感官评审确定的，用杯测技术可以追求风味最大化或最优化，找到较好的加工和冲泡条件与技术。

杯测也可以测出瑕疵风味、鉴定茶的品种品类等，杯测的另一附加值是由专家给出的杯测结果，除了评分，还有详细的风味评语和描述，有些风味常人难以品出。杯测等于给这款茶做了一个鉴定，对所有人都是教育培训，鼓励茶农追求质量。茶农可以拿这个鉴定评语标榜自己的茶风味，也可以印在包装上作为营销宣传，评分高的茶可以卖到好价格，茶农收益大，形成风味价值正向循环。

一次杯测只针对某一批次的茶，不是某茶农（公司）所有的茶，比如连续两个晴天在同一范围采摘加工的茶可以当作一个批次；如果是一天下雨一天晴天，由于雨天采制的茶品质不好，就不能作为同一个批次；山下的低地茶和山上的高山茶不能作为同一批次；不同茶类、不同品种都是不同批次。批次分得越细，杯测越准确也越有意义。

茶叶杯测。这并不陌生，就在你我身边，陌生的是这个词本身。事实上，茶农是最早的杯测践行者。每做一炉茶，都要品茶一杯，看看火候等工艺是否合适，特别是乌龙茶和红茶生产，每加工到一个环节都要泡一杯来检测是否加工到位。走到茶区旅游，茶农会泡一杯让你品，实际上你就是杯测员，尝好了就买。

不像个人喝茶想怎么冲泡都可以，杯测程序是固定统一的。不管何等级别的杯测，都用一种方法冲泡，即浸泡式萃取，茶水比、水温、萃取时间、器具等条件都相同，这样可最大限度地减少人为因素的干扰，确保所有待测样品的风味差异都是源于茶叶本身，而非来自杯测流程等人为差异，这样最能体现茶本身的品质。

杯测以茶为对象，利用经过感官训练人员的五官五感来鉴定茶品。参加杯测的人数不受限制，正规杯测一定要给每一款茶样输出一个成绩，至少要三名杯测员评分取平均值，如果是多人参加，可以去掉一个最高分和一个最低分，取剩余平均值，但杯测不需要评委合议。

首先使用视觉，观察茶叶和茶汤的颜色、光泽、明亮度、浓度、质地；其次使用鼻前嗅觉，闻干香和湿香；再次使用味觉和触觉，感受茶汤的涩、苦、鲜、甜、酸、浓稠等；最后使用鼻后嗅觉，感受回甘、余味等。

杯测环境。举办杯测的地方要求安静，自然光线明亮，不能有鲜艳色彩，不能有背景音乐，不能有噪音。杯测人员要穿着素雅，避免大红大绿的服饰，避免使用化妆品和香水，不得声音太大，干扰别人。

杯测人员至少在杯测前不能抽烟、喝酒，避免接触洋葱、辣椒、芥末、大蒜、柑橘、醋等调味品，尽量保持饮食清淡，不能有鼻炎、感冒等症状，杯测前要用清水漱口，清洁口腔。

避免先入为主、主观且带有偏见地评价某种茶；保持安静，不发表意见去影响他人的评分；不受他人影响，评分客观、公正。

毛茶杯测流程共分为六步：

第一步，根据烘焙计划，同一批次毛茶，提前用同一设备、按照相同工艺分四次烘焙出四个样本做杯测，这样可以检测该批次茶样烘焙风味的稳定性，烘焙本身容易出现缺陷，或者说这款茶是不是容易出现缺陷风味。

第二步：准备水、定温烧水器、茶壶、茶杯、杯测勺、吐水杯、茶叶、计时器、评分表格、TDS测量计、温度测量笔等。

第三步：将水烧水到需要的温度，用开水洗壶洗杯，同时也将壶和杯温热。按照茶水比将干茶置于壶中，盖上盖子摇晃，开盖闻干香。闻香控制在5分钟内，因为香气散发很快。水质TDS一般为100～200ppm，最多放宽到50～250ppm范围内。

第四步：称取茶样和水量。按照金杯萃取将一定数量的水注入壶中，茶全部浸透，盖上盖子2分钟，开盖闻湿香，闻盖子内侧冷凝的香气。取同一批次茶的四个烘焙样各一份，每份用相同的条件独立冲泡，同一茶样有三个指标需要测四杯样品，分别是干净度、鲜甜爽度和瑕疵味，因为这三个指标比较微妙，风味信号弱，如果测一杯，容易误判，要么冤枉，要么美化，四杯同测误判的概率就小了。

第五步：浸泡4～6分钟，将茶水过滤分别倒在四个杯中，茶水在60℃左右（不烫嘴），舀一勺用嘴啜吸，可以有吸溜吸溜的声音，让茶弥留齿颊，不要立即咽下，在整个口腔中反复回转后吐出或咽下（以便体验回甘），根据感觉记录下风味特征并打分。然后用纯净水漱口，做下一次品尝。每隔1分钟茶汤降温大约10℃，评测一次，以鉴定温度下降时风味的变化。

第六步：观测叶底，看看叶片的色泽、完整度、芽叶比例（是芽、叶、一芽一叶还是一芽二叶）。

评分表。把前面“指标体系”一节中所列的指标再细化分解，找出可以评分的关键点，能覆盖大部分茶的风味，实用性、操作性强，提出杯测评价指标、权重和计分规则。这只是一种方法，并不是标准，供大家参考，不排斥其他杯测指标体系和计分方法。

为了增加杯测客观性、公平性和操作性，将杯测指标分为十项，其中一项扣分指标，九项加分指标。一项扣分指标是瑕疵味，九项加分指标分别是香气、色泽、干净度、苦涩、鲜甜、口感、余味、平衡度和整体评价。其中瑕疵味是负向指标，转化成正向指标就是干净度和一致性，考虑到实际操作方便，瑕疵味更容易判断和审评，所以采用扣减分的办法计入总分。

评分表（见表6-5）的每个指标都有水平刻度（0～8分），即风味质量好与差，评委根据自己的感官体验与经验打分；香气、苦涩度和口感有垂直刻度，即风味强度（高、中、低），只标记强度不计分，在整体评价中作为参考因素计分；瑕疵味、干净度和鲜甜爽要四杯分别评价、分别计分，这三个指标都在检验一致性。

表6-5　杯测评分表

<table>
<tr><th>样品</th><th>烘焙度</th><th colspan="2">干香/湿香</th><th colspan="3">瑕疵味</th><th colspan="2">干净度</th><th colspan="2">鲜甜爽</th><th>苦涩度</th><th>色泽</th><th>口感</th><th>余味</th><th>平衡度</th><th>整体评价</th></tr>
<tr><td rowspan="7"></td><td>极浅</td><td colspan="2" rowspan="2">04678
香气质量</td><td colspan="3" rowspan="2">缺陷总扣分＝有缺陷杯数 × 最缺陷强度 × ＝</td><td colspan="2" rowspan="2">04678
干净度质量</td><td colspan="2" rowspan="2">04678
鲜甜爽质量
×2</td><td rowspan="2">04678
苦涩度
质量</td><td rowspan="2">04678
色泽
质量</td><td rowspan="2">04678
口感
质量</td><td rowspan="2">04678
余味
质量</td><td rowspan="2">04678
平衡度
质量</td><td rowspan="2">04678
整体感
觉 ×2</td></tr>
<tr><td>浅</td></tr>
<tr><td>中浅</td><td colspan="2">得分</td><td></td><td>有无缺陷</td><td>缺陷强度</td><td colspan="2">得分</td><td colspan="2">得分</td><td>得分</td><td>得分</td><td>得分</td><td>得分</td><td>得分</td><td>得分</td></tr>
<tr><td>中</td><td>干香</td><td>湿香</td><td>第一杯</td><td></td><td></td><td>第一杯</td><td></td><td>第一杯</td><td></td><td>苦涩强度</td><td rowspan="4"></td><td>醇厚度强度</td><td rowspan="4"></td><td rowspan="4"></td><td rowspan="4"></td></tr>
<tr><td>中深</td><td>强</td><td>强</td><td>第二杯</td><td></td><td></td><td>第二杯</td><td></td><td>第二杯</td><td></td><td>强</td><td>高</td></tr>
<tr><td>深</td><td>中</td><td>中</td><td>第三杯</td><td></td><td></td><td>第三杯</td><td></td><td>第三杯</td><td></td><td>中</td><td>中</td></tr>
<tr><td>极深</td><td>弱</td><td>弱</td><td>第四杯</td><td></td><td></td><td>第四杯</td><td></td><td>第四杯</td><td></td><td>弱</td><td>低</td></tr>
<tr><td></td><td colspan="13">风味记录</td><td colspan="3">最终得分＝ 12+ 正向得分 – 瑕疵扣分＝</td></tr>
</table>

香气、苦涩度和口感有两个维度：香度—香质、苦度—苦质、口感强度—口感质量，是浓烈与好坏之分，比如低浓度吲哚香气好闻舒服，高浓度吲哚香气熏臭难忍；淡绿茶之苦舒服回甘，莲子心之苦难以下咽；粳米浓郁、软糯、Q弹，口感好，籼米轻淡、松散、无弹性，口感差；糯玉米黏弹，口感好，甜玉米渣甜，口感差。

指标排序。按照评分表从左到右，排在首位的是干香/湿香，其次是瑕疵味与干净度同时评价，瑕疵味可以从香气和滋味中寻找，训练有素者对茶味有鲜明的敏感性，怪异味入口便知。如果一款茶有瑕疵味，其他表现再好也难以弥补，就应该放弃杯测。再次是鲜甜爽，新鲜、鲜爽、甜要放在苦涩之前同时评价，因为鲜甜爽属于“快闪”型珍贵风味，只有第一口感觉明显，哪怕只有一点点甜，也是好茶的标志，所以鲜甜爽度加倍计分。然后是苦涩度，苦涩度作为正向指标，“好的苦涩”是茶风味价值取向，对于层次感、回甘必不可少。色泽是视觉评价，对茶汤品质很直观；口感是传统审评项目，日常使用也普遍，但杯测用口感代替醇厚度，因为除了考虑醇厚，还要顾及顺滑、涩、颗粒、重量等感觉。余味是“剩余价值”，像是“绕梁余音”，总能带给人春回大地的感觉。平衡度是一个综合感受，既要有突出的风味，又要好风味很多，还要有喝不完的好风味，让审评焦虑，难以把握，所以常常因人而异。最后是整体感，即总体印象，好茶可能品鉴到韵味和产地特征。

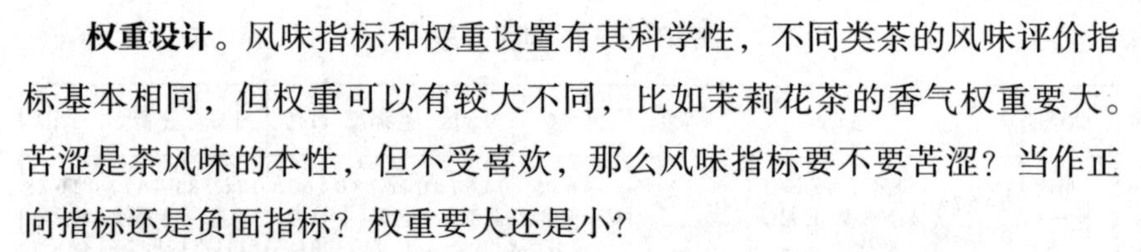

权重设计。风味指标和权重设置有其科学性，不同类茶的风味评价指标基本相同，但权重可以有较大不同，比如茉莉花茶的香气权重要大。苦涩是茶风味的本性，但不受喜欢，那么风味指标要不要苦涩？当作正向指标还是负面指标？权重要大还是小？

一款参赛茶最终得分0～100分。考虑到参加杯测的茶经过挑选，所以都默认有12分基础分。9个正向指标每个评分0～8分，满分8分，其中鲜甜爽、整体评价得分加倍，相当于11个8分加分项，正向评价满分88分。如果有瑕疵，先给瑕疵评分，最终得分=（12+正向指标得分）–瑕疵分。

风味价值取向决定了指标权重和规则，要放大负面风味的不良影响，限制瑕疵风味出现，引导茶叶各生产环节严格把控质量，精心加工。同时要鼓励品种、种植、微环境、高海拔、生产中塑造的个性风味，对于长期保持特征性强的优良风味，给予市场和风味文化扶持。承认苦涩、甘甜、鲜爽的一体性，引导正确的风味观。只要甘甜不要苦涩是不合理的，不要的是奇苦。涩是一个麻烦风味，虽然大部分茶汤的涩感并不明显，杯测指标中瑕疵味、苦涩、口感、余味、平衡度等都会涉及涩，“越是艰险越向前”，涩受到极大关注。由于整体评价是放在最后找优点、找亮点，评价准确度高，在脑子里与所有以前遇到过的好风味比较，具有权威性，所以整体评价得分加倍。

计分细则。瑕疵味（与缺陷风味等同）对风味副作用太大，所以评分要设置惩罚性放大效应，就是乘数规则。同一份茶样冲泡4杯，分别测试每一杯有无瑕疵。瑕疵（包括香气和滋味中的缺陷）分为数量和强度两个维度，数量指有瑕疵味的杯数（0～4）；强度分为强烈、中等、轻微，分别记为3、2、1分。瑕疵味扣分=有瑕疵味的杯数×最高瑕疵味强度×4，即采用“从重处罚原则”，如果无瑕疵味则不扣分，如果超过一杯有缺陷，则按最强的缺陷计分。比如某款茶样，冲泡4杯，有一杯带有一个轻微的瑕疵味，那么扣分1×1×4=4分；如果有两杯有瑕疵味，其中一杯有轻微缺陷，另一杯有强烈缺陷，那么总扣分=2×3×4=24分，瑕疵最高扣分位4×3×4=48分。

强烈瑕疵有：奇苦、干涩、水味、霉味、馊味、明显异味；

中等瑕疵有：咬喉苦、杂味、陈味、霉味、烟味、过度发酵；

轻微瑕疵有：轻微烟味、存放返潮味、酸味。

九项加分指标（鲜甜爽和整体评价加倍）计分细则：每一项得分0～8分，最低0分，最高8分，加分项最多得8×11=88分。0～8分拉开十档，即0分、4分、5分、6分、6.5分、7分、7.25分、7.5分、7.75分、8分，其中干净度和鲜甜爽取四杯评分的平均值。0分就是完全不能接受，如果任意一项得分为0，那么所有得分都为0，退出杯测（比赛）。0～4分属冗余分数，不利于评分，直接跳到4分是默认了20分的资格线，“确认过眼神”，即4分以下都计0分。计分点间隔从1减到0.5再减到0.25，是考虑到好茶在高分区间比较难以区分，这样便于打分，更加公平。品质普通，得4分(差)；良好品质得6分，表示这个指标达到竞赛级标准；非常优秀或完美，得最高8分，杯测本质上是寻找达到“优秀”级别的好茶。

如果杯测过程随温度降低风味变化了，怎么标记评分？可以在该项指标框用箭头表示降温时的风味变化，如60℃甜度6分，40℃甜度7分，可以标注为6→7。为了解决杯测过程有改变打分的情况，最终打分填写在“得分”后面，预打分可以写在上面的框内，但往往第一印象是最准确的。

评分要素。香气评价：干香和湿香的香型（特征性）、集中度、强度（浓度）、持久性和质量（是否令人舒服）。

色泽评价：颜色、清澈度、明度、亮度、金圈。

鲜甜评价：鲜甜能反映出叶片的成熟度，鲜甜并不完全与成茶糖含量对应。高甜度代表种植海拔高、合理的烘焙加上良好的萃取，杯测特别重视甜度，甜度能拉开分数，因为该项指标得分翻倍。甜味优雅、舒服，得8分，比较甜得6分，没有明显甜味得4分。评价时可以标注是甘蔗甜、焦糖甜，还是甜中带涩以及甜在口腔停留时间长短等。

鲜味是新茶和高氨基酸含量的表现，鲜味对甜有增益，鲜香甜合作显味，是一种来自水果的记忆，独特的香气，爽口舒适，令人惊艳，眼前为之一亮，触动灵魂深处的狂喜，可以得高分。

苦涩评价：苦涩与口感不完全相同，因为苦涩总是相伴，一个是味觉，另一个是触觉，口感是多种触感综合。儿茶素是苦涩“元凶”，尖苦、咬喉苦，茶黄素是温柔的苦。涩感、收敛感是不舒服的口腔触觉，有苦涩才有回甘，在杯测比赛中常取中庸路线，有点苦涩有点回甘，走极端可能不讨好。强弱适当的苦味，可增加茶的明亮度、动感、层次感和植物风味，精致、活泼、刚柔并济、复杂度、骨感、生津回甘。但新芽茶苦过头就令人皱眉、生畏、尖锐、粗糙、剧烈。根据苦味强烈度，顺口8分，微苦7分，苦6分，很苦4分。

口感评价：口腔感受到黏稠、密度、重量、质地，但不是越黏、越沉越好。在口腔中有很好的滑顺感、丝绒感、奶油感，得高分，相反，粗糙、颗粒感，得低分。细致、舒适、浓郁口感，得8分，圆润、密实口感，得6分，水感、稀薄口感，得4分。

余味评价：茶汤喝下去后滋味和香气并未消失，如果尾韵在甜香味中收场，回甘、无杂、口鼻留香、持久不衰，挥之不去就会有高分，如果余味无力并出现令人不舒服的杂味，如咬喉、苦涩、不干净，得分低。余味深远悠长、令人回味，得8分，余味回甘明显且较长，得6分，没有明显余味或余味不舒服，得4分。

平衡度评价：不是每一泡都能达到金杯萃取。根据多数人的口味，平衡是基本要求，在滋味、香气、余味、鲜甜、醇厚各方面协调，互为补充或对比。层次分明而不平铺直叙、空间有感而不空洞、味谱复杂而主题显著。各种风味均有登场，色、香、味都有呈现，冷热不失其味，前中后段各有特色，开场精彩，结尾优美，皆大欢喜。

整体评价：杯测评审总是想找到特征风味，如产地风味、茶农的特殊技艺、品种特色、韵味。在前面各项评价中意犹未尽、无法给分或扣分的风味要素，放在整体评价中一并考虑，对样品整体表现给出总体印象。凡味谱丰富、立体感、有振幅、层次感、饱满、冷热有味、花香果香、平衡协调、厚实和谐、鲜甜喜人、回甘YYDS得8分，比较好得6 分，单调乏味、不活泼、偏颇突兀、味谱失衡、平淡无奇、铺陈平庸，得4分。

最终得分：12分基础分+9项指标得分-瑕疵味扣分。

风味等级。根据杯测分数，将茶叶风味适当定级，作为风向标，引导茶业按照风味价值取向发展。

69分以下为不及格，工业级，质量较差；

70～74分，一般商业级；

75～79分，优质商业级；

80分以上，精品级，好茶。找到了好茶，才能让喝茶人知道什么是好茶、到哪里去找好茶、谁说的“好茶”才是真正的好茶，让真正好茶回归自己的尊贵殿堂，让那些炒作价格愚弄百姓的小丑熄火吧！

90分以上，竞标、竞赛等级优质茶，就是说杯测90分以上的茶可以拿去参加竞赛，竞赛获得名次后可参加拍卖；

95分以上，特别荣誉级，是茶叶的荣誉，是茶业的荣幸，是茶界的福音，是茶人的幸运，是国家的光荣。

杯测是站在消费者立场，改变了长期以来茶叶市场消费者无话语权的局面和境地，出发点是为喝茶人找好茶，而不是任由茶商忽悠宰割。杯测是一项技术，是一种公平评价茶叶质量的社会机制，是多年来茶业变革的实现，是茶叶科学技术进步的结果，千呼万唤始出来，其使得茶叶等级量化，交易、消费、风味有了数字概念，风味从模糊混沌走向科学清晰，这是一个巨大的进步，否则我们仍然停留在好茶与不好的茶概念中。

杯测技术创造了杯测比赛、杯测师（Cupper）、杯测培训、获奖茶拍卖，延伸了茶产业链，繁荣了茶叶市场，普及了以风味科学为价值取向消费观念，给精品茶贴上了标签，引导了正确的茶业发展方向，开拓培育了新的风味文化，对茶业史具有战略意义。

杯测心得。经常参加杯测就会积累经验，在此笔者分享几点感受。

情感因素对杯测结果影响显著，能扼杀风味也能调动感官，所以杯测时要全情投入不分心；情绪紧张或激动时难以区分味道，所以要心平气和。

茶汤淡一点，可以把味谱拉开，比较容易找到其中的滋味，浓茶会掩盖风味；热茶的风味多，香气重，但有些风味在较低温度下更容易感觉，比如水果、坚果调性的味道在较低温度容易识别；嗅觉需要将闻到的味道幻化成某种场景，建立起属于自己的嗅觉记忆库，以便实现条件反射。温杯投茶赏干香、冲泡闻壶盖赏湿香、舌颚互动捕捉口感细节、闭口生津赏回甘、咀嚼回气赏余味，集中注意力风味才能涌现出来。

针对不同茶类，冲泡条件适当调整，比如散茶和紧压茶差别很大，用同一冲泡办法有失公平。云南“滇茶杯”名茶评比，原来使用3克茶样泡5分钟，现在改为5克茶样泡3分钟，这可以大大改善风味体验。

杯测实践。区分杯测体系与杯测活动，杯测体系是文件和规则，可全球通用，而杯测活动是由组织者、杯测官在一定地点对茶样做评价，活动是开放的，一般由茶区协会组织，筛选当地茶样，杯测官在全球范围内选聘，对所有参评茶样只公布评分和风味描述，不发奖不授牌，因为评奖授牌已蜕变成美丽的毒瘤。

杯测活动不评名次不评奖，而比赛一定要决出前三名，避免一次评出几十个奖项，不拿人家的手不软。不管是活动还是比赛，既然以杯测为工具，就应回归科学性、独立性，避免人情化、行政化。杯测全程，杯测官不交流、不合议，只打分记录风味。强调杯测结果是针对一个批次茶样一次性结果，避免一次杯测终身享用荣誉。目前阶段，建议报名参评或参赛茶样要提供农药残留检测报告，超标者无权参与。建议申报茶样的基础信息如品种、种植、工艺、批次、产量等，待杯测结果出来与基础信息对比，起到风味教育作用。

茶风味杯测活动还处在起步阶段，而赛事已经普遍，各地政府积极推动，多方响应，如每年10月武夷山市星村镇会举办武夷山“中国茶乡杯”茶王赛，两年一届的“滇茶杯”云南名茶评比大赛，厦门“中国好茶”茶王争霸赛，等等。杯测比赛形式多样，由主办方制定规则。当赛事办成国际性大赛后，组织者更要精心筹划保证公正。

竞拍。是杯测活动的副产品，获得杯测活动评分前十名或者杯测比赛进入决赛的茶样批次可以参与竞拍，线上线下均可，让全世界的买家能用公开透明的方式竞拍，获奖的茶园知名度将会快速提升，比赛批次茶叶亦能得到合理的价格。竞拍不以炒作价格为目的，甚至要采取暗标限价措施。

一个批次10～100千克，在比赛前送至主办方指定的仓库保存直到杯测结果揭晓、竞拍结束。拍卖只是针对参加杯测批次的茶，同一茶农其他批次的茶绝对不会混进来。主办方对参赛茶严格管理，科学抽样，盲测编号，初检合格者方可作为杯测样品。杯测组织者是独立第三方，确保公信力。

获奖批次茶拍卖是一次性的，仅代表参赛提交批次的茶，不代表该茶农该茶园其他茶，更不代表明年还可以获奖，不发“放心产品”牌子，也不会授予“优质金（银）奖产品”荣誉。

除了大型茶企，国内大宗茶的流向是茶农每天生产的新茶当天就被流动茶商收走，或者茶农自己送到茶店快速变现。网购兴起后，部分茶农自己开店，留一部分新茶自销。春茶季后，适合举办各类区域性或全国性杯测，帮助茶农销售，同时也是培训和宣传提高茶风味质量的机会，吸引城市喝茶人走进茶园、参与茶游，一举多得。

有一次笔者听朋友说某某人喝的茶是10万元/千克，但其从来没去茶园看过，也喝不出特别风味，只是听别人介绍的。这一方面说明了解茶、买茶的渠道不畅不通，另一方面说明茶风味知识普及少。杯测比赛——拍卖机制可以满足这类高端消费者的需求。风味质量和价格都是透明的，保证其喝得明白，花钱不冤枉。

权威杯测。应该有一个独立的、公正的权威组织，对民间选送的茶样进行杯测，公布杯测结果包括评分和风味描述。比如某种红茶，杯测评分90分，其风味描述是：玫瑰香气，巧克力软糖，浓郁的甜味，黑莓酱，松烟香。结构甜美，苦度温和圆润，烤杏仁奶顺滑口感，水果般郁郁葱葱，清脆的余韵，回甘隐约，黑巧克力和松香的底色结合。

杯测创造了一个圈子，培养了一种兴趣。这种公开、透明、负责的权威杯测，是一种示范性的“抛砖”，带动杯测技术发展，普及风味知识，建立“风味信用”，吸引更多的人“入坑”参与。

第九节　兴风作浪

茶业领域尚无成熟的大赛，更没有全球范围内有影响力的赛事，这与茶业的发展状态一致。反过来思考，机会也在这里。有担当的独立机构组织丰富多彩的茶叶风味类大赛，如冲泡赛、烘焙赛、以茶为基底的潮流饮品比赛等，将渐成风尚。任何赛事经过较长时间的坚持和改进，逐渐成熟，吸引了更多人参与，知名度逐渐扩大，最终成为国际赛事。比赛目的是选出优质的茶和优秀的茶师，培养兴趣，带动公众参与，传播风味文化，繁荣茶业。

竞赛是一种机制、一种文化，是促进茶农提升品质、繁荣茶业的重要手段。茶叶领域的比赛，实质上比的是风味，不管是赛茶还是赛人，最终以风味决胜负。怎么把握才能得到好风味，或者说评委的风味价值

取向是什么？在宏观层面上，苦涩和暗淡（色深味淡）肯定是要避免的；在微观层面上，甜是心心念念的追求，哪怕只有一点点。

比赛总是要决出胜负，但风味评价没有绝对准确。茶风味＝鲜叶带进来的×初加工出来的×烘焙出来的×冲泡出来的×感受出来的，乘法关系，环环相扣，可能放大也可能缩小。其中两条主线，一条是茶本身，多变而易变，最经受不起氧的折磨；另一条是人，每一个赋味阶段是不同的人与同一片树叶打交道，每一个参与者想法不同，赋给茶叶的风味不同，后面的人不知道前面人的想法，所以未必能把真正好风味最终呈现出来，即使呈现出来，认不认可决定权还在考官。

成茶评比。各茶区都有同类茶成茶比赛，有的也叫擂台赛、茶王赛。茶主将自己精致的成品茶按照组委会要求送样，然后编号盲评。成茶比赛带有区域性和地方文化色彩，比赛方式和活动形式多样，往往与招商引资、文化交流、旅游推广等一起举办，但成茶比赛本身是赛茶，风味优劣是唯一依据，评分表没有固定模式，由主办方自定。

烘焙比赛是针对同一批次毛茶，参赛选手各显烘焙技能，精制出茶样供评委鉴定，由此评选出烘焙高手。烘焙比赛程序复杂、耗时长，分为四个阶段：第一阶段是选手检验毛茶缺陷，给毛茶分级；第二阶段是拟定烘焙计划，做一次预烘焙练习；第三阶段是正式烘焙，提交作品；第四阶段是由评委鉴定作品，按照风味优劣决出烘焙水平和选手排名。

毛茶分级。第一阶段规定1小时，选手独立对指定毛茶评价分级，挑拣黄片、茶梗、花萼等杂质，到时间提交“毛茶评价”报告，如表6–6，共14项指标，给毛茶打分。

表6–6　毛茶评分表

指标	描述 / 评分标准	1分	0分
色泽	正常1分，不正常0分		
含水率	正常1分，不正常0分		
密度	正常1分，不正常0分		
整碎	正常1分，不正常0分		

续表

指标	描述 / 评分标准	1分	0分
瑕疵	黄片，有 0 分，无 1 分		
	茶梗，有 0 分，无 1 分		
	花萼，有 0 分，无 1 分		
	虫尸，有 0 分，无 1 分		
	杂草，有 0 分，无 1 分		
	异物，有 0 分，无 1 分		
	霉味，有 0 分，无 1 分		
	异味，有 0 分，无 1 分		
干香	有 1 分，无 0 分		
	浓 1 分，淡 0 分		
	合计评分	/14	

国家制定了各类毛茶“标准样品”，选手要对国家标准有所了解，依此对主办方提供的指定参赛毛茶分级，针对的是干茶颜色、外形、杂质和香气，包括含水率、色泽、密度、整碎、净杂、瑕疵、干香。取样方式参考统计学要求，从茶堆的上下、左右、前后、中间分别取样，避免碰碎，共取样500克（取样太少代表性不够）混匀，放入评茶簸匾中，经筛转后收拢，茶样分出上、中、下三层，分别对照“标准”查看三层的质量，查找瑕疵。上层看松紧度、匀度、净度和色泽；中层看嫩度、条索、梗、黄片；下层看断碎程度，碎、片、末含量，花萼等夹杂物。

1小时到，选手立即提交毛茶评价表以及分级样品，包括整茶、碎茶、末茶、瑕疵物，分别称重并包装。评委对照选手的评价表与事先确定的标准打分，每项吻合得1分，不符合得0分，毛茶评价得分在0～14分之间。如果超时就要扣分，超1分钟扣1分，最多扣10分，超过10分钟未提交报告，则终止比赛资格。

烘焙计划。第二阶段规定时间1.5小时，选手独立判断毛茶风味潜力，制定烘焙计划，预烘焙练习一次，并根据预烘焙情况修改烘焙计划，到时间正式提交“烘焙计划”，如表6–7。

表6-7　烘焙计划表

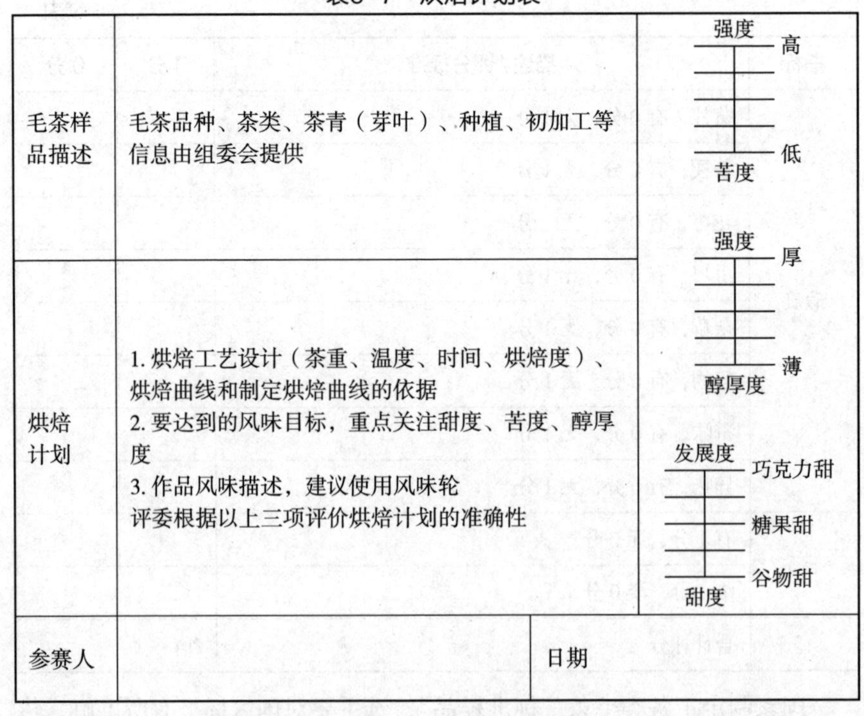

毛茶样品描述	毛茶品种、茶类、茶青（芽叶）、种植、初加工等信息由组委会提供	强度 高 低 苦度
烘焙计划	1. 烘焙工艺设计（茶重、温度、时间、烘焙度）、烘焙曲线和制定烘焙曲线的依据 2. 要达到的风味目标，重点关注甜度、苦度、醇厚度 3. 作品风味描述，建议使用风味轮 评委根据以上三项评价烘焙计划的准确性	强度 厚 薄 醇厚度 发展度 巧克力甜 糖果甜 谷物甜 甜度
参赛人		日期

提交完“毛茶分级”报告后，休息半小时，主办方宣布开始第二阶段比赛。选手制定“初步烘焙计划”并提交评委，然后用主办方提供的（足够量）样品做烘焙试验，选手自己冲泡试验样品主做风味鉴定，用来判断烘焙工艺参数是否合适，据此修改烘焙计划并再次提交评委。

1.5小时后就提交正式烘焙计划，提交后不能更改。评委对照“初步烘焙计划”中的三项主要指标，由工作人员按照标准冲泡“试验样品”，评委品评“试验样品”，对烘焙计划的三项指标（烘焙参数、目标达成、风味描述）的计划与实际偏差做出判断，进行打分，其中烘焙参数茶重、温度、时间、烘焙度的准确度权重8分，每个参数准确度2分；苦度、甜度、醇厚度三项风味目标准确度权重6分，每个指标2分；风味描述准确度权重6分。允许计划值与实际值在一定范围内有误差，超出允许范围就要扣分。按照评委评价结果打分，烘焙计划实施准确度总分在0～20分之间。超时扣分，超10秒钟扣1分，最多扣10分。

茶重、温度、时间是根据烘焙机型号和设计的烘焙度来确定，炉内空间容量与茶的重量要匹配，茶太多或太少都不利于烘焙，比如烘焙炉标定的最大容量为3千克，同样是乌龙茶，烘焙铁观音（球型）可使用2千克，升温速率要慢一点，最高温度低一点，时间长一点，设定为轻度烘焙；烘焙闽北水仙茶（散条型）可使用1千克，升温速率可以快一点，最高温度可以高一点，时间可长可短，设定为中度烘焙。

以上两个阶段的比赛耗时2.5小时，加上准备和中间休息，需要半天时间，正好一个上午。下午开始进行第三阶段比赛。

作品烘焙。第三阶段是正式烘焙作品，用时1小时。主办方统一提供烘焙设备，正式烘焙前给予一定时间用来熟悉设备和环境，比赛开始，选手执行已经提交的“正式烘焙计划”，手动设备要详细记录入炉和出炉时的茶重、炉温、时间等，保持操作顺畅，干净整洁。

烘焙好的样品不能马上冲泡评价风味，出炉后至少冷却退火12小时。第一天完成三个阶段的比赛，烘焙作品由主办方封存，供第二天测评使用。

作品杯测。第四阶段是评委杯测烘焙作品，按照1∶50茶水比，100℃水冲泡4分钟，评分表如表6-8。有5位评委盲测，给作品打分，去掉最高分和最低分，取其他3位评委的平均值，3位评委给分总分在（0～100分）×3分之间。

表6-8　烘焙评分表

指标	风味	评分标准	得分
烘焙度	测量烘焙度	评价正式烘焙计划准确性	/10
干湿香	要评价强度	香气不明显最低 6 分，优雅高香最高 10 分	/10
苦涩	要评价强度	明显的苦涩 6 分，温柔的苦涩 10 分	/10
鲜甜爽	鲜度、甜度、鲜爽度	2×(有甜感 6 分，甜感明显 10 分)	/20
醇厚度	要评价强度		/10
平衡度	色香味、苦甜鲜爽、高低温、前中后段平衡	2×(平衡度差 6 分，完美平衡 10 分)	/20
余味	包括回甘，持久性	余味不明显 6 分，余味怡人悠长 10 分	/10
风味描述	记录风味	评价正式烘焙计划准确性	/10

续表

指标	风味	评分标准	得分
烘焙缺陷	瑕疵记录：	烘焙不足，扣 0 ～ 5 分 烘焙过度，扣 0 ～ 5 分 焖烘现象，扣 0 ～ 5 分 焦煳现象，扣 0 ～ 5 分	
最终得分	加分项 – 扣分项＝ /100		

第四阶段选手也可以按照相同评分表自己评价作品风味表现，以验证自己的烘焙计划，但要限定在独立空间，不干扰评委，也不计入总分。

烘焙缺陷鉴定。烘焙不足是指苦涩、甜感和醇厚度没有烘焙到应有的程度，苦涩还比较明显，香气还在风味轮中酶促反应形成的酵素味；过度烘焙是风味发展超过了控制限度，苦涩完全没有了，层次感没有了，破坏了风味平衡，对应于风味轮中平淡；焖烘是指操作不当，温度不均匀，焦糖化不顺畅，出现类似爆米花、锅巴、谷物、燕麦的味道；焦煳是温度过高以致烧焦，干馏化灰烬味道。

总分。在比赛全程如果选手没有很好地利用设备，与其他选手不能协作使用设备，不爱护设备，不能保持操作空间干净整洁，不守规则，不文明，在最终评分前会被扣0～5分。总分＝（毛茶评价得分＋烘焙计划准确度得分＋作品风味评价得分）–（总评扣分0～5分）。

冠军画像。烘焙比赛耗时长，要求选手知识全面、技能高超，烘焙、杯测和冲泡样样精通；能用提供的毛茶做出一份恰当的烘焙作品；展现出评价毛茶和成品茶的能力；使用设备的能力；设计烘焙计划和风味框架的能力；准确描述烘焙风味和实现烘焙风味的能力。

冲泡大赛。是赛人，考查的是选手泡茶技能，但本质上还是赛茶，比赛用茶对于结果至关重要，也不乏因为选手获胜而把茶叶带红的案例。赛人的比赛需要两种评委，一是感官评委，对风味表现打分；另一是技术评委，对选手的操作和技术规范打分，由此选拔出优秀茶师，将茶师真正塑造成一个令人羡慕的职业。

冲泡的使命是把品种、产地、加工、烘焙环节塑造的风味呈现出来。

虽然金杯萃取解决了普适性，但不是最佳风味展现，冲泡比赛的目的就是寻找最佳风味。冲泡比赛还有一个特殊使命，就是承担着对消费者风味教育和知识推广的责任。冲泡过程是技术动作，但鉴定风味仍然需要杯测。

以茶为媒赛人，评价选手的“能“和”艺”。“能”是技术面考核，考验选手在连续冲泡压力下，掌握冲泡节奏，呈现稳定高质量的风味感受。“艺”是创新力考核，考验选手开创格局和流派的能力，以创造新的风味文化，引领茶业“风向”，制造风味“网红”。

赛人的场景可以转移到茶饮店，回到吧台，服务大众。除了茶风味动人，茶师也感人。把顾客当作评委，通过冲泡、解说和服务，传播风味之美，让茶香与人美融为一体，这才是茶业应有的姿态。

冲泡比赛放在靠近消费者的城市，各种食品、饮料、茶叶展会适合举办赛事，吸引茶店、茶馆、饮料店、茶城、宾馆、饭店派出员工参加，也可以个人身份参加，活跃展会气氛，提高人气，普及茶知识，创造并引导消费潮流。比赛实质上也是一种高级培训，可以获得更多的专业知识，多次参加比赛并获得名次之后，选手亦可变成评委，也可促成选手创业开店，把情怀变现。

评委校正。在正式冲泡比赛前，为了避免裁判之间的评分差异，主评审要求所有评委一起品尝同一杯茶，然后各评委做出相互独立的客观评价，给出评分，讲明评分依据和逻辑。然后一起讨论，给分高的和低的都要调整到一致的分数，统一评语，这样可以最大限度地保证比赛标准一致。

冲泡比赛有指定茶样和自带茶样。指定茶样指所有选手都使用同一款茶，看谁冲泡的风味更好，重点在“能”；自带茶样就是给予发挥的空间，展示个性，重点在“艺”。

自带茶样首先要有天资禀赋，通过冲泡，风味高扬，打动评委；其次要合理选择用水、茶器、设备，最大限度地挖掘风味潜力；最主要的是设计一套完整的冲泡框架，展示技术诀窍；还要体现选手个人魅力，包括娴熟的操作、流利的讲解、干净的卫生环境、恰当的礼节等。

比赛要点。设备由主办方提供，小型茶具可自带。根据评委人数掌握好冲泡用茶量，在保证醇厚度的前提下，确保每位评委一份（杯）。国际上常用三人评委加一名主审官，主审官不打分，扮导演角色。在最终打分之前，评委要合议，解决评判分歧。比赛结束，主评委要点评每位选手的得分和表现，选手如果有异议可以提出质疑。

要求每杯风味一致，所以出汤速度、呈送时间很有讲究，尽量使每位评委拿到的茶汤温度一致，评审要在大约60℃、45℃和30℃三个茶汤温度下评测打分。呈现给评委闻香过程要快速准确，否则香气散发了，也要注意水汽温度以防烫伤。鲜甜爽和平衡度得分翻倍，意味着这两个指标的重要性，所以冲泡框架设计要特别重视，平时训练如何突出这两个风味，掌握拿分秘籍。

冲泡指定茶样时，专注于风味品质的挖掘和呈现，不宜多解释，因为评委是盲审，即评委背对或屏障隔离，不允许观看冲泡过程。冲泡自选茶样时，展演风采，可以阐述冲泡框架、冲泡技术特色、风味特征等，一个短小精悍、完整的风味故事往往能打动人，但一定要事先反复自我测评，讲述的风味是可以评测出来的，不能有瑕疵味。现场表演要保持卫生，手不能碰到杯口，杯子、桌子等要干净无残留，讲解要有亲和力、有热情、有眼神交流，对于影响冲泡风味的因素要讲解慎重，以防前因不搭后果。

冲泡理念和架构集锦。通过分段冲泡、水量变化、水温变化来调控茶汤甜度；设计配方实现回甘悠长的同时有好的醇厚度，展示出明显的风味结构；以茶多酚为主题实现变化多端的色、香、味体验；呈现以茶氨酸为主线的鲜甜结构；以茶多糖的转化为依据实现可控甜度；以浸泡和滴滤相结合的萃取方式达到高甜低苦的层次；高浓度低萃取还是低浓度高萃取；取舍萃取的前段还是中段；等等。无不是以风味科学为指导，组合排列各种因素，理论上能解释，操作上可实现。

冲泡比赛指标。冲泡比赛是“以味取人”，指标与杯测比赛有相同也有不同。相同方面在于对风味的客观评价，不同在于对人的评价，包括选用的茶、水、器是否合适，展示的知识是否充分，冲泡技术是否规范，是否有创意，个人临场表现等，如表6–9。

表6-9　冲泡比赛指标

选手				日期			
指定茶样							
香气（分）	鲜甜爽（分）	苦涩（分）	余味（分）	醇厚度（分）	平衡度（分）	整体印象（分）	小计（分）
6～10	（6～10）×2	6～10	6～10	（6～10）×2	6～10	（6～10）×2	/100
	强度 H M L	强度 H M L		强度 H M L			
尺度：6～7分表示好，7～8分很好，8～9分优秀，9～10分卓越							
自带茶样							
香气（分）	鲜甜（分）	苦涩（分）	余味（分）	醇厚度（分）	平衡度（分）	整体印象（分）	小计（分）
6～10	6～10	6～10	6～10	6～10	6～10	6～10	/70
	强度	强度		强度			
风味描述记录：				冲泡技能（自选茶样、水质、温度、冲泡等信息）记录：			
风味描述评分（分）		冲泡技能评分（分）		现场整体印象评分（分）		小计（分）	/30
0～10		0～10		0～10		最终得分	/100
不接受：0分；可接受：4～4.75分；平均：5～5.75分；好：6～6.75分；很好：7～7.75分；优秀：8～8.75分；卓越：9～10分							

评分细则。指定茶样：七个硬性风味指标，每项满分10分，6分起评，表示所用的参赛茶合格，默认有6分的基础分。打分间隔0.25分，鲜甜爽、苦涩、醇厚度除了打质量分，还要记录风味强度，供整体印象打分使用。在小计分数时，鲜甜爽、平衡度、整体印象分数乘2，即这三项重要指标权重加倍，这样指定茶样七项风味指标满分100分。

自带茶样：除了与指定茶样有相同的七个硬性风味指标外（每项10分，满分70分），还有三个柔性指标。风味描述考查选手自己对风味的理

解和把控，包括风味框架设计和实施。冲泡技术考查选手现场操作能力和规范、技术创新、参数控制等。现场整体印象考查选手对茶叶风味知识的掌握程度、讲解流利程度、操作顺畅程度和失误、卫生状况等。三个柔性指标每个满分10分，0分起评，这样柔性指标满分30分，自带茶样比赛满分100分。

自带＋指定两项合计0～200分。

造星运动。比赛产生明星，或茶或人。

明星茶不仅卖得好价格，而且做了一次免费广告，可以跳过中间商直接交易。明星茶是一种良性激励机制，鞭策茶农自觉种植生产高品质茶叶，高回报有利于茶农投入更多资源出品好茶。这种机制有溢出效应，可以带动周边茶农从产量观念转向质量观念，提升茶园知名度。

比赛获奖者可成为“明星”，冲泡大赛是孵化网红的摇篮。近年来很多比赛获奖人员创业开店，起点高，创意新，推动了茶业发展。卓越的技术、好奇心驱使的探索能力、创新能力、茶叶知识都是选手的基本素质。有的选手提前委托科研机构为其做自带茶风味研究，这样就可以掌握风味数据，在演示中引用这些数据，显示出可信度，往往能获得加分。这种主动探索行为是积极的，但对于其他选手是否公平，有待商榷。比赛的透明度、评分的客观性、选手对评分的接受程度仍然存在问题，评价系统需要不断改进。

第十节　阅读风味

喝茶最应景的场合是一个人或几个朋友围坐在一起，漫无目的，海阔天空，自然放松，在时空自由的环境下，实现“茶自由”。如果还能就茶论茶，那档次就提升了。对于广大喝茶爱好者，从多方面学习茶知识，自相识茶，像看书学习一样阅读茶风味，可获得更多额外收益，比如自娱自乐，有时候觉得自己像个艺术家，眉飞色舞于一幅茶景；有时候又觉得自己像个设计师，精妙设计与控制冲泡，喝到一款风味“景色”。

感受风味，人的感官硬件相差无几，除非平时吸烟、喝酒，或常吃辛辣、重口味的食物而钝化了感官。喝茶风味关键在于“软件”，在于用心，在于态度，也在于品味经历不同导致的对味道的敏感程度，态度能让感官与风味同频共振。不管是新茶人还是老茶饕，每天第一口茶都是新风味，识别度高的那个香气和滋味总是印象最深刻，因此可能把新人紧紧拉在茶桌边，也可能远离茶杯，所以好风味是第一位的。一款合格绿茶至少给人留下的印象是“苦涩是短暂的，回甘是悠长的”。

拆解风味。茶味是混合味，不管是香气、滋味还是口感。感官训练时用了单一参照物，但这不是茶的复合味，甚至不是茶成分（如明矾的涩）。根据泡茶理论，仍有办法喝到相对单纯的茶成分和风味。

用盖碗分次冲泡，先开水温杯，把水倒掉，投入干茶闻干香。第一遍用开水冲洗，注水后5秒出汤，倒在杯子里闻湿香。然后注入60℃左右的水，泡30秒出汤，茶汤里是最易溶解的氨基酸、糖和其他有机酸，这时喝茶记住风味（大概就是传说中的茶氨酸味道）。二次注入70℃的水，泡30秒出汤，这时茶汤有少量咖啡碱和茶多酚或儿茶素进来，喝茶再记风味。第三次注入85℃水，泡1分钟出汤，茶水中以多酚类物质和咖啡碱为主，喝茶记住风味。第四次注入开水，泡2分钟即可，茶汤里全是多酚类了，再喝再记忆。比较四次风味差异，基本上就把这款茶“喝透了”。

多参与。不是每个人都能参加比赛，也不是每个人都能成为大师。普通茶客能不能喝出风味、喝出风采？如何识茶论茶？唯有多喝，反复对比，喝出真知；看有用的茶书；去店里喝茶多与茶师交流，与懂茶的人多切磋，熟悉风味语言；手机里加几个公众号，看别人怎么说；了解一些精品茶品牌，到他们的网店里看其宣传，研究其标签上的风味描述；参加相关展览会，与展商交流；观看一些茶风味比赛，或参与杯测，有条件的去上个培训班。重要的经验是不要只喝一种茶，各类茶轮换着喝，对比着喝。

勤记录。建立风味记忆库，感官能力实际上就是辨识和描述能力，从生活中提取素材，品尝、记忆、分辨、总结。做好记录，可以使用表6-10，简单明了，长期坚持，必有反响。

表6-10　风味记录表

<table>
<tr><td colspan="13">风味记录：日期</td></tr>
<tr><td>茶样</td><td colspan="6">烘焙程度</td><td colspan="6">甜度</td></tr>
<tr><td rowspan="6">品种：
产地：
庄园：
海拔：
产季
工艺：
冲泡：</td><td colspan="6" rowspan="2"></td><td colspan="2">高</td><td colspan="2">中</td><td colspan="2">低</td></tr>
<tr><td colspan="2"></td><td colspan="2"></td><td colspan="2"></td></tr>
<tr><td colspan="6">干香湿香</td><td colspan="6">鲜度</td></tr>
<tr><td colspan="6" rowspan="2"></td><td colspan="2">高</td><td colspan="2">中</td><td colspan="2">低</td></tr>
<tr><td colspan="2"></td><td colspan="2"></td><td colspan="2"></td></tr>
<tr><td>整体表现</td><td colspan="2">干净度</td><td colspan="2">平衡度</td><td colspan="2">醇厚度</td><td colspan="2">苦味</td><td colspan="2">涩感</td><td colspan="2">余味</td></tr>
<tr><td rowspan="3">前段：
中段：
尾段：
特征：
韵味：</td><td>高</td><td></td><td>高</td><td></td><td>强</td><td></td><td>强</td><td></td><td>强</td><td></td><td>强</td><td></td></tr>
<tr><td>中</td><td></td><td>中</td><td></td><td>中</td><td></td><td>中</td><td></td><td>中</td><td></td><td>中</td><td></td></tr>
<tr><td>低</td><td></td><td>低</td><td></td><td>弱</td><td></td><td>若</td><td></td><td>弱</td><td></td><td>弱</td><td></td></tr>
</table>

品结构。自我训练要有“全息”意识，就是从嗅觉、味觉、视觉、触觉多个维度立体地感受风味的立体结构。干香被大部分人忽视，闻茶香是风雅还是风骚？开水冲泡头二泡释放的湿香也很强烈，但少人闻“津”；品尝滋味不只使用味觉，而是味觉、视觉、（鼻后）嗅觉、触觉联动；啜吸能使茶汤雾化，有一种“喝出来的香气”的感觉，可提升风味敏感度，但因“不雅”会被遭“白眼”；细品余味，如果能找到回甘、生津，就很圆满。

从以下几个方面把风味结构固定在自己喝茶赏味程序中：一是色、香、味骨架；二是苦、涩、鲜、甜内容；三是层次感，前、中、尾段的风味广度和强度，平衡而有料；四是回甘茶韵，余味长久。

用盖碗分次冲泡和大杯一泡到底所尝到的风味结构不同。盖碗冲泡乐趣多，乐趣本身也是一种“风味”，盖碗有利于风味层次展现，前、中、尾段茶汤自然分开，结构感明显。

重香气。个人喝茶最容易也最应该欣赏香气，但确实香气高的不多。有花香的茶如汀溪兰香绿茶、祁门红茶玫瑰香、潮州凤凰单丛栀子花香等。甜不只是味道，也是一种香，品甜需要味觉和嗅觉并重，含笑花有哈密瓜甜香，红茶有甜香。

果香茶不多见。茶的水果风味，有两层含义，一是水果口感，着重茶汤滋味；另一层是水果香气，着重挥发气体感受，当然后一种水果调性更强。如果喝出水果味，那它的滋味会有果酱、果干的味道，就像吃水果那样，可能还有一点微酸，有水果甜。果香是以酯类、沉香醇、紫罗酮等成分为主，所以香气更高爽，有分量，当然，喝茶无论如何不可能达到吃水果的风味感受。

敏感官。风味传感器接收并传递到大脑形成意识，识别、放大并转化为心情。五官合作，信号耦合，信息流转化为电流，刺激生理反应。视觉引领五官，高瞻远瞩，五官独尊。从风味的角度，嗅觉独占鳌头，无论是在黑暗的天地里还是在宇宙飞船上，不管是“鸡爪烩白菜”还是饕餮盛宴，嗅觉占主导。科学证明，80%的能辨别出来的味道是由嗅觉感知的。所以从某种意义上说，茶叶的风味主要是闻出来的，这与大部分人的认知有出入。

风味评价主要是质（好坏），而不是量（强弱），这就降低了对感官的要求。心中有风味，就是有获取风味的意识，感官自然灵。对比是最好的“区分”办法，也是有效的感官敏化训练方法，对比可以拓展味域，加深记忆。比如，中国三大红茶正山小种、祁门红茶、滇红一起喝，比较差异，喝完可能喜欢上某一种。

表6-11　正山小种、祁门红茶、滇红风味对比表

红茶种类	品种	香气	茶汤	滋味
正山小种	菜茶群体种	独特的花果香，香气持久，传统制作还有松烟香	糖浆状的深金黄色	醇厚，桂圆般的香甜，喉韵回味明显
祁门红茶	中叶楮叶种	香气丰富清甜，似花、果、蜜，有玫瑰、苹果的清香	红亮清澈	鲜醇而甜润，顺滑润喉
滇红	云南大叶种	香气浓郁、高扬、鲜爽，带蜜香	红艳浓稠，金圈明显	鲜、浓、强、烈，口感饱满而稠厚

选购茶。市面上那么多茶究竟选哪一款？有没有简便易行的办法比较科学地测定自己对风味的偏好，以便购茶？

以黄茶为例，选出15个考察滋味强度指标，也是最常用的风味描述词汇，甜味、醇、柔和、厚、余味、回甘、鲜味、苦味、涩味、青味、火工味、酸味、水闷味、异味、滋味总强度，其中回甘＝余味。对每一种滋味强度指标给予0～10分的评分，0分为感觉不到，10分为感觉极强。比如“异味”这个指标，无异味得0分，异味很重得10分，这里的0分、10分并不代表好坏，只代表强度。而一款黄茶的15项滋味强度感官独立评价为甜味8.8分、醇8.3分、柔和8.2分、厚7.6分、余味6.6分、回甘6.6分、鲜味7.1分、苦味3.9分、涩味3.5分、青味2.5分、火工味1.2分、酸味2.5分、水闷味0.0分、异味0.0分、滋味总强度8.7分（不是前14项的平均值）。其中甜味、醇、柔和、余味、厚、回甘、鲜味、总强度得分高，属于正面的喜好滋味；而涩味、苦味、酸味、水闷味、青味、异味强度得分低，属于负面的不喜欢滋味。如果正面得分大于负面得分，就可以选择。这个方法还是有点复杂，能不能再简化？

口感喜好性因人而异，但也有一个基本“风味价值观”。虽不喜欢苦涩，但必须“原谅”苦涩。对一款茶的喜好度（或者接受度）按照正负评价，＋5分为极喜欢，–5分为极不喜欢，喜好度大于3就是比较喜欢了，小于2分就是不能接受。测验发现，风味喜好性与上述测定的各滋味感官强度的内在联系是一致的：甜味＞醇＞柔和＞厚＞余味＝回甘＞鲜味＞苦味＞涩味＞青味＞火工味＞酸味＞水闷味＞异味。所有人都喜欢甜味，甜味喜好度总是第一位的。所以如果喝茶尝不到甜味很遗憾，反过来就是好茶一定要有甜，哪怕是隐约的甜。

上述这款黄茶案例中，口测的喜好度为4.3分，说明这款茶非常受喜爱了，尽管也有一些青味、火功味，但苦涩强度都低于10分的一半，而喜好的滋味鲜甜、醇厚、柔和、余味强度都比较高，所以从风味的角度，这款茶就值得购买。

第十一节　精品茶赏

精品茶超越了商业茶的印象，呈现出美妙多变的味谱。如果说商业茶的灵魂是回甘，那么精品茶的灵魂就是香气、鲜甜和回甘。

风味笔记——兰香绿茶。安徽泾县汀溪一带所产“汀溪兰香”绿茶为国内独有。汀溪产地茶树种植海拔500～800米，山高林密，茶园像补丁一样，面积小，被树林分隔包围，风化的页岩、花岗岩沙砾土，表层腐殖质层厚，有机质含量大于3%，土壤pH值为5～6，深山、隘谷、岭径、出露、漫射光、风力弱、日照短、溪流交错，云腾雾飘，立体气候。春茶季野生兰花开放，缕缕馨香。当然茶香主要是品种基因带来的，不是野草兰花给的。

微气候监测有一定难度，在很小的区域内测定气象参数不易实现。可以通过放大区域或季节来模拟研究，比如在一个省内不同茶园、同一茶园不同季节记录气象参数。研究人员用采摘前15天茶园的平均气温、平均相对湿度、平均日照时数拟合出一个“气候指数”。气温、湿度、日照太高或太低对茶树生长都不利，对风味物质形成不利，所以存在一个最佳值，比如茶叶品质形成最适宜温度为12℃～18℃，最适宜空气相对湿度为80%以上，所需最低湿度为45%，最适宜日照百分率在25%～50%。

将气候指数与风味品质建立起关联关系，生成气候品质等级评价模型，发现在汀溪区域，相对于夏秋茶，春茶品质和气候指数对应是最好的；相对于安徽其他绿茶产区，汀溪的春茶品质与气候指数对应也是最好的。

并不是泾县汀溪域内的茶树都有兰香，也不是每年都有兰香，也不是谁都能做出兰香。那些低地种植、阴雨天采制、加工不当的茶没有兰香。要出兰香，茶树需要种植在海拔500～800米的地方，采摘的鲜叶不能紧压、暴晒、淋雨、焖热，明前采制的茶香气不彰，不耐泡。谷雨前一周采制的一芽二叶茶香气最高，耐泡度好。因为山高、坡陡、路远，茶农只能徒步上下山，人工采运鲜叶，故每天采摘的鲜叶数量有限。

要想出兰香，生产制作细节上也非常讲究。晴天日平均气温在20℃

左右采摘，摊青时间不可超过5个小时，也不得少于2个小时；杀青时鲜叶下锅必须要有较紧的炸芝麻声，杀青时间不超过4分钟，到时立即降温做形，做形时间不超过3分钟；做形结束后立即出锅清风，将茶叶放入竹篷内上下颠簸，使之快速冷却；木炭烘后立即清风，摊晾30分钟，让茶叶中的水分再次均匀分布，然后文火低温足干。

谷雨前一芽二叶汀溪兰香茶，水浸出物含量为37%～41%，茶多酚含量为15%～18%，游离氨基酸含量为2.7%～3.1%，酚氨比为5.3～5.8。雨前兰香茶带梗形散、翠绿少毫、汤色嫩黄绿亮、兰花香扬爽、湿香持续、鲜甜回甘、苦涩不明显，色、香、味兼具，口感明亮，没有拖泥带水、混沌不清的感觉。香气潜藏在茶汤中，一层一层释放出来，多泡以后湿香不减、出汤仍醇厚鲜甜。香气干净鲜甜，热、温、冷闻均具有兰花香，冲泡时香气成分很快扩散到茶汤中，味中带香。茶毫少所以茶汤明亮，茶多酚含量少所以苦涩轻，没有尖苦或咬喉的苦，没有干涩和收敛。酚氨比决定绿茶的醇厚度，汀溪兰香滋味以鲜醇为主，浓度为辅，因为兰香绿茶叶片致密，加工简单，没有破坏叶片组织，所以浸出速度缓慢，因而耐泡，也便于控制浓度，适合盖碗冲泡，细品慢喝。

风味笔记——肉桂岩茶。武夷山因茶树生长于岩石沙砾土中而名“岩”茶，有岩韵，俗称“豆浆韵”，其实所有好茶都生长在“岩石”上。

肉桂岩茶，无性系灌木型，中叶类晚生种，春茶一芽二叶，干样水浸出物含量为38%，氨基酸含量为1.39%，茶多酚含量为22.9%，儿茶素总量为169.79毫克/克，咖啡碱含量为4.17%，可溶性糖含量为3.4%，水溶性果胶含量为1.23%。肉桂三叶驻芽梢干样含茶多酚25.41%，水浸出物含量为39.0%，儿茶素总量为179.43毫克/克。肉桂茶香气成分以橙花叔醇、α-法尼烯、苯甲醛等为主，其中苯甲醛属芳香族醛类，沸点为179℃，有苦杏仁香气，同属醛类的还有肉桂醛，沸点为252℃，有肉桂香气，这是形成肉桂岩茶香气滋味辛锐、收敛性强的物质基础。

岩茶传统工艺有萎凋、做青、杀青、揉捻、烘焙五道工序。晴天采摘，不采雨青、露水青，最好上午10～12时，其次是下午15～17时，采下鲜叶防止日晒紧压，从做青至杀青保持“一路香”，即自始至终要求有显露香气特征，其香气由清香至花果香转化。加工过程主要是茶多酚的氧化，伴随发生的蛋白质、脂类、原果胶、多糖等大分子物质的降解，增加了多种氨基酸、酸类、醇类等可溶性物质。另胡萝卜素、黄酮类通过氧化分解产生许多新的芳香物质。

15年树龄茶树的茶多酚、咖啡碱、氨基酸、总糖含量最高，香气最高，35年树龄茶树的水浸出物、黄酮的含量最高，滋味最好。这两个树龄段的肉桂风味总体评价都高于5年树龄的。

山冈顶部茶园日照十分充足，茶树鲜叶中茶多酚与儿茶素相对较多，肉桂茶叶的香气较为浓烈，辛锐似桂皮香。研究表明，施用钾、镁肥不仅增加了乌龙茶香气成分的总含量，而且对香气的组成有明显的影响，尤其对橙花叔醇含量的提高作用更为明显，钾、镁肥配施使橙花叔醇的含量比不施肥增加了23.0%，游离氨基酸和咖啡碱的含量也有提高。

如果做青程度太轻，多酚类保留太多，成茶辛锐苦涩；如果做青程度太重，多酚类转化过量，保留量不够，成茶便失去鲜爽醇厚、花果香味与适当的收敛性。经验证明，肉桂茶手工做青摇六次的成茶呈果香，滋味醇厚；摇四次的花香较显，但较苦涩。其中第三、四次摇青要适当重摇、长摊晾，让鲜叶中低沸点的辛锐青草气充分挥发。

烘焙能明显改善武夷岩茶风味，随焙火程度增加，茶多酚、咖啡碱、游离氨基酸、茶黄素和茶红素的含量均显著降低，可溶性蛋白和可溶性糖的含量变化不显著，轻、中度烘焙肉桂茶汤清澈透亮，滋味醇厚回甘。烘焙肉桂主要儿茶素组分（EGC、EC、ECG）以及大部分氨基酸单体与茶汤滋味之间有着显著的正相关，就是越多越好。

肉桂茶条索壮实，色泽青褐、泛黄带砂绿，汤色橙黄清澈，香气浓郁、辛锐，似桂皮香或姜味，带乳香或果花香，香气浓郁清长；滋味醇厚甘爽，略带刺激感，辛锐持久，肉桂内含较高的儿茶素是形成滋味辛锐、收敛性强的品质特点。

市场上很多肉桂茶的辛锐桂皮香味不是很明显，因为武夷山很多肉桂是20世纪80年代种植的，至今树龄已达40年左右，随着树龄的增长，其辛锐桂皮香味会呈逐渐减弱的趋势。

肉桂岩茶等级与茶多酚、EGCG、酚氨比、咖啡碱、ECG、EGC含量呈显著正相关，这与上述风味研究完全相符。但与绿茶酚氨比对风味的影响正好相反，这说明乌龙茶工艺上克服了茶多酚苦涩对风味的负面影响，把劣势转化为了优势。

岩韵。肉桂被赋予最有“岩韵”的乌龙茶，这“岩韵”从何而来？顾名思义，“岩”表示风味浓强，如岩石般强硬，与武夷山茶场所在山头的岩石类型、矿物质有关。专家认为，岩韵是一种有物质基础的气质，具体可表现为香气芬芳馥郁、幽雅、持久、有力度，滋味啜之有骨、厚而醇、润滑甘爽，饮后有齿颊留香的感觉。“淡非薄，浓非厚”“岩骨花香”是岩韵的真谛。

岩韵建立在品种、种植和工艺基础之上。岩韵品质更多地呈现品种赋予的成分含量、山场赋予的厚度与韵味，以及工艺所赋予的花果香与鲜爽度。武夷山属火山岩，富含铁、钾、锰等微量元素，有两种类型的风化岩石土壤——名岩和丹岩，研究认为，名岩区的微域环境优于丹岩区，名岩区所制茶叶品质优于丹岩区，显现出“山场”特征。生长期和制茶期，晴天是出岩韵的基本条件；肉桂茶鲜叶不同时间采摘有不同的香气表现：春茶前期以奶油香为主导，中期以花果香为主导，后期以桂皮香为主导。

萎凋、做青和烘焙是形成岩韵的关键工艺，实践证明，传统的复炒工艺不仅能弥补初炒之不足，而且初揉挤出茶汁凝于表面，通过复炒时与高温铁锅壁的快速接触，促使某些茶汁发生化学变化，特别是糖类与蛋白质或脂类产生热化学作用，产生具有烘炒香、焦糖香等香气特征的糖胺类化合物，茶条表面出现特有的油亮色泽。用文火慢焙的中度烘焙，使香气的熟化，馥郁持久，花果香显露，提高滋味干净度，岩韵全面显现。

研究显示，肉桂中涩味氨基酸和槲皮素苷含量较高，这很可能是其滋味“霸气尖锐”特点的重要贡献因素。茶多酚、咖啡碱、表没食子儿茶素（EGC）和表儿茶素（EC）（EGC和EC都是显涩儿茶素）含量增加有利于“岩韵”显露。甘氨酸是甜味氨基酸，而甘氨酸含量的增加对“岩韵”有负面作用。所以，肉桂茶的“岩”，主要体现在涩感上，尽管乌龙茶的涩感已经不明显，但造成涩感的因素就是“岩”，或者“酽”，因此而产生硬朗霸气的风味就是“岩韵”。

第十二节　尝试浓茶

消费调查显示，对于绿茶，人们不喜欢的风味是苦涩浓，喜欢的风味是鲜甜醇甘。对于其他茶类大体相似，但浓度一项有变化。绿茶苦涩浓是一体的，其他茶苦涩浓不完全统一。大多数人喜欢醇，但醇与浓有关，所以除过绿茶，从风味角度，喝入浓醇是可行的，以咖啡碱摄入量为限。

浓茶是什么？浓度或萃取率达到多少可以称之为浓茶？没有人给浓茶下过定义，因人而异。什么人喝浓茶？茶农、常年喝茶的老茶客、靠喝茶快速提神的人、希望保持头脑清醒的人、没有时间坐下来喝热茶的人。什么人不能喝浓茶？胃肠一贯对茶不适应的人、刚开始喝茶的人、对茶刺激敏感的人不适宜喝浓茶。

什么浓茶可喝？绿茶、白茶浓茶刺激性强、“损伤性”大，不建议喝。红茶、黑茶虽刺激性不强，但浓度很稠，风味并不好，适合作为调制茶基底使用。黄茶、乌龙茶浓茶刺激性减弱，风味适宜，比较适合制作浓茶。

浓茶制备。如果浸泡不换水，达到饱和就不再浸出了。饱和的茶汤不算太浓，但对于大部分人已经足够浓了。要想更浓，只能用末茶加压萃取。如果大规模制备浓茶，就用蒸发水分浓缩的办法。真正的“一杯浓茶”大约就是一大口或者三小口，不可多喝。

怎么喝浓茶？喝前先用冰水漱口，分三次小口喝，用舌头摩擦上颚感受浓茶的触感，细品滋味，喝完闭口回气，用鼻后嗅觉感受香气和余味、回甘，最后用清水漱口，感受甜度。

浓茶风味。尽管难以觉察到浓茶的细微风味，但还是可以从不同角度欣赏浓茶风味。

香气：给一点时间举杯晃动闻香，常有神奇反响，因为香气能勾起回忆，也能激发好奇心引导探索行为。浓茶香气也浓，最能引诱多巴胺。

醇厚度：浓茶最显著风味是醇厚。多给舌头一点时间，体验浓茶的密度、质地，判断是茶多酚的重量还是氨基酸、咖啡碱的醇爽；是蜂蜜般的黏稠还是果汁般的轻盈。

滋味：啜吸一口浓茶，鲜、甜、苦、酸能反映产地特征和烘焙特性，感受加工程度，与平时喝的淡茶的风味做比较，寻找新的感受，也许有新的发现。

余味：浓茶余味显著而持久，开始模糊，逐渐清晰，期待回甘的美妙。喝完浓茶后，把全过程串联起来总结一下，思考浓茶风味的表现，即香气往往先入为主，占据主导，好的香气给浓茶贴上“丰富”“复杂”的风味标签；随着温度下降，体验风味的演变过程，好茶的风味变化不大；感受茶多酚、咖啡碱和氨基酸在浓茶舞台上的表演，比如茶多酚的氧化、茶色素的变化、咖啡碱与氨基酸的络合、多种成分挤在一起的热闹等。

冲泡浓茶需要高的茶水比、高水温、长时间，浓度达到1%～2%。相比之下，冲泡浓缩咖啡1：5的咖啡粉水比，56秒就能得到浓度4.45%、萃取率23%的咖啡。

第十三节　风味设计

大自然在提供风味方面效率低下，人类必须创造风味才能满足感官需求，科学和技术已经能够为风味设计提供“方程式”。

关切痛点。现实生活中，有人喜欢皮上带麻点的香蕉，软而甜；有人喜欢黄绿的香蕉，硬而生。其实这都不是自然成熟的香蕉，多数人没见过自然成熟的香蕉长得什么样、风味怎么样，这是因为远距离运输的原因。我们喝到的茶何尝又不是如此呢？不管是杯测还是比赛，有人认为茶苦是正常味，有人认为是瑕疵，实际上这茶可能就不是“成熟”而“精致”的好茶。茶样琳琅满目，喝茶人选择余地很大。茶风味参差不齐，喝茶人无从选择，买来不好喝也得喝完，茶很从容而茶客很无奈。

有一种责任叫作让年轻人喝茶，如何才能一招击中年轻人的味蕾和灵魂？需要有“酷”的资本。“漫长人生路，会绽放什么样的花朵，全凭你种下什么样的种子”，这就是茶风味设计的关切。年轻人崇尚零糖零卡零脂、减肥美容好玩，茶风味如何切中年轻人的痛点？健康焦虑、口舌之欲、情感需求、心灵刺激一样也不能少。“黑暗料理”剑走偏锋，“每个饮食文化的巅峰，都基于他们的怪异之处，比如发酵过的、苦的、复杂的、带冲突的”。

设计基础。享受风味的最高境界是自己设计风味。茶的基础风味是“清”，特征风味是鲜、香、甜、苦，其中苦不悦人。但同一款茶鲜、香、甜难以兼得，那么绿茶的鲜、乌龙茶的香、红茶的甜能不能整合在一杯茶水中呢？

风味设计是为了满足个性化需求。但设计需要一个基本原则，就是对好风味的共识：先香后鲜立意高上，苦中带甜滋味深厚，涩后回甘余味无穷。也就是说，接触到茶以香打动人、吸引人，香入为主；品汤过程多少也有“苦点”，然后用甜化之，留下层次感；结尾一定是绵久悠长的生津回甘，这才是点睛之笔，永久记忆，美好回味。在这个基础上，茶风味有广阔的空间，总有一款适合你。

设计路径。多样，常见的有拼配、单品加工、冲泡创新。前面讲过加工新模式，茶厂先做成“基茶”或“毛茶”，后续再精加工，把发酵和烘焙工艺独立出来，可以放在茶馆、茶城或家里进行后制。现实中茶叶加工方式的创新是受限的，有想法常常无法实现。茶季人少、量大、时间紧，当天采茶当天加工，萎凋、做青、杀青等只能由茶厂处理，环环相扣，不可能做得很细致。

拼配设计。目的是创造出单品无法呈现的风味，通过叠加各自的优点，突出更高的层次及平衡。首先考虑同类茶不同批次或不同茶区之间的拼配，其次再考虑不同茶类之间的拼配。同类茶的拼配，以风味地理为指南。表6-12是各地红茶的地理特征。

表6-12　各地红茶地理风味特征

红茶种类	英红九号	云南红茶	古树红茶	贵州红茶	四川红茶	安徽红茶	金骏眉	正山小种
品种	大叶种	大叶种	大叶种	小叶种	小叶种	小叶种	中叶种	中小叶种
香气	花果香	蜜糖香玫瑰香	甜香温和	甜香，花果香	橘子香	苹果香	焦糖香	松烟香
滋味	茶多酚咖啡碱多，毫毛多，汤色橙黄，浸出快，浓强醇厚，略有涩感，如果发酵程度高，不苦不涩			茶多酚、咖啡碱含量较少，汤色剔透红艳，甜醇回甘，顺滑柔和。干茶致密、重实				

拼配是出精品茶的路径之一。将风味个性突出的“单一茶园、单一品种、单一工艺”单品茶拼配，甚至是拼配两种风味截然不同的单品茶，可以获得复合风味，带来更多元的风味体验，大大拓展精品茶的范围和供应数量，满足消费需求。比如某茶客追求干净、质地好、有甜、香气足、滋味复杂、平衡、余味长的风味，没有哪种单品茶能满足要求，拼配是唯一出路。拼配互相加持，有可能出现新的风味。

先制作成品茶，再按比例拼配是一种实用而有乐趣的设计，这一环节可以放在茶馆里，让茶客参与，增加互动交流。以红茶为例，表6-12中是中国优质红茶的代表。红茶之间，大叶种与中小叶种的香气和滋味差异都很大，比较容易区分。在相近的发酵程度下，各种红茶的香气差异较大，香气特征明显，但滋味差异较小，难以区分，因为发酵工艺将滋味平均化了，把原本突出的个性和谐掉了。所以红茶拼配实际意义不大，滋味风格差异本来就不明显。

如果一定要给出一种说法，把大叶种和中小叶种红茶拼配在一起，干茶有粗有细，披金毫，香气高扬，焦糖香混合一丝松烟香，大叶种的浓强与小叶种的甜滑结合，彰显红茶的甜度，但厚度略显不足，带有酸味，适合清淡口味。这种理想很丰满，实际风味感受却很骨感。

2019年，上海“中食展”举办的“中国精品茶叶冲煮大赛”中，选手以一款“东方爱神”的跨次元调饮茶赢得季军，用4克台湾坪林东方美人茶和6克云南东方美人茶（引种台湾品种）拼配，达到了很好的效果。

在结婚纪念日夫妻一起喝茶很有仪式感，喝什么茶呢？红茶最合适，祁门红茶和大吉岭红茶各取3克，大吉岭茶清爽滋润的香气，平添几分奢华，祁门茶玫瑰甜蜜，香气沉稳。大吉岭红茶的苯乙醇和祁门红茶的香叶醇，醇醇实实，二香融合，旧爱新情，相濡以“味”。

不同茶类风味差异显著，拼配少量就会明显改变风味性格。比如岩茶和瓜片都是叶茶，没有梗。按照任何比例拼配肉桂乌龙茶和六安瓜片绿茶，乌龙茶的香气、鲜甜和醇厚度与绿茶的鲜度、苦和回甘结合，明显的层次，两类茶的主要风味展现了出来。

控制发酵。发酵工艺独立出来后，可以在茶店里按照设计思路发酵茶叶。受窨制花茶的启发，在密封的发酵容器（罐）里加入甘蔗汁、水果（如柑橘类）汁、葡萄糖溶液等一起发酵，能不能创造出新的风味，需要试验摸索。

控制发酵另一个重要因素是菌种选择。目前的发酵都是用茶叶自身携带的菌种，能不能外加菌种？选择什么菌种有效？针对茶叶果胶糖分，不同微生物作用产生的酸、醇不同，甚至发霉或出现不好的味道。

与酸味紧密关联的是发酵。面包是发酵与烘焙结合的杰作，酸面包却是面包里的艺术品级产品，尊贵、口味独到、科学背书、工艺讲究。酸面包制作要用天然野生酵母菌，合适的面粉发酵5天，通过揉、捏、拉、折来控制乳酸杆菌，面包松软飘逸，轻盈透风。乳酸能使面筋更容易消化吸收，减轻葡萄糖向血液中释放，防止食用后胰岛素升高。吃了酸面包血液中氨基酸水平升高，能让人更快地有饱腹感。

在大部分茶叶加工中，因咖啡碱结构相对稳定而其含量变化不大，唯有发酵工艺在微生物的攻击下，可使咖啡碱含量明显变化，从而引起风味改变。黑茶渥堆发酵中，有多种微生物参与，咖啡碱含量会有明显的增加，所以渥堆发酵的黑茶熟茶咖啡碱含量较高。相反，研究发现有一种菌叫“聚多曲霉”，接种到晒青普洱毛茶中进行单菌种固态发酵，咖啡碱的含量能显著降低84%，而茶碱的含量可以显著增加57倍，茶碱来自咖啡碱的降解。这种利用微生物发酵技术，定向降解咖啡碱生产可可碱或茶碱含量高的茶，可明显改变茶的风味，茶碱的苦味和兴奋作用亦小于咖啡碱，适应对茶苦和兴奋敏感的人群。

发酵的关键在于菌种，有试验认为人工接种（青霉＋冠突曲霉＋黑曲霉＋毛霉＋酵母）组合能缩短发酵时间，提高风味品质。渥堆过程中，晒青普洱毛茶中所含有的没食子单宁在微生物分泌的单宁酶的作用下分解为没食子酸，使得普洱茶酸味明显，而呈现苦涩的EGCG在渥堆完成时已经检测不到了。可以预见，酸茶可能是未来茶风味的风口，虽然目前还没有这方面的研究。

香气高爽带甜、滋味甘润醇厚的黄茶。黄茶的成茶关键技术是闷黄，黄变主要是酯型儿茶素的水解及异构化，与四个因素有关：叶温、水分含量、环境湿度和通气频率。千年制茶工艺积淀下来的经验是合适的闷黄温度范围在35℃～45℃，温度高一点（45℃）有利于酯型儿茶素水解，减轻涩感。在制叶含水率高容易出现熟闷味，含水率在40%左右茶香高爽馥郁，滋味甘爽醇爽。闷黄环境相对湿度高一点（80%）有助于提升甜香，滋味更醇厚甘润。闷黄通气可维持温湿度均匀，防止过度湿热，通气频率高一点（1次/10分钟），香气带甜，滋味甘醇。在此条件下茶氨酸、谷氨酸等主要氨基酸含量减少，黄茶的代价是牺牲了鲜味。

康普茶。康普茶是将茶、花瓣、糖与特制酵母菌一起放在室温下发酵一周左右后形成的一种微酸、芳香、微微起泡、含有益生菌的饮料。各种茶叶均可选用，未发酵过的绿茶比较好，用90℃以上的水洗茶泡茶半小时后加入其他原料。花瓣可以选无污染的阴干或鲜花瓣，如玫瑰、木槿花、茶花、栀子花、茉莉花、夜香木兰等，花瓣必须是未落地时采摘的，用常温水清洗花瓣，冲泡十分钟后加入混合液发酵。

香气重组/定向调控。芳樟醇和橙花叔醇是大多数茶叶含有的呈香物质，含量相对较高，阈值低，香气活性很高，是香气中的“战斗机”，对于大部分茶叶的香气都有贡献。

科学家从茶树生长的角度，利用合成酶基因技术，研究茶树在什么条件下有助于其中某种呈香物质的生物合成，比如通过温度、水分、光照等外加条件造成“非正常”生长环境，形成逆境胁迫信号去影响呈香物质的生物合成，利用这种调控新机制、新路径来有目的地改善茶叶香气品质。

这方面的生物技术正在研究中，还包括茶树自我合成更高含量的糖分，改变苦貌，迎接“茶生”新风味。

高香设计。茶香设计的重点在于“萜烯类”风味成分的形成，因为萜烯类化合物的香味活性高、阈值低、花香和水果香调性、气味稳定且穿透力强，闻起来令人愉悦舒心。萜烯类化合物约占春茶总挥发油的51%，主要包括芳樟醇、香叶醇、橙花叔醇、法尼烯、萜品烯、杜松烯等。

挥发性萜烯类物质以糖苷态储存在茶树芽叶中，作为香气前体物质。在水解酶的作用下，发生一系列酶促反应，就是把键合的分子拆开成游离的小分子。萎凋和做青工艺是茶叶酶促反应的主战场，控制工艺参数就能控制形成挥发性萜烯类物质，白茶和乌龙茶最能呈现浓郁的萜烯类香气。

研究表明，伴随芽叶成熟度的增加，茶树体内不断合成叶绿素和类胡萝卜素等供茶树生长发育必需的物质，萜类前体物质才能逐步积累，所以嫩芽茶做不出高香，而乌龙茶成熟的叶片才能做出高香。

白茶萎凋过程萜烯类化合物种类增加，芳樟醇及其氧化物、香叶醇、柠檬醛等含量显著增加。其中单萜类化合物具有花香特征，如呈现茉莉花香型的法尼烯、芳樟醇、乙酸苄酯。

研究认为，未受损伤的鲜叶基本无香或轻微香，做青是乌龙茶关键工序，摇青使鲜叶破损，细胞组织机械损伤，加速萜烯糖苷水解。三次以上摇青过程中橙花叔醇、香叶醇、法尼烯、芳樟醇、吲哚、茉莉酮等不断积累，含量增加，花香出现。

萜烯类既然是酶促反应的产物，那么酶菌就很关键。如果能够外加水解酶进去参与反应，那么就可能定向促成某类萜烯化合物生成，强化了这种萜烯化合物所代表的特征香气。比如β－葡萄糖苷酶在乌龙茶做青过程中水解萜烯类前驱体效果显著，促成香气物质生成。

烘焙设计。消费者参与“毛茶”烘焙、杯测，是未来茶店、茶庄、茶馆的主要经营模式。

黄金桂是闽南乌龙茶品种，既可以按照闽南铁观音工艺制作，也可以按闽北岩茶工艺制作，总体上轻加工（轻晒青、轻做青、轻摇青、轻烘焙）。黄金桂是有名的桂花香，号称“千里香”，蜚声海外。茶叶烘焙之最非福建乌龙茶莫属。那么把二者结合，精致烘焙黄金桂会有什么效果？

脂肪酸是茶叶香气形成的关键前体成分。黄金桂是脂肪酸含量较高的品种之一，总脂肪酸含量达到23.28毫克/克，其中不饱和脂肪酸占74.4%。不饱和脂肪酸容易转化，所以茶叶品质不稳定，保质期短。这两个因素都为把黄金桂塑造成高香茶创造了条件。烘焙就是实现这个塑造的“魔法”，塑造出来的关键呈香成分为芳樟醇、己酸－（Z）－3－己烯酯及α－法尼烯，这三种成分都是花香，所以黄金桂乌龙茶花香怡人。

绿茶、红茶加工过程脂肪酸含量大幅下降，而乌龙茶加工过程，特别是烘焙工艺使原有香气品质产生较大改变，且能保留较多的脂肪酸。脂肪酸的转化以降解为主，就是较大分子降解为较小的分子，较小的分子挥发，形成香气。研究发现，黄金桂烘焙后不饱和脂肪酸的转化率超过20%，而饱和脂肪酸全部降解，提高了香气品质，有些降解成分挥发了，有些保留在茶体中，待冲泡时释放出来。控制烘焙参数（低温长时），使“清香乌龙”转变为“浓香乌龙”。

茶鲜+海鲜。茶鲜是氨基酸的鲜，海鲜是核苷酸的鲜，龙井虾仁就是双鲜。饮食中鲜味的表现比较温和，给其他味道留出空间，能比较自然地达成味道的平衡和谐，这样更容易品尝到食材原本的味道。鲜味本身是好味，还是开发风味的"富矿"，鲜味可以在不同味道和气味之间形成协同效应，帮助原来味道较淡的食材提味。

眼花缭乱的鸡尾酒就是最大限度地利用这个原理的风味实践，所以找到具有鲜味特质的食材代替味精那样的化学品，成为天然调鲜品，鸡精是一种探索。高氨基酸含量的鲜叶入菜，也会带来茶鲜，如龙井虾仁。

抑苦扬甜的冲泡。平衡是一个重要的评价指标，包括风味成分的平衡、香气与滋味的平衡、滋味与冲泡次数的平衡、滋味之间酸鲜甜苦的平衡等。多数人对茶苦畏惧排斥，所以尽量避免重苦味，通过滴滤来抑制苦味。

利用风味物质在水中溶解快慢、溶解度大小来调节茶汤风味，把握水温和倒水方式，如变温变时、分段注入、注水快慢多少、茶水比等方法。较少的水萃取出较多的物质（高浓低萃），萃取出来的氨基酸、糖分就多。

根据"浸出秩序"理论，将整个萃取过程分为三个阶段——前段、中段、后段，虽然实际冲泡很难实现这样的萃取控制，但不失指导意义。比如烘焙程度越浅，茶叶密度越高，吸水越慢，浸出速度就慢；冷萃或低温萃取，延缓大分子物质释放，这样可以拓宽鲜甜度的释放时间，延迟苦涩度的高峰时间，实现"甜心"冲泡。

滴滤萃取操作上可以分段注水，比如第一阶段注入40%的水，第二阶段注入60%，放弃第三阶段。其中第一阶段还可以再分两次注水，控制注入水流速度，茶客不妨试试。

红茶的可溶性糖含量在2%～7%，将红茶条茶磨成茶粉，茶粉萃取速度快，压缩总萃取时间，前段萃取出来的可溶性糖多。

蜜香—蜜韵。蜂蜜的香和甜是人类最早尝到的自然"甜头"之一，估计是最好的香甜记忆，没有之二。茶叶的蜜香出现在滇红茶和广东饶平岭头单丛乌龙茶中，体态比较重的蜜香不可能出现在轻盈的绿茶中。

岭头蜜香来自做青和烘焙，温度25℃以下和湿度80%以下做青做出了种类多、含量高的香气，芳樟醇和橙花叔醇含量高，花蜜香高锐、清纯、持久。蜜韵来自烘焙，足火烘焙使花蜜香型向蜜香型转变，清新花香的芳樟醇、橙花叔醇含量减少，果香的芳樟醇氧化物、法尼烯、酯类含量增加，形成蜜韵。

巧茶。用抹茶粉与巧克力制作的块状食品，按照巧克力工艺，在融化的可可脂中加入抹茶粉，制成原味巧茶，也可以根据需要添加奶粉、微量的糖、香料、盐等，固化成风味巧茶棒（块）。巧茶既是能量补给，也是咖啡碱施用，在那些喝不到茶或咖啡的场所，可以吃一块巧茶，醒脑提神，活力倍增。

假如一块巧茶10克，抹茶粉2克占20%，如果茶叶咖啡碱含量为2.5%，那么一块巧茶理论上含咖啡碱50毫克，实际上不会全部吸收，即使加上可可脂带入的咖啡碱，也是比较合适的咖啡碱含量，可以提供3个小时的能刺激。

巧茶的风味以巧克力为主，抹茶的鲜香、苦醇更有层次感，增强了回甘，延长了风味享受。如果添加奶粉，突显奶茶的协同作用，丝滑顺口。

甘鲜是珍。“茶是苦的”被符号化了，但茶确实可以有点自然甜，不是加了糖或蜂蜜的甜。甜是糖的味觉表现，糖是碳水化合物，植物中普遍存在，只是多少而已。茶叶含糖量不高，问题是含量不稳定，加工过程中会参与化学反应，有时消耗，有时生成。

茶的甜感，是风味平衡之后的味觉，就是说甜首先被苦、酸、涩中和、平衡、干扰后，多余出来的甜才能被真正感知为味觉的甜，不容易啊，本来含量就少，又被和谐掉一部分，所以甜味不显著，甚至感觉不到，弥足珍贵。

甘鲜是极品茶风味，因为回甘一定是战胜了苦涩之后的姿态，鲜一定是新茶同时带来香、甜高附加值，茶氨酸扮演“扛把子”的作用，同时低咖啡碱、低儿茶素的“低调”行为是必要的。白茶、黄茶、乌龙茶有甘鲜的资本，加工得当可以获味。

油柑茶饮。油柑酸、涩、苦、回甘，不宜与绿茶搭配。红茶醇厚，不苦不涩，回甘不明显，油柑与红茶搭配而成的水果茶，口感融合了油柑的涩后回甘、柠檬酸的鲜香和红茶的醇厚，交织成一种酸甜、浓郁的多重口感，层次感丰富，简直就是王炸组合。

杯子里放入冰块，然后倒入压榨油柑汁，最后倒入温或凉的红茶汤，

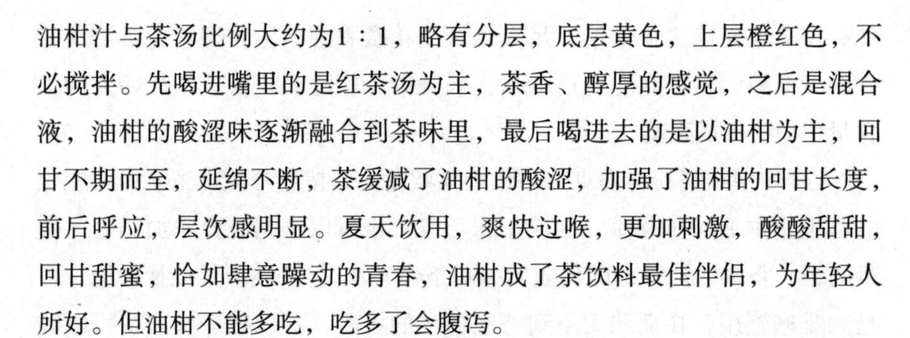

油柑汁与茶汤比例大约为1：1，略有分层，底层黄色，上层橙红色，不必搅拌。先喝进嘴里的是红茶汤为主，茶香、醇厚的感觉，之后是混合液，油柑的酸涩味逐渐融合到茶味里，最后喝进去的是以油柑为主，回甘不期而至，延绵不断，茶缓减了油柑的酸涩，加强了油柑的回甘长度，前后呼应，层次感明显。夏天饮用，爽快过喉，更加刺激，酸酸甜甜，回甘甜蜜，恰如肆意躁动的青春，油柑成了茶饮料最佳伴侣，为年轻人所好。但油柑不能多吃，吃多了会腹泻。

其实明代江西就有大年初一吃青果茶的习俗，以示吉利，在绿茶中放入青果，淡雅清香，青果即檀香橄榄，先涩后甘，类似于油柑。

1：1酚氨比。酚氨比是“鲜爽”风味的衡量指标。专家认为，酚氨比接近1：1时茶汤口感最好。其实这时的1：1不是低含量下的1：1，而是氨基酸和茶多酚含量较高状态下的1：1，这样才能达到鲜爽度和滋味饱满度，才有好的口感。

假设某种茶的氨基酸含量高而且加工时保持基本不变，茶多酚本来含量很高，在加工过程中转化而减少，是从高往低走，降到与氨基酸含量基本相当。由于茶多酚转化为茶黄素、茶红素，没有苦涩刺激性，滋味比较温和，所以造就1：1酚氨比的茶汤口感令人舒服，这是理论分析。

那么如何实现1：1呢？用氨基酸含量高的黄金茶，按照黄茶工艺加工，把茶多酚尽量多地闷成茶黄素，50%～70%的茶多酚可以转化。

换一种思路，由于常温下氨基酸的浸出速度相对较快（冷萃前半小时氨基酸的浸出率达38%，茶多酚的浸出率约17%），而茶叶中茶多酚的含量高于氨基酸，那么就会存在一个交叉点，茶汤中的茶多酚和氨基酸含量大体相当。比如某种绿茶氨基酸含量为3.4%，茶多酚含量为16%，茶水比为1：50，用25℃的纯净水冲泡10分钟左右，茶汤中的氨基酸和茶多酚含量都在0.5毫克/毫升左右，酚氨比为1：1，这时的茶汤滋味鲜爽，但是由于所有浸出物的浸出率不到20%，所以茶汤比较淡。全部倒出来饮用，再加入水冲泡第二遍，10分钟左右茶汤酚氨比也接近1：1。如果用热水冲泡则很难实现1：1，80℃和100℃水冲泡10分钟，茶汤的酚氨比为1.8和2.2。换一种表达方法，同样的茶和水，要使茶汤酚氨比为1.5，25℃冲泡需要约40分钟，80℃冲泡要2～3分钟，100℃冲泡只需要1～2分钟。要使80℃～100℃冲泡绿茶得到酚氨比为1：1的茶汤，可能只需要几秒时间，即注入水后马上出汤，这在实际操作中也是可行的，不妨试一试，看看茶汤是不是鲜爽。

肉桂白茶。福鼎大白茶是传统白茶的主角，占据白茶半壁江山，以“醇（滋味鲜醇甘爽）、香（毫香显露）、亮（汤色浅黄明亮）”闻名。而肉桂又是武夷山岩茶当家花旦，占岩茶的三分之一，以“岩骨花香”著称。那么用肉桂品种制作白茶，何如？

制作工艺：一芽二叶鲜叶→室内自然萎凋47小时（到40小时做1分钟摇青）→烘干毛茶（70℃～100℃，30分钟，含水率为5%～6%），特点是白茶工艺基础上加入乌龙茶摇青技术，目标是高香型白茶，结果如表6–13，肉桂白茶风味特征显著，值得期待。

表6–13　肉桂白茶风味特征表

白茶种类	水浸出物含量（%）	茶多酚含量（%）	黄酮含量（%）	咖啡碱含量（%）	游离氨基酸含量（%）	总糖含量（%）	酚氨比	风味
福鼎大白茶	44.2	16.5	7.0	3.4	3.9	3.7	4.3	香气不高，显毫，茶汤鲜醇清甜偏淡，汤色黄
肉桂白茶	49.7	22.9	8.5	4.3	2.6	3.2	8.9	香气浓郁高锐，花香明显，醇厚甘爽，汤色橙黄明亮，香气入水

浓缩茶。既然有意式浓缩咖啡，那么能不能有中式浓缩茶呢？完全可以，一些老茶饕喝的就是烈口浓茶，要的就是那种爽。精制的浓稠醇厚鲜甜液体，叫醍醐茶。

浓缩茶不是靠蒸发水分浓缩的茶汤，而是用高茶水比、90℃以上水、细茶粉在加压下短时间内快速直接萃取出来的少量浓茶汤。浓度与茶粉粗细度、茶水比、水温（带蒸气）、茶粉压的瓷实程度、压力等有关，制作浓缩茶需要带泵压机器。

第七章

再造茶风味文化

风味化是饮食消费升级的不二法则，水是最普通的饮料，消费趋势也是风味化，气泡水、过滤水、纯净水、矿泉水、火山岩水、冰川水、凉白开等。

消费习惯上升为文化，是一个漫长而自然的过程。新时代的产品营销手段，则是有意识地抓取关键信息，设计和创造消费文化，使其更快地流行起来。茶风味的艺术属性和贴近生活，更容易产生文化，但在形式上、内容上需要创新。

第一节　味文化流变

风味有地域性，风物风味皆故乡。风流就是风味流行趋势，风口易敞，但不易持久。风味传播有一定难度，饺子是北方的传统食物，但在南方人们很少吃，更不要说外国人；美国人吃生冷蔬菜，中国人也难以接受。但是如果某种风味形成了全球性文化，则传播很容易，如葡萄酒、

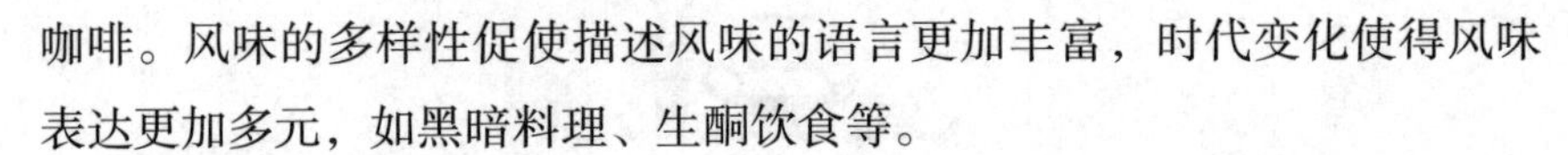

咖啡。风味的多样性促使描述风味的语言更加丰富，时代变化使得风味表达更加多元，如黑暗料理、生酮饮食等。

传统茶文化生产。传统茶语代表了那个年代的风俗习惯和科学认知，如果不更新或者变革慢了，就会束缚茶业发展。古代中国演绎茶文化的人主要在名仕和宫廷，文人仕途多坎坷，为了保全生命，隐逸遁世，以山水自娱，或住进桃花源，或优游林下，摆茶韬晦，所以茶文化带有“苦”味。皇宫用茶引领百姓，无不以皇帝口味为马首是瞻，传统名茶都是皇室的风味偏好。

专家认为，中华茶文化体系的主体是“茶礼、茶俗、茶艺、茶事艺文”，中华茶文化的精神内核是“和、敬、清、美、真”，茶文化的价值从物质层面的“饮”升华至精神层面的“道”，就是不着风味的边。

英式茶文化也是一个典型案例。英国接触到中国茶的时候，正是其综合国力上升时期，通过殖民以一种极端的方式全球化。由于当时全世界生活水平均较低，茶和糖都被奉为奢侈品，二者结合自然受到欢迎，再加上英式改造，如红碎茶、袋泡茶、精美茶具、搭配点心、上流社会示范等，很快便全球化了，但没有展示出茶的真正风味，以至于全世界长期不了解茶的真实风味。

日本茶文化及其在世界范围的影响，有如咖啡文化在日本的落地。唐宋时期，日本把中国茶与茶文化吸收回去并发扬光大，又把改良过的日本茶道扩散到全球，“返销”中国，日本茶文化中携带的风味元素仍然不是茶风味的全部，也不是主流。

李永晶在《分身，新日本论》中说，日本专事借鉴其他文明，并以自己独特的“编辑”方式转化这些成果。日本借鉴过许多中国文化，但周作人惊叹发现，“唐朝不取太监、宋朝不取裹足、明朝不取八股、清朝不取鸦片”。

日本改造文化和接受风味的能力很强。美国的先锋咖啡品牌如星巴克、蓝瓶子在海外开设咖啡店的第一站总是选择日本，尽管日本的茶文化气场强于咖啡，但这些咖啡都能在日本落地生根。鉴于成功经验，2020年7月，星巴克又把旗下茶饮品牌Teavana第一家海外专卖店开到日本东京，要知道，星巴克在2018年关闭了全美379家Teavana茶吧店铺。可口可乐公司多次试水“可乐咖啡”不成功，直到2018年在日本首推“咖啡可乐”，测试获得成功后决定收购咖啡连锁店Costa，而在美国本土上架的时间是2021年。日本本土咖啡店，如可否茶馆、上岛咖啡、丸山咖啡、巴哈咖啡相继诞生，并陆续创造了手冲咖啡、日式烘焙、%Arabica等国际性咖啡文化。

传统茶文化风味属性不强。茶历史悠久，文化厚重。传统茶文化留下一些现象值得深思，如等级茶对应于贡品礼品，演变成消费等级；多次在散茶与砖饼茶之间兴废摇摆，始终没有明确哪种形式好，碎茶和袋泡茶终究没有形成气候；西藏、新疆、内蒙古、青海、宁夏等少数民族地区以前是煮砖茶、泡牛奶或奶酪、加盐制成奶茶，如今奶茶席卷全国，不仅没有式微，还成为网红级别的茶饮和百亿级产业。反过来，这些少数民族地区现在饮用的是散茶清茶。茶品等级按照茶芽嫩度来分类和定价，而不是按照国际惯例以风味（比如把种植海拔或者杯测评分当作风味品质的代名词）来分类和定价。茶芽越小、越细、越嫩，等级越高，价格越贵，如玉蕊、御品、珍品、极品、特级、一级、二级，这是茶叶的品质等级名称还是宫廷内务府造办处的物品分类？真不知道三级以下是什么品味。

风味文化传播。智能化时代软件决定经营模式，文化决定生活模式，“软实力”才是统治力。风味文化传播的核心要素是什么？文化传播要具备同化力、吸引力、示范力、合作力。

汉代以来，匈奴、乌桓、鲜卑、丁零、铁勒、突厥、回鹘、沙陀、契丹、女真等北方游牧民族进入汉族农耕地区，最终都被汉文化同化，北方民族融入了汉文化之中，是由于汉族人口和地域产生强大的同化力。

麦当劳、肯德基等快餐风味进入中国繁荣了十来年都衰落了，但其方便、快捷、标准的餐饮文化被本土餐饮所吸收、融合。温饱问题解决之前，月饼是奢侈品，油多带馅耐存放，现在月饼（券）成了中秋节传情信使，没有食用功能了，但大街小巷的面包店生意红火，中国烙月饼文化融合了外国烘面包文化，吸引力起作用。近年来，中国人游遍世界，移居海外，把老干妈辣椒酱带到全世界，特点是“带出去”而不是“输出去”，示范力发挥作用。

2019年，上海文化传媒和迪士尼合作推出动画片《半斤八两》。狮子本来是非洲大草原上的精灵，并非中国原属。自汉代从丝绸之路传入中

国，狮子形象在中国形成鲜明的文化特征，成了蹲在门口守护安全和帮助他人的吉祥物。“半斤八两”是一个成语，中国文化中，半斤等于八两，以半斤和八两为名字的两只狮子，用迪士尼的全球语言讲中国狮子的故事，多元文化结合产生传播力。

传统风味文化受到新时代新文化的冲击。风味产品要全球化，首先要将风味文而化之。康师傅方便面消费下滑并不是因为它与统一方便面的竞争，而是因为外卖App出现；即使绿箭和益达口香糖组团合作，也被微信（代替见面交流）拖了后腿；咖啡一波接一波地攻城略地，风味花样翻新，起点高迭代快，茶业再传统也敌不过资本市场的力量。

近年来出现了茶风味逆流，如日本茶道、英式下午茶、进口肯尼亚和越南红茶、美国潮流果汁茶、冷萃茶在国内更受年轻人欢迎。饮料店榜单上果汁是主角，茶是配角，色彩吸引眼球，视觉是主流，味觉、嗅觉被闲置。

第二节　重构茶文化

文化远在器物之上，余秋雨说，文化是一种由精神价值、生活方式所构成的集体人格。茶风味文化的重点也在于精神价值和生活方式，用方便的喝茶方式享受精致的茶风味实现普遍的精神价值，让喝茶成为日常生活的标配。

历史学家认为，公元1600年前后的200年间，欧洲历史发生了重大变革，如价格革命、商业革命、宗教改革、文艺复兴、地理大发现、新大陆殖民、世界贸易、全球化等，实实在在的“前所未有之大变局”。如果说当今又是一个“前所未有之大变局”的窗口期，那么应该做点什么呢？连“凉白开”都在变革，蹭风味的光，茶叶本身虽怀瑾握瑜，但没有风味文化的“软实力”，难放其光。中国具有茶风味全要素，保留了茶的原汁原味，那么风味文化创新的方向在哪里？

茶有三性：天性、人性、灵性。茶是树叶，自然造化，苦涩、鲜甜、醇爽皆具；茶是饮食，与人为善，风味与健康属性皆得；茶是饮品，打通任督二脉，赋能精神。茶格与人格交集，制造幸福，开启智慧。茶文化以风味作为基础，演绎新的文化未来史。

风味文化变革。近年来复古是一种趋势，如饼茶、砖茶、抹茶、斗茶、安茶等，新的探索明显不够。新茶文化核心是以科学为基础，风味至上。用风味科学理解茶叶避免了文化认同的扞格，坐收文化重构和科学普及两美。用科普的方式把茶风味说透，说得越简单越好。

茶风味文化变革在于培训、杯测、认证、比赛文化；在于一大批被茶风味熏染并肩负创新使命的培训师、评茶师、烘焙师、杯测师、比赛获奖大师。

文化全球化是个难题，文化的魅力也在于丰富多样性，一般只讲文化的差异性、包容性。但风味文化是个特例，风味需求越来越刚性，茶风味不涉及宗教、政治等敏感问题，自有其全球化特质。不得不承认，咖啡文化全球化借助了欧洲、美国的经济实力。

方法论。创建茶风味文化沿用传统方法已不可取，调查和大数据分析是必要的。全球调查显示，60%的消费者选择植物基原料的饮食；56%的消费起因于产品或品牌故事；41%的消费者希望通过故事获得原料来源的信息；40%的消费者提到花卉就想到“放松”，25%的消费者提到花卉就会想到“提高精力”；60%的消费者喜欢将甜味与咸味组合搭配的饮食；超过50%的消费者在用餐时选择辛辣口味，此处的辛辣不是中国的麻辣，而是生姜、辣椒、胡椒、芥末、大蒜等，其中40%的消费者喜欢饮料中的辛辣味是生姜，占比最高，因为姜黄具有舒缓压力的功效；62%的消费者认为咸味饮食带点辛辣味口感会更好，偏爱重口味的人群在增长；40%的消费者想要设计制作属于自己的限定版饮料，等等。

鲜活的茶人、茶事、茶趣很多，要善于捕捉记录精彩风味故事，小程序、抖音都是即时工具，留下每一个风味瞬间，创造并普及茶风味文化。

第三节　倜傥茶风味

联觉。是指各种感觉之间产生相互作用的心理现象，即对一种感官的刺激作用触发另一种感觉的现象，最常见的联觉是视—听联觉，如影视

就是在听觉形象和视觉形象之间转换，靠的是想象力。

听觉—味觉也同样可以互相通连，表达人类的情感。纪录片《寿司之神》描述日本三星大厨小野二郎的寿司手艺，配乐是莫扎特第21钢琴协奏曲第二乐章，弦乐悠扬深情，钢琴曲调透亮，流淌在寿司之中，具有一种超然的力量，将食物的口感与乐曲融为一体，观众仿佛就是食客，实现了风味与音乐的统一。

“听”风味。风味是自然的馈赠，即使是加工出来的风味，仍在天然范围。音乐是人类创作出来的，但创作灵感来源于自然，鸟鸣是最美旋律。风味与音乐都是美的，都能触及灵魂，但还没有听说过作曲家根据某种风味创作出音乐的故事，那么风味与音乐可否关联？

在感官应用方面，风味感知用听觉很少，而音乐主要靠听。在制造方面，给食品听音乐可以改变风味。瑞士某芝士制造商与伯尔尼艺术大学的研究人员，将一块芝士被当作对照组放置在完全安静的环境中，另外三块芝士分别放置在单独的低、中、高单音环境中，结果显示，与没有“听”音乐的芝士相比，“听”音乐的芝士味道更加柔和，“听”嘻哈音乐的芝士香气和风味都更浓郁。

在音乐与味觉方面，研究发现，高音会提升甜味，而低频音乐则可以突出苦味，当噪音达到89分贝或以上时会让人们对某些口味失灵。

品尝风味与欣赏音乐之间有没有关系？或者说一种风味能像一首音乐吗？2020年2月，*Coffee Review*刊载的对一款埃塞俄比亚西达摩产区厌氧发酵水洗咖啡豆的杯测风味描述：“盲测评价：甜，软，略带刺鼻的辛辣味。黄油黑巧克力，腰果，黄油，柠檬，枣，香气和杯子中的橙花。口味结构均衡完整，糖浆状，口感活跃，巧克力和柠檬尤其能持久地保持深度。底线：安静，原始，共振的杯子，精美平衡且完整。”看完这个评审后是感觉咖啡味美、描述语言美，还是人的鉴赏能力美？有人说这款咖啡风味与电影《暮光之城》主题曲*A Thousand Years*非常合拍，仿佛是为其定制的，此刻你是想听音乐、谈恋爱，还是想喝咖啡？是爱情的甜蜜还是风味的完美？是音符的跳动还是感官的共振？是美学还是文明？

一首《天边》听醉了众人，不同演唱风格碰触到灵魂的深浅。廖昌永的中音像长江那样奔放连绵，音符之间醇厚顺滑，就像武夷岩茶水仙；

韩磊的歌声高亢、宏厚，就像红茶瀑布般倾泻；傲日其楞的声音溪流婉转，就像安吉白茶鲜香、甜润。

音乐的层次结构元素有音高、音域、力度、节奏，这与风味结构类似，风味结构也有风味强度、味谱、浓度、层次等要素。那么是不是真的可以将某种风味转化为音乐，或者反过来根据音乐设计某种风味？机器学习算法值得期待，到那时听风味就成为现实，茶香与音乐共振。

第四节　“国王”咖啡碱

咖啡碱就像“茶国”的国王，地位显赫，霸气十足，制造亢奋，也制造苦难。地球三大自然植物软饮料都与咖啡碱有关绝非偶然，这说明咖啡碱已成为人类生活必需品，是人类精神的活性物质。虽然多数人不好苦味，但离开苦就没有风味可言。这个风味定律上升到哲学角度，就是“剩余价值依赖”，可以不喜欢“国王”，但不能没有“国王”。

咖啡碱的前世今生。茶中的咖啡碱含量最高，但因为首先在咖啡中被科学家发现并报道出来，所以就冠以“咖啡因”，本书把茶中所含称为咖啡碱，以示对茶尊重，真乃“寒窗苦读是我，金榜题名是你”。

咖啡碱如此耀眼醒目，人类给予它温情回报，创造了咖啡碱文化，清醒的快乐，思绪从此有了灵感，也算对得起咖啡碱了。今天，咖啡碱实实在在地成了人类的精神食粮，使得苦涩与鲜爽同源并存，统治了味觉，并出现在很多药物中，治疗精神疾患，带来安慰剂效应。

古往今来，咖啡碱一直是“网红”，争议不断。历史上全球有五次禁咖运动，1511年，麦加禁止饮用咖啡，16世纪，意大利禁止神职人员饮咖啡，1623年，奥斯曼帝国禁止喝咖啡，1746年，瑞典禁止咖啡，这四次都是咖啡碱的兴奋作用惹的祸。1777年，普鲁士禁止咖啡，理由是咖啡抢了啤酒市场。茶业史上只有一次欲禁还盛的运动，那便是茶叶从宋朝流入金国，出于“用金之丝绢换宋之茶叶”不平等考虑，1205年，金章宗下令禁七品以下人喝茶。禁令本身愚昧，最终禁茶活动不了了之。相比之下，虽然都含有咖啡碱（因），茶比咖啡的风味要柔和好喝。

咖啡碱是如何起作用的？人体内有一种神经介质叫腺苷酸，是一种能让人感受到疲劳、昏昏欲睡的信号分子。腺苷酸水平会不断增加，导致人体感觉疲劳。身体吸收咖啡碱的速度很快，几分钟就可以到达大脑。大脑用来接收腺苷酸的神经元同样可以接收咖啡碱，在接触受体的竞争中，咖啡碱捷足先登，阻碍腺苷酸的作用，神经元持续活跃减轻疲劳感，使得大脑清醒有活力。咖啡碱不仅能穿过血脑屏障，还能刺激大脑奖励系统，也就是说，咖啡碱的工作原理不是让大脑更加兴奋，而是阻止大脑变困。

有些化学物质能使人快乐，咖啡碱就是其一。许多对照研究已经验证了咖啡碱对大脑的影响，咖啡碱可以暂时改善情绪、时间反应、记忆力、警觉性和大脑功能。同时，咖啡碱还会作用于多巴胺，让人产生快感。

在人们的印象中，喝咖啡更醒脑刺激，其实1克绿茶所含咖啡碱含量要高于1克咖啡生豆所含咖啡因含量，甚至高1倍。但是，因为咖啡豆在烘焙时释放出大量气体，带走一些物质，在磨粉后冲泡前比生豆损失了20%的干物质重量，而咖啡碱的损失相对较少，所以咖啡粉中的咖啡碱相对含量比生豆提高了，再加上用咖啡粉萃取还要加压力或者滴滤，萃取效率高，导致一杯咖啡中的咖啡因含量较高。绿茶中咖啡碱没有损失，而绿茶是整条茶冲泡，萃取率低，所以实际操作中一杯咖啡的咖啡碱含量高于一杯茶。

并不是所有人摄入咖啡碱都会兴奋，有的人其基因决定了其腺苷受体对咖啡碱不敏感，自带免疫，所以就没有那么兴奋；有的人其基因决定咖啡碱代谢速度很快，兴奋持续不了多久；长期大量摄入咖啡碱产生耐受，大脑释放的腺苷受体减少，咖啡碱效率降低了；还有一个因素就是糖的作用，摄入糖也会令人兴奋，所以糖和咖啡碱一起摄入加速了兴奋，但是摄入糖的同时，身体里的胰岛素会迅速出动帮助降低血糖，突然降低血糖会让人感到困倦，有时还伴随头晕、注意力不集中，这也是喝茶不加糖的理论依据。

人们说含咖啡碱的饮料是高能饮料，此“高能”并不是“热量”或“能量”，只是兴奋剂。其实咖啡碱的热量几乎是零，甚至是“负”的，因为咖啡碱自身没有热量，而带来心跳加速的运动会消耗更多能量。

咖啡碱有“喝多了睡不着”的问题，专家给出的意见是每天从饮料中摄入的咖啡碱量不超过400毫克是安全的。以龙井绿茶为例，按照1：50茶水比，如果是用100℃水冲泡30分钟，100毫升茶汤中约有55毫克咖啡碱；用80℃水冲泡30分钟，100毫升茶汤中约有42毫克咖啡碱；如果用25℃水冲泡30分钟，100毫升茶汤中约有22毫克咖啡碱，据此可以判断一天可喝几杯茶了。

咖啡碱的半衰期约为6个小时，也就是说，喝足够量的咖啡碱，至少清醒6个小时，所以有睡眠障碍的人下午就不要喝茶了。研究发现，咖啡碱影响睡眠的是质量，即喝下咖啡碱会减少稳定而时长的深度睡眠。深度睡眠会释放一种慢波，从大脑触及全身，让神经系统重置，回到同步状态，短期记忆恢复到正确位置。

咖啡碱的边际效益。咖啡碱的醒脑效益有附加价值，比如，喝茶是否或如何促进大脑活力、提升记忆力、机敏力、反应力？喝茶是否或如何提振工作效率？喝茶对增进团队士气是否有效？喝茶对决策是否有正面影响？

这类研究的基本特征是大样本、长时间地跟踪调研，就是要确定足够数量的调查人群，分为喝茶组和安慰组，设计合理的问题和考察内容，长期观察记录人群的各类反应和行为，应用大数据分析模型，得出喝茶组的实际效果。

国外一些研究团队对喝咖啡的效应做过类似研究，比如喝咖啡的人在团队行动中更易于肯定他人的发言，在小组讨论中更积极、多元地表达观点，表现出机敏性，促进团队讨论的深度与和谐，减少讨论的摩擦和批评。

2012年，美国考夫曼基金会推动一项百万杯咖啡脑力激发商业创意思维活动，旨在考察喝咖啡对企业家群体决策能力的影响。至2018年已经在美国163个城市举办，在各移动终端都有这个计划的日程表，让企业家自由报名参与咖啡会议，初步结果显示企业家聚在一起喝咖啡有助于发展有效的可执行决策，咖啡碱是会议成功的秘诀。

美国陆军开展一项长达十年的咖啡碱促进军人机敏性应用研究，根据研究结果开发出一款2B-Alert应用程序，输入每日睡眠和苏醒时间、咖啡碱消耗量，就可以输出当日各小时神经行为表现力的预测，军人可以透过这个程序调节自己怎么喝咖啡，可以维持多久的机敏力。

上了瘾的人往往对咖啡碱的作用存在过度依赖，想用咖啡碱解决一切问题。咖啡碱刺激中枢神经系统让人更精神、更警觉、更清醒，有助于处理“聚敛性思考”，注重用旧有知识和经验为依据，解决“执行控制”“集中注意力”问题。但是要想靠咖啡碱来脑力激荡发明创造就大错特错，研究发现，对于处理“扩散性思考”，恰恰需要降低注意力，减少认知控制，到大自然中走走或小睡一会儿比咖啡碱更有用，无聊可能更能激发创造力，就像牛顿在树下等天上掉苹果。

刚需咖啡碱。咖啡碱成了都市白领的刚需，风尚加醒脑，写字楼里的咖啡厅就是其定期定点打卡的地方。星巴克门店用的全是深度烘焙的咖啡，以罗布斯塔品种咖啡豆（咖啡碱含量是阿拉比卡豆的两倍，与茶叶咖啡碱含量相当）为主，不求香气但求咖啡碱。与其说星巴克卖的是咖啡，不如说是在经营咖啡碱。

第五节　“王后”茶氨酸

茶氨酸就像“茶国”的王后，温柔甜美，支撑茶家，维护和谐。一个成功的大家族，背后往往有一个“大女人”，冷静大气，善于付出，关注细节，制造快乐。“王后”表面上矜持寡言，实际上热情奔放，高效释放多巴胺，滋润“国王”，母仪天下。

一见钟情靠荷尔蒙，一生相守靠多巴胺。多巴胺是快乐神经递质当中的一种，这种化学物质作用于我们的奖赏系统，让我们产生欲望，就是“让你想要”得到更多快乐奖励。

1997年，研究人员以大白鼠为研究对象，证明了茶氨酸被肠道吸收并通过血液传递到肝脏和大脑，大脑吸收茶氨酸通过脑腺体显著增加脑内神经递质多巴胺的产生，提高多巴胺的生理活性。茶氨酸促进多巴胺分泌，喝茶可改善情绪，积极乐观，往往有一种野心膨胀的兴奋感，这是茶氨酸、糖、鲜甜、回甘的贡献，它们都是多巴胺的“闺密”。

静是一种生产力。内啡肽和多巴胺一样，也是一种神经传导物质。多巴胺由快乐而生，会让人更快乐；内啡肽由痛而生，具有镇痛作用。内啡肽就像雨后的彩虹，给人的感觉更沉稳深邃，是宁静舒适的满足，一种高质量的快乐。内啡肽可以理解为一种“先苦后甜”型松弛物质，往往通过付出、自律和良好的生活习惯才能获得，正是回甘理论。

静是休息，静是思考，静也是策略，面对纷繁复杂的世界，“当静以应之，徐以俟之”，静观时局变化，韬光养晦，以茶伺之。不能感受趣味是因为心太忙太满，不空就不灵，所谓空灵。茶香能带来心静，细啜风味，其精髓都是“静”与“悟”，是茶氨酸让人静下来、悟出来。人在静中容易发现趣味，制造心界的空灵，检阅物界的喧嚣，领略生活的多彩。茶静可使人身心放松，无欲无求，破执灭苦。多数时候，人的灵魂与身体不在一起，所谓魂不附体、灵魂出窍。静可以使人达到某种境界，把灵魂收回到身体，效率高、判断准。

吃关乎温饱，喝与精神有关，喝更易被身体吸收。发酵茶含有γ-氨基丁酸，丹桂品种白茶γ-氨基丁酸含量高达3.64毫克/克，这种物质能降低神经系统的噪音。不管是热燥喧哗，还是眼花缭乱、魂不守舍，喝了茶，吸收了茶氨酸，很快就能排除干扰，静下来。

茶创力。是茶氨酸和咖啡碱的合力，缺一不可，“国王与王后”和睦相处、通力合作。二者对人体的作用并不是相反的，也不是相同的，而是相辅相成、对立统一的。二者的比例搭配合理恰当，绿茶几乎是1∶1，人体对茶氨酸和咖啡碱的吸收速度、吸收程度和容纳量也恰到好处，二者在人体内持续作用的时间也相当。如果服用单一成分的咖啡碱，在人体内发挥兴奋作用的时间比较短，3个小时基本衰减，而喝茶的作用可以维持更长的时间，持续6个小时。

英国前首相威廉·格莱斯顿留下一段影响深广与红茶有关的名言，“If you are cold, tea will warm you. If you are too heated, it will cool you. If you are depressed, it will cheer you. If you are excited, it will calm you”。含义是诗人很多，就怕诗人懂科学；科学家不少，就怕科学家懂政治；政治家常有，就怕喝茶的政治家。

第六节 “茶纲”茶多酚

茶多酚是“茶国”的基本法。茶多酚统治着色、香、味的方方面面，茶多酚化学就是茶风味的法则大纲、治理体系，主宰着“茶色”“茶气”“茶味”，决定了茶风味世界的秩序、规则、约束和边界。茶多酚可以左右茶风味的浓度、刺激性、收敛性、苦涩与回甘，能神奇地转苦为甜、化涩为甘、由绿变黄，扭转乾坤。茶多酚有四大家族：儿茶素、黄酮类、酚酸类和色素类。

茶多酚是一道彩虹，茶多酚区分了中国绿、白、黄、青、红、黑六大茶类的形态，其实它是一种茶，只因茶多酚氧化程度不同造成的颜色不同，因而风味有别。我们的舌头、眼睛对它很熟悉，但脑子里很少有茶多酚这个词。

茶多酚是风味管理专家，但并没有把风味“管死”，而是维持秩序，保持体系活力，维护微观创新力。茶多酚具有“法律”杀伤力，是抗氧化剂、保鲜剂、防腐剂，神农所说的解毒功能主要来自茶多酚。

第七节 苦的包容性

酸苦文化。《味的世界史》中说，刚出生的婴儿讨厌苦味和酸味，酸味（腐败）和苦味（毒性）属于否定性味觉，婴儿本能地判断甜味和咸味是肯定性味觉，大概是胎盘和母乳就这两种味道。婴儿的味觉天真无邪，最能体现人性的“初味”“原味”，要寻找味的“人之初”，就看婴儿。

解读酸苦，有不同的文化背景，就像陈丹青说莫言的文学作品获得诺贝尔奖，是西方人读懂了莫言骨子里的酸苦味。全球范围看，酸味主要来自水果，经常寄生于甜味或香气中，按照常理，人们应该能情愿地接受酸味，但事实并非如此，从汉文化角度，“酸溜溜”“吃醋”有特定的含义，往往指小心眼、不包容。

苦不堪言令很多人摇头皱眉，但似乎人们又坦然面对，顺其自然，这是一种风味态度。“苦文化”有很强的包容性，茶就是在“苦”与“毒”夹缝中脱颖而出，在“毒”与“药”之间拿捏分寸。

毒与药本来就是毫厘之差的对立统一体，砒霜就是典型。对立统一就是包容，茶的苦味演绎出来的苦文化就是对立统一的包容文化。常喝绿茶的人应该包容性更强，虽然没有科学证据，但不妨这样的思考。

苦味的苦衷。苦味是最原始的味道之一，是植物的“初味”，也是动物（有苦胆）的“基本原件”。植物的苦味多数是生物碱造成，如茶叶中的咖啡碱和苦茶碱，此苦是毒还是药，完全在于量的拿捏和欲望的控制。植物自己就是药师，用生物碱对付害虫保护自己。同样的道理被人拿去治病，中药就有了原始身份，随后苦味进入“味道”行列，从“后宫”进入“乾清宫”。

人的一生总要遇到苦味，不管贫富，不分贵贱，苦是公平的，融合了悲观与乐观、喜欢与厌恶，没有副作用。可是，甜就不同了，缺糖的年代，穷人尝不到甜；糖成了负担的年代，富人避之不及。

氨基酸与咖啡碱搭档，一酸一碱，一阴一阳，一正一负，安神与兴奋，冷静与活跃，包容而不失个性，和而不同，喜悦平衡。茶的苦度被和谐了，咖啡碱的苦被氨基酸络合成鲜爽，儿茶素也喜欢与咖啡碱络合，两苦相加不是更苦，而是“和谐”。

杯测、培训最关键的就是对苦味的感受和把握，敏锐地捕捉苦味的出现和消失，敏感地感受冲泡条件的变化对苦味的影响，敏捷地推断茶类与苦味的关系。科研人员对志愿者进行味觉、嗅觉灵敏度测试，发现喝了苦味的咖啡之后，人们对甜味的敏感度提高了，同时对苦味的敏感度降低了。甜味和苦味本身是关联的，感官是相互影响的，喝了咖啡再吃黑巧克力觉得更甜。

浮生若茶。作家陀思妥耶夫斯基说：“我只担心一件事，我怕我配不上自己所受的苦难。”苦成了人生滋味，成为资源而且是优质资源，甚至成了成功人士的标配，苦难转化为荣耀，苦变甜，对于格局大的人而言，苦涩可能变成回甘。

苦茶文化早已全球化了，1951至1955年，钱学森因留学回国之事在美国遭遇百般磨难，1967年，美国人Milton Viorst撰文记述了这段苦难历

史，文章就叫*The Bitter Tea of Dr. Tsien*。

喝茶“毋戚戚于功名，毋孜孜于逸乐”，茶杯虽小乾坤大，喝茶平凡价值高。走走登高望远，停停回头看看，歇歇喝茶赋能。达利欧说过：大多数人痛苦后不愿反思，一旦痛苦消失，他们的注意力就会转移，所以他们难以通过反思得到教益。也就是说，现实生活中从苦到甜并不是自觉自愿的，吸取教训需要时间和悟性，毕竟青涩到成熟还要经历干旱雨露、酷热寒霜。

第八节　瘾以为贵

上瘾有两种，一种是有强烈的欲望、依赖，几乎是刚需；另一种是喜欢、满足，稳定消费。研究发现，“在动物身上观察到了对各种各样的药物的欲望和喜爱的分离”，就是说欲望和喜欢不是一回事。上瘾没啥不好（毒瘾除外），但也不为已甚。从经济学角度看，上瘾是成本最低的营销，对于茶这种无害饮料，培养瘾头是件好事。

喝酒是一种欲望，化学上酒精起镇静作用，醉酒后为什么兴奋狂躁？研究发现，在喝酒前的预期，会明显影响“醉酒”后的状态，就是说自己的预期诱导自己进入一种自以为“醉”的状态，类似于安慰剂，也许你需要的是一个（茅台）酒瓶，而不是酒。聚会的快乐并非来自酒精，很多事情都能让你分泌多巴胺，或者你可能“被聚会”而不快乐。“功能饮料”这东西除了解渴，还能“上头”，作用于神经系统。

茶瘾。尽管烟酒对人的身体有一定危害性，但诱惑难拒，茶叶被列为健康饮料，既有欲望也有喜欢。茶叶中的氨基酸会促进多巴胺分泌，使人产生愉悦感；茶叶中的芳香物质具有舒缓神经的作用；茶叶中富含的咖啡碱具有使人产生兴奋的作用；也有人对茶独特的香气念念不忘。也就是说，茶瘾与饮茶的健康功能相同，是多因素综合作用的结果。咖啡碱可能锁定了那些茶饕，茶不离身，非浓茶不解瘾。而茶氨酸的快乐吸引了大量喝茶群众，很多时候的安心感，都被完好地安置在味蕾之间。茶多酚的健康保鲜属性给茶人以“保底”的底气，给“瘾”上了一份保险。

茶气是茶与人之间的感应呼应，茶友之间就是通过茶气连通相投，有共同的茶语，谈得来沟得通，茶友相聚成为一种脱离世俗、远离世嚣的“自我时间”，清亮得像茶水，浓醇得像茶汤。“茶事时间”就是一种精神瑜伽，预防抑郁的一剂良药。

研究发现，那些对苦味敏感的人可能对茶更感兴趣，更容易对茶上瘾。密集的苦会让人立即与茶产生“正向关联”，对苦味敏感，就意味着身体能更快意识到需要茶，就是说部分茶瘾是苦瘾。

无独有偶，人们对臭味也上瘾，臭豆腐的臭味来源于发酵过程产生的硫化氢，但上瘾不是因为硫化氢，而是卤水中发酵产生的吲哚分子。高浓度吲哚是粪臭，浓度低于0.1ppm的吲哚是淡淡的茉莉花香、柔和的熟果香、带来愉悦感的清香。吲哚也是发酵茶的主要香气成分，当然浓度极低。

过瘾五步骤：第一步是期待。按照心理学分析，当想要喝茶时，内分泌系统就会产生并释放多巴胺，这种被称为“预期性愉悦激素”的东西能很快使人心情好起来。不止于此，当自己冲泡茶、约人喝茶或购买好茶、心仪的茶具等都会自动释放更多的多巴胺。

第二步是准备。一旦把喝茶与快乐联系起来，所有实施这种快乐的体验行为都会引起“巴甫洛夫反应”，身体系统会释放更多的多巴胺。

第三步是香薰。心理预期泡好茶就有香气袭来，即使香气很淡，也会刺激人想起过去的美好经历，因为香气是强大的大脑触发器。茶叶香气含多种挥发性有机物，能临时接通蛋白质基因。香气让人“调息、通鼻、开窍、调和身心、清醒”，所以很多人在车辆驾驶室中放置香薰。

第四步是饮用。咖啡碱只需要几分钟就可以到达大脑，它会吸附在神经元上，从而使人感觉到清醒有活力。

第五步是回甘。喝完一杯茶，心满意足，精神矍铄，干什么事都有效率。让这种过瘾效应在工作中发挥出来，创造更大的价值。

喝茶表面上是口舌福利，其实是胃肠之需。味觉是建立在生理需求基础上，只有身体需要的味才有好觉，人们常说生了病吃什么都不香。人体内的肠道细菌很大程度上决定了我们对一种味的喜好，不喜欢一种味道会无意识地、选择性地屏蔽，而茶多酚会改变肠道菌群生态，打破一种旧的平衡，建立一个新世界，所以喝茶陶醉于风味的确不是一件容

易的事，而一旦适应了茶多酚的改造，就依赖上了。比如有人有时出差几天不能喝到（好）茶，就心心念念赶紧回家，那是想茶了。

戒瘾。研究表明，创伤和糟糕的人际关系是人们成瘾的重要原因，茶瘾虽不需要这个条件，但走向麦加确实容易，而走出麦城却非常艰难。上瘾有一个过程，出瘾更需要时间。茶瘾要不要戒掉？专家认为没有必要，如果感觉到茶瘾出了问题，只要适当控制投茶量和喝茶时间即可。

茶瘾是浅瘾。如果说上茶瘾是因为咖啡碱，瘾需是兴奋神经，保持清醒，那么休息好就是减瘾“药”；如果上茶瘾是因为茶氨酸，瘾需就是镇静情绪，保持冷静，那么少说多听就是减瘾“药”。在这个意义上，茶瘾有自解功能，一方面是咖啡碱和茶氨酸的对冲，另一方面茶事本来就是三五知己的仪式，在人际关系中找到安慰。茶文化正是以这种仪式感为媒介，在没有压力的茶事环境中自适和适他，正是喝茶预防抑郁的科学依据。

瘾文化。风味上瘾，就是在不饿不渴的时候，嘴巴有点寂寞。维基百科对于爱情的解释为：“爱情和恋爱是一种与爱相关的、被强烈吸引的一种表现力，带甜附涩且快乐的情感。”茶瘾也是“带甜附涩且快乐的情感”。

全国很多产茶地以“坑”命名，因“坑”而出名，“坑”里出好茶。江西上饶铅山篁碧畲族乡地处武夷山脉北麓，境内南高北低，群山错落，森林覆盖率95%，雨量充沛，雾日长，几山之间包夹一个山涧沟谷，当地叫坑，坑中生长着群体种“野”茶。篁碧有十八个茶坑，山抱水环，生态清新，盛产红茶、绿茶。喜欢茶就“入坑”探茶，其中一个坑叫“苦坑”，分上苦坑和下苦坑，走一圈要几个小时，苦坑所出茶曾是贡品。

俗话说，茶“坑”深十八层，第十七层“观茶”，其乐在《观茶》一书中；第十八层“废茶”，无人能及；第十七层半也许就是“倜茶”，倜者，洒脱超然，倜茶乃玩味，超乎风味之上，其妙在《倜风味》中。

帝国之瘾。有人说从拥有茶的那一刻，英国人便拥有了文化。到十八世纪末，茶叶普及到了英国贫民，百姓食物开支中12%花在肉食上，10%用在茶和糖上，平均每人每年消耗茶超过2磅，2.5%消费在啤酒上。可见当时英国人的生活已经不是“柴米油盐酱醋茶”的顺序了，世界上出现了第二个嗜茶成瘾的帝国，某种意义上茶瘾拯救了英国。正如首部《英文字典》的编撰者塞缪尔·约翰逊写道："我是个义无反顾的茶瘾君子，二十年来饭桌上只与此种植物萃取物为伴，热水壶日日难以消停，午后以茶消遣，夜幕降临以茶相迎，午夜以茶做慰藉。"

第九节　清活倜然

余光中说过，苏轼是一个有趣的人，很适合做朋友，因为他总是可以在你烦恼、焦虑、心塞的时候，如同一杯清茶，让你气定神闲。苏轼说，人间有味是清欢，梁实秋在《人间有味是清欢》中说，人间最为合适的快乐是清淡的欢愉。

气氛组长。中国的"茶话会"很有仪式感，以茶为媒，妙用以茶会友之功能，行敞开心扉说亮话之实。每年一度的新春团拜会，国家领导向各界人士慰问一年之辛劳，以喝茶的仪式佐治，高挂"坐上清茶一杯，国家景象常新"，清茶堪称会议气氛组组长。

喝茶适合各种会见、会晤、会议场景，因为形式上简单。喝茶能自动维护会议气氛，说的说，喝的喝，不至于尴尬。喝茶能激活说话人的思绪，观点清晰，还能用喝茶的间隙观察环境、整理思路。喝茶也能让听话的人冷静，察言观色，设计话局。

清茶。如果非要把茶文化上升到人文境界甚至是管理工具，那么非"清"莫属。清茶，什么也不添加，淡一点，适合大众口味，也被语化为对生活的态度，意味着日子可以节俭一点，简单一点。茶与清，天合之美，中国人喜好清茶，茶汤清澈，交友交心。

外国人不喜欢清茶，要么往茶汤里加糖，以愚弄感官对苦的厌恶；要么加牛奶，以屏蔽涩感营造顺滑的假象；要么加果汁，寻求刺激，或者温习其优越感。这种掩饰是创新，是性格，是虚伪，是炫耀，还是文化？从这个意义说，清茶清饮可以申请"非物质文化遗产"。

清茶承继了春茶的纯和清水的洁。春茶有三Qing——晴天采制而不浊，轻制而花香，清明后茶季正是人间四月天。春风十里让浮躁的心变得和春茶一样清绿、清香、清澈、清醇。

中国人对清茶的理解和趋之若鹜远远不止于此。古人判断武夷茶四

字诀为“香清甘活”，递次品优。其实这一标准适合所有茶类，就是茶香气迷人，茶汤清亮不浑浊，回甘悠长，适当耐泡，风味有层次感，茶汤表面有明显的茶氲金圈。

香和甘易于理解，这“清”可不只是浑的反义，雨天采的茶浑浊不清，毫茸毛多的茶汤不清亮。古人赋予茶以“清”的审美观，是苏轼从诗画审美“天工与清新”中引申过来的，“清似芙蓉出秋水”。看来品茶不仅是喝，还要看，而且要想象如诗如画般的意境，这是古代文人生产的茶文化。

茶清是什么？按照南宋诗人杨万里“故人气味茶样清，故人风骨茶样明”的旨意，茶的清明代指人的精神风骨。一泓清流，清澈镜人。

茶的清最是在三杯下肚，只觉肺爽气清，心悦神宁，清如山涧听泉。“清淡的欢愉不是来自别处，正是来自对平静、疏淡、俭朴生活的一种热爱。”“当一个人可以品味出野菜的清香胜过了山珍海味，或者一个人在路边的石头里体会到了比钻石更迷人的意境，或者一个人听林间鸟鸣的声音能感受到比提笼遛鸟更多的感动，或者体会了静静喝一壶乌龙茶比起在喧闹的晚宴更能清洗心灵，这就是清欢。”“清欢之所以好，是因为它对生活的无求，是它不讲求物质条件，只讲究心灵品味。”这是林清玄体会到清明生命的滋味。

“信仰使人清静自在，真心圆满。”灵性的、宗教的都很致清，这与茶性融通相契，也可以清心，以苦为清，清苦相依，僧人端着一杯茶仿佛一朵金盏花在清晨的阳光下清高地绽放。

苦为清之母。茶的清，就像李白的诗，不要太漂亮，不必太细密。清而不浊，所以潇洒；清而不矫揉造作，因而“清水出芙蓉，天然去雕饰”，简直就是“清真”。茶的清，就像文徵明的字。茶的清，就像陈寅恪的人格，不随俗不逐流，文质清雅，刚刚正正，特立独行。良知的傲慢，“必也狂狷乎”，有一种清纯度。

茶的清，是习染了好友竹子的清风。江南茶叶主产区与竹子生长带基本重合，茶山竹林相伴而生。“翠竹亭亭好节柯”，“一壶新茗泡松萝”。竹子根浅怕旱，天旱竹子开花就死，所以竹子不与茶树争养分。茶树倒是吸收竹子精华，呈现“粽叶清香”。

古人将茶称为“清友”，唐代姚合诗云：“竹里延清友，迎风坐夕阳。”

古人也将茶称为“清风使”，“惟觉两腋习习清风生，蓬莱山，在何处，玉川子，乘此清风欲归去”。古人还将茶称为“涤烦子”，“泠然一啜烦襟涤”，一口苦茶像清风吹来，除却烦躁。

“茶生”也坎坷也婉转，被揉捻、发酵、氧化、烘焙、冲泡，真可谓水深火热、载沉载浮。茶自己消化了苦涩，奉献给人们鲜香甘甜，呈现给人们阳光般透明和春雨般的腴润，一如既往地把人们带回到绿野仙踪，看花静叶闲，扶正“省酸增甘”，固“养脾”之本。茶且能放得下，又有几人气定神闲？

活茶。“活”不仅有生命，而且是人的一种深层心理感应。“花因香而活”，除了看花之色艳形美，还多了一个闻香，多维度刺激人的感官，而闻比看更敏感，有直接的接触，感觉仿佛有动静，从而“活”起来。

在中国审美文化中，一切作品（包括诗文书画美食等）都要与作者一样是“活的”，作者把自己的精神生命赋予了作品，把人格揉嵌进作品，这样作品就有了生命、生机、生趣。

那么茶因什么而活呢？茶农把其作品做出色、香、味、形，冲击五官五感，活了起来。多种活性成分进入体内活动，忙得不亦乐乎，有点抗氧化，有的兴奋神经，有的镇定神经，有的与胃肠道菌群作战，有的清除代谢物。喝茶调动体内多巴胺等神经递质分泌，让精神活了起来。“活”成了一种风味，一种文化风味，这个味在“风味轮”中如何体现呢？

第十节 兰馨桂馥

春兰秋桂，莹绿久芳。

兰花、桂花都是中国原产，在南方常见，其生长地域与茶树生长带基本重合。春兰、秋桂历史悠久，都有一个历史变迁过程，累积了丰富的文化内涵。古兰花是指一类菊科植物，北宋年间由于文人的拥戴，用国兰指代兰花，继承了古兰花文化。从先秦开始肉桂（桂皮）就是有名的木本香料，但唐朝后“桂文化”逐渐被桂花继承。

兰花、桂花理应进入中国茶风味轮中，兰香、桂香是典型的中国茶香型，在绿茶、白茶、乌龙茶中都有存在，属上等精品茶。奇妙的是，兰花、桂花在中国文化中也占有显赫地位。茶花呼应，值得一说。

兰花，准确地说是幽兰，叶子细长坚韧，花茎弯弯曲曲，花朵奇特，像猴面。看多了姹紫嫣红的艳丽，春兰的绿花、猴头面相倒显得稀少尊贵。兰花叶片清秀，花香宜人，象征孤芳自赏的慎独情愫。兰细长的叶子弯腰耷拉，看似弱不禁风，其实叶片很坚硬，是一种自我保护，遇风雨吹打摇而不折，俯而不倒，在中国水墨画中的形象恰似古代文人隐士。

桂树有两种，一种是药用玉桂，桂皮可做香料；一种是观赏性花木。桂花树四季常青，金桂、银桂，花小、繁茂、不艳，但香气馨郁飘逸，花期较长，清可绝尘，浓能远溢，开在深秋，四季桂冬天也奉香，难能可贵，气节清高。一串串桂花就像天上的一颗颗闪闪发光的星星，点缀在夜晚的天空，肉桂茶的香气滋味正是茶人一夜一夜的劳作火功赋予的，像桂香袭人，透出一丝隐约的清甜，那是因为多糖降解。

上好的绿茶兰花香气比较浓，茶汤有熟板栗滋味。但并不是所有的茶都有兰香。茶得兰香需天时、地利、人和，天、地、人相参。天时就是气候，上年冬天比较寒冷，最好是有薄雪覆盖，但又不喜欢倒春寒。采摘前几天和当天要阳光灿烂，温度适宜，微风和煦，“不风不雨正晴和”，大部分花的香气在雨天释放不出来；地利就是山要高，微气候，人迹罕至，土壤要肥沃松软；人和就是茶人的手艺，采摘的时间、恰当的摊晾、杀青的温度，真是可遇不可求。

茶名中冠以兰香的有安徽“汀溪兰香”。汀溪地区很大，并不是所有的汀溪茶都有兰香，尽管挂羊头卖狗肉的大有茶在。从泾县蔡村镇到宁国青龙乡有一条120千米的旅游路线，号称“皖南川藏线”，沿着峡谷溪流，山路崎岖，原始茂林，花木竟蔚。开车很险，有的地方只能单向通行。只有从漂流起点（站岭组）到终点（两不厌）的中间一段，计30来户人家的高山茶才有兰香，而且也不是年年都有，有时连续三年不出兰香。这里的茶树是原始品种的老茶树，种植在海拔800米左右，野生状态，不成片不成陇，散布在森林中。“晴时早晚遍地雾，阴雨成天满山云。”四月山里兰花飘香，映山红遍野。茶树以山花为友，幽谷为家。有清泉洗礼，云雾遮阴，孕育出茶芽肥壮鲜嫩、叶片厚实饱满的兰馨贵品。

中国人对兰花的独特喜爱，感染到绘画等艺术界。梅、兰、竹、菊四君子还不够，还要强调“君子兰”才够君子。在家里园子里欣赏到兰花香还不够，还要强调“空谷幽兰”的意境。

上好的肉桂乌龙茶，香气有桂花味，茶汤有桂皮辛辣滋味。

兰之淡、幽、洁、雅，桂之浓、清、久、远。兰馨桂馥赋予茶更多文化属性、玩性和调性。兰桂芬芳，被百姓普遍接受喜爱，滋润茶香，实乃一方水土养一方茶人。

兰花与春天应时，是绿茶的季节。兰花香是中国绿茶的精品风味，中国文化对兰花及其香气形象的崇拜上升到“国级”的精神世界，如《左传》“兰有国香”。绅士（翩翩君子）超逸，淑女（蕙质兰心）娴雅，可以是全球标准、全球茶文化。

桂花与秋天应季，是乌龙茶的时节。桂花香是肉桂乌龙茶的精品风味，中国文化对桂花也是赞不绝口，“桂子月中落，天香云外飘”，桂香上升到天香的级别，折桂之士，桂冠诗人，大红袍的故事就是“蟾宫折桂”。

唐代张九龄诗：“兰叶春葳蕤，桂花秋皎洁。”草木君子，散发香气，就像茶的兰馨桂馥，花木流香本为天性，令人满怀喜悦，却被人们演绎为文化，行芳志杰。春兰秋桂，四季芳香，中国茶“兰桂齐芳”，香沁世界。

第十一节　覆盆子们

覆盆子也叫树莓，在中国并不少见，主要在华东。野生的多，近年人工种植增加，是中药材，被列入87种药食同源食物之一。

覆盆子在欧洲是主要水果之一，大街小巷都有出售，经过长期选育，果大肉厚，清香，微酸略涩，是一种典型的风味参照物。

如今在国内许多地区，覆盆子种植相当普遍。蓄根灌木植物，今年结果的树枝明年就不结果了，所以秋天要砍掉；今年长出来的新枝明年结果，每年4月、5月开花结果，6月成熟。一般不待完全红熟就采摘下来，多数吃鲜果，也有用温开水漂一下，晒干入药或饮料。

覆盆子究竟是什么风味特征？覆盆子含有枸橼酸、苹果酸、水杨酸、糖类、黄酮、氨基酸等风味成分，挥发油包括覆盆子酮，散发出紫罗兰香气，还有萜苷类物质，主要甜香成分是（Z）-3，7-二甲基-2，6-辛二烯-1-醇，这种成分在咖啡、茶叶中也有，所以覆盆子常在风味轮中。

类似的还有醋栗（有红醋栗、黑醋栗）、樱桃、木槿花、百香果等，野生种，在中国分布很广，但由于缺少人工优化培育，果实很小，经济价值不高，没有成为主流水果品种。中国人不喜欢酸，而这些野生水果恰恰太酸，不受待见，果农也就没有动力去培育改造。酸，使人龇牙咧嘴，吃了以后刷牙也很难受。中国人对酸的不好感受，长久地印记在文化中。比如"寒酸""穷酸""吃醋""辛酸""酸楚""酸迂""尖酸刻薄""惨雨酸风"等。

咖啡风味轮使用了日常生活中能够准确定义的水果、坚果等味道，越是普及率高的常见水果、蔬菜，越有可能被用在咖啡风味描述中。这是生产风味文化必须要考虑的市场因素、受众可接受度、传播的难易程度。

咖啡风味轮中花香的参照物相对较少，如甘菊、玫瑰、茉莉；而果香参照物很多，如草莓、蔓越莓、蓝莓、黑加仑、柠檬、樱桃、黑莓、黑醋栗、覆盆子、柑橘、红布林、提子等。这与欧美人日常接触到的香型有关。欧美城市化进程早，城市里长大的人接触到的花卉少，而吃到的水果却丰富。很多花卉在野生状态下香气浓重，人工培育则香气淡化。北半球高纬度地区的花卉少而香气淡，水果小而酸味浓，也是咖啡风味轮中香气参照物少、酸味水果参照物多的原因之一。

比如一款苏丹汝媚的咖啡豆，拥有非常复杂的风味，专业人士描述为：入口混合了姜、丁香和肉桂。中段则把红布林的口感体现到极致，酸中伴有樱桃、红提的清新。后味却是黑巧克力和烟草叶的醇厚。手冲出来，异常圆润平衡，这是典型的欧美口味。

所以每当看到西方人说喝咖啡喝出覆盆子味，多数中国人一脸茫然，不知所味。风味物质的种植和使用可以检验人们对风味的体验，也可作为风味物质普及程度、精神生活的指标。

茶风味轮尚在建设中，目前描述茶风味的语言相当复杂，有的太泛，如"尚""略"；要么太抽象，如"爽""韵"。当茶风味轮中大量出现覆盆子、樱桃、百香果、板栗、兰花、桂花、香橼、橙花、枇杷、玉兰等词汇时，说明这些花卉、水果广受青睐，普及到百姓日常生活中，茶风味就会繁荣起来。

榅桲生长在新疆南疆阿克苏、和田等地，是一种香气很浓的木本水果，含有儿茶素，像南方的香橼一样，香气诱人，可以提取香精。新疆人常放在抓饭里，与胡萝卜、羊肉搭配，美味无比，由于存放困难，内地很少有人尝过。如果有一天榅桲味出现在茶风味描述中，那时茶风味轮就完善了。

第十二节　橙全风味

风味明星。有人说猕猴桃是维C之冠，榴莲是营养之王，那么橙子就是风味之王。不仅因为橙类在全球广泛种植，非常普及，橙子家族成员多，有柑、橙、橘、文旦、柚子、香橼、柠檬、酸橙等，有大有小，果肉有白、有黄、有红、有紫，而且因为橙子果肉有酸有甜，还有香气；橙花香气非常浓郁，飘香百米，含有著名的橙花醇；橙皮、橙树叶里也含有香油，香气成分多为萜烯类。

橙子是葡萄酒风味轮、咖啡风味轮、茶叶风味轮中使用频率最高的风味参照物。橙子是十全十美的风味明星、榜样，风味“果红”，可作为标准风味物，是感官训练的鲜活“标本”，四季常有。

印度把橙子称为“内在香水”，日本称为“吉利的水果”。橙花、橙皮、橙叶、橙果都可以提炼精油，使用范围广，有名的伯爵茶就是在红茶中加入柑橘精油。橙子品类如此多，形成宽广的“橙味谱”。橙精油的主要成分是柠檬烯，但柠檬烯香气不活跃，有温暖的阳光气息。而含量较少的柠檬醛、芳樟醇、橙花醇等却香气很浓，而且是多种香气成分的混合贡献，不是一种单纯的香气，就是说，柠檬烯是基础载体，把其他“战友”托举出来，成就“香业”。

橙子易于保存运输，橙汁是应市规模最大的果汁，无愧为全球产量第一的水果。同样是大众水果的苹果、梨、香蕉等，在风味维度上就没有这个待遇了。

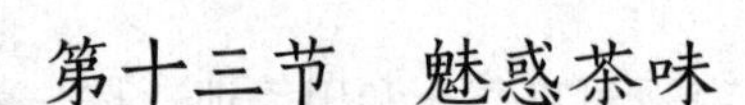

第十三节　魅惑茶味

茶风味魅惑百变，如果只是喝，风味利用率太低。喝茶是99∶1的关系，99%是水，只有不到1%是最容易被水溶解的风味成分，大约相当于30%左右的干茶成分被喝下去。

茶的消费方式多种多样，分为吃与喝；吃、喝又分为吃、喝萃取出来的成分和全成分；萃取出来的又分为茶汤液体、浓缩液、浓缩粉；全成分又分为碾茶、末茶、抹茶。同样的茶，不同吃、喝方式感受到的风味不同，反过来说，对于不同风味，要用不同的方式吃、喝才能最佳化利用，或者最大化利用茶的所有功能。

香气体验店。在茶馆里辟出专享区，头顶上方放置释香器，释放各种茶精油，让顾客吸闻；或者参与烘焙，可以闻到烘焙时释放的香气。一边喝茶一边闻香，一边看茶馆准备的“闻香手册”，了解香气特征，激发嗅觉感官。这种沉浸式全身心体验，能够增强顾客对茶风味的信息化，仿佛给五官做一次放松的SPA芳疗。

茶香释放很快，为了降低成本、缓慢释香，可用定香剂邻苯二甲酸二乙酯对天然茶叶精油固香缓释，香型保真持久，满足人们对天然茶香产品的需求。

同样一杯茶汤，清饮是一种风味，掺入果汁、咖啡、啤酒、葡萄酒就变味了；用浓缩液和浓缩粉还原出来的茶汤与直接冲泡的茶汤风味差别也明显；用浓缩粉、末茶、抹茶制作的冰激凌、糕点风味也不同；吃茶道抹茶与吃抹茶糕点风味感觉也不同；以闻香为目的和以摄取咖啡碱为目的，采用不同吃喝方式。

茶基百搭。如果说风味是茶的核心竞争力，那么茶就是饮料界的“味精”，成为调味品，有无数种消费方式，有待开发。既可以做主角，也可以当配角，茶味添加剂不只是末茶，提取物将有广阔市场，茶香精或精油给城市人增添了一抹山野气息。

奶基饮料市场巨大，作为添加剂需要更强烈的茶浓度，因为脂肪和糖的掩盖性强，浓缩液和浓缩粉比较合适；瓶装即饮茶味饮料需要巴氏杀菌，对茶风味稳定性提出挑战，红茶比较合适；茶可乐与黑茶风味比较匹配；运动饮料要获取咖啡碱，定量高咖啡碱含量的“高能”即饮型罐装饮料，比如每罐含有200毫克咖啡碱，只有添加咖啡碱提取物；非乳蛋白植物奶与茶更加搭配，茶味燕麦奶、椰奶即饮饮料适合浅色茶，如果茶色太深影响植物奶白色基调，在心理判断上出现偏差；起泡茶饮料吸引年轻人，常有二氧化碳起泡，酸性能保护茶多酚不氧化，所以可以用绿茶保持清新口感。

茶，早已不是茶叶本身，更多的时候，它是氛围感的代名词。

茶饮菜单。茶饮店的主流菜单是果汁饮料，新词、怪名、造型、色彩将一杯饮料装点得婀娜多姿，吸引的是顾客眼球，有没有、有多少、有什么茶成分不知道，能不能喝出茶味更考验功夫。

菜单是时间和思想的产物。全世界咖啡店的菜单内容千篇一律，正是因为它有效、有历史、有思想，变化的是菜单的形式和花样。茶饮店的菜单没有经历过像咖啡店菜单那样的历练，所以也没有形成像咖啡店墙上那样经典的、简明的、清晰的“黑板菜单”。这种习以为常的现象，值得深思。

茶饮店的菜单需要创新，内容和形式都需要推陈出新。菜单呈现形式是设计艺术，相信众人都有办法。但内容创新难度不小，因为需要顾客的认可，而且是全球大多数人普遍认可的风味，菜单与风味之间建立起条件反射式。

奶茶在茶饮菜单中占有重要地位，但奶茶的“经”似乎有点念歪了，工业奶茶不仅毁了风味，还有可能要毁了“奶茶”。现泡茶—现打奶—现冲兑（奶泡、拉花）才能呈现新鲜（奶＋茶）的风味，这正是茶饮店要做、可做的事情。

清饮绿茶绝对要登上并坐稳菜单，需要“带头大哥”们不断给顾客灌输绿茶可以是香的、甜的、醇的、爽的、不苦的等观念，配以精品茶信息的诱惑，用口水与茶水制造更丰富的回甘体验。

清饮乌龙茶一定会占有一席之地，香漫茶馆，闻香下单，乌龙茶就有这个定力，关键在于茶馆要摒弃3克茶泡几泡的传统泡茶理念，一泡二泡即弃，只取精华。

柠檬红茶（黄茶）应该登榜，其具备经典、简约、成本低、风味佳

的特点，现泡—鲜榨—现兑（可多可少），酸—甜—鲜—爽—清—茶黄素完美结合。

第十四节　丰富环境

“丰富环境”是一个科学概念，指与生活有关的自然、人居、人文环境的多彩多姿，轻松友好，与之相反的是贫瘠单调的环境。研究发现，丰富环境可以使动物的大脑发育出更复杂的神经回路，提升认知能力。人在成长过程中，会把所在环境的价值理念，内化到自己心里。

茶这种特别的植物能营造出丰富环境。茶园、茶厂、茶城、茶店、茶事、茶饮都是丰富环境的道具。小时候围着茶台听妈妈讲故事，长大了和朋友喝着茶论事，退休了拿着茶杯看书，惬意自在。

士绅茶馆。现代都市的形象是高楼大厦，繁华的街角底铺被星巴克占领，一店一貌很吸眼球，逐渐把中产阶层吸引过来，城市士绅化，改变了城市空间原有的社群和文化属性，带来新的活力。年轻男女边走边喝咖啡，或坐在咖啡馆里摆弄电脑，俨然是咖啡馆的气氛组成员。而在若干年前，这里的房子不高，居民摆个小桌，放个茶杯，光着膀子，摇把蒲扇，谈天说地，市井里也热闹非凡。

但是，时代变了，饮料变了，思想变了，士绅的座位也变了。士绅不仅重塑了城市的肌理，也改变了居民的心态，如今望穿秋水也找不着茶馆的身影。楼房可以拆了再盖，风味文化呢？

茶风味文化的创新不能只停留在风味上，即使勾兑果汁也会有个尽头。新式茶馆概念店的示范作用自有大片天地，类似于星巴克的烘焙店，茶馆烘焙、发酵、品鉴、风味讲堂都可以有，实验室、工厂、课堂、营销展台，也可以是城市士绅必去的打卡之地。

粗茶淡饭。是一种丰富环境，茶是饮料，也是食材，茶与其他食品食材是灵魂伴侣。不管是油腻的肉还是清淡的粥都百搭，鲜叶、干茶、茶汤均可入菜。有名的如茶叶蛋、茗粥、鸡茶、茶饭、国宴龙井虾仁等。

茶入菜有其科学道理。茶多酚、黄酮的抗氧化性可以保护其他食材中的不饱和脂肪酸等成分免受氧化，利于人体吸收；茶叶富含果胶质，属多孔类物质，有很强的吸附性，可以去腥除异味，特别是海鲜类；茶可以提高蛋白酶活性，有利于转变为氨基酸多肽营养物质被人体吸收。喝茶与吃肉搭配，茶皂素类似于洗涤剂，具有乳化作用，将大的油滴分散成细小的油滴排出体外。

精神生活确定性。不确定本来是生活常态，但多数人“不耐烦”，惧怕“不确定”，非常焦虑。茶是“涤烦子”，专门对冲“烦”。如果说读书是个避难所，那么喝茶就是安慰剂。

这世界上，数学最能让人心安理得。数学如水晶般无瑕，公式、定理、公理、等式等因为其确定所以让人安心，不像量子物理那样存在既白又黑、既死又活的薛定谔之猫。

但是，数学领域发生了三次危机：非欧几里得几何、代数中的无穷小量、无穷之后仍有无穷，让人感觉到了不确定的威胁。最终数学家达成一致，认为数学并没有一个客观的基础，从此数学的确定性被终结。连数学也不确定了，那么我们怎么才能应付得了瞬息万变的世界？令人灰暗，简直要崩溃了。然而数学家并不为此沮丧，海阔天空。因为数学家找到了办法，就是发现了那些看似毫不相干的问题之间还有紧密的联系，用不同领域的办法解决问题。从此甩开了不确定的负面约束，获得了更大空间的自由。

正如失去确定性给数学带来了自由，我们生活的不确定也应该有确定的东西来对冲，寻找提高精神确定的方法紧迫而现实。茶能提高我们精神生活的确定性，因为茶氨酸能治疗抑郁，喝茶能让人的心情获得片刻冷静，想起那美好的回忆，生成憧憬着的生活图景。

“人固然创造文化，文化也制约着人类。”西方人有上帝，东方有茶。每一款茶都有自己的“灵魂”，对茶的敬畏，可以通灵，可以通神。白岩松说，平静才是当今真正的奢侈品，静是全球所有宗教信仰的外在形式。

斯宾格勒认为，人类文明进程中的每一种文化都有一个基本象征，它表达了某种文化的基本特征，中国文化的基本象征是道。但是古代道观多隐匿在深山老林，常人难及，是道人修行的地方。“茶观”是虚拟的道观，就在身边，是百姓修心的场所。能与道耦合在一起的植物不多，茶是最突出的，茶—道—人形成一个文化三角形，具有超稳定性，使人处于确定状态。

与东京地铁里匆匆忙忙的上班族相比，日本茶人的生活多了一点安静，至少看上去不是那么焦躁。从茶道中得到了确定性，把学到的茶道真功夫改造、固化成社会规则，形成一种氛围，一种丰富环境。日本人擅长改造，清末黄遵宪说："日本最善仿造，形似而用便，艺精而价廉。"比如日本人喜欢的"味噌"，是从"未曾"而名，原意是未曾变成酱油的东西，就是酱油的半成品。日本人不仅改头换面，而且洗心革面。日本茶道的行茶仪轨重在道而不在风味，在于形式，在于营造环境气氛。

一茶在手，处处是道场。日本茶道美学的境界是"秋草萋萋"，叫"侘寂"，简单朴实，留白余韵。就是在喝茶的时候，深深呼吸，让世界只剩下喝茶一件事，暂别窗外繁华喧嚣，不以物质为中心，灵魂收纳到自己内心，欣赏自己的不完美。虽染尽岁月风尘，却常饮常新。

千利休在《利休之死》中言："我终其一生，不过只是为了能在一杯茶的时间里享受片刻宁静。"他创立"静寂茶"废了斗茶，把日本茶道定位在中国寺院茶事模式。茶境是一种哲学意境，茶就是一位哲学家，通过它自然地引导调动人的精神所向，创造适合人居的丰富环境。

雨崩村喝茶。在云南迪庆与西藏接壤的地方，有一个因英国小说家希尔顿《消失的地平线》而名扬四海的小城香格里拉。对面有一座神山——梅里雪山，即人们夜不能寐地盼望早晨见到的"日照金顶"。去梅里雪山转山必经的村子叫雨崩，村子里藏有一部经书，经书里有一把钥匙，能打开通往"天堂"的门。

很多人慕名到雨崩村旅游，却变成了常住居民，开出诸多客栈，供人们寄宿。渐渐地，这里变成了精神寄托所，供那些想去"天堂"的人过路歇脚。殊不知，睡了一觉醒来，发现这里满是人间烟火。这里以前倒像是个世外桃源，人们过着"适度的生活"，现在人多了，商业气氛也浓了，欲望和烦恼也回来了。

传说凡是想去"天堂"的人，需要禁食七天，可以喝茶，让身心洁净。在雨崩村喝茶，大概就是在与"天堂"对话，洁身静心。关键的关键在于想象力，就像Shangri-la本身就是想象的产物，这里原名叫中甸，希尔顿本人也没有去过中甸，结果变成了香格里拉，一个与神对话的"天堂"。

喝茶使人插上想象的翅膀。也许希尔顿脑子里香格（上）里拉并不是一个地方，而是一种唤醒、一种激情、一种创造、一种能穿透一切的光明。藏语里香格里拉就是心中的太阳和月亮。也许希尔顿正是喝着茶写完的《消失的地平线》，是茶装点出丰富的环境，将现实与远方连接起来，延伸到地平线。喝茶释怀，一旦内心光明，天堂无处不在。人住在香格里拉，香格里拉住在心里。到雨崩村喝茶去，聆听天机。

参考文献

[1]施兆鹏.茶叶审评与检验（第四版）[M].北京：中国农业出版社，2019.

[2]李永晶.分身：新日本论[M].北京：北京联合出版公司，2020.

[3]肖恩·卡罗尔（美）.大图景：论生命的起源、意义和宇宙本身[M].长沙：湖南科学技术出版社，2019.

[4]修尚.观茶[M].北京：企业管理出版社，2019.

[5]贡华南.味与味道[M].桂林：广西师范大学出版社，2015.

[6]贡华南.味觉思想[M].北京：三联书店，2018.

[7]加里·保罗·那卜汉（美）.写在基因里的食谱[M].上海：上海科学技术出版社，2020.

[8]彭慕兰（美），史蒂夫·托皮克（美）.贸易打造的世界[M].西安：陕西师范大学出版社，2008.

[9]梁文道.味道之味觉现象[M].桂林：广西师范大学出版社，2013.

[10]约翰.麦奎德（美）.品尝的科学[M].北京：北京联合出版公司，2017.

[11]宫崎正胜（日）.味的世界史[M].北京：文化发展出版社，2018.

[12]袁伟时.迟到的文明[M].北京：线装书局，2014.

[13]杰克·特纳（澳）.香料传奇[M].北京：三联书店，2007.

[14]斯图尔德·李·艾伦（美）.咖啡隐史[M].广州：广东人民出版社，2018.

[15]齐藤由美（日）.幸福的红茶时光[M].南京：江苏凤凰文艺出版社，2020.

[16]林智主.茶叶深加工技术[M].北京：科学出版社，2020.